新工科·计算机类本科教材

openEuler 系统管理与服务器配置

高志君　主编

贾　宁　孙清闻　副主编

電子工業出版社

Publishing House of Electronics Industry

北京·BEIJING

内 容 简 介

本书以 openEuler 操作系统为例，由浅入深、全面系统地介绍 openEuler 系统管理与服务器配置的相关内容。本书强调实践能力的培养，以项目为引导展开知识点介绍。全书共 15 章，分为基础管理篇和服务器配置篇。基础管理篇包括 openEuler 操作系统的安装与介绍、文件管理与 vim 编辑器、用户与用户组、权限管理、磁盘与逻辑卷管理、服务与进程、软件安装与包管理工具、网络连接；服务器配置篇包括 DNS 服务器、DHCP 服务器、Web 服务器、数据库服务器、NFS 服务器、Linux 日志管理、系统安全。为便于自学和复习，每章后均配备丰富的习题和上机实践。

本书可作为高等院校计算机相关专业的教材，也可作为有关专业技术人员的培训教材，同时也可供广大 openEuler 爱好者及从事网络管理的技术人员参考。

图书在版编目（CIP）数据

openEuler 系统管理与服务器配置 / 高志君主编.
北京 : 电子工业出版社, 2025. 4. -- ISBN 978-7-121-50000-8

Ⅰ. TP316.85

中国国家版本馆 CIP 数据核字第 2025WW3110 号

责任编辑：凌　毅
印　　刷：三河市双峰印刷装订有限公司
装　　订：三河市双峰印刷装订有限公司
出版发行：电子工业出版社
　　　　　北京市海淀区万寿路 173 信箱　邮编：100036
开　　本：787×1 092　1/16　印张：18　字数：484 千字
版　　次：2025 年 4 月第 1 版
印　　次：2025 年 4 月第 1 次印刷
定　　价：59.90 元

凡所购买电子工业出版社图书有缺损问题，请向购买书店调换。若书店售缺，请与本社发行部联系，联系及邮购电话：（010）88254888，88258888。

质量投诉请发邮件至 zlts@phei.com.cn，盗版侵权举报请发邮件至 dbqq@phei.com.cn。

本书咨询联系方式：（010）88254528，lingyi@phei.com.cn。

前　言

openEuler 操作系统最初由华为研发，并于 2019 年 12 月宣布开源，紧接着华为发起了 openEuler 开源社区。2021 年 11 月，华为携手社区伙伴将 openEuler 项目正式贡献给开放原子开源基金会，这标志着 openEuler 从由创始企业主导的开源项目，进入产业共建、社区自治的新阶段。openEuler 操作系统旨在为企业级 IT 系统、云计算、边缘计算提供高性能和高稳定性的解决方案，支持服务器、大数据、云计算、边缘计算、嵌入式等多种应用场景，并致力于提供安全、稳定、易用的操作系统。

本书是学习 openEuler 操作系统的入门教材，从 Linux 系统的起源、安装开始，逐步讲述 openEuler 操作系统的基本操作与管理。全书立足于实践与工程能力的培养，以项目为引导展开全书内容。通过“做中学”与“学中做”相结合的实践过程，从【项目描述】开始，进而进行【项目分析】，总结项目涉及的知识点并给出相关章节，最后给出【操作过程】。

本书由讲授 Linux 相关课程、经验丰富的一线教师编写。全书按照初学者的学习思路编排，内容循序渐进、条理性强，语言通俗易懂。在章节安排上，本书分为基础管理篇和服务器配置篇，共 15 章。基础管理篇包括 openEuler 操作系统的安装与介绍、文件管理与 vim 编辑器、用户与用户组、权限管理、磁盘与逻辑卷管理、服务与进程、软件安装与包管理工具、网络连接；服务器配置篇包括 DNS 服务器、DHCP 服务器、Web 服务器、数据库服务器、NFS 服务器、Linux 日志管理、系统安全。为便于自学和复习，每章后均配备丰富的习题和上机实践。本书可作为高等院校计算机相关专业的教材，也可作为有关专业技术人员的培训教材，同时也可供广大 openEuler 爱好者及从事网络管理的技术人员参考。

本书由高志君担任主编并统稿。具体编写分工如下：第 1、2、4、6、8、9 章由高志君编写，第 5、7 章由贾宁编写，第 3 章由孙清闻编写，第 11、14 章由刘冬帅编写，第 10、15 章由高旸编写，第 13 章由马丰媛编写，第 12 章由高志君、马丰媛共同编写。另外，赵桐、张竣哲完成了本书的校对工作。

在本书编写过程中，参考了很多国内外的著作和文献，在此对著作者致以由衷的谢意。同时得到了很多人的帮助和支持，在此感谢我的合作者们辛勤、严谨的劳动，感谢我的同事及学生对本书的意见和建议。

本书配有电子课件、程序源代码、电子教案、教学大纲、项目配置文件、章节视频、习题解答等，读者可以登录华信教育资源网（www.hxedu.com.cn），注册后免费下载。

限于业务水平，书中错误和缺点在所难免，欢迎广大读者提出宝贵意见和建议，我们不胜感激。

高志君

2025 年 3 月

目　　录

基础管理篇

第 1 章　openEuler 操作系统的安装与介绍 ······ 2
1.1　项目一：openEuler 操作系统的安装与配置 ······ 2
1.1.1　Linux 系统的起源与发展 ······ 2
1.1.2　Linux 系统的组成与版本 ······ 4
1.1.3　openEuler 操作系统介绍 ······ 6
1.1.4　openEuler 操作系统的安装与配置 ······ 7
1.2　项目二：openEuler 操作系统的基本操作 ······ 17
1.2.1　虚拟文本控制台 ······ 18
1.2.2　Shell 简介 ······ 19
1.2.3　命令提示符 ······ 19
1.2.4　注销用户 ······ 20
1.2.5　重启和关机 ······ 20
习题 1 ······ 20
上机实践 1 ······ 21

第 2 章　文件管理与 vim 编辑器 ······ 22
2.1　项目一：Linux 下文件操作实践 ······ 22
2.1.1　Linux 的树形目录结构 ······ 23
2.1.2　文件操作命令 ······ 25
2.2　项目二：使用 vim 编辑器编辑文档的基本操作 ······ 31
2.2.1　vim 编辑器 ······ 32
2.2.2　查看文件内容命令 ······ 37
2.2.3　管道与重定向命令 ······ 38
2.3　知识扩展——命令行下提高工作效率的方法 ······ 39
2.3.1　Linux 下 Shell 命令补全功能 ······ 39
2.3.2　命令别名 alias ······ 40
2.3.3　命令历史 history ······ 41
习题 2 ······ 42
上机实践 2 ······ 43

第 3 章　用户与用户组 ······ 44
3.1　项目一：Linux 用户管理 ······ 44
3.1.1　Linux 系统的用户 ······ 45

3.1.2 与用户管理相关的系统文件 ······ 45
3.1.3 用户管理命令 ······ 47
3.2 项目二：用户组的管理 ······ 50
3.2.1 Linux 系统的用户组 ······ 51
3.2.2 与用户组管理相关的系统文件 ······ 51
3.2.3 用户组管理命令 ······ 52
3.3 知识扩展 ······ 53
3.3.1 查看用户信息的 id 命令 ······ 53
3.3.2 输出指定用户所在组的 groups 命令 ······ 54
3.3.3 查看当前登录用户的 whoami 命令 ······ 54
3.3.4 查看当前用户的 w 命令 ······ 54
3.3.5 查看登录用户的 who 命令 ······ 55
3.3.6 修改用户密码有效期限的 chage 命令 ······ 55
习题 3 ······ 56
上机实践 3 ······ 57
第 4 章 权限管理 ······ 58
4.1 项目一：对用户访问文件权限的基本设置 ······ 58
4.1.1 文件属性 ······ 59
4.1.2 修改文件访问权限的 chmod 命令 ······ 60
4.1.3 设置文件默认权限掩码的 umask 命令 ······ 60
4.1.4 修改文件所有者的 chown 命令 ······ 62
4.1.5 提升用户权限的 su、sudo 命令 ······ 62
4.2 项目二：ACL 权限设置 ······ 63
4.2.1 查看和开启系统对 ACL 权限的支持 ······ 65
4.2.2 ACL 权限管理 ······ 65
4.2.3 最大有效权限 ······ 67
4.2.4 递归 ACL 权限和默认 ACL 权限 ······ 69
4.3 项目三：文件特殊权限设置 ······ 69
4.3.1 SUID 权限 ······ 70
4.3.2 SGID 权限 ······ 72
4.3.3 SBIT 权限 ······ 73
4.4 知识扩展 ······ 74
4.4.1 设置文件系统属性的 chattr 命令 ······ 74
4.4.2 查看文件系统属性的 lsattr 命令 ······ 76
习题 4 ······ 76
上机实践 4 ······ 77
第 5 章 磁盘与逻辑卷管理 ······ 79
5.1 项目一：系统磁盘空间的扩充 ······ 79
5.1.1 磁盘分区及分区工具 ······ 92

5.1.2 文件系统 …… 94
5.1.3 挂载及卸载 …… 95
5.1.4 文件系统的自动挂载 …… 98
5.2 项目二：磁盘配额管理 …… 99
5.2.1 磁盘配额管理概述 …… 104
5.2.2 磁盘配额管理的常用命令 …… 105
5.3 项目三：逻辑卷管理 …… 108
5.3.1 逻辑卷的概念 …… 114
5.3.2 逻辑卷管理的相关命令 …… 115
习题 5 …… 118
上机实践 5 …… 119
第 6 章 服务与进程 …… 120
6.1 项目一：openEuler 操作系统启动配置与快捷键设置 …… 120
6.1.1 openEuler 操作系统的启动过程 …… 120
6.1.2 服务与 systemd 进程 …… 121
6.1.3 Linux 系统的运行级别 …… 122
6.1.4 系统运行级别之间的切换 …… 123
6.2 项目二：使用 systemctl 命令管理 smb 服务 …… 123
6.2.1 管理服务的启动与停止 …… 124
6.2.2 管理服务的自启动状态 …… 125
6.2.3 查看所有的服务 …… 126
6.3 项目三：进程的延迟与周期调度 …… 126
6.3.1 进程的概念 …… 127
6.3.2 进程调度 …… 128
6.3.3 进程的查看 …… 130
6.3.4 进程的终止 …… 131
6.4 知识扩展 …… 132
6.4.1 作业控制的概念 …… 132
6.4.2 作业控制的常用命令 …… 132
习题 6 …… 132
上机实践 6 …… 133
第 7 章 软件安装与包管理工具 …… 134
7.1 项目一：使用 RPM 管理 telnet 软件包 …… 134
7.1.1 RPM 简介 …… 135
7.1.2 RPM 的使用 …… 135
7.1.3 常见问题分析 …… 139
7.2 项目二：配置本地 YUM 源安装软件 …… 140
7.2.1 YUM 简介 …… 140
7.2.2 YUM 的配置 …… 141

7.2.3 YUM 的使用 …… 142
7.2.4 DNF 软件包管理 …… 145
7.3 项目三：安装 VMware Tools …… 146
7.3.1 TAR 包管理工具简介 …… 147
7.3.2 TAR 包管理工具的使用 …… 147
习题 7 …… 150
上机实践 7 …… 151

第 8 章 网络连接 …… 152

8.1 项目一：网络环境配置 …… 152
8.1.1 主机名的配置 …… 153
8.1.2 网卡信息的配置 …… 153
8.1.3 客户端 DNS 服务器的配置 …… 158
8.2 项目二：网络调试与故障排查 …… 158
8.2.1 常用网络调试命令 …… 159
8.2.2 网络故障排查方法 …… 163
习题 8 …… 163
上机实践 8 …… 164

服务器配置篇

第 9 章 DNS 服务器 …… 166

9.1 项目一：DNS 服务器的安装与启动 …… 166
9.1.1 DNS 服务器简介 …… 166
9.1.2 安装 DNS 服务器 …… 168
9.2 项目二：DNS 服务器的配置 …… 169
9.2.1 主配置文件 named.conf …… 172
9.2.2 正向解析文件 …… 176
9.2.3 反向解析文件 …… 177
9.3 项目三：DNS 客户端配置 …… 178
9.4 项目四：转发 DNS 服务器配置 …… 178
习题 9 …… 181
上机实践 9 …… 183

第 10 章 DHCP 服务器 …… 184

10.1 项目一：DHCP 服务器的安装与启动 …… 184
10.1.1 DHCP 服务器简介 …… 184
10.1.2 DHCP 的运作方式 …… 185
10.1.3 安装 DHCP 服务器 …… 186
10.1.4 /etc/dhcp/dhcpd.conf 配置文件 …… 187
10.2 项目二：DHCP 服务器的配置 …… 188
10.3 常见问题分析 …… 191

习题 10 …… 191
上机实践 10 …… 192

第 11 章　Web 服务器 …… 193

11.1　项目一：Apache 服务器的安装与测试 …… 193
11.1.1　Apache 服务器简介 …… 194
11.1.2　安装 Apache 服务器 …… 195
11.1.3　Apache 软件包安装位置 …… 198
11.2　项目二：发布 Web 站点 …… 198
11.2.1　Apache 服务器配置文件简介 …… 199
11.2.2　配置 Apache 服务器 …… 199
11.3　项目三：发布个性化 Web 站点 …… 200
11.4　项目四：虚拟主机配置 …… 201
11.4.1　虚拟主机简介 …… 204
11.4.2　基于域名的虚拟主机配置 …… 204
11.4.3　基于 IP 地址的虚拟主机配置 …… 205
11.5　项目五：Nginx 服务器的安装与配置 …… 206
11.5.1　Nginx 服务器简介 …… 208
11.5.2　安装 Nginx 服务器 …… 208
11.5.3　配置 Nginx 服务器 …… 211
习题 11 …… 212
上机实践 11 …… 213

第 12 章　数据库服务器 …… 214

12.1　项目一：MySQL 服务器的安装与测试 …… 214
12.1.1　MySQL 服务器简介 …… 215
12.1.2　安装 MySQL 服务器 …… 215
12.1.3　管理 mysqld 服务 …… 217
12.1.4　测试登录 MySQL 服务器 …… 217
12.1.5　重置 MySQL 服务器管理员 root 的密码 …… 217
12.2　项目二：数据库的创建与使用 …… 218
12.2.1　数据库操作 …… 219
12.2.2　数据表操作 …… 220
12.2.3　处理表数据 …… 222
12.3　项目三：openGauss 服务器的安装与远程测试 …… 225
12.3.1　openGauss 介绍 …… 228
12.3.2　openGauss 常用配置文件 …… 229
习题 12 …… 231
上机实践 12 …… 232

第 13 章　NFS 服务器 233
13.1　项目一：NFS 服务器的安装与启动 233
13.1.1　NFS 服务器简介 233
13.1.2　安装 NFS 服务器 234
13.1.3　管理 nfs 服务 234
13.2　项目二：配置 NFS 服务器 234
13.2.1　NFS 服务器配置文件 235
13.2.2　维护 NFS 服务器的共享 236
13.2.3　查看共享目录参数 236
13.2.4　测试 NFS 服务器 236
13.3　常见问题分析 238
习题 13 238
上机实践 13 239
第 14 章　Linux 日志管理 240
14.1　项目一：Rsyslog 日志系统访问与应用 240
14.1.1　Rsyslog 日志系统介绍 243
14.1.2　Rsyslog 日志系统的配置文件 244
14.1.3　Rsyslog 日志系统中的重要日志文件 245
14.2　项目二：日志轮转策略的设置 245
14.2.1　Logrotate 日志轮转介绍 247
14.2.2　Systemd 对日志服务的管理 249
14.2.3　利用日志定位问题 251
习题 14 253
上机实践 14 253
第 15 章　系统安全 254
15.1　项目一：Firewalld 配置 254
15.1.1　Linux 防火墙工具概述 255
15.1.2　Firewalld 介绍 255
15.1.3　基于图形界面的 Firewalld 配置 257
15.1.4　基于命令行界面的 Firewalld 设置 260
15.2　项目二：SELinux 的应用 266
15.2.1　SELinux 的基本概念 267
15.2.2　管理 SELinux 模式 271
15.2.3　管理 SELinux 上下文 274
15.2.4　管理 SELinux 布尔值 276
习题 15 276
上机实践 15 277
参考文献 278

基础管理篇

- 第 1 章　openEuler 操作系统的安装与介绍
- 第 2 章　文件管理与 vim 编辑器
- 第 3 章　用户与用户组
- 第 4 章　权限管理
- 第 5 章　磁盘与逻辑卷管理
- 第 6 章　服务与进程
- 第 7 章　软件安装与包管理工具
- 第 8 章　网络连接

第 1 章　openEuler 操作系统的安装与介绍

openEuler 操作系统是 Linux 系统的发行版之一，由华为公司研发，并于 2019 年 12 月宣布开源，拥有自己的 openEuler 开源社区。openEuler 操作系统支持鲲鹏及其他多种处理器，适用于服务器、大数据、云计算、边缘计算等应用场景。本章将介绍 openEuler 操作系统的安装配置过程及基本操作，主要包括以下知识点：

- Linux 系统的起源与发展；
- openEuler 操作系统的安装与基本操作（重点）；
- Linux 系统的组成与版本（难点）。

1.1 节视频

1.1　项目一：openEuler 操作系统的安装与配置

【项目描述】

W 公司的高级网络服务器管理员根据公司办公和业务需求，计划在 Linux 环境下配置一系列服务器，来满足员工访问网络、共享资源等需求。为此，管理员首先需要安装合适版本的 Linux 系统。

【项目分析】

本项目将采用 openEuler 作为操作系统安装版本。openEuler 操作系统的安装方式有很多种，比如本地光盘安装、磁盘安装、网络安装等。为了方便学习使用 openEuler 操作系统，在本项目中，将首先使用 VMware 虚拟机软件创建一个虚拟计算机硬件环境，然后在此虚拟硬件环境下安装 openEuler 操作系统，相关知识点见表 1.1。

表 1.1　相关知识点

序号	知识点	详见章节
1	Linux 系统的起源与发展	1.1.1 节
2	Linux 系统的组成与版本	1.1.2 节
3	openEuler 操作系统的发展与特征	1.1.3 节
4	openEuler 操作系统的安装与配置	1.1.4 节

【操作过程】

参照 1.1.4 节 openEuler 操作系统的安装与配置。

1.1.1　Linux 系统的起源与发展

1. UNIX 系统简介

Linux 系统的发展离不开 UNIX 系统，在 Linux 系统被广泛应用之前，人们一直使用 UNIX 系统。UNIX 系统是世界上第一个真正意义上的网络操作系统。用户界面、文件管理、程序管理是所有操作系统共同的特征。UNIX 系统在此基础之上增加了两个特性：多用户、多任务。

2．Linux 系统简介

1979 年，美国电话电报公司宣布了 UNIX 系统的商业化计划，这种做法一方面催生了大批的商业软件，另一方面也因为商业模式下封闭的开发模式，阻碍了相关技术的进步。1984 年，理查德·马修·斯托曼面对程序开发的封闭模式，发起了 GNU（GNU' s UNIX）计划。

GNU 计划旨在开发一个类似于 UNIX 系统且是完全自由软件的完整操作系统。所谓的完全自由，就是要求加入 GNU 计划的所有软件必须允许自由使用、自由更改、自由发布，也就是说，开发人员在发布软件时必须要发布它的源代码，以供其他人自由使用，其他人可以随意更改源代码，但是必须要发布更改后的源代码。同时，使用明文规定的许可协议来制约大家如何自由使用。

GNU 计划得到了广大计算机爱好者的积极响应，并产生了许多非常不错的应用程序，比如 VE（Visual Editor，可视化编辑器）、EMACS（Editor MACroS，编辑器宏）、GCC（GNU Compiler Collection，GNU 编译器套件）等，这些应用程序为 Linux 系统的开发创造了一个合适的环境。1991 年，芬兰赫尔辛基大学计算机系学生 Linus Torvalds 基于兴趣，开发了一个类 UNIX 系统，该系统一经发布，便受到广大爱好者的追捧，该系统就是 Linux 系统。1994 年，Linux 系统加入 GNU 计划并采用 GPL 发布，自此，Linux 系统真正实现了理查德·马修·斯托曼构建一个完全自由的完整操作系统的设想。

由于 Linux 系统是在 Internet 上发布的，任何人在网上都可以得到 Linux 系统的基本文件，并可通过电子邮件发表评论或者提供修正代码。正是在众多热心者的努力下，Linux 系统在不到 3 年的时间里成为一个功能完善、稳定可靠的操作系统。

1994 年，Linux 系统的内核 v1.0 版被正式开发完成，代码量达 17 万行。这一版本同时还加入了 X Window System 的支持，1996 年 6 月，Linux 系统内核 v2.0 版发布，此内核有大约 40 万行代码，可以支持多个处理器。此时的 Linux 系统已经进入了实用阶段，全球大约有 350 万人使用。Linux 系统具有最新 UNIX 的全部功能，包括真正的多任务、虚拟存储、共享库函数、即时负载、优越的存储管理和支持 TCP/IP（Transmission Control Protocol/Internet Protocol，传输控制协议/网际协议）等。

起初，Linux 系统只是个人爱好的一种产物，但是现在，它已经成为一种受到广泛关注和支持的操作系统。和其他的商用 UNIX 系统相比，作为自由软件的 Linux 系统具有成本低、安全性高、可信度高的优势，已经成为一个功能完善的主流操作系统。

3．Linux 系统的特点

（1）开放

Linux 系统遵循世界标准规范，特别是遵循开放系统互连（Open System Interconnection，OSI）国际标准。凡是按照国际标准开发的硬件和软件，都能彼此兼容，可以很便捷地实现互连。另外，由于代码开源，用户可以很方便地获得 Linux 系统，并可以建立自定义系统，节约成本。

（2）多用户、多任务

多用户：是指系统资源可以被不同用户各自拥有，即每个用户对自己的资源（如文件、设备）有特定的权限，互不影响。

多任务：是指计算机同一时间可以执行多个用户任务，而且各个任务的执行互相独立。

Linux 系统的调度程序使每一个进程都平等地访问微处理器。例如，用户甲在使用系统中的文本编辑器编辑文件，而用户乙在使用系统中的打印机。两个用户可以分别完成自己的任务，而彼此之间并不互相影响。

（3）具有出色的稳定性和速度性能

Linux 系统可以连续运行很长一段时间而不需要重新启动，与 Windows NT 等系统经常死机相比，其稳定的性能优势非常明显。

Linux 系统对 CPU 的速度性能并没有特殊的要求，它能够把 CPU 的性能发挥到极限。在 Linux 系统中，影响系统性能的因素主要是总线和磁盘的 I/O 性能。

（4）具有可靠安全性

Linux 系统采取了许多安全技术措施，包括对读/写文件系统进行权限的限制、核心程序与关键操作的授权等。这些安全措施为多网络、多用户环境下的用户提供了安全保障。

（5）提供丰富网络功能

由于 Linux 系统基于 UNIX 系统诞生，基于互联网发展，因此 Linux 系统中有完善的内置网络服务。例如，NFS、DNS、Samba、DHCP 等。完善的网络服务是 Linux 系统优于其他操作系统的一大特点。

（6）具有标准兼容性和可移植性

Linux 系统是一个与可移植操作系统接口（Portable Operating System Interface of UNIX，POSIX）相兼容的操作系统，它所构成的子系统支持所有相关的字符编码、国际标准化组织（International Organization for Standardization，ISO）和万维网联盟（World Wide Web Consortium，W3C）业界标准。而且为了使 UNIX 系统中的程序能直接在 Linux 系统上运行，Linux 系统还增加了部分 UNIX 系统的系统接口，成为一个完善的 UNIX 程序开发系统。

可移植性是指操作系统从一个平台转移到另一个平台仍然能按其自身的方式运行的能力。Linux 系统是一种具有很好的可移植性的操作系统，能够在从 PC 到 IBM 大型计算机的任何环境中和任何平台上运行。

（7）提供良好的用户界面

Linux 系统提供了很好的图形用户界面，此外，还提供了文本界面和系统调用界面。

1.1.2 Linux 系统的组成与版本

1. Linux 系统的组成

Linux 系统由 4 个主要部分组成，分别是内核、Shell、文件系统和应用程序。这 4 个主要部分使得用户可以运行程序，进行文件系统的管理，有效地使用系统资源。

（1）内核

内核是 Linux 系统的核心部分，包括基本的系统启动核心信息、对各种硬件的驱动程序等。内核从应用层接收命令，根据调度算法调度进程使用系统资源，使进程顺利执行。

（2）Shell

Shell 是 Linux 系统的用户界面，是应用程序与内核进行交互操作的接口。Shell 接收用户输入的命令，并将用户输入的命令传送到内核去调用系统命令来执行。因此，Shell 实质上是命令解释器。

（3）文件系统

文件系统是文件数据在磁盘等存储介质上的存储规则。系统只有规定了文件系统，也就是数据的存储组织方式，数据的存储读/写才能够正常进行。目前 Linux 系统支持多种文件系统，如 xfs、ext2、ext3、fat、vfat、mfs 等。

（4）应用程序

标准的 Linux 系统除系统核心程序外，都会有一套应用程序，以方便用户的使用。应用程序包括文本编辑器、图形处理器、办公套件等。

2．内核版本与发行版本

Linux 的版本分为内核（Kernel）版本和发行版本。

（1）Linux 内核版本

Linux 内核使用 3 种不同的版本编号方式。

第 1 种方式用于 1.0 版之前（包括 1.0）。第 1 个版本是 0.01 版，紧接着是 0.02、0.03、0.10、0.11、0.12、0.95、0.96、0.97、0.98、0.99 和之后的 1.0 版。

第 2 种方式用于 1.0 版之后到 2.6 版，版本号由 3 部分“A.B.C”构成，A 代表主版本号，B 代表次版本号，C 代表修订号。只有在内核发生很大变化时 A 才变化。B 代表该版本是否稳定，偶数代表稳定版，奇数代表测试版。C 代表一些 bug 修复、安全更新、添加新特性和驱动的次数。以版本号 2.4.0 为例，2 代表主版本号，4 代表次版本号，0 代表修订号，其中版本的第 2 位为偶数表明这是一个可以使用的稳定版本。而版本号 2.3.5 的第 2 位为奇数，表示此版本有一些新的东西加入，是一个不太稳定的测试版本。

第 3 种方式从 2004 年的 2.6.0 版本开始，使用“time-based”的方式表示。3.0 版本之前是“A.B.C.D”的格式，前两个数字 A.B 即“2.6”保持不变，C 随着新版本的发布而增加，D 代表一些 bug 修复、安全更新、添加新特性和驱动的次数。3.0 版本之后是“A.B.C”格式，B 随着新版本的发布而增加，C 代表一些 bug 修复、安全更新、新特性和驱动的次数。第 3 种方式中不再使用偶数代表稳定版、奇数代表测试版这样的命名方式。

（2）Linux 发行版本

为了使 Linux 系统变得容易使用，人们开发出许多 Linux 发行版本。发行版本实际上是一整套完整的程序组合，现在已经有许多不同的 Linux 发行版本和各自的版本号。当提到 Linux 时，一般是指内核，内核是所有 Linux 系统的“心脏”，但单独一个内核并不能成为一个可用的操作系统，还需要许多软件包，如编译器、程序库文件、XWindow 系统等。因为组合方式不同，面向用户对象不同，所以就有了许多不同的 Linux 发行版本。

相较于内核版本而言，Linux 发行版本是由发行厂商自定义的，随发行厂商的不同而不同，与系统的内核版本号没有直接关系。

下面介绍一些比较常见的 Linux 发行版本。

openEuler 是由全球开源贡献者参与构建的高效、稳定、安全的开源操作系统，支持鲲鹏及其他多种处理器，能够充分释放计算芯片的潜能，适用于服务器、大数据、云计算、边缘计算等应用场景。同时，openEuler 是一个面向全球的操作系统开源社区，通过社区合作，打造创新平台，构建支持多处理器架构、统一和开放的操作系统，推动软硬件应用生态繁荣发展。openEuler 也是一个创新的系统，倡导客户在系统上提出创新想法，开拓新思路，实践新方案，所有开发者、合作伙伴、开源爱好者共同参与，围绕客户的场景进行创新，以产生更多新的想法，创建多样性的计算场景。

CentOS（社区企业操作系统）来自 Red Hat Enterprise Linux，依照开放源代码规定的源代码编译而成。由于出自同样的源代码，因此有些要求稳定性高的服务器以 CentOS 替代商业版的 Red Hat Enterprise Linux。两者的不同在于，CentOS 并不包含封闭源代码。

Red Hat Linux 是目前最流行的 Linux 发行版本之一，具有良好的用户界面和很好的可扩展性，在易用性和扩展性方面实现了完美结合。无论工作，还是学习、娱乐，Red Hat Linux 都有很好的市场占有率。

红旗 Linux 是由北京中科红旗技术有限公司开发的，是国内最重要的 Linux 发行版本，多应用于政府机关。

Ubuntu 是一个以桌面应用为主的 Linux 系统，基于 Debian GNU/Linux，是由全球化的专业开发团队（Canonical Ltd.）打造的开源 GNU/Linux 系统，为桌面虚拟化提供支持平台。Ubuntu 对 GNU/Linux 的普及特别是桌面普及作出了巨大贡献，由此使更多人可以共享开源的成果。

1.1.3 openEuler 操作系统介绍

1．发展历程

openEuler 操作系统的开发历经十余年，于 2010—2012 年诞生，当时主要用于华为内部的高性能计算项目。2013—2016 年，华为正式发布 EulerOS 1.X 系列，并在华为内部 ICT（Information and Communications Technology，信息与通信技术）产品中首次规模商用，包括存储产品、无线控制器、CloudEdge 等。2016 年，EulerOS 2.X 版本发布，开始在华为内部云产品及 ICT 产品中规模商用，如消费者云、华为公有云、存储产品、无线产品、云核心网等。

2019 年，华为首次宣布计算产业“硬件开放、软件开源”的核心战略，openEuler 操作系统成为软件开源的第一站，同年 12 月，openEuler 操作系统源代码正式上线，华为宣布开源之路启动，并将与 EulerOS 相关的能力贡献给 openEuler 开源社区，后续 EulerOS 将基于 openEuler 操作系统进行演进。2023 年 9 月，openEuler 开源社区发布 openEuler 23.09 创新版，2024 年 3 月发布 openEuler 24.03 LTS 版本，如今 openEuler 开源社区已经取得了阶段性成果，openEuler 操作系统吸引了越来越多的全球开发者，openEuler 开源社区整体向“共建、共享、共治”的目标稳健发展。

2．特征

openEuler 操作系统有以下 4 个特征。

（1）支持多样化架构

openEuler 操作系统新版本增加了新的架构和芯片支持，除了之前的 x86 和 ARM（Advanced RISC Machines）架构，华为还与中科院软件所合作，发布了国内首个 RISC-V Linux 系统尝鲜版，同时还增加了对中科海光芯片的支持。

openEuler 操作系统支持的架构和芯片越来越多，在一定程度上说明其正在以更开放的姿态和更低的开发门槛迎接开发者们加入项目。

（2）性能更强

针对目前内核与内核之间、物理 CPU 与物理 CPU 之间越来越不均衡的现状，openEuler 操作系统新版本为了更好地释放这些硬件的算力，对内核进行了协同反馈式的调度，通过内核共享资源并行优化等技术手段，进一步释放多核之间的算力，使性能提升了 20%。

openEuler 操作系统为行业提供新的多核算力解决方案的同时，也进一步向外界展示了华为在开源操作系统领域的硬实力。

（3）使用更易

在虚拟化方面，openEuler 操作系统通过 StratoVirt+iSula 组合的方式构建了一个极致轻量化的安全容器全栈，可以说是下一代的虚拟化技术。

Rust 语言和 VMware 的接口结合，为数据的迁移提供了功能丰富的工具，通过这些构建，让容器使用起来更加简单。该方案既具备虚拟机的隔离性，又具备实时性和轻量化，面对未来的无服务器计算平台，特别是函数计算，这是一个非常完美的选择。

（4）效率更高

为了更好地对 EulerOS 进行基于业务场景的调优，openEuler 操作系统的 A-Tune 工具针对应用业务场景进行了系统画像，把所支持的应用场景扩大到十大类（共 20 多款），可以调节的对象参数达到 200 多个。

A-Tune 工具可对运行在操作系统上的业务建立精准模型，动态感知业务特征并推理出具体应用，根据业务负载情况进行动态调节，给出最佳的参数配置组合，从而使业务运行处于最佳系统性能状态，大大提升了调优效率。

总之，除了增加新的架构和芯片支持，openEuler 操作系统大多数的升级是围绕提升易用性展开的，其目的也是降低开发者参与 openEuler 开源项目的门槛。

3. 探索与挑战

openEuler 操作系统通常有两种版本：一是创新版本，创新版本可支撑 Linux 系统爱好者进行技术创新，内容较新，如 openEuler 23.09，通常每半年发布一个新的版本；二是 LTS 版本，是 openEuler 的稳定版，如 openEuler 24.03 LTS。此处需要注意的是，openEuler 操作系统版本号计数规则的变更以年月为依据，以便用户了解版本发布时间，例如 openEuler 24.03 表示发布时间为 2024 年 3 月。根据 openEuler 操作系统的新版本发布规划，每两年会发布一个 LTS 版本，每年 3 月和 9 月还会各发布一个创新版本，新版本将进行更多的内核探索。

Linux 内核代码快速增长，CVE（Common Vulnerabilities and Exposures，公共漏洞和暴露）数量也同步走高，其中只有不到 20%的 CVE 能够用热补丁修复，超过 80%的 CVE 要用冷补丁修复，冷补丁带来的问题就是整个系统需要复位、重启，因此 EulerOS 的修复需要很长一段时间，也许会对用户业务造成影响。

openEuler 操作系统一路走来，完成了从上线到开源、从社区建设到 OSV 合作体系建设等一系列工作，完成了从 0 到 1 的起步，并正在进行生态建设，从上面提到的 openEuler 操作系统版本发行节奏及社区建设规划来看，openEuler 操作系统的开源之路还很漫长。

1.1.4 openEuler 操作系统的安装与配置

1. 安装之前的准备

首先安装好 VMware Workstation 软件，再从 https://mirrors.aliyun.com/openeuler/网站下载 openEuler 操作系统安装镜像文件。

2. openEuler 操作系统的安装过程

首先打开虚拟机 VMware Workstation，进入 VMware Workstation 主页面，如图 1.1 所示。单击【创建新的虚拟机】选项，开始创建新的虚拟裸机。

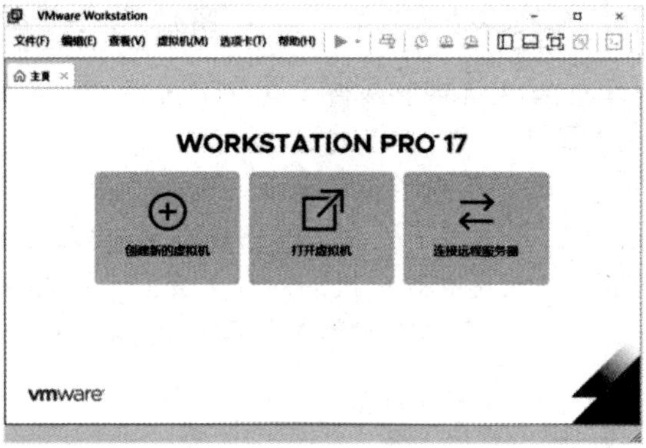

图 1.1　VMware Workstation 主页面

进入【新建虚拟机向导】的欢迎界面，可以看到【典型(推荐)(T)】和【自定义(高级)(C)】两个选项。选择【自定义(高级)(C)】选项，如图 1.2 所示。

单击【下一步(N)】按钮，进入【选择虚拟机硬件兼容性】界面，如图 1.3 所示。

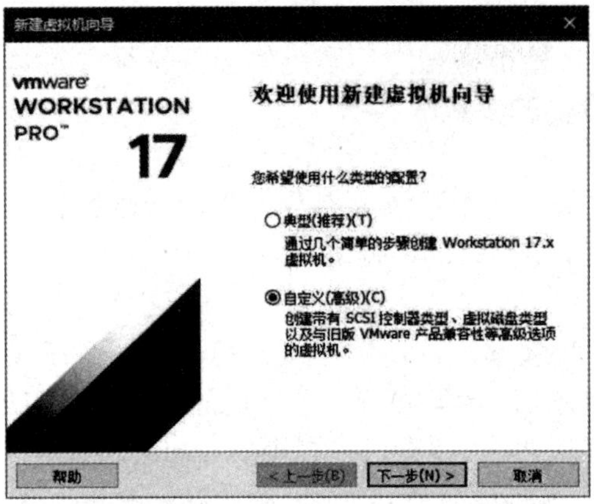

图 1.2　新建虚拟机向导

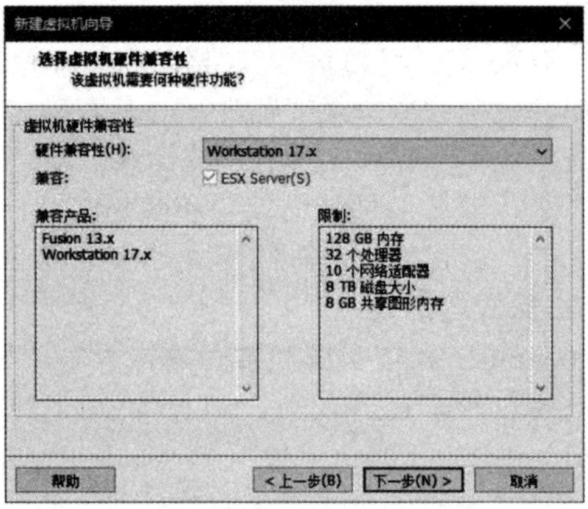

图 1.3　选择虚拟机硬件兼容性

单击【下一步(N)】按钮，进入【安装客户机操作系统】界面。在 VMware Workstation 中，提供了程序光盘安装和程序光盘映像文件安装两种方式。这里采用第二种方式，利用事先准备好的.iso 文件进行安装。如图 1.4 所示，将安装程序光盘映像文件放入虚拟光驱中。

单击【下一步(N)】按钮，进入【选择客户机操作系统】界面。首先选择【Linux(L)】，然后选择具体的 Linux 系统的【版本(V)】，如图 1.5 所示，选择【其他 Linux 5.x 内核 64 位】。

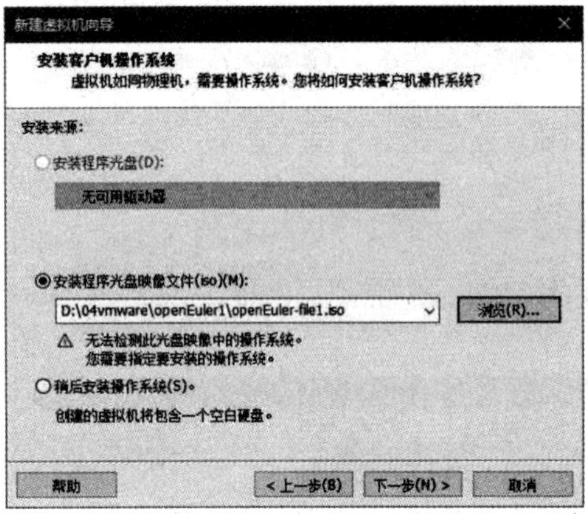

图 1.4　选择虚拟机操作系统的安装方式

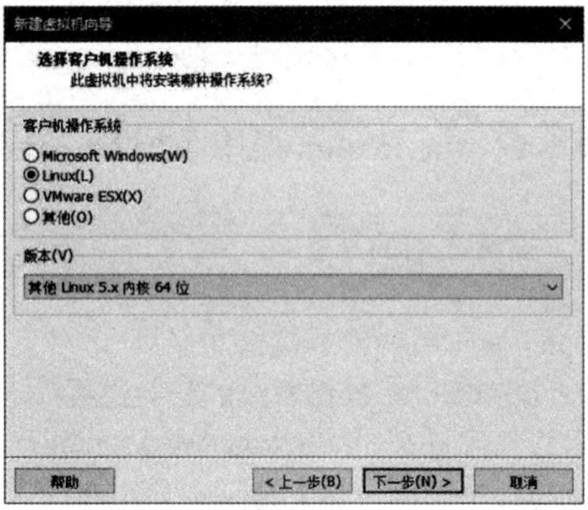

图 1.5　选择客户机操作系统和版本

单击【下一步(N)】按钮，进入【命名虚拟机】界面，如图 1.6 所示，具体包括【虚拟机名称(V)】和【位置(L)】两个选项。

单击【下一步(N)】按钮，进入【处理器配置】界面，如图 1.7 所示，可以根据宿主机的实际情况填写【处理器数量(P)】和【每个处理器的内核数量(C)】。

单击【下一步(N)】按钮，进入【此虚拟机的内存】界面，如图 1.8 所示，设置为 4GB。

单击【下一步(N)】按钮，进入【网络类型】界面，如图 1.9 所示，选择【使用网络地址转换(NAT)(E)】选项。

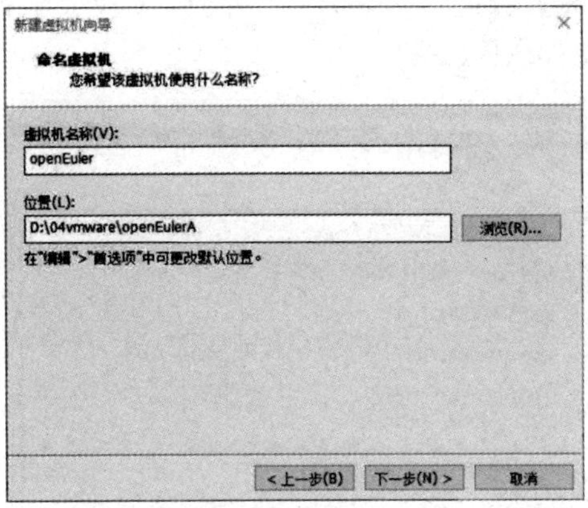

图 1.6　命名虚拟机

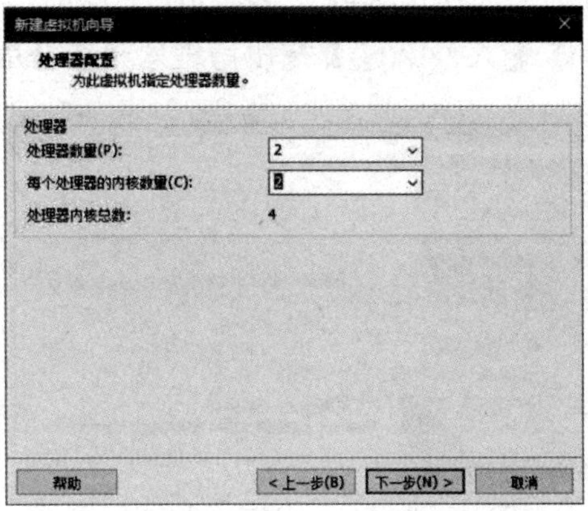

图 1.7　处理器配置

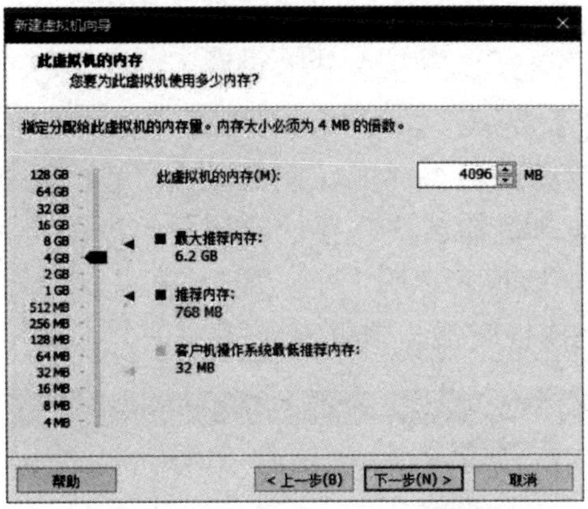

图 1.8　设置此虚拟机的内存

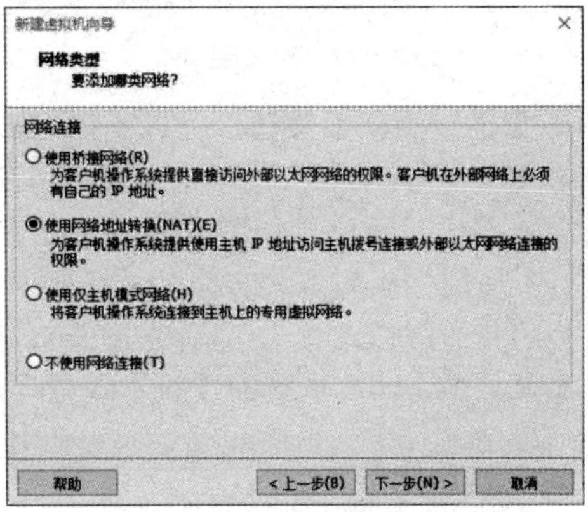

图 1.9　选择网络类型

单击【下一步(N)】按钮，进入【选择 I/O 控制器类型】界面，如图 1.10 所示，选择【LSI Logic(L)】选项。

单击【下一步(N)】按钮，进入【选择磁盘类型】界面，如图 1.11 所示，选择【SCSI(S)】选项。

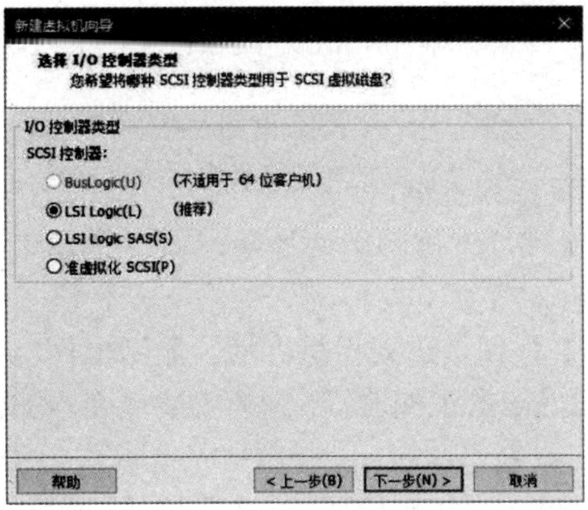

图 1.10　选择 I/O 控制器类型

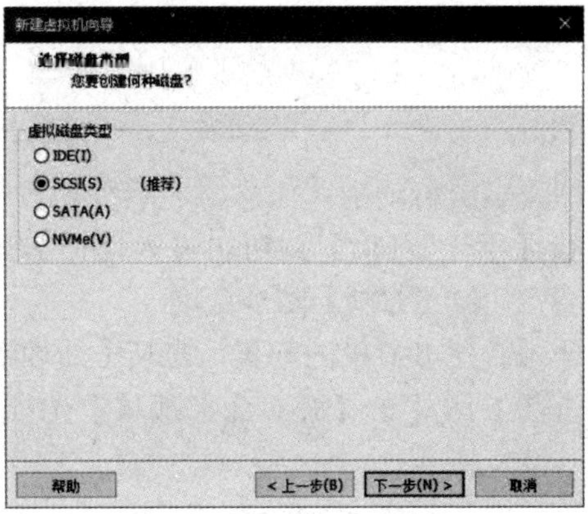

图 1.11　选择磁盘类型

单击【下一步(N)】按钮，进入【选择磁盘】界面，如图 1.12 所示，选择【创建新虚拟磁盘(V)】选项。

单击【下一步(N)】按钮，进入【指定磁盘容量】界面，如图 1.13 所示，【最大磁盘大小(GB)(S)】输入 60，选择【将虚拟磁盘拆分成多个文件(M)】选项。

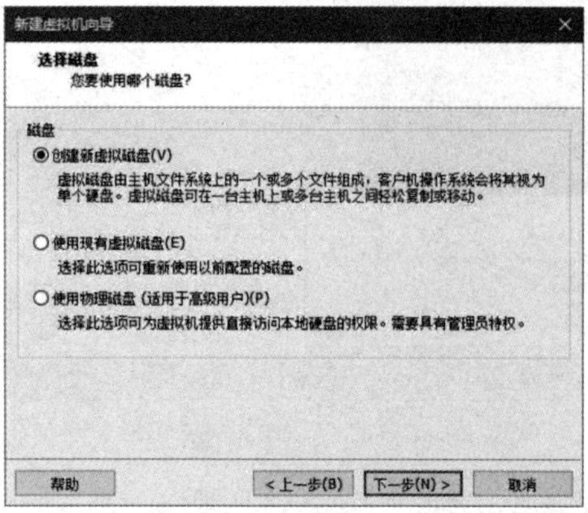

图 1.12　选择磁盘

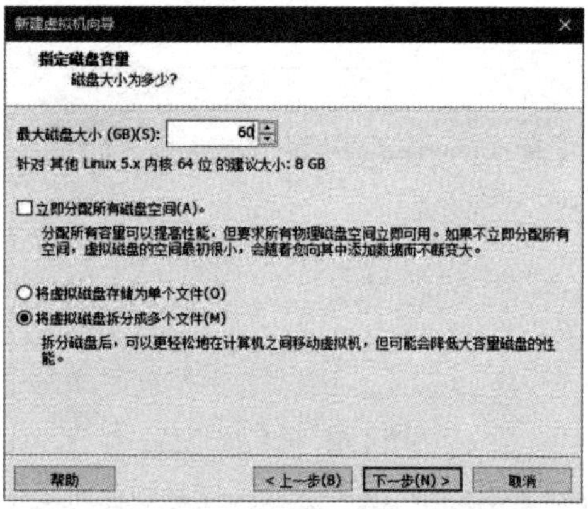

图 1.13　指定磁盘容量

单击【下一步(N)】按钮，进入【指定磁盘文件】界面，如图 1.14 所示。

单击【下一步(N)】按钮，进入【已准备好创建虚拟机】界面，此处说明了新建虚拟机的配置情况。具体配置信息如图 1.15 所示，依次是虚拟机的名称、存放的位置、所用虚拟机软件的版本、使用的操作系统名称、虚拟硬盘的大小、虚拟内存的大小、虚拟网络适配器的类型及一系列的其他虚拟设备，包括虚拟光驱、虚拟 USB 控制器和虚拟声卡等。

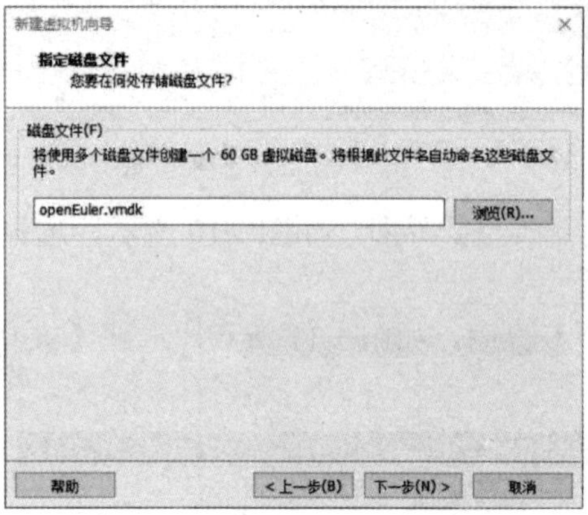

图 1.14　指定磁盘文件

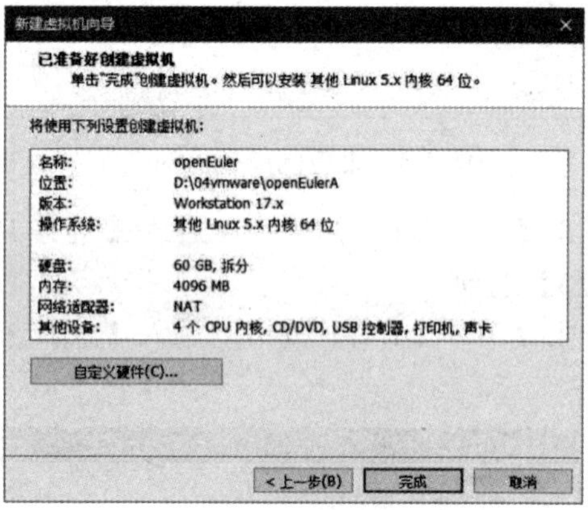

图 1.15　已准备好创建虚拟机

在新建虚拟机的配置信息中，缺少比较常用的鼠标和键盘信息。这是因为鼠标和键盘并不需要进行虚拟化，可以与 Windows 主机公用。使用时，直接利用快捷键就可以进行切换，具体操作会在后续章节进行介绍。

确认了新建虚拟机的配置信息后，单击【完成】按钮，进入待机界面，如图 1.16 所示。

单击图 1.16 中的【开启此虚拟机】选项，进入 openEuler 操作系统的安装界面，如图 1.17 所示。

在此界面选择【Install openEuler 24.03-LTS】后进入系统自检环节，如图 1.18 所示。

自检完毕后，系统自动进入欢迎界面，在此选择安装时使用的语言，单击【中文】→【简体中文】，然后单击【继续(C)】按钮，如图 1.19 所示。

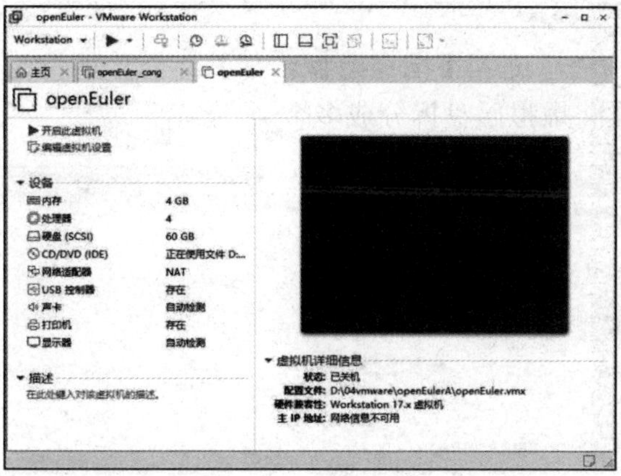

图 1.16　openEuler 操作系统待机界面

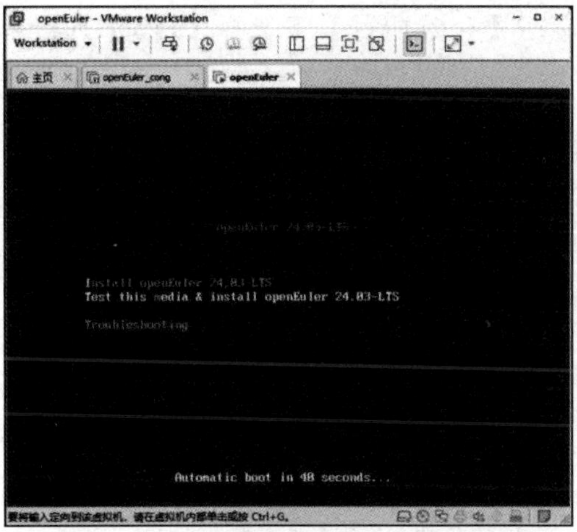

图 1.17　openEuler 操作系统的安装界面

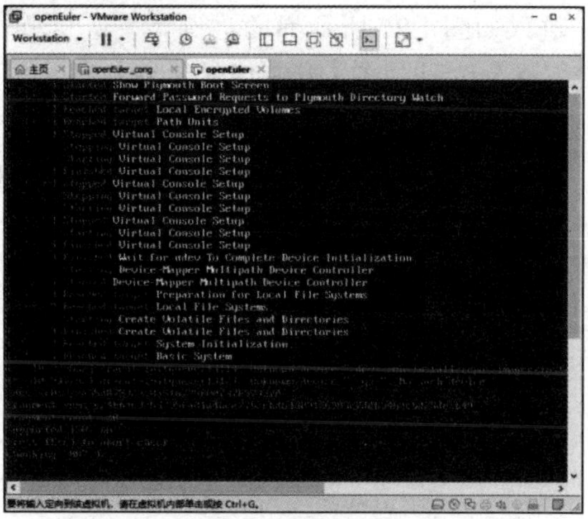

图 1.18　openEuler 操作系统的自检环节

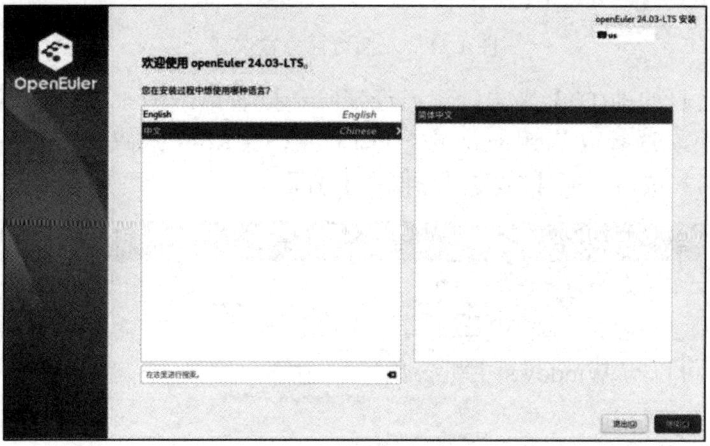

图 1.19　选择安装时使用的语言

进入如图 1.20 所示的【安装信息摘要】界面，此时，发现【安装目的地(D)】、【Root 账户】和【创建用户(U)】带有警告标记，需先解决此标记中的问题，再进行下一步操作。基于此，先单击【安装目的地(D)】选项。

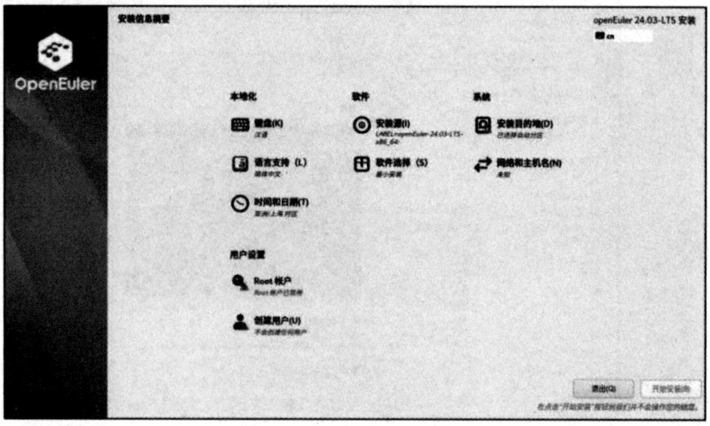

图 1.20　安装信息摘要

进入如图 1.21 所示界面，选择安装目标位置，在【存储配置】下选择【自动(U)】，单击【完成(D)】按钮返回【安装信息摘要】界面。

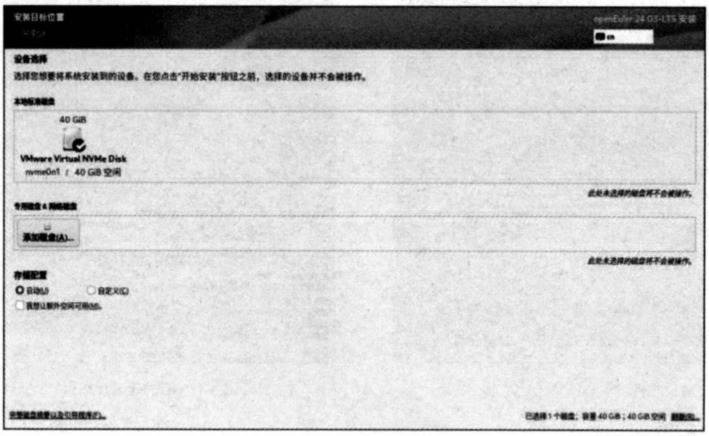

图 1.21　安装目标位置选择

返回后，【安装目的地(D)】警告标记已经消除，接着单击图 1.20 中的【Root 账户】，进入如图 1.22 所示界面，选择【启用 root 账户(E)】并在【Root 密码】和【确认(C)】中输入密码，单击【完成(D)】按钮返回【安装信息摘要】界面。

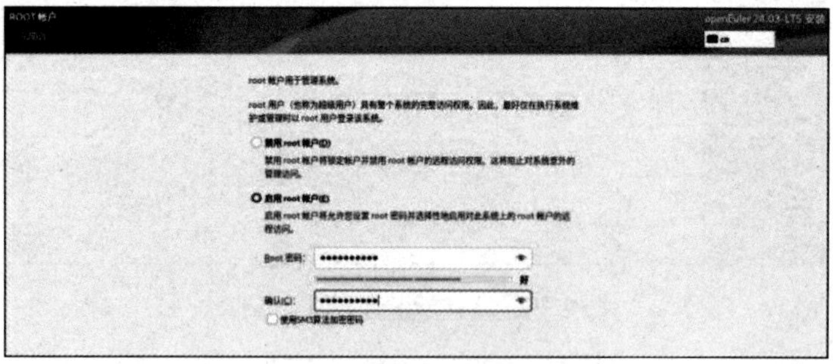

图 1.22　root 账户设置

返回后，【安装信息摘要】界面已经没有警告标记了，如图 1.23 所示。

此时，若用户拟自定义设置，可选择【键盘(K)】、【安装源(I)】、【语言支持(L)】、【软件选择(S)】、【网络和主机名(N)】以及【日期和时间(T)】等进行配置。

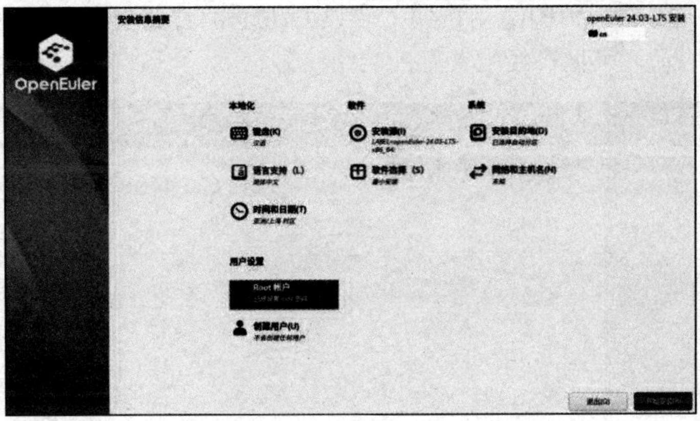

图 1.23　无警告标记的【安装信息摘要】界面

因为后续对系统中的服务器进行管理，所以此处单击【软件选择(S)】，进入图 1.24 所示界面，其中左侧选择【服务器】，右侧在【已选环境的附加软件】中选择需要的服务器，也可以在后期需要某服务器时再安装。

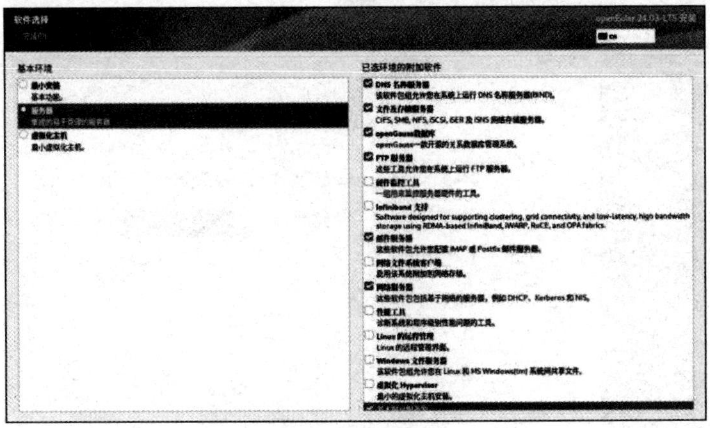

图 1.24　软件选择

软件选择完成后，返回图 1.23 所示界面，此时可以单击【网络和主机名(N)】配置网络环境，如图 1.25 所示，也可以在系统安装完成后再使用网络配置工具完成。

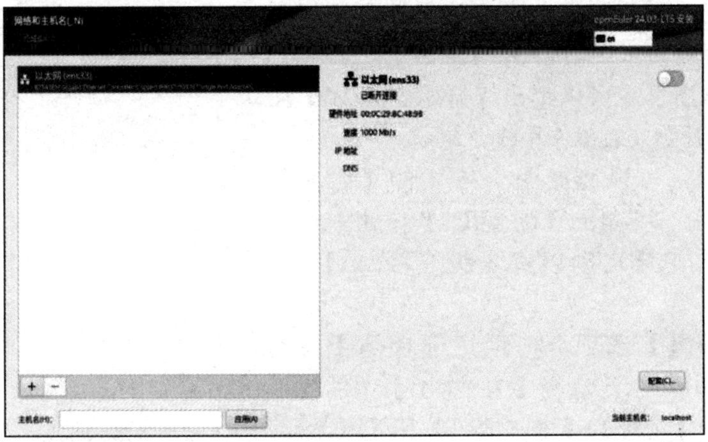

图 1.25　网络和主机名配置

单击以打开图 1.25 右上角的滑动按钮，将以 DHCP 的方式自动配置动态的网络信息以连接网络，如图 1.26 所示，可见已经配置好的网络信息。

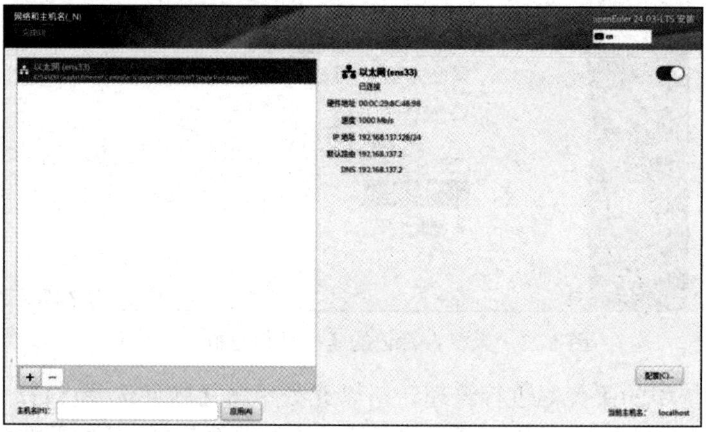

图 1.26　已配置好的网络信息

单击【完成(D)】按钮返回上一级界面，如图 1.27 所示。

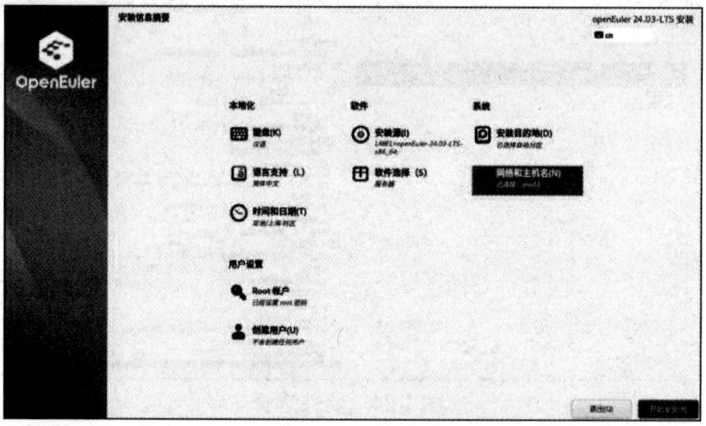

图 1.27　配置后的【安装信息摘要】界面

由于后续将配置服务器，因此最好为 openEuler 配置静态的网络信息。配置静态网络信息的方法将在第 8 章介绍，此处也可以配置静态网络信息，若此时不需配置静态网络信息，可以单击【开始安装(B)】按钮，如图 1.33 所示开始安装操作系统。

若此时需配置，可以选择图 1.25 中的【以太网(ens33)】，然后单击右下角的【配置(C)】按钮，选择【常规】选项卡，勾选【自动以优先级连接(A)】，如图 1.28 所示。

图 1.28　编辑 ens33

选择【IPv4 设置】选项卡，默认选择是【自动(DHCP)】，如图 1.29 所示，选择【方法(M)】中的【手动】，然后手动填写【地址】、【子网掩码】和【网关】，如图 1.30 所示。设置完成后，单击【保存(S)】按钮，显示图 1.26 所示界面。

图 1.29　IPv4 设置默认界面

图 1.30　IPv4 设置手动界面

注意：图 1.30 中的网络信息不是随意填写的，单击图 1.1 中的【编辑】菜单，选择【虚拟网络编辑器】后，出现如图 1.31 所示界面，选中【VMware8】，可以看到 NAT 默认的子网地址是 192.168.137.0，单击【NAT 设置(S)】按钮，出现如图 1.32 所示界面，可以看到网关 IP 是 192.168.137.2。因此，图 1.30 中的 IP 地址要参照以上信息来设置。

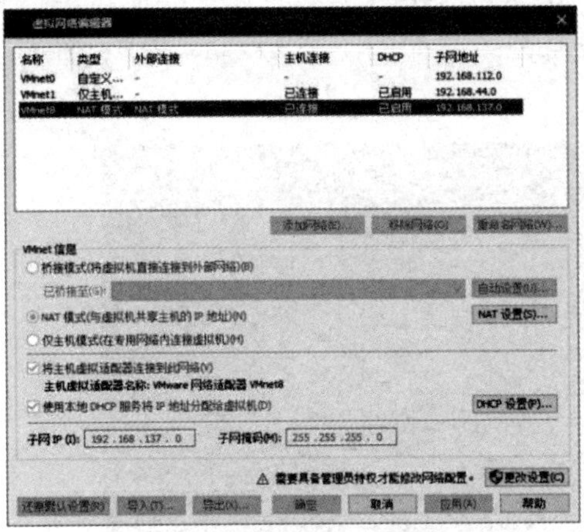

图 1.31　虚拟网络编辑器

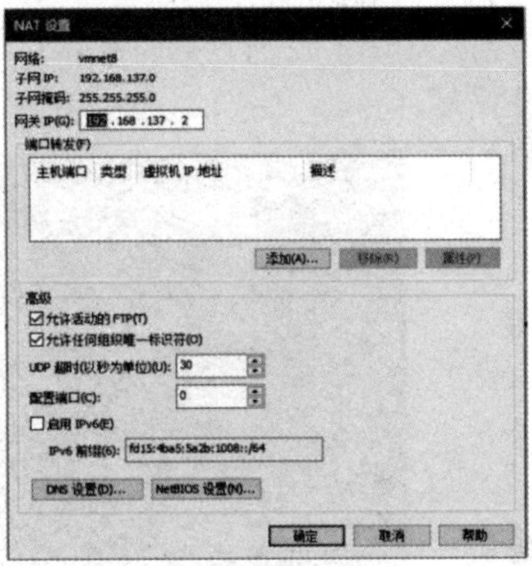

图 1.32　NAT 设置

当然，在图 1.26 中还可以对主机名进行配置。单击【完成(D)】按钮，返回【安装信息摘要】界面。单击【开始安装(B)】按钮，开始安装操作系统，如图 1.33 所示，此过程需要耐心等待。

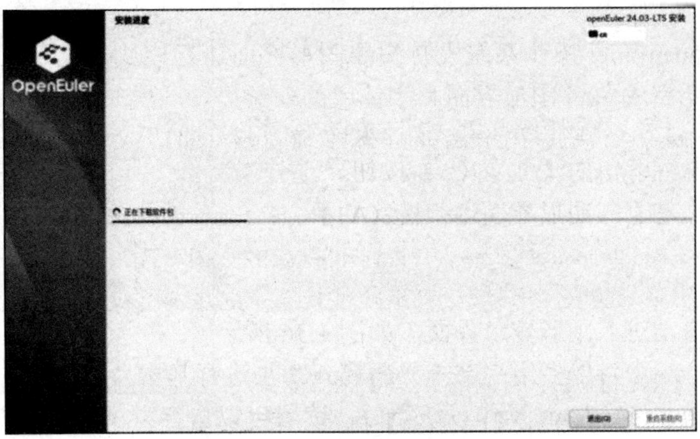

图 1.33　安装操作系统界面

安装完成后，会出现如图 1.34 所示界面，提示安装完毕，单击【重启系统(R)】按钮，重启计算机。至此 openEuler 操作系统安装完成。

图 1.34　安装结束界面

重启进入 openEuler 操作系统后，将出现多用户文本界面模式的登录界面，输入用户名 root 及密码（图 1.22 所设置的密码）后将成功登录系统，如图 1.35 所示。注意：在输入密码时没有回显。

图 1.35　登录成功

默认情况下，openEuler 操作系统没有安装图形界面运行模式，在确保已经连接网络的情况下，执行以下命令完成 ukui 图形界面和字体库的安装：

```
#yum install ukui -y            //安装 ukui 图形界面
#yum groupinstall fonts -y      //安装字体库
```

同时设置开机自动进入图形界面运行模式并重启：

```
#systemctl set-default graphical.target     //设置开机自动进入图形界面运行模式
#reboot                                     //重启
```

重启后，系统自动进入图形登录界面，如图 1.36 所示。

本书在后面的介绍中将以多用户文本界面模式为主进行基本命令和服务器的应用与管理操作。图形界面的操作与 Windows 操作系统类似，读者可以自行尝试使用。

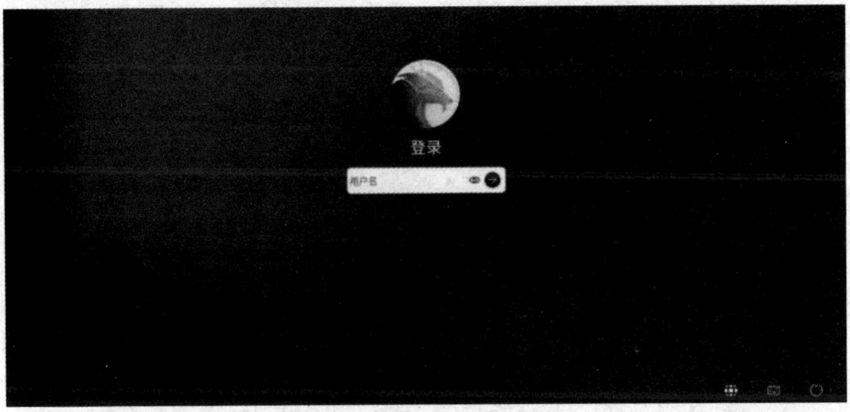

图 1.36　图形登录界面

1.2　项目二：openEuler 操作系统的基本操作

1.2 节视频

【项目描述】

系统安装成功后，可以开始正常使用 openEuler 操作系统。在起步阶段，需要熟悉 openEuler 操作系统并掌握其一些常规的操作方法，如系统登录方法、控制台切换、关机等。具体操作过程：首先登录系统，观察系统的图形界面和文本界面，然后了解控制台的操作，在文本界面下进行控制台切换操作，最后关机，离开系统。

【项目分析】

本项目是对 openEuler 操作系统的基本了解和操作，相关知识点见表 1.2。

表 1.2　相关知识点

序号	知识点	详见章节
1	了解图形界面和文本界面	1.2.1 节、1.2.2 节
2	掌握登录、注销用户方法	1.2.3 节、1.2.4 节
3	掌握关机方法	1.2.5 节

【操作过程】

启动系统，出现如图 1.36 所示的图形登录界面。根据提示，输入用户名和密码。需要注意的是，只有用 root 用户身份登录系统，才具有系统管理员（超级用户）的权限。如果用普通用户身份登录系统，则权限非常有限，比如创建文件，只能在普通用户对应的主目录内进行操作。输入用户名和密码之后，进入系统默认的图形界面，如图 1.37 所示。

进入图形界面后，可以按组合键 Ctrl+Alt+F2，切换到如图 1.38 所示的文本界面——虚拟文本控制台。需要注意的是，虽然在图形界面下已经登录了 openEuler 操作系统，但切换到文本界面之后，还需要重新登录一次。在登录时，需要依次输入用户名和密码。与其他大多数系统不同，在文本界面中输入密码时并没有任何回显，看起来好像没有做输入操作，而实际上系统已经开始读取。进入文本界面之后，可以按组合键 Ctrl+Alt+F1 切换回图形界面。

通常 Linux 系统提供了很多个虚拟文本控制台，每个控制台相互独立，互不影响。openEuler 操作系统在安装后自动生成 5 个虚拟文本控制台（tty1~tty5）。通过按组合键 Alt+F2~Alt+F6，可以进行多个控制台之间的切换。

图 1.37　图形界面

图 1.38　文本界面

如果用 root 用户身份登录系统，则在登录文本界面之后，会出现“#”命令提示符；如果用普通用户身份登录系统，则出现“$”命令提示符。如图 1.39 所示，在提示符“#”的后面，输入关机命令“shutdown　-h　now”，则系统自动关机。

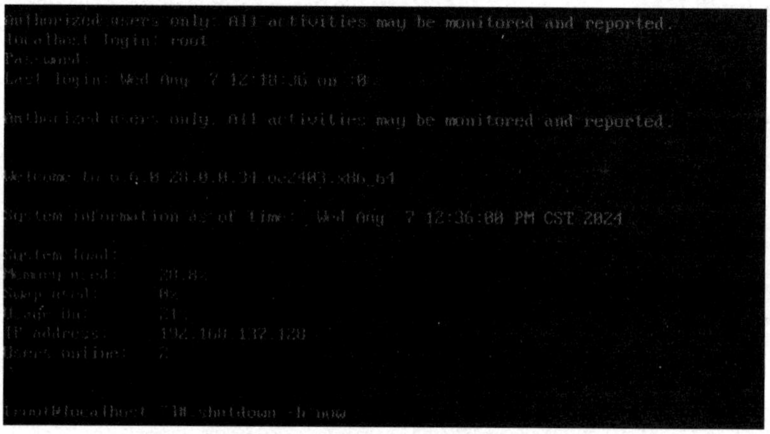

图 1.39　在命令提示符后输入命令

1.2.1　虚拟文本控制台

虚拟文本控制台又称虚拟终端（tty）、虚拟终端控制台。为了充分使用计算机提供的计算资源，早期很多计算机会连接若干终端控制台，这些终端控制台的硬件构造很简单，只包括键盘和显示器，不执行计算任务，只简单地把用户输入的任务发送给计算机进行处理，然后把计算结果返回给用户。从软件使用上看，终端控制台只给用户提供一个使用命令行的文本界面，用于接收用户的输入和显示计算的反馈结果，对于计算机而言，一个终端控制台就是一个用户。现在计算机的功能已经有了巨大的提升，通过多任务的操作系统，计算机本身就可以利用自己的硬件模拟出很多类似终端控制台的命令行字符界面。像 Windows 下的命令行状态，Linux、UNIX 下的字符终端程序，都称为虚拟文本控制台。

1.2.2 Shell 简介

通常来讲，计算机硬件是由运算器、控制器、存储器、输入/输出设备等共同组成的，而让各种硬件设备各司其职且又能协同运行的是系统内核。Linux 系统的内核负责完成对硬件资源的分配、调度等管理任务，由此可见，系统内核对计算机的正常运行非常重要，因此一般不建议直接编辑内核中的参数，而是让用户通过基于系统调用接口开发出的程序、工具或服务来管理计算机。

Shell 便是用于用户与 Linux 系统之间进行交互的一个命令行工具，Shell 也被称为终端或命令解释器，可以理解为人与内核（硬件）之间的翻译官，用户把一些命令“告诉”终端，终端就会调用相应的程序去完成某些工作，每个 Linux 用户都可以拥有自己的用户界面和 Shell。

现在许多主流 Linux 系统默认使用的终端是 Bash（Bourne-again sHell）解释器，选择 Bash 解释器作为终端主要有以下 4 个优势：

- 通过上、下方向键来调取过往执行过的 Linux 命令；
- 命令或参数仅需输入前几个字符就可以用 Tab 键补全；
- 具有强大的批处理脚本；
- 具有实用的环境变量功能。

当启动 Linux 系统并登录后，当前用户的 Shell 程序就开始执行，等待用户输入命令，并对这些命令进行解释执行。Shell 命令的格式：

```
命令名    [选项]    [参数 1]    [参数 2]  …
```

【说明】

命令名：需要提交给系统执行的命令，这些命令是一个可执行文件或一个 Shell 脚本文件。

选项：对命令的特别定义，以短线（-）开始。在 Linux 系统中，如果一个命令有多个选项，可以使用一个短线（-）将所有选项连接起来，也可以分开输入。同一个命令可以通过不同的选项来实现不同的功能。

参数：提供给命令运行的信息或命令执行过程中所使用的文件名。

一个简单的 Shell 命令可以只有命令名，复杂一些的可以通过不同的选项和参数来实现。命令名、选项及参数之间通过空格键（Space）来分隔。如果有多条命令要执行，可将这些命令输入在一行中，各命令之间用分号（;）进行分隔。命令的执行顺序与输入的顺序相同。

1.2.3 命令提示符

登录 Linux 系统的文本界面后，会出现以“#”或者“$”结束的命令提示行，如下所示：

```
    [root      @ localhost        root          ]#
当前用户名  Linux 主机名  当前目录名  命令提示符
```

其中，“#”是系统管理员的命令提示符，“$”是普通用户的命令提示符。命令提示符用于指示用户输入命令的位置，只有在命令提示符后面输入的命令，系统才会解析执行。

1.2.4 注销用户

在文本界面下，若要注销当前用户，可在命令提示符后输入 logout 或 exit 命令。

1.2.5 重启和关机

在文本界面下，若要重新启动 Linux 系统，则可输入命令：

```
#reboot
```

或者

```
#shutdown  -r  now
```

若要关机退出，则可输入命令：

```
#halt
```

或者

```
#shutdown  -h  now
```

习 题 1

1．选择题

（1）Linux 系统最早是由计算机爱好者（　　）开发的。

A．Linus Torvalds　　B．Rob Pick　　C．Richard Petersen　　D．Linux Sarwar

（2）下列选项中，（　　）不是 Linux 系统的特点。

A．单用户　　B．开放性　　C．多用户　　D．多任务

（3）初次启动 openEuler 操作系统时，一般需要添加一个用户账号，此用户属于（　　）类型的用户。

A．超级用户　　B．系统用户　　C．普通用户　　D．管理员用户

（4）Linux 系统默认的系统管理员账号是（　　）。

A．administrator　　B．root　　C．openEuler　　D．admin

（5）Linux 和 UNIX 的关系是（　　）。

A．没有关系　　B．UNIX 是一种类 Linux 的操作系统

C．Linux 是一种类 UNIX 的操作系统　　D．Linux 和 UNIX 是一回事

（6）以下关于 Linux 内核版本的说法，错误的是（　　）。

A．表示形式为“主版本号.次版本号.修正次数”　　B．1.2.2 表示稳定的版本

C．2.2.6 表示对内核 2.2 的第 6 次修正　　D．1.3.2 表示稳定的版本

（7）以下（　　）内核版本属于测试版本。

A．2.0.0　　B．1.2.25　　C．2.3.4　　D．3.0.13

（8）在 Linux 系统的组成中，Shell 表示（　　），它是用户和内核之间的接口程序。

A．命令行　　B．命令解释器　　C．命令提示符　　D．用户权限

（9）下面关于 Shell 的说法，不正确的是（　　）。

A．操作系统的外壳　　B．用户与 Linux 内核之间的接口程序

C．一个命令解释器　　D．一种和 C 语言类似的程序设计语言

（10）Shell 的命令格式中，不包含的内容有（　　）。

A．命令　　B．选项　　C．命令提示符　　D．参数

（11）以下命令可以完成关机功能的是（　　）。

A．shutdown -h now　　B．shutdown -r now　　C．reboot　　D．init 3

（12）以下命令可以完成重启功能的是（　　）。

A．shutdown -h now　　B．shutdown -r now　　C．halt　　D．init 3

2．判断题

（1）在 Windows 系统中，利用 VMware Workstation 虚拟机软件只能安装一个 Linux 系统。（　　）

（2）在 Linux 系统中，命令必须区分大小写，选项参数无须区分大小写。（　　）

（3）在 Linux 系统中，命令与选项之间必须用空格间隔。（　　）

（4）在 Linux 系统中，所有命令后面必须加上选项或者参数才能正常执行。（　　）

3．填空题

（1）Linux 管理员登录成功后，其命令提示符是__________。

（2）Linux 普通用户登录成功后，其命令提示符是__________。

（3）命令提示行[root @ host dev]中 host 表示__________。

（4）命令提示行[root @ host dev]中 dev 表示__________。

（5）命令提示行[root @ host dev]中 root 表示__________。

4．简答题

（1）简述 Linux 系统的特点。

（2）简述 Linux 系统的组成。

（3）区别 Linux 系统的内核版本和发行版本。

上机实践 1

1．参考 1.1 节安装 openEuler 操作系统。在 VMware Workstation 中新建一台虚拟机，用于安装 openEuler 操作系统。规划使用的磁盘空间为 80GB，分配内存空间为 4GB。使用 openEuler 操作系统的映像文件，在虚拟机中使用图形界面安装。安装完成 ukui 图形界面和字体库后，重新启动 openEuler 操作系统，参考 1.2 节熟悉其图形界面中的各项操作。

2．完成 openEuler 操作系统的安装后，请根据下面要求完成相关操作：在图形界面下将系统切换至 tty4，注册登录，练习控制台的切换方法，使用不同的方法对系统执行重启操作，最后正常关机退出 openEuler 操作系统。

3．使用 shutdown 命令设置在 15 分钟以后自动重启系统，同时通知已登录到主机中的各用户“The system will be rebooted!!”。

第 2 章　文件管理与 vim 编辑器

Linux 文件系统是用户使用 Linux 系统的接口。作为开源的操作系统，Linux 支持多种文件系统类型。了解文件系统的基本概念和掌握常用的文件操作命令是学习 Linux 系统的基础。本章将介绍 Linux 文件系统的相关内容，主要包括以下知识点：

- Linux 文件系统概念（重点）；
- 文件操作命令（重点）；
- vim 编辑器的使用（重点）。

2.1　项目一：Linux 下文件操作实践

【项目描述】

新进 W 公司的网络部实习生被安排使用 guestuser1 账号访问 Linux 系统，尽快熟悉 Linux 系统的相关操作以便胜任相关工作。作为 Linux 系统的初学者，为了理解 Linux 系统中目录及文件的概念，掌握 Linux 系统下目录及文件的相关命令，具体进行了如下操作：

（1）创建目录/home/guestuser1/work1，/home/guestuser1/work2；

（2）将当前目录切换到/home/guestuser1/work1；

（3）显示当前路径；

（4）在/home/guestuser1/work1 目录下生成文件 file1；

（5）显示当前目录下的所有内容（包括隐藏文件），以确认是否生成文件 file1；

（6）将文件 file1 复制到目录/home/guestuser1/work2 下；

（7）查看/home/guestuser1/work2 目录下是否有 file1 文件，以确认复制操作是否成功；

（8）删除/home/guestuser1/work1 目录下的 file1 文件；

（9）删除空目录/home/guestuser1/work1；

（10）将 file1 文件改名为 file2；

（11）查找当前目录下所有以“file”开头的文件。

【项目分析】

该项目中涉及大量与文件操作相关的命令，在掌握命令之前需要 Linux 系统的目录结构做简单了解，相关知识点见表 2.1。

表 2.1　相关知识点

序号	知识点	详见章节
1	了解 Linux 的目录结构	2.1.1 节
2	掌握文件操作相关命令	2.1.2 节

【操作过程】

（1）根据项目描述要求，在/home/guestuser1/目录下分别创建 work1 和 work2 两个子目录，由于已经明确所要生成目录的绝对路径，因此可以通过 mkdir 命令直接生成指定的目录，执行命令：

```
$mkdir   /home/guestuser1/work1
$mkdir   /home/guestuser1/work2
```

注意：在生成目录时，可以使用绝对路径，也可以使用相对路径。如果只写出一个目录的名字，则新的目录将会被创建在当前目录中。

（2）要进入指定的路径，可以直接用 cd 命令加绝对路径的方式进行操作，执行命令：

```
$cd   /home/guestuser1/work1
```

（3）显示当前路径可以验证上一步操作的正确性，执行命令：

```
$pwd
```

（4）由于是在当前位置创建文件 file1，可以使用相对路径的操作方法来实现，执行命令：

```
$touch   file1
```

（5）由于要求显示包括隐藏文件在内的所有文件，因此需要添加选项-a，执行命令：

```
$ls   -a
```

（6）由于要求将当前目录下的文件复制到另一个目录中，因此不需要写源文件的绝对路径，只需要写出被复制的对象名 file1 就可以，执行命令：

```
$cp   file1   /home/guestuser1/work2
```

（7）为了验证 file1 文件复制是否成功，查看/home/guestuser1/work2 目录下的内容，执行命令：

```
$ls   /home/guestuser1/work2
```

（8）目前位于/home/guestuser1/work1 目录下，所以删除目录/home/guestuser1/work1 中的 file1 文件，执行命令：

```
$rm   file1
```

（9）删除目录/home/guestuser1/work1，首先要切换出当前位置，执行命令：

```
$cd   ..
$rm   -r   /home/guestuser1/work1
```

（10）由于需要将文件 file1 改名成 file2，并不涉及对文件的备份问题，因此直接进行 mv 操作，执行命令：

```
$cd   /home/guestuser1/work2
$mv   file1   file2
```

（11）由于需要查找的范围是当前目录，所以不需要指明查找目录的路径。而查找所有以“file”开头的文件，则查找的依据是文件的名称，所以条件选项选择-name，执行命令：

```
$find   -name   file*
```

注意：查找结果是文件存放的相对路径。例如“./file2”，代表的是当前目录下的文件 file2。也就是说，“.”代表当前目录。另外，“..”代表上层目录。如果指定从根目录下开始查找，则查找结果是文件存放的绝对路径。

2.1.1 Linux 的树形目录结构

Linux 系统中目录的概念与 Windows 系统中目录的概念类似，但是 Linux 系统只有一个根目录“/”，采用树形目录结构来组织和管理文件。这里所讲的文件是一个宽泛的概念，在 Linux 系统中可以理解为“一切皆文件”，也就是说，普通文件、普通目录、硬件设备、程序进程、通信通道，甚至是内核的数据结构等都可以被理解成文件。每个文件都有文件名，并编排在相应目录下。所有的文件采取分级、分层的方式组织在一起，从而形成了一个树形的目录结构，如图 2.1 所示。

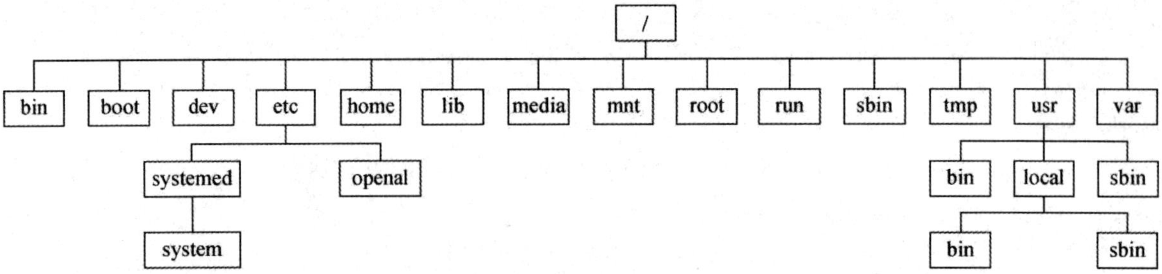

图 2.1 Linux 树形目录结构

1. 常用目录介绍

/bin：链接文件，链接到/usr/bin 目录下，用于存放系统常用命令，这个目录中的命令都是可执行的、普通用户可以使用的命令。

/boot：存放 Linux 内核及引导系统程序文件。

/dev：存放设备接口文件，比如声卡、磁盘接口文件。

/etc：存放系统配置文件，某些服务器的配置文件也存放于此。

/home：普通用户主目录的默认存放位置。

/lib：链接文件，链接到/usr/lib 目录下，用于存放库文件。

/media：主要用于挂载可移动存储设备，如 U 盘、CD/DVD 光盘、SD 卡等。当插入一个可移动设备（如 U 盘）时，系统会自动检测并尝试将其挂载到/media 目录下的一个子目录中，这个子目录通常以设备的标签或 UUID（Universally Unique IDentifier，通用唯一识别码）命名。用户也可以通过命令行手动将可移动设备挂载到/media 目录下的特定子目录中。

/mnt：主要用于临时挂载文件系统。当用户需要访问一些不是永久连接到系统上的存储设备或网络文件系统时，可以将它们挂载到/mnt 目录下的某个子目录中。这样，用户就可以通过访问该子目录来操作这些外部设备或文件系统。除了作为挂载点，/mnt 目录还可以用于存放一些临时性的、不需要长期保存的数据。这些数据可能是从外部设备复制过来的，或者是在进行某些操作时产生的中间结果。由于这些数据只是临时性的，因此将它们存放在/mnt 目录下可以方便管理和清理。与/media 目录相比，/media 目录主要用于自动挂载可移动设备，而/mnt 目录则更多用于手动挂载一些临时或特殊的文件系统。

/root：root 用户的家目录。

/run：用于存放系统启动和运行时生成的临时文件及状态信息。

/sbin：链接文件，链接到/usr/sbin 目录下，用于存放可执行文件，只有 root 权限才能执行。

/tmp：临时文件目录。程序运行产生的临时文件存放于此。这个目录和/var/tmp 目录相似。

/usr：系统存放程序的目录。当安装一个 Linux 发行版本官方提供的软件包时，大多安装在这里。如果有涉及服务器配置文件的，会把配置文件安装在/etc 目录中。/usr 目录下包括设计字体目录/usr/share/fonts，帮助目录/usr/share/man 和/usr/share/doc，普通用户可执行文件目录/usr/bin 或/usr/local/bin，超级用户 root 可执行文件存放目录，比如/usr/sbin 或/usr/local/sbin 等，以及程序的头文件存放目录/usr/include 等。

/var：此目录的内容经常变动，/var/log 目录用来存放系统日志文件。

2. 特殊目录

有一些特殊的用缩写表示的目录，见表 2.2。

表 2.2 特殊目录

符号	意义
.	当前目录
..	父目录
~	用户主目录
-	前一个目录

3. 文件的命名

Linux 支持长文件名，最长可以达到 256 字节。Linux 的文件名中不能含有空格和以下特殊字符：

```
! @ # ￥ % ～ & × ( ) [ ] { } ' " \ / | ; < > << >>
```

Linux 中的文件名和命令都需要区分大小写。

4. 绝对路径和相对路径

在计算机上要找到需要的文件或目录，就必须知道文件或目录的位置，而表示文件或目录位置的方式就是路径。表示路径的方法有绝对路径和相对路径两种。

（1）绝对路径

绝对路径是以根目录为起点，完整地表示到目标文件或目录的路径。

（2）相对路径

相对路径是以当前目录为起点，完整地表示到目标文件或目录的路径。

2.1.2 文件操作命令

1. 用 mkdir 命令创建目录

mkdir（make directory 的缩写）命令用于创建新的目录，可以同时创建一个或多个目录。

命令格式：

```
mkdir  [选项]  目录名称
```

选项：可根据命令要完成的功能进行选择。mkdir 命令常用选项及功能说明见表 2.3。

表 2.3 mkdir 命令常用选项及功能说明

选项	功能说明
-m	在创建目录时设定权限模式
-p	创建目录结构中指定的每一个目录，如果目录不存在则创建目录，如果目录已存在也不会被覆盖
-v 或--verbose	每次创建新目录都显示信息

【例 2.1】在当前位置创建目录 web。

```
#mkdir  web
```

【例 2.2】在/home 下创建目录 web，假设目前位于系统的根目录中。

方法一：

```
#mkdir  home/web      //相对路径方法
```

方法二：

```
#mkdir  /home/web     //绝对路径方法
```

方法三：

```
#cd  home
#mkdir  web
```

【例 2.3】在 root 用户主目录中创建目录 work1 和 work2，在/tmp 目录下创建 www 目录，假设目前位于 root 用户主目录中。

```
#mkdir  work1  work2  /tmp/www
```

【例 2.4】在 root 用户主目录中创建目录树 web1/web2/web3/web4，假设目前位于 root 用户主目录中。

```
#mkdir  -p  web1/web2/web3/web4
```

2．用 cd 命令切换目录

cd（change directory 的缩写）命令用于改变当前目录，使用户进入指定的目录，并使该指定目录成为当前目录。

命令格式：

```
cd  [目录名称]
```

注意：如果 cd 命令后加绝对路径，则可以直接进入指定的目录。如果加的是相对路径，则进入的是当前目录下的子目录。

【例 2.5】切换当前位置为/home。

```
#cd  /home
```

【例 2.6】目前位于系统的根目录，创建/home/student 目录，并进入 student 目录。

```
#mkdir  home/student
#cd  home/student
```

【例 2.7】切换到当前目录的父目录。

```
#cd  ..
```

【例 2.8】返回当前用户的主目录。

方法一：

```
#cd
```

方法二：

```
#cd ~        //~表示主目录
```

3．用 pwd 命令查看当前路径

pwd（print working directory 的缩写）命令用于显示当前目录的绝对路径。

命令格式：

```
pwd
```

4．用 ls 命令查看当前目录下的信息

ls 命令用于列出一个或多个目录下的内容（目录或文件）。这是一个应用非常广泛的命令，支持很多的选项，以实现更详细的功能。

命令格式：

```
ls  [选项]  [目录名称]
```

ls 命令常用选项及功能说明见表 2.4。

表 2.4　ls 命令常用选项及功能说明

选项	功能说明	选项	功能说明
-a	列出目录下的所有文件，包括以“.”开头的隐含文件（all）	-d	将目录像文件一样显示，不显示其下的文件（directory）
-i	输出文件 i 节点的索引信息（inode）	-l	以长格式方式列出文件的详细信息（long）
-m	横向输出文件名，并以“,”作为分隔符	-x	按列输出，横向排序
-R	列出所有子目录下的文件	-S	按文件大小排序（size）
-1	一行只输出一个文件	--help	在标准输出上显示帮助信息

【例 2.9】查看当前目录下的所有文件（含隐藏文件）。

```
#ls  -a
```

【例 2.10】以长格式方式查看/home 目录下的所有文件信息。

方法一：

```
#ls  -l  -a  /home
```

方法二：

```
#ll  -a  /home
```

5．用 touch 命令创建/更新文件

该命令用于创建一个新的空文件。

命令格式：

```
touch  文件名
```

如果命令后面接的是绝对路径，则以指定的文件名在指定路径下创建一个空文件。如果命令后面只有新的文件名，则在当前路径下生成一个空文件。

如果指定的文件已经存在，则 touch 命令可以用来更新指定文件，使该文件被访问和修改的时间更新为系统当前的日期和时间。

【例 2.11】在当前位置创建文件 file1 和 file2。

```
#touch  file1  file2
```

6．用 cp 命令复制文件及目录

cp（copy 的缩写）命令可用于目录或文件的复制。

命令格式：

```
cp  [选项]  源文件  目标文件
```

cp 命令常用选项及功能说明见表 2.5。

表 2.5　cp 命令常用选项及功能说明

选项	功能说明
-a	保留链接、文件属性，复制目录时可递归地复制目录
-b	如果目标文件已经存在，则备份现有文件（在文件名后面加“~”来备份）
-f	如果目标文件已经存在，则将其覆盖，并不进行提示（force）
-i	如果目标文件已经存在，则对用户提示“是否覆盖”，可以用字母 y 确认，其他字母都是否认
-r	复制目录，实现将源目录下的文件和子目录一起复制到目标目录中

【例 2.12】将文件 file1 复制到/home 目录下并重命名为 file2。

```
#cp  file1  /home/file2
```

【例 2.13】将文件 file1 复制到/home 目录下并重命名为 file2，如果/home 下已经存在 file2 文件，则备份原 file2 文件。

```
#cp  -b  file1  /home/file2
#ls /home
file  file2~
```

【例 2.14】将 work1 目录复制到/home 目录下。

```
#cp  -r  work1  /home
```

7．用 mv 命令移动/重命名文件或目录

mv（move 的缩写）命令用于移动或重命名文件或目录。Linux 系统中没有单独的重命名命令，因此，可利用该命令来间接实现。

命令格式：

```
mv  [选项]  源文件  目标文件
```

使用该命令可将文件移动到另一个目录之下，若目标文件已经存在，可以使用选项-b，则在覆盖已经存在的文件前，系统会自动创建一个源文件的备份，备份文件名为原名称后附加一个“~”符号。

【例 2.15】将文件 file1 重命名为 file2。

```
#mv   file1   file2
```

【例 2.16】将文件 file2 移动到/tmp 目录下并重命名为 file3，如果/tmp 下已经存在 file3 文件，则备份原 file3 文件。

```
#mv   -b   file2   /tmp/file3
```

【例 2.17】将目录 work2 移动到/tmp 目录下。

```
#mv   work2   /tmp
```

【例 2.18】将文件 file2 移动到/tmp 目录下并重命名为 file3。

```
#mv   file2   /tmp/file3
```

8. 用 rm 命令删除文件或目录

rm（remove 的缩写）命令用来删除文件或目录。可以删除一个或多个文件或目录，也可以将某个目录及其下的所有文件及子目录均删除。对于链接文件而言，只是断开了链接，源文件保持不变。

命令格式：

```
rm   [选项]   目标文件
```

rm 命令常用选项及功能说明见表 2.6。

表 2.6 rm 命令常用选项及功能说明

选项	功能说明
-f	强制删除文件或目录（force）
-i	对用户进行提示（inform），可以用字母 y 确认，其他字母都是否认
-r	删除目录，将指定目录下的所有文件及其子目录一并删除

【例 2.19】删除文件 file。

```
#rm   file
```

【例 2.20】删除目录 work。

```
#rm   -r   work
```

【例 2.21】强制删除目录 work。

```
#rm   -rf   work
```

9. 用 rmdir 命令删除目录

rmdir（rmove directory 的缩写）命令的删除对象必须是空目录，且必须在上级目录进行删除操作。

命令格式：

```
rmdir   [选项]   目录名
```

rmdir 命令常用选项及功能说明见表 2.7。

表 2.7 rmdir 命令常用选项及功能说明

选项	功能说明
-p	删除指定的目录树
-v 或--verbose	删除目录过程中输出诊断信息
--help	显示命令帮助信息

10. 用 find 命令查找文件

该命令用于在相应路径下查找满足条件的文件。

命令格式：

```
find   查找目录的路径   查找条件选项   对查找条件的设定
```

其中，“查找目录的路径”指查找的范围。“查找条件选项”指进行查找的依据，比如利用文件名、用户名、文件类型等条件进行查找。“对查找条件的设定”指的是将查找条件具体化，比如利用文件名进行查找时，文件名应满足怎样的条件才是查找的对象。查找文件时，经常使用到的查找条件选项及功能说明见表 2.8。

表 2.8 查找条件选项及功能说明

选项	功能说明	选项	功能说明
-name	通过文件名查找文件	-user	通过用户名查找文件
-type	通过文件类型查找文件	-size	通过文件大小查找文件
-atime	通过文件的最后访问日期查找文件（单位：天）	-mtime	通过文件的最后修改日期查找文件（单位：天）
-newer	查找比指定文件更新的文件	-amin	查找在指定时间内曾被存取过的文件（单位：分）
-cmin	查找在指定时间内被更改过的文件（单位：分）	-perm	查找符合指定权限数值的文件

【例 2.22】在/root 目录下，查找文件所有者是 root 的文件。

```
#find   /root   -user   root
```

【例 2.23】查找/etc 目录下所有以 pass 字符串开头的文件。

```
#find   /etc   -name   pass*
```

11. 获取帮助

Linux 系统中命令数量众多，涉及的命令选项更是数不胜数，同时系统也提供了大量的管理工具。作为系统管理员，记住全部的命令要耗费大量的精力，而且不经常使用的命令也没有记住的必要。在这种情况下，Linux 系统从设计初始就为几乎所有的程序、工具、命令、系统调用、配置文档等编制了多种帮助文档，可以让用户在用到该命令或操作时随时获得帮助信息。

（1）使用 man 命令获得帮助

通过输入 man　cmd（cmd 表示某个命令），即可获得该命令的帮助信息。

例如，输入以下命令，可看到如图 2.2 所示 man 命令的帮助信息。

```
#man   man
```

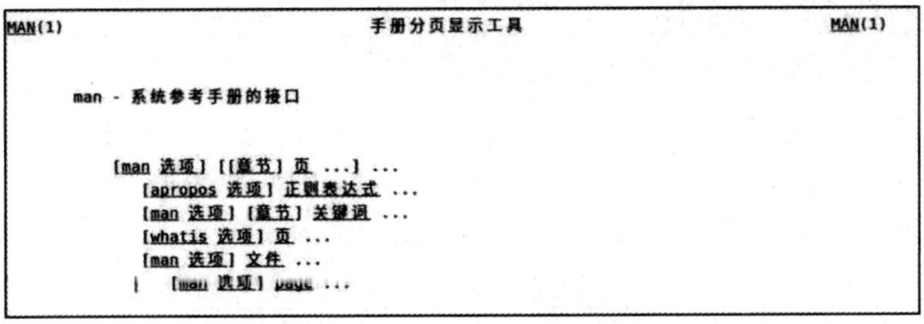

图 2.2　man 命令的帮助信息

在 man 帮助文档中，可以看到关于命令的详细介绍。用户可以通过上、下方向键（↑、↓）进行查询阅读，按 q 键退出帮助文档。一般情况下，man 帮助文档中包含表 2.9 所示的常规信息。

表 2.9　man 帮助文档的常规信息

组成部分	说明	组成部分	说明
Name	命令名称含义的解释	Synopsis	命令使用的基本语法规则
Description	对命令和每个选项的详细解释	Author	命令程序编写者的信息
Files	和该命令有关的文件信息	Reporting Bugs	发现问题以后的报告地址
Diagnostics	该命令运行可能的错误信息	Copyright	版权信息
See also	和该命令有关系的其他命令信息清单	Example	该命令的示例
Bugs	程序中发现的问题		

man 帮助文档根据内容的不同分为不同类型。不同类型用不同的数字标识，各类型含义见表 2.10。通常情况下，man 帮助文档存放在/usr/share/man 下。

表 2.10 man 帮助文档的类型

类型	说明
man1	可执行文件和普通用户权限可执行的 Shell 命令说明
man2	系统调用、内核命令说明
man3	子程序、库函数说明
man4	设备文件的参考说明
man5	配置文件格式说明，/etc 下配置文件的格式描述
man6	游戏说明
man7	宏包的相关信息
man8	系统管理工具，只有超级用户 root 才可以使用
man9	其他（Linux 特定的），用来存放内核例行程序的文档

在 man 帮助文档中有一系列的操作命令，见表 2.11。

表 2.11 man 帮助文档的操作命令

命令	说明	命令	说明
Space（空	下翻一页	b	上翻一页
PageDown	下翻一页	PageUp	上翻一页
Enter	下翻一行	Down-arrow	下翻一行
Up-arrow	上翻一行	End	到帮助文档的结尾页
Home	回到帮助文档的开始页	/expression	在帮助文档中查找字符串，从当前位置开始向后查找，匹配到的第 1 个结果在屏幕的第 1 行显示
?expression	在帮助文档中查找字符串，从当前位置开始向前查找，匹配到的第 1 个结果在屏幕的第 1 行显示	n	查找字符串过程中向后查找下一个匹配项
N	查找字符串过程中向前查找下一个匹配项	q	结束帮助文档的显示，退出

（2）使用 info 获取帮助

随着开源的发展，有相当数量的 GNU 程序不再提供手册式的帮助文档，取而代之，出现了帮助信息文件，可以通过 info 命令来查看相关帮助信息。

帮助信息文件通常在目录/usr/share/info 下。info 常用命令见表 2.12。

表 2.12 info 常用命令

命令	说明	命令	说明
Space 和 PageDown	下翻一页	BackSpace 和 PageUp	上翻一页
b	光标回到当前信息页开头	e	光标移动到当前信息页结尾
Tab	光标移动到下一个引用	Enter	跟在引用之后
n	移动到同一层的下一个信息页	p	移动到同一层的上一个信息页
u	移动到上一级	?	列出命令的概要
q	退出帮助信息		

（3）使用 help 或者--help 命令获取帮助

通过输入 help　cmd 或者 cmd　--help（cmd 表示某个命令），即可获得该命令的帮助信息。

例如，输入以下命令，可看到如图 2.3 所示 cd 命令的帮助信息。

```
#help  cd
```

```
[root@localhost ~]# help cd
cd: cd [-L|[-P [-e]] [-@]] [目录]
    Change the shell working directory.

    Change the current directory to DIR.  The default DIR is the value of the
    HOME shell variable. If DIR is "-", it is converted to $OLDPWD.

    The variable CDPATH defines the search path for the directory containing
    DIR.  Alternative directory names in CDPATH are separated by a colon (:).
    A null directory name is the same as the current directory.  If DIR begins
    with a slash (/), then CDPATH is not used.

    If the directory is not found, and the shell option `cdable_vars' is set,
    the word is assumed to be  a variable name.  If that variable has a value,
    its value is used for DIR.

    Options:
      -L        force symbolic links to be followed: resolve symbolic
                links in DIR after processing instances of `..'
```

图 2.3　使用 help　cd 命令获取其帮助信息

2.2　项目二：使用 vim 编辑器编辑文档的基本操作

【项目描述】

guestuser1 用户在 tty1 控制台使用 vim 编辑器制订自己今天的学习计划，内容如下：

```
Data access:8a.m.
Reading program:10a.m.
Project design:13p.m.
Discussion items:15p.m.
```

计划制订完成后，guestuser1 对文件的内容进行了浏览和确认，最后将内容输出给在 tty2 控制台的用户。

【项目分析】

本项目主要涉及文档内容的编辑、查看、输出重定向等知识点。文档的编辑可以采用 vim 编辑器完成，因此需要掌握 vim 编辑器的使用方法。文档查看的命令有很多，各有优势，可以根据具体情况选择使用。输出重定向可以帮助用户改变命令的输出位置，本项目需要输出到其他控制台，方便信息共享。相关知识点见表 2.13。

表 2.13　相关知识点

序号	知识点	详见章节
1	掌握 vim 编辑器的使用方法	2.2.1 节
2	理解查看文件内容的方法	2.2.2 节
3	了解输出重定向	2.2.3 节

【操作过程】

```
$cd          //切换至 guestuser1 用户主目录
$vim guestuser1.plan      //vim 命令新建 guestuser1.plan 文件并打开
```

输入“i”切换到输入模式，输入：

```
Data access:8a.m.
Reading program:10a.m.
Project design:13p.m.
Discussion items:15p.m.
```

输入完成后，使用“:”切换至末行模式，保存退出。

```
$less   guestuser1.plan     //查看确认 guestuser1.plan 的内容
$less   guestuser1.plan   >>   /dev/tty2   //将 guestuser1.plan 的内容输出到 tty2 控制台
```

2.2.1 vim 编辑器

vim 编辑器是 Linux 系统中功能最为强大的全屏幕文本编辑器。它可以完成输出、删除、查找、替换、块操作等文本操作，而且用户可以根据自己的需要对其进行定制，这是其他编辑器所没有的功能。但是 vim 不是一个排版程序，它不能像 Word 或 WPS 那样可以对字体、格式、段落等属性进行编排，它只是一个文本编辑程序。

在使用时，只需在命令提示符后面，直接输入 vim 或者 vim 加文件名，就可以启动 vim 编辑器。vim 命令后若指定了文件名，则打开或创建该文件（如果指定的文件不存在）；如果没有指定文件名，则创建一个未命名的新文件。

vim 编辑器有 3 种工作模式，分别是命令模式、输入模式和末行模式，相互之间的转换关系如图 2.4 所示。

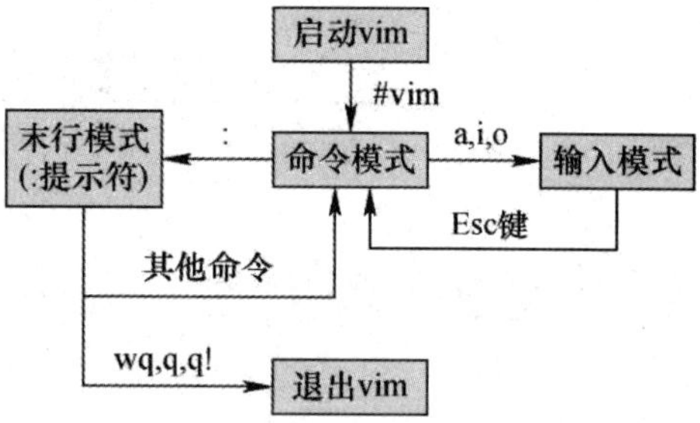

图 2.4 vim 编辑器的工作模式转换

1. 命令模式

无论用户当前处于何种模式，只要按 Esc 键，则立即进入命令模式。在命令模式下，允许输入 vim 的命令，以对文件进行管理，输入的 vim 命令通常都是单个或多个字母，并且输入的命令都不回显，若输入的不是合法的 vim 命令，系统则会发出蜂鸣声进行提示。命令模式下的常用命令见表 2.14。

表 2.14 命令模式下的常用命令

命令		说明
光标的定位	g	跳到文件最后一行，光标停于行首
	0	移动光标到当前行的行首
	$	移动光标到当前行的行尾
字符检索	/str	正向查找，从当前页开始向后搜索字符串 str
	?str	反向查找，从当前页开始向前搜索字符串 str
	n	往相同的方向移动到下一个被搜索字符串所在的位置
	N	往相反的方向移动到下一个被搜索字符串所在的位置
文本的复制、粘贴和删除	dd	删除当前光标所在行
	ndd	删除从光标所在行开始的 *n* 行
	yy	复制光标所在当前行的文本信息到缓冲区
	p	将缓冲区中的内容粘贴到当前光标所在行的下一行
	P	将缓冲区中的内容粘贴到光标所在行
	nyy	将当前开始的 *n* 行内容复制到缓冲区
	x	删除当前光标所在位置的一个字符
	nx	删除从光标所在位置开始的 *n* 个字符
文本的替换	rc1	将光标所在位置的单个字符替换为 c1 字符
	rstr1	将从光标所在位置开始的 *n* 个字符替换为 *n* 个字符 str1
	cwstr1	将从光标所在位置开始的一个单词替换为 str1 字符串

续表

命令		说明
撤销和重复	u	取消刚刚发生的误操作或者不适合的操作对文件造成的影响，恢复文件到操作之前的状态
	.	重新执行一遍刚刚执行完的操作
保存和退出	ZZ	存盘退出
	ZQ	不保存此次关于文本的修改，退出 vim 编辑器

在命令模式下，控制光标移动的命令见表 2.15。

2. 输入模式

输入模式也称插入模式或编辑模式。在该模式下，用户输入的内容称为文件正文，并显示在屏幕上。在命令模式下，输入 i、a、o 命令都可以进入输入模式，实现对文件内容的输入或修改。进入输入模式的命令见表 2.16。

表 2.15 控制光标移动的命令

移动	命令
←，↓，↑，→	h, j, k, l
到下一行的首字符	+
到上一行的首字符	-
到单词的尾部	e 或 E
按单词前移	w 或 W
按单词后移	b 或 B
到行尾	$
到行首	0

表 2.16 进入输入模式的命令

编辑行为	命令
在当前位置插入文本	i
在行首插入文本	I
在当前位置追加文本	a
在行尾追加文本	A
在光标所在行的上面新建一行，等待输入	O
在光标所在行的下面新建一行，等待输入	o

3. 末行模式

虽然在命令模式下可以实现大部分的文件操作功能，但是由于命令模式输入的命令不回显，因此当操作命令的表达比较复杂、需要回显确认输入时，就要用到末行模式。

在命令模式下按 Shift+“:”组合键，即可切换到末行模式。此时，在编辑器屏幕的最后一行将显示“:”提示符，在此行中输入命令，按回车键后即可开始执行。命令执行结束后，自动切换到命令模式。末行模式的常用命令见表 2.17。

表 2.17 末行模式的常用命令

命令		说明
字符串检索、替换	/str/	从当前光标开始向后移动到被搜索字符串 str 的位置
	?str?	从当前光标开始向前移动到被搜索字符串 str 的位置
	:/str/ w file	将包含 str 的行都写到文件 file 中
	:/str1/,/str2/w file	将从 str1 开始到 str2 结束的内容都写到文件 file 中
	:s/str1/str2/g	将所有 str1 替换成 str2
光标的定位	:n	输入要移动的行号，光标即可到达目标行
文件相关	:w	将当前标记的内容保存
	:w file	将当前编辑的内容写到文件 file 中
	:n1,n2 w file	将从 n1 开始到 n2 结束的信息写到文件 file 中

续表

命令		说明
文本的复制、粘贴和删除	:d	删除当前光标所在行
	:nd	删除从光标所在行开始的 *n* 行
	:n1,n2 co n3	将从 n1 开始到 n2 结束的所有内容复制到 n3 后面
	:n1,n2 m n3	将从 n1 开始到 n2 结束的所有内容移动到 n3 后面
	:n1,n2 d	删除 n1 开始到 n2 结束的所有内容
	:.,$d	删除从当前行到结尾的所有内容
	:/str1/,/str2/d	删除从 str1 开始到 str2 为止的所有内容
保存和退出	:wq	存盘退出
	:q!	不保存此次关于文本的修改并退出 vim 编辑器
	:q	退出 vim 编辑器

【例 2.24】使用 vim 编辑器创建并编辑文件 OldMan_Sea。

```
#vim  OldMan_Sea
```

直接在命令提示符后输入：vim　OldMan_Sea，执行后自动生成文件 OldMan_Sea，并以全屏的方式打开该文件，进入命令模式。然后可以使用 i 命令切换到输入模式，对文件的内容进行编辑。进入输入模式后，光标停在第 1 行第 1 个字符的位置上，其他每行都有一个“~”符号，表明该行是一空行。最后一行是状态行，显示当前正在编辑的文件名及文件的状态。如果被编辑文件已经存在，则在屏幕上显示文件的内容，光标停在第 1 行的行首，在状态行除了可以看到文件的名字，还可以看到文件的行数、字数。如图 2.5 所示。

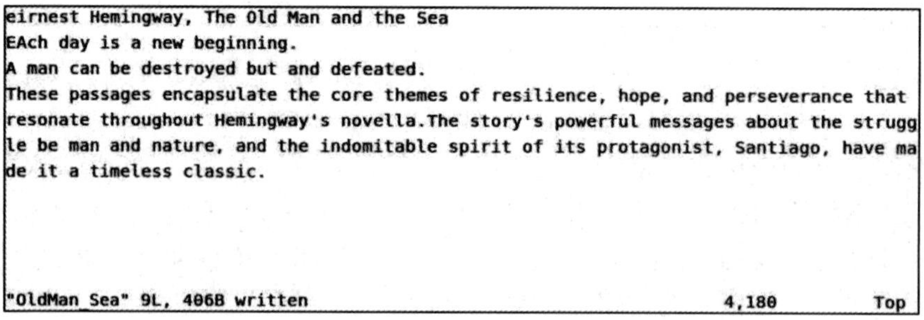

图 2.5　编辑文件 OldMan_Sea

完成了对文件的编辑之后，进入末行模式，保存文件并退出 vim 编辑器。需要注意的是，vim 编辑器不能从输入模式直接切换到末行模式。因此需要先按 Esc 键，进入命令模式，然后按 Shift+“:”组合键，切换到末行模式。进入末行模式后，输入 wq 命令，对文件进行保存，并退出 vim 编辑器。执行结果如图 2.6 所示。

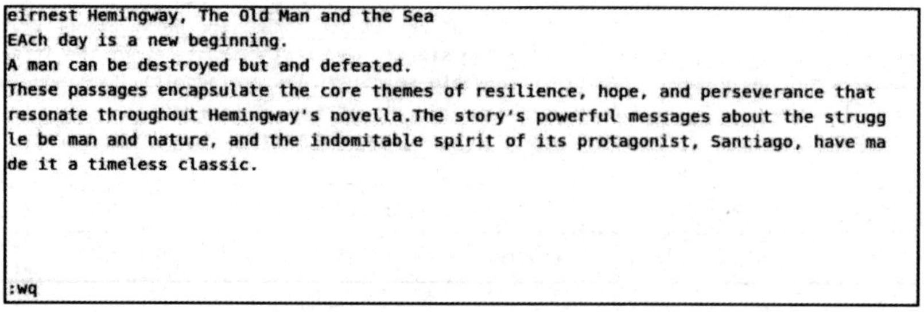

图 2.6　保存文件 OldMan_Sea

【例 2.25】使用 vim 编辑器对文件 OldMan_Sea 的内容进行编辑。

首先执行#vim　OldMan_Sea 命令打开待编辑的文件，如图 2.7 所示，需要修改的地方已加框，共计 4 处。

```
eirnest Hemingway, The Old Man and the Sea
EAch day is a new beginning.
A man can be destroyed and not defeated.
These passages encapsulate the core themes of resilience, hope, and perseverance that
resonate throughout Hemingway's novella.The story's powerful messages about the strugg
le be  man and nature, and the indomitable spirit of its protagonist, Santiago, have m
ade it a timeless classic.

~
                                                            8,0-1         All
```

图 2.7　OldMan_Sea 文件内容编辑前

接下来先按 Esc 键，进入命令模式。在命令模式下，将光标移动到第 1 行行首，输入“rE”，则“e”将被替换为“E”。使用同样的方法，将光标移动到第 2 行的“A”，输入“ra”，则“A”将被替换为“a”。

保持在命令模式下，将光标移动到第 3 行“and”的首字符，输入“Rbut”，则“and”将被替换为“but”。

保持在命令模式下，将光标移动到第 6 行“be”的首字符，输入“cwbetween”，则“be”将被替换为“between”。

编辑后的文件如图 2.8 所示。

```
Eirnest Hemingway, The Old Man and the Sea
Each day is a new beginning.
A man can be destroyed but not defeated.
These passages encapsulate the core themes of resilience, hope, and perseverance that
resonate throughout Hemingway's novella.The story's powerful messages about the strugg
le between man and nature, and the indomitable spirit of its protagonist, Santiago, ha
ve made it a timeless classic.

~
-- INSERT --                                                8,2           All
```

图 2.8　OldMan_Sea 文件内容编辑后

【例 2.26】使用 vim 编辑器对文件 OldMan_Sea 的内容进行复制、删除、撤销与重复。

首先执行#vim　OldMan_Sea 命令打开待编辑的文件，如图 2.9 所示。

```
Eirnest Hemingway, The Old Man and the Sea
Each day is a new beginning.
A man can be destroyed but not defeated.
These passages encapsulate the core themes of resilience, hope, and perseverance that
resonate throughout Hemingway's novella.The story's powerful messages about the strugg
le between man and nature, and the indomitable spirit of its protagonist, Santiago, ha
ve made it a timeless classic.

~
                                                            8,1           All
```

图 2.9　OldMan_Sea 文件编辑前

接下来先按 Esc 键，进入命令模式。在命令模式下，将光标移动到第 1 行的行首，输入“3dd”，将删除前 3 行的内容，输入“u”将撤销刚才的删除操作。

保持在命令模式下，先将光标移动到第 3 行行首，输入“yy”，将复制此行信息，然后将光标移动到文件尾部，输入“p”，再输入“P”完成两次粘贴，然后输入“.”重复刚才的操作。

编辑后的文件如图 2.10 所示。

```
A man can be destroyed but not defeated.
These passages encapsulate the core themes of resilience, hope, and perseverance that
resonate throughout Hemingway's novella.The story's powerful messages about the strugg
le between man and nature, and the indomitable spirit of its protagonist, Santiago, ha
ve made it a timeless classic.

A man can be destroyed but not defeated.
A man can be destroyed but not defeated.
A man can be destroyed but not defeated.



                                                                    6,1           66%
```

图 2.10　OldMan_Sea 文件编辑后

【例 2.27】对文件 OldMan_Sea 的内容进行查找。

首先执行#vim　OldMan_Sea 命令，打开待编辑的文件，如图 2.9 所示。

先按 Esc 键，进入命令模式。在命令模式下，将光标移动到第 1 行的行首，接下来输入要查找的单词“the”，再按 Enter 键，这将从当前位置开始往下（行号增长方向）查找单词“the”，并且在第 1 行处找到了第 1 个单词“the”，如图 2.11 所示。

```
Eirnest Hemingway, The Old Man and the Sea
Each day is a new beginning.
A man can be destroyed but not defeated.
These passages encapsulate the core themes of resilience, hope, and perseverance that
resonate throughout Hemingway's novella.The story's powerful messages about the strugg
le between man and nature, and the indomitable spirit of its protagonist, Santiago, ha
ve made it a timeless classic.





/the                                                                1,36          All
```

图 2.11　查找第 1 个单词“the”

如果要继续往下查找，则可以输入“n”，在第 4 行又找到了一个“the”（第 2 次找到单词“the”），如图 2.12 所示。

```
Eirnest Hemingway, The Old Man and the Sea
Each day is a new beginning.
A man can be destroyed but not defeated.
These passages encapsulate the core themes of resilience, hope, and perseverance that
resonate throughout Hemingway's novella.The story's powerful messages about the strugg
le between man and nature, and the indomitable spirit of its protagonist, Santiago, ha
ve made it a timeless classic.





/the                                                                4,28          All
```

图 2.12　查找第 2 个单词“the”

此时，如果要回到上次查找到单词“the”的位置（往回查找一次），则可以输入“N”。

如果从文件后部往前查找单词“the”。先按Esc键，进入命令模式。在命令模式下，将光标移动到文件的后部，接下来输入“?”和要查找的单词“the”，最后按Enter键，这将从当前位置开始往前（行号减小的方向）查找单词the。

2.2.2 查看文件内容命令

1. more/less 命令浏览文件全部内容

当文件内容过多时，可以用more或less命令来查看。

命令格式：

```
more 文件名
less 文件名
```

使用more命令可以查看文件第一屏的内容，同时在屏幕左下角出现一个百分比，它表示当前显示的内容占整个文件内容的百分比。按空格键，系统会自动显示下一屏的内容，到达文件末尾后，命令执行结束。

less命令比more命令的功能更强大。在查看文件内容时，按z键，可以向下翻页，显示下一屏的内容。按w键，可以向上翻页，显示上一屏的内容。到达文件尾部时，会出现提示符“End”。结束浏览时，直接按q键退出，同时支持光标键和翻页键。

【例 2.28】 使用vim编辑器创建并编辑文件info，文件内容不少于30行，使用more和less命令分别查看文件内容。

```
#vim  info        //输入不少于30行
#more  info       //注意底部的百分比显示
#less  info       //注意退出使用q键
```

2. cat 命令查看文件内容

该命令用于将文件的内容打印输出到显示器或终端窗口上。

命令格式：

```
cat  [选项]  文件名
```

如果文件的内容超过一屏，则只显示最后一屏的内容，因此常用于查看内容不太多的文件。如果被查看的文件内容过多，则会因滚动太快而无法阅读。cat命令的常用选项见表2.18。

表 2.18　cat 命令的常用选项

选项	说　明
-n	从1开始对所有输出的行数进行编号
-b	从1开始对所有输出的非空白行的行数进行编号
-s	当遇到连续两行以上的空白行时，用一个空白行代替

3. head/tail 命令显示文件头部/尾部信息

head命令用来查看文件前若干行信息，tail命令用来查看文件后若干行信息。

命令格式：

```
head  [选项]  文件名
tail  [选项]  文件名
```

默认情况下，查看10行的内容，可以通过对选项的设置来决定要查看的行数。

【例 2.29】查看文件 OldMan_Sea 第 1 行的内容和后两行的内容。

```
#head  -1  OldMan_Sea
#tail  -2  OldMan_Sea
```

4. grep 命令查询字符串

grep 命令可以在指定文件中匹配字符串，输出匹配字符串所在行的全部内容。

命令格式：

```
grep  关键字  查找范围
```

【例 2.30】在当前目录下的 myfile 文件中查找字符串 this。

```
#grep  this  myfile
```

2.2.3 管道与重定向命令

1. 管道命令

在操作 Linux 命令时，有时需要将一个命令的执行结果作为另一个命令的输入，这时就需要用到管道命令。

管道命令是“|”。管道命令可以将多个命令连接在一起，每一个命令独立运行，每一个命令的运行结果作为下一个命令的输入。管道的单向性决定了命令处理的单向性。

命令格式：

```
cmd1 | cmd2 | cmd3 |…|cmd(n)
```

管道命令可以实现将一个命令的输出作为另一个命令的输入，后者的输出又可作为第 3 条命令的输入，以此类推，这样，管道命令行中最后一条命令的输出才会显示在屏幕上。因此，可以利用管道操作，将多条相关的命令连接起来。在使用时，第 1 个命令正常写，后面的命令都只写操作，不写操作的对象，因为操作的对象就是前一个命令的输出结果。

【例 2.31】查看/etc 目录下的内容。

```
#ls  /etc|less
```

本例中，如果执行#ls /etc 命令，会发现由于/etc 目录下内容比较多，因此无法看到全部的内容，一种解决方案就是使用“|”命令，将 ls /etc 的执行结果作为 less 命令的输入，达到分页显示 ls /etc 内容的功能。

【例 2.32】显示/etc 目录中文件名以 pass 开头的文件。

```
#ls  /etc | grep pass
```

2. 重定向

Linux 命令在执行时，常规下都会有输入，命令处理完成后会有结果的输出。输入通常使用标准输入设备端口，输出通常使用标准输出设备端口和标准错误设备端口。

stdin 表示标准输入设备端口，命令的输入都从其获取。默认是键盘。

stdout 表示标准输出设备端口，命令执行的结果都向其输出。默认是控制台的显示屏。

stderr 表示标准错误设备端口，命令执行过程中出现的错误信息都向其输出。默认是控制台的显示屏。

所谓重定向，指不使用系统的标准输入/输出/错误设备端口进行信息的获取或输出，而是通过重新指定，让命令从非默认的输入/输出设备端口获取或输出信息。所以重定向分为输入重定向、输出重定向和错误重定向。

重定向功能是通过重定向符号来实现的。当 Shell 执行命令时，通过检查命令行中是否含有重定向符号来决定本次命令的执行是否需要重定向。表 2.19 列出了重定向的常用符号。

表 2.19　重定向的常用符号

命令	说明
>	输出重定向。如果目标文件存在，则新的内容会覆盖文件中原有的内容
>>	输出重定向。如果目标文件存在，则新的内容会追加在原有内容的后面，不覆盖文件中的原有内容
<	输入重定向。命令的输入不通过键盘来完成，而是通过其他的方式
2>	错误重定向
&>	输出重定向和错误重定向同时实现

【例 2.33】将 ls　/命令的执行结果记录到 list 的文件中。

```
#ls   / > list
```

执行后在本目录下会新建一个 list 文件，文件内容为 ls　/命令的执行结果。

【例 2.34】如果 useradd　lolo 命令在执行时发生错误，则将错误信息保存到当前目录下的 errlog 文件中。

```
#useradd   lolo   2>errlog
```

如果命令执行正常，没有错误出现，则该错误重定向操作不会被执行。只有在命令执行出现错误的情况下，该错误重定向才会被执行。错误信息重定向经常用于对程序的调试。

【例 2.35】将程序 hello 的执行结果和错误信息全部都重定向输出到/tmp 目录下的 outfile 文件中。

```
#./hello   &> /tmp/outfile
```

2.3　知识扩展——命令行下提高工作效率的方法

通常，在执行一个命令时，需要在命令提示符下完整地输入该命令。在命令或者操作对象名字很复杂的情况下，输入操作会占用大量的时间并且容易出错。Linux 系统提供了几种既可以简化操作，又可以使操作的准确度提高的方法，从而提高工作效率，节省时间。

2.3.1　Linux 下 Shell 命令补全功能

命令补全是指在当前目录下，当用户在命令行中输入的字符足以确定操作目录下的一个唯一文件时，只需要按 Tab 键，Shell 就会自动实现命令的补全操作，把命令的剩余部分自动补齐。

例如，当前目录下的文件如图 2.13 所示。

```
dns  file   hello.class  j2sdk-1_4_2_04-Linux-i586-rpm.bin  list
err  hello  hello.java   jakarta                            passwd
```

图 2.13　当前目录下的文件

如果想查看文件 list 的内容，可以输入完整命令：

```
#more   list
```

也可使用命令自动补全功能，因为 list 是当前目录中唯一以字母“l”开头的文件，Shell 在用户输入“l”后就能判断用户要操作哪个文件：

```
#more   l
```

在输入“l”后，唯一的可能就是 list 文件。想让 Shell 自动补全，按 Tab 键：

```
#more   l<tab>
```

当按 Tab 键时，Shell 将帮助补全命令并显示在屏幕上。但命令的执行需要按回车键来实现，在命令执行前，Shell 会让用户确认自动补全的命令是否正确。

同样，要执行文件 j2sdk-1_4_2_04-Linux-i586-rpm.bin，只需要输入：

```
$./ j2<tab>
```

用户输入命令时，不论何种情况下按 Tab 键，Shell 都会尽力去补全命令，如果不成功，Shell 会发出提示声，提示用户需要输入更多的信息，再按 Tab 键重新实现命令的补全。

如果只输入了：

```
$./ j<tab>
```

由于当前目录下以 j 开头的文件多于一个，所以 Shell 会提示可供选择的输入信息，如图 2.14 所示，可以根据提示完成命令的输入。

```
[root@localhost aaa]# ./ j
j2sdk-1_4_2_04-Linux-i586-rpm.bin  jakarta
```

图 2.14　按 Tab 键的执行结果

2.3.2　命令别名 alias

命令别名通常情况下是其他一系列长命令的缩写，用来减少用户的输入。同时通过命令别名，用户可以为命令取一个适合自己的且习惯使用的名字。

命令格式：

```
alias alias_name='original_command'
```

其中，alias_name 是用户给命令取的别名，original_command 是原始命令。

说明：

① 在定义别名的语法中，注意“=”左右两边不允许留空格。

② 原始命令包含在''（单引号）中。

③ 在 Linux 系统中，命令行定义的别名只在当前 Shell 下生效，在用户下次登录时就会失效。因此，如果想长久使用别名，需要用户在其主目录下的.bashrc 文件中添加相关别名的定义。

如果用户在命令行中输入 alias 而不带任何参数，则会显示系统当前所有已经定义的别名信息，包括每个命令的原始命令含义，执行结果如图 2.15 所示。

```
[root@localhost ~]# alias
alias ..='cd ..'
alias ...='cd ../..'
alias cp='cp -i'
alias egrep='egrep --color=auto'
alias fgrep='fgrep --color=auto'
alias grep='grep --color=auto'
alias l.='ls -d .* --color=auto'
alias ll='ls -l --color=auto'
alias ls='ls --color=auto'
alias mv='mv -i'
alias rm='rm -i'
alias xzegrep='xzegrep --color=auto'
alias xzfgrep='xzfgrep --color=auto'
alias xzgrep='xzgrep --color=auto'
alias zegrep='zegrep --color=auto'
alias zfgrep='zfgrep --color=auto'
alias zgrep='zgrep --color=auto'
```

图 2.15　alias 命令的执行结果

如果用户习惯了 DOS 下的命令，可以定义下列命令别名，使用户可以像在 DOS 下一样使用 Linux 下的资源，并进行相应的操作。

```
#alias  dir='ls'
#alias  md='mkdir'
#alias  rd='rmdir'
#alias  type='cat'
```

别名定义完成以后，就可以直接使用了。

注意：在定义别名时，如果定义的别名在原来系统中已经有该命令，则定义完成的功能会优先于原来系统的本意执行，类似于局部变量的定义覆盖全局变量的值。在这种情况下，需要执行系统本身关于该命令的本意时，需要加转义字符“\”。

例如，系统中原始命令“ls”显示目录下的内容。如果用户自己定义别名如下：

```
alias  ls='more /etc/inittab'
```

定义完成以后，当输入 ls 命令时，系统会执行命令：more/etc/inittab，而不是显示当前目录下的内容。如果希望系统按 ls 命令原有的含义执行该命令，则应在命令行中进行如下操作：

```
#\ls
```

系统会显示当前目录下的内容。

当用户要取消关于别名的定义时，使用 unalias 命令。

命令格式：

```
#unalias  alias_name
```

其中，alias_name 是用户用 alias 命令定义的别名。例如，可以通过下面的语句取消别名 dir 的定义：

```
#unalias  dir
```

2.3.3 命令历史 history

Shell 自身可以记录一定数目的、以前在 Shell 中执行过的命令。Shell 能够记录的 Shell 命令的个数由环境变量 HISTSIZE 的值所指定，该变量在配置文件/etc/profile 中定义，默认值为 1000。记录这些执行过的历史命令的文件是由环境变量 HISTFILE 指定的，默认情况下都是用户自己 home 目录下的系统文件.bash_history。

Shell 将历史命令记录以后，用户能够通过以下两种方式使用这些命令：

① 使用上、下方向键（↑、↓）、PageUp 键、PageDown 键来查询执行；

② 使用 history 命令显示历史命令，通过命令行的操作!<命令编号>，能够重新执行历史命令。

history 命令的执行结果如图 2.16 所示。

```
[root@localhost ~]# history
    1  cat /etc/os-release
    2  systemctl set-default graphical.target
    3  reboot
    4  ls
    5  ./vmware-install.pl
    6  reboot
    7  ls
    8  cd rroo
    9  cd ..
   10  ls
   11  clear
   12  hostname
```

图 2.16　history 命令的执行结果

切换至 cd/rroo 目录的命令，只需在命令行中输入：

```
#!8
```

就可以成功快速执行，而无须翻屏查找命令。

习 题 2

1．选择题

（1）以下说法正确的是（ ）。

A．Linux 命令是不区分大小写的　　B．Linux 系统的文件系统类型是 NTFS

C．Linux 内核代码是开源的　　D．Linux 系统有多个根目录

（2）以下文件中表示 Linux 隐藏文件的是（ ）。

A．test　　B．/tmp/book　　C．.filebrc　　D．/mylog

（3）Linux 系统的根目录是（ ）

A．C:\　　B．/　　C．/home　　D．root

（4）退出 less 命令使用（ ）参数。

A．a　　B．q　　C．i　　D．o

（5）在 Linux 系统中，系统默认的（ ）用户对整个系统拥有完全的控制权。

A．root　　B．guest　　C．administrator　　D．supervisor

（6）以下命令中与 ls -la 功能相同的是（ ）。

A．ls -a　　B．ll -a　　C．ls -Fa　　D．ls -F

（7）在系统任何路径下显示/home 目录下的内容，含隐藏文件的命令是（ ）。

A．ls -a /home　　B．ls /home　　C．ls home　　D．ls -a home

（8）使用 mkdir 命令创建目录树时，应使用的参数是（ ）。

A．-p　　B．-r　　C．-d　　D．-f

（9）在 root 用户主目录中创建 web 目录的命令是（ ）。

A．mkdir /web　　B．mkdir /root/web　　C．mkdir root/web　　D．mkdir /home/web

（10）在 Linux 系统中，root 用户执行 cd 命令后，其当前目录为（ ）。

A．/root　　B．home　　C．/　　D．/home/root

（11）root 用户目前位于系统的/tmp 目录下，执行 cd..命令后，位于系统的位置是（ ）。

A．/root　　B．/home　　C．/　　D．/home/root

（12）系统管理员 root 的主目录位于（ ）。

A．/　　B．/home/root　　C．/root　　D．/home

（13）创建目录 myhome 的命令是（ ）。

A．mkdir myhome　　B．touch myhome　　C．less myhome　　D．useradd myhome

（14）创建普通文件 file 的命令是（ ）。

A．touch file　　B．mkdir file　　C．less file　　D．useradd file

（15）执行 pwd 命令后，不可能的执行结果是（ ）。

A．/root　　B．/　　C．home　　D．/tmp

（16）删除普通文件 file 的命令是（ ）。

A．rm file　　B．mkdel file　　C．less file　　D．userdel file

（17）若要删除/usr/jobtest 目录及其下的子目录和文件，以下操作正确的是（　　）。

A．rm　-I　/usr/jobtest　　B．rm　/usr/jobtest　　C．rm　-r　/usr/jobtest　　D．rm　-f　/usr/jobtest

（18）在对目录进行复制、删除操作时，应在命令中使用参数（　　）。

A．-i　　B．-f　　C．-b　　D．-r

（19）以下命令中，用来分页查看文件内容的命令是（　　）。

A．head　　B．cat　　C．tail　　D．less

（20）以下命令中，用来查看文件前若干行内容的命令是（　　）。

A．more　　B．head　　C．tail　　D．less

（21）将/bin 目录下所有文件的文件名和目录名信息写入文件 bin.ls 中，正确的命令是（　　）。

A．ls　/ > bin.ls　　B．ls　/bin > bin.ls　　C．ls　bin > bin.ls　　D．ls　/bin < bin.ls

（22）在 Linux 系统中，可以使用（　　）键来自动补全命令。

A．Alt　　B．Tab　　C．Ctrl　　D．Shift

2．简答题

（1）简述 openEuler 操作系统的目录结构及常用目录。

（2）Linux 系统命令、命令参数及命令对象之间，普遍应该使用什么来间隔？

（3）若想查看的文件具有较长的内容，那么使用 cat、more、less、head、tail 中的哪个命令最合适？

（4）vim 编辑器有哪几种工作模式？请描述出这几种工作模式之间是如何进行转换的，可以画图表示。

上机实践 2

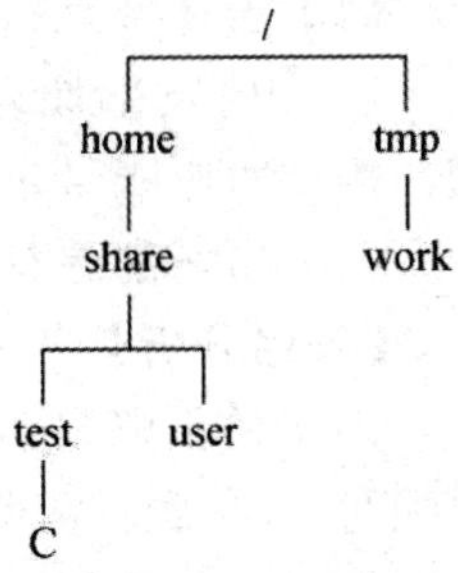

图 2.17　目录结构

1．创建如图 2.17 所示的目录结构。

2．将工作目录更改为/boot/grub，并使用 pwd 命令查看当前所处位置。

3．在当前目录中创建两个空文件，文件名分别为 file1、file2，然后使用长格式查看创建的两个文件。

4．在/home 目录下创建 user 目录，并在该目录下创建文件 test1、test2，并将 test2 复制到/home/share/test 目录下，然后删除 home/user 下的 test2 文件。

5．找出/var/log 目录下所有后缀为.log 的文件。

6．创建文件 test，输入内容“I Love Linux!”并保存，然后将文件中的内容标准输出。

7．使用 cat 命令创建 catfile 文件，文件内容为 Hello。

8．使用 echo 命令和输出重定向命令创建文件/root/testf，内容是 Hello，然后使用追加重定向命令输入内容 Linux。

9．使用管道命令分页显示/var 目录下的内容。

10．显示公元 2025 年 3 月的月历。

11．将当前计算机时间设置为 2025 年 3 月 6 日。

12．显示/etc/named.conf 文件的文件类型。

13．显示/root 目录的磁盘占用量。

14．将“cat/etc/named.conf”设置为别名 name，然后取消别名。

第3章　用户与用户组

用户与用户组的管理是Linux系统最基本、最常用的管理内容之一，是管理员通过管理用户而保证系统安全的有效方法。本章将介绍用户、用户组的相关内容，主要包括以下知识点：

- 与用户管理相关的系统文件（难点）；
- 用户管理命令（重点）；
- 用户组管理命令（重点）。

3.1　项目一：Linux用户管理

【项目描述】

随着W公司规模的不断扩大，W公司重新调整了公司的组织架构，因此需要针对新的组织架构调整Linux系统的账号。经过调研，目前设计部、研发部及市场部需要Linux账号，具体需求如下：

（1）设计部是新成立的部门，需要新建两个账号。

（2）研发部原有两个账号rdd001和rdd002，但是为了账号命名的统一性以便于公司管理，需要对原账号重命名。

（3）市场部原有一个账号mar001，做删除处理，同时创建一个新账号。

【项目分析】

为了便于账号管理，设置账号命名规则：wXXXSS，其中w表示W公司，XXX表示部门缩写，SS表示流水号。初始密码均设置为123456。账号创建完成后，管理员又查看了存储用户信息的系统配置文件/etc/passwd，用来核对账号信息。

本项目需要运用与用户相关的知识，包括用户账号的创建、修改、删除及账号密码设置，相关知识点见表3.1。

表3.1　相关知识点

序号	知识点	详见章节
1	对用户概念的理解	3.1.1节
2	创建用户的命令	3.1.3节
3	为用户设置密码	3.1.3节
4	修改用户属性的命令	3.1.3节
5	删除用户的命令	3.1.3节
6	对用户配置文件的理解	3.1.2节

【操作过程】

```
#useradd    wdes01                    //为设计部创建用户账号
#passwd     wdes01                    //设置密码123456
#useradd    wdes02
```

```
#passwd     wdes02
#usermod    -l   wres01   rdd001          //为研发部修改用户名
#usermod    -l   wres02   rdd002
#useradd    wmar01                        //为市场部创建用户账号
#passwd     wmar01
#userdel    -r   mar001                   //删除市场部原用户及用户主目录
#less       /etc/passwd                   //查看并核对/etc/passwd 文件内容
```

3.1.1 Linux 系统的用户

Linux 是一个多用户、多任务的操作系统。多用户、多任务指可以在系统上建立多个用户，而多个用户可以在同一时间内登录同一个系统且执行各自不同的任务而互不影响。例如，某台 Linux 服务器上有 4 个用户，分别是 root、www、ftp 和 mysql。在同一时间内，root 用户在查看系统日志、管理维护系统，www 用户在修改自己的网页程序，ftp 用户在上传软件到服务器，mysql 用户在执行自己的 SQL 查询。每个用户互不干扰，有条不紊地进行自己的工作，而每个用户之间不能越权访问，比如，www 用户不能执行 mysql 用户的 SQL 查询操作，ftp 用户也不能修改 www 用户的网页程序。因此可知，不同用户拥有不同的权限，每个用户只能在权限允许的范围内完成不同的任务。同理，系统的进程也需要以某个用户的身份来运行。简单地说，Linux 系统通过用户权限来限制使用者或者进程可以使用或者不可以使用哪些资源，通过这种权限的划分与管理，实现了多用户、多任务的运行机制。

Linux 用户是根据角色定义的，具体分为 3 种角色。

超级用户：拥有对系统的最高管理权限，默认是 root 用户。

普通用户：只能对自己目录下的文件进行访问和修改，具有登录系统的权限，例如上面提到的 www 用户、ftp 用户等。

虚拟用户：也叫“伪”用户，这类用户最大的特点是不能登录系统，它们的存在主要是方便系统管理，满足相应的系统进程对文件所有者的要求。例如，系统默认的 bin、adm、nobody 用户等。

3.1.2 与用户管理相关的系统文件

在 Linux 系统中，存放用户信息的文件有很多，其中有两个非常重要的文件：一个是管理用户名等重要参数的/etc/passwd 文件；另一个是专门管理密码相关数据的/etc/shadow 文件。

1. 用户信息配置文件/etc/passwd

在 Linux 系统中，用户信息被存放在系统的/etc/passwd 文件中，系统中的每个合法用户均对应于该文件中的一行记录，这行记录定义了该用户的属性。由于所有用户对/etc/passwd 文件均有读取权限，因此密码信息并未保存在该文件中，而是保存在/etc/shadow 文件中。

在/etc/passwd 文件中，每行均由 7 个字段构成，各字段之间用“:”分隔，每个字段均代表该用户某方面的信息，如图 3.1 所示。

在/etc/passwd 文件中，从左到右各个字段的含义如下。

用户名：用户登录系统时使用的用户账号名，在系统中是唯一的。

密码：存放加密的密码。密码是 x，这表明用户的密码是被/etc/shadow 文件保护的。

用户标识号（UID）：系统内部用它来标识用户，每个用户的 UID 都是唯一的。root 用户的 UID 是 0，普通用户的 UID 默认值为 1000～60000。由操作系统创建的系统用户的 UID 为 0～200，由用户创建的系统用户的 UID 为 201～999。

```
root:x:0:0:Super User:/root:/bin/bash
bin:x:1:1:bin:/bin:/usr/sbin/nologin
daemon:x:2:2:daemon:/sbin:/usr/sbin/nologin
adm:x:3:4:adm:/var/adm:/usr/sbin/nologin
lp:x:4:7:lp:/var/spool/lpd:/usr/sbin/nologin
sync:x:5:0:sync:/sbin:/bin/sync
shutdown:x:6:0:shutdown:/sbin:/sbin/shutdown
halt:x:7:0:halt:/sbin:/sbin/halt
mail:x:8:12:mail:/var/spool/mail:/usr/sbin/nologin
operator:x:11:0:operator:/root:/usr/sbin/nologin
games:x:12:100:games:/usr/games:/usr/sbin/nologin
```

图 3.1　/etc/passwd 文件内容

用户组标识号（GID）：系统内部用它来标识用户所属的组，如果用户属于多个组，则这里的 GID 是主组 GID。普通用户组的 GID 默认值为 1000～60000，由操作系统创建的系统用户组的 GID 为 0～200，由用户创建的系统用户组的 UID 为 201～999。

注释性描述：为了方便管理和记忆该用户而添加的信息，如存放用户全名等信息。

用户主目录：也称家目录，用户登录系统后所进入的目录。

命令解释器：指示该用户使用的 Shell，openEuler 操作系统默认的是 Bash。如果指定 Shell 为/sbin/nologin，则代表该用户是虚拟用户，将无法登录系统。

2．用户密码配置文件/etc/shadow

为了加强系统安全性，Linux 系统提供了专门的密码管理文件。几乎所有的 Linux 系统都会对密码进行加密，密文保存在/etc/shadow 文件中。该文件对普通用户不可读，只有 root 用户才能够读取。在/etc/shadow 文件中，一行对应一个用户的密码信息，每行均由 9 个字段构成，各个字段之间用“:”分隔，如图 3.2 所示。

```
root:$6$ZFqHg1z9JytShEEN$1xPmmKyDG3XK2fdTphat.kiyL5xCsVMgq4fq8NTVi8fxh0OLdDPu/pb9O
WYa93/DUuhagDzF3lq.nji5g04Pf.:19921:0:99999:7:::
bin:*:19866:0:99999:7:::
daemon:*:19866:0:99999:7:::
adm:*:19866:0:99999:7:::
lp:*:19866:0:99999:7:::
sync:*:19866:0:99999:7:::
shutdown:*:19866:0:99999:7:::
halt:*:19866:0:99999:7:::
mail:*:19866:0:99999:7:::
operator:*:19866:0:99999:7:::
games:*:19866:0:99999:7:::
```

图 3.2　/etc/shadow 文件内容

在/etc/shadow 文件中，从左到右各个字段的含义如下。

用户名：用户账号名。

密码：用户的加密密码。

最后一次修改的时间：从 1970 年 1 月 1 日开始，到用户最后一次更改密码的天数。

最小时间间隔：从 1970 年 1 月 1 日开始，到用户可以更改密码的天数（0 表示随时可以变更）。

最大时间间隔：从 1970 年 1 月 1 日开始，到必须更改密码的天数，否则密码将过期（99999 表示永远不过期）。

警告时间：在密码过期之前多少天提醒用户更新，默认是 7 天。

不活动时间：在用户密码过期之后到禁用账号的天数。

失效时间：从 1970 年 1 月 1 日起，到账号被禁用的天数。

标志：保留位。

3.1.3 用户管理命令

在用户管理中，主要包括对用户的创建、用户信息的修改、用户密码的创建及用户删除。

1. 用 useradd 命令创建用户

在 Linux 系统中，创建或添加新用户要用 useradd 命令来实现。

命令格式：

```
useradd  [选项]  用户名
```

useradd 命令支持的选项很多，其常用选项及功能说明见表 3.2。

表 3.2 useradd 命令常用选项及功能说明

选项	功能说明
-d	指定用户主目录
-g	指定用户组
-m	若主目录不存在，则创建
-M	不创建主目录
-s	指定登录时使用的 Shell 类型，默认为/bin/bash
-c	设置对该账号的注释说明文字
-r	创建系统账号（用户的 UID 小于 1000，从 999 起按照递减的顺序创建），默认不创建对应的主目录
-u	手工指定新用户的 ID 值，该值必须唯一，且大于 999

【例 3.1】创建用户 tom。

```
#useradd  tom
```

使用 useradd 命令创建用户 tom，由于没有为 tom 用户指定用户组和主目录，因此系统会创建同名用户组 tom 作为 tom 用户的用户组，同时在/home 目录下创建同名 tom 目录作为 tom 用户的主目录，并且在/var/spool/mail 和/var/mail 下创建与 tom 用户同名的文件，作为 tom 用户的邮件日志文件和备份，如图 3.3 所示。其中，groups 命令可以用来查看用户所属的用户组，id 命令用来查看用户的 UID 和 GID。

```
[root@localhost ~]# useradd tom
[root@localhost ~]# ls /home
lost+found  tom
[root@localhost ~]# groups tom
tom : tom
[root@localhost ~]# tail -1 /etc/passwd
tom:x:1003:1004::/home/tom:/bin/bash
[root@localhost ~]# ls /var/mail
tom
[root@localhost ~]# ls /var/spool/mail
tom
[root@localhost ~]# id tom
uid=1003(tom) gid=1004(tom) 组=1004(tom)
```

图 3.3 tom 用户默认用户组和主目录的验证

【例 3.2】创建一个名为 zhangqi 的用户，设置主目录为/var/zhangqi，作为 root 组的成员，添加注释“101school”，指定用户 Shell 为/bin/sh。

```
#useradd  -d  /var/zhangqi  -g  root  -c  101school  -s  /bin/sh  zhangqi
```

创建完成后，可以查看/etc/passwd 的最后一行，如图 3.4 所示。

```
[root@localhost ~]# useradd  -d  /var/zhangqi  -g  root  -c  101school  -s  /bin/sh  zhangqi
[root@localhost ~]# tail -1 /etc/passwd
zhangqi:x:1004:0:101school:/var/zhangqi:/bin/sh
```

图 3.4　创建 zhangqi 用户及/etc/passwd 文件的最后一行

可以看到在/etc/passwd 文件中追加了一行新用户 zhangqi 的信息，由此可见/etc/passwd 文件中的各个字段与 useradd 命令各参数的关系。

2. 用 usermod 命令修改用户属性

对于已经创建好的用户，可以使用 usermod 命令来修改和设置账号的各项属性，包括用户名、用户主目录、用户所属的组、使用 Shell 类型等。

命令格式：

```
usermod　选项　用户名
```

usermod 命令支持很多的选项，以实现对账号属性更详细的控制，其常用选项及功能说明见表 3.3。

表 3.3　usermod 命令的常用选项及功能说明

选项	功能说明
-l	修改用户名
-c	修改用户描述信息
-d	修改用户主目录
-L	锁定账号，临时禁止用户登录
-U	对账号解锁
-g	修改用户所属的主组
-G	修改用户所属的附属组
-s	修改用户登录后使用的 Shell 类型
-u	修改用户 UID
-e	修改用户有效期
-f	修改用户密码在多少天后过期

【例 3.3】修改用户 zhangqi 为 zhangqiming。

```
#usermod  -l  zhangqiming  zhangqi
```

注意：原用户名和新用户名的顺序。

【例 3.4】修改 zhangqiming 的主目录为/var/zhangqiming。

```
#usermod  -d  /var/zhangqiming  zhangqiming
```

注意：如果新的主目录不存在，则需要先创建该主目录。

【例 3.5】修改 zhangqiming 的注释信息为 neusoft。

```
#usermod  -c  neusoft  zhangqiming
```

操作完成后，查看/etc/passwd 文件中 zhangqiming 用户的信息，如图 3.5 所示，可以发现 usermod 命令间接修改了/etc/passwd 文件。

```
[root@localhost ~]# tail -1 /etc/passwd
zhangqiming:x:1004:0:neusoft:/var/zhangqiming:/bin/sh
```

图 3.5　zhangqiming 用户修改后/etc/passwd 文件的变化

【例 3.6】为 zhangqiming 设置附属组。

```
#groupadd group1                        //创建用户组 group1，groupadd 命令在 3.2.3 节具体介绍
#groupadd group2
#usermod -G group1 zhangqiming          //为 zhangqiming 设置附属组 group1
#grep  group1  /etc/group               //验证设置是否成功
group1:x:1007:zhangqiming
#usermod -G group2 zhangqiming          //为 zhangqiming 设置附属组 group2
#grep  group2  /etc/group               //验证设置是否成功
group2:x:1008:zhangqiming
#grep  group1  /etc/group
group1:x:1007:                          //group1 组中的 zhangqiming 用户被移除了
```

通过例 3.6 可以看出，虽然使用 usermod 命令成功将 zhangqiming 用户加入 group2 中，但 zhangqiming 原本在 group1 中，此时却被移除。如果希望用户不被移除，可以使用 gpasswd 命令，参见 3.2.3 节。

3．用 userdel 命令删除用户

在 Linux 系统中，可以在 userdel 命令后直接加用户名，删除指定的用户。若使用选项-r，则在删除该用户的同时，将该用户对应的主目录一起删除。

命令格式：

```
userdel  [-r]  用户名
```

【例 3.7】删除 zhangqiming 用户及其主目录。

```
#userdel  -r  zhangqiming
```

删除 zhangqiming 用户后，查看/etc/passwd 文件，发现该文件中已经不存在 zhangqiming 用户的信息，同时该用户的主目录也一并被删除了。

4．用 passwd 命令管理用户登录密码

在 Linux 系统中，用户必须设置密码之后才能登录系统。设置用户登录密码时，使用 passwd 命令直接加用户名。只有 root 用户才有权设置指定用户的密码，普通用户只能设置或修改自己的密码。直接执行 passwd 命令不加用户名，可以设置当前用户的密码。

命令格式：

```
passwd  [选项]  [用户名]
```

passwd 命令除了可以设置用户的密码，还可以管理用户的密码，其常用选项及功能说明见表 3.4。

【例 3.8】root 用户创建 bob 用户，并为其设置密码为“123456”，而后查看/etc/shadow 文件中 bob 的密码。再将 bob 的密码锁定，使 bob 无法登录系统，查看/etc/shadow 文件的变化。再解锁 bob 的密码，恢复 bob 对系统的访问权，再次查看/etc/shadow 文件的变化。操作过程如图 3.6 所示。

表 3.4　passwd 命令的常用选项及功能说明

选项	功能说明
-l	锁定用户密码
-u	解锁用户密码
-S	查询用户密码状态
-d	删除用户密码

```
[root@localhost ~]# useradd bob
[root@localhost ~]# passwd bob
更改用户 bob 的密码 。
新的密码:
无效的密码： 密码少于 8 个字符
重新输入新的密码:
passwd: 所有的身份验证令牌已经成功更新。
[root@localhost ~]# tail -1 /etc/shadow
bob:$6$ZmtXpGERzNpbULEa$Y9rvMRPg/lFzOjJY.D8eDMPDJfenHGIKM5r9QR0cKbMDUx3Jy9CXkDVFI
VwzaiGbUNbDIAxMAY25EjkfX.zaE/:19935:0:99999:7:::
[root@localhost ~]# passwd -l bob
锁定用户 bob 的密码 。
passwd: 操作成功
[root@localhost ~]# tail -1 /etc/shadow
bob:!!$6$ZmtXpGERzNpbULEa$Y9rvMRPg/lFzOjJY.D8eDMPDJfenHGIKM5r9QR0cKbMDUx3Jy9CXkDV
FIVwzaiGbUNbDIAxMAY25EjkfX.zaE/:19935:0:99999:7:::
[root@localhost ~]# passwd -u bob
解锁用户 bob 的密码。
passwd: 操作成功
[root@localhost ~]# tail -1 /etc/shadow
bob:$6$ZmtXpGERzNpbULEa$Y9rvMRPg/lFzOjJY.D8eDMPDJfenHGIKM5r9QR0cKbMDUx3Jy9CXkDVFI
VwzaiGbUNbDIAxMAY25EjkfX.zaE/:19935:0:99999:7:::
```

图 3.6　例 3.8 的操作过程

使用选项-l 对用户密码进行锁定，将导致该用户无法登录系统。只有 root 用户才有权限对用户密码进行管理。通过例 3.8 可以看出，锁定用户的密码只是在/etc/shadow 文件中该用户密码前加“!!”，而解锁也只是将“!!”去掉即可。

【例 3.9】查询 bob 用户的密码状态，加锁后再查询其密码状态。

操作过程如图 3.7 所示。

```
[root@localhost ~]# passwd -S bob
bob PS 2024-07-31 0 99999 7 -1 (密码已设置，使用 SHA512 算法。)
[root@localhost ~]# passwd -l bob
锁定用户 bob 的密码 。
passwd: 操作成功
[root@localhost ~]# passwd -S bob
bob LK 2024-07-31 0 99999 7 -1 (密码已被锁定。)
```

图 3.7　例 3.9 的操作过程

若用户密码的当前状态是解锁状态，则结果是“密码已设置，使用 SHA512 算法。”其中，“SHA512 算法”指的是密码加密方式。若用户密码被锁定，则查询用户密码状态的结果是“密码已被锁定。”

3.2　项目二：用户组的管理

【项目描述】

W 公司调整 Linux 系统的账号后，为了方便同部门用户账号的权限管理，需要为同一部门的用户设置相同的用户组。

【项目分析】

管理员根据统一命名规则为各部门创建用户组，然后将其设置为同一部门用户的用户组。在此过程中，管理员需要查看相关的用户组配置文件以验证操作的效果。

本项目需要运用与用户组相关的知识，包括用户组的创建、用户组的修改及用户组相关配置文件的理解，相关知识点见表 3.5。

表 3.5　相关知识点

序号	知识点	详见章节
1	对用户组概念的理解	3.2.1 节
2	创建用户组的命令	3.2.3 节
3	用户组的修改	3.1.3 节
4	对用户组配置文件的理解	3.2.2 节

【操作过程】

```
#groupadd    wdesg                       //为设计部创建用户组账号
#usermod  -g  wdesg  wdes01              //将用户 wdes01 的用户组修改为 wdesg
#usermod  -g  wdesg  wdes02
#groupadd    wresg                       //为研发部创建用户组账号
#usermod  -g  wresg  wres01              //将用户 wres01 的用户组修改为 wresg
#usermod  -g  wresg  wres02
#tail  -2  /etc/group                    //查看并核对/etc/group 文件内容
#less  /etc/passwd                       //查看并核对/etc/passwd 文件内容
```

3.2.1 Linux 系统的用户组

1．用户组的作用

在系统管理时，有时需要让多个用户具有相同的权限，比如查看、修改某个文件的权限。一种方法是分别对多个用户进行文件访问授权，如果有 10 个用户，就需要授权 10 次，显然这种方法不太合理；另一种方法是建立一个组，让这个组具有查看、修改此文件的权限，然后将所有需要访问此文件的用户放入这个组中，那么所有用户就具有了和组一样的权限，这就是用户组。将用户分组是 Linux 系统中对用户进行管理及控制访问权限的一种手段，在一定程度上保证了对系统访问的安全性。通过定义用户组，在很大程度上简化了管理工作。

2．Linux 系统的用户组分类

在使用 useradd 命令创建用户时，系统除创建该用户外，默认情况下还会创建一个同名的用户组，作为该用户的用户组，同时还会在/home 目录下创建同名的目录作为该用户的主目录。如果一个用户属于多个组，那么记录在/etc/passwd 文件中的组称为该用户的主组，其他的组称为附属组。

主组（主要组）：每个用户有且只有一个主组。

附属组（补充组）：用户可以是零个或多个附属组成员。一般用于帮助用户对系统中文件及其他资源具有访问权限。

3．Linux 系统的用户与用户组关系

Linux 系统的用户和用户组之间关系可以分为一对一、多对一、一对多、多对多。

一对一：一个用户只归属于一个用户组。这个用户是用户组中的唯一成员。

多对一：多个用户归属于同一个用户组。

一对多：一个用户归属于多个不同的用户组。

多对多：多个用户归属于多个不同的用户组。

3.2.2 与用户组管理相关的系统文件

在 Linux 系统中，有两个存放用户组信息的文件，一个是存放用户组信息的/etc/group 文件，另一个是存放用户组密码的/etc/gshadow 文件。

1．用户组配置文件/etc/group

将用户进行分组是 Linux 系统对用户进行管理及控制访问权限的一种手段。一个组中可以有多个用户，一个用户也可以属于多个组。系统中所有用户组信息都存放于/etc/group 文件中，其中一行对应一个用户组的信息，每行均由 4 个字段构成，各个字段之间用“:”分隔，如图 3.8 所示。

```
root:x:0:
bin:x:1:
daemon:x:2:
sys:x:3:
adm:x:4:
tty:x:5:
disk:x:6:
lp:x:7:
mem:x:8:
```

图 3.8　/etc/group 文件内容

在/etc/group 文件中，从左到右各个字段的含义如下。

用户组名：该字段是用户组的名称，由字母或数字构成。与用户名一样，用户组名在系统中是唯一的。/etc/group 文件中第 1 行用户组的名称是 root。

用户组密码：用户组的密码，用 x 表示密码是被/etc/gshadow 文件保护的。用户组密码主要是用来指定组管理员的，root 用户可以给用户组指定组管理员，组管理员可以替代 root 对本组成员的加入或退出进行管理。但是这项功能目前很少使用，因此很少设置用户组密码。如果需要赋予某用户调整某个用户组的权限，使用 sudo 命令也可以完成。

用户组标识号（GID）：系统内部用它来标识用户组，每个用户组的 GID 都是唯一的。

用户组成员列表：该字段列出用户组包含的附属组成员列表。如果该用户组中无附属组成员，则该字段为空。

2．用户组密码配置文件/etc/gshadow

该文件用于定义用户组密码、组管理员等信息，该文件 root 用户可读。如图 3.9 所示。

```
root:::
bin:::
daemon:::
sys:::
adm:::
tty:::
disk:::
lp:::
mem:::
```

图 3.9 /etc/gshadow 文件内容

在/etc/gshadow 文件中，从左到右各个字段的含义如下。

用户组名：用户组的名称。

用户组密码：用户组的密码，保存已加密的密码。

用户组的管理员账号：管理员有权对该组添加、删除账号。

用户组成员：该用户组的成员，多个用户用“,”分开。

3.2.3 用户组管理命令

用户组的管理主要包括对用户组的创建、用户组信息的修改及用户组删除等。

1．groupadd 命令创建用户组

用户组是用户的集合，通常将用户进行分类归组，便于进行访问控制。用户与用户组属于多对多的关系，一个用户可以同时属于多个用户组，一个用户组可以包含多个不同的用户。

命令格式：

```
groupadd [选项] 用户组名
```

该命令的常用选项是-r，功能是创建系统用户组。每一个用户组都有一个自己的 ID，被称为 GID。若 GID 大于或等于 1000，则代表该组为普通用户组，反之为系统用户组。如果使用了选项-r，对于第一次创建系统用户组的系统，新生成的系统用户组的 GID 从 999 开始递减，而普通用户组的 GID 应从 1000 开始增加。

【例 3.10】创建用户组 student。

```
#groupadd student
```

2．groupmod 命令修改用户组属性

对于已经创建好的用户组，可以使用 groupmod 命令来修改其属性。

命令格式：

```
groupmod  选项  用户组名
```

其常用选项及功能说明见表 3.6。

表 3.6　groupmod 命令的常用选项及功能说明

选项	功能说明
-n	修改用户组名
-g	修改用户组标识号（GID）

【例 3.11】修改用户组 student 为 teacher。

```
#groupmod  -n  teacher  student
```

3．groupdel 命令删除用户组

在 Linux 系统中，可以在 groupdel 命令后直接加用户组名，删除指定的用户组。

命令格式：

```
groupdel  用户组名
```

在删除用户组时，被删除的用户组不能是某个用户的主组，否则无法删除。若必须删除，则应先删除该用户，然后删除用户组。

4．gpasswd 命令维护组中成员

gpasswd 命令可用于把用户添加到用户组、把用户从用户组中删除、把用户设为组管理员。

命令格式：

```
gpasswd  选项  用户名  用户组名
```

其常用选项及功能说明见表 3.7。

表 3.7　gpasswd 命令的常用选项及功能说明

选项	功能说明
-a	添加用户到用户组
-d	将用户从用户组中删除
-A	设置用户为组管理员

【例 3.12】将 lili 用户添加到 teacher 组。

```
#gpasswd  -a  lili  teacher
```

【例 3.13】将 lili 设置为 teacher 用户组的组管理员。组管理员具有可以向该用户组添加用户和移除用户的权限。作为组管理员，也可以使用 gpasswd 命令给用户组设置密码，只有设置了用户组密码，其他用户才可以通过 newgrp 命令切换成该用户组的成员身份，否则只有该用户组成员才能使用该用户组身份。

```
#gpasswd  -A  lili  teacher
```

【例 3.14】将 lili 从 teacher 组中删除。

```
#gpasswd  -d  lili  teacher
```

注意：使用 gpasswd 命令添加或删除用户后，需要重新登录该用户才能生效。

3.3 知识扩展

3.3.1 查看用户信息的 id 命令

id 命令用于显示用户当前的 UID、GID 及所属组的组列表。

命令格式：

```
id  [选项]  [用户名]
```

直接执行 id 命令不带选项，表示显示当前用户的 ID 信息，否则只需要在 id 命令后面直接加上要查询的用户名即可。当然，id 命令也有相关选项可使显示结果更加具体，其常用选项及功能说明见表 3.8。

表 3.8　id 命令的常用选项及功能说明

选项	功能说明
-g	显示用户所属组的 ID
-G	显示用户所属附属组的 ID
-u	显示用户的 ID

【例 3.15】查看 lili 用户的 ID 信息。

执行结果如图 3.10 所示。

```
[root@localhost ~]# id lili
uid=1006(lili) gid=1006(lili) 组=1006(lili),1007(teacher)
```

图 3.10　例 3.15 的执行结果

通过命令执行结果可看到，lili 用户的 UID 是 1006，GID 是 1006，组名为 lili，此外该用户还属于 1007 组，组名为 teacher。

3.3.2　输出指定用户所在组的 groups 命令

命令格式：

```
groups [选项] [用户名]
```

groups 命令的常用选项及功能说明见表 3.9。

表 3.9　groups 命令的常用选项及功能说明

选项	功能说明
--help	显示命令帮助信息
--version	显示版本号

例如，显示用户 lili 所在的组，如图 3.11 所示。

```
[root@localhost ~]# groups lili
lili : lili teacher
```

图 3.11　显示用户 lili 的组信息

执行命令 groups　lili 后，显示结果中冒号之前的是用户账号，冒号之后是该用户所在的组，表明用户 lili 既是 lili 组成员，又是 teacher 组成员，组 lili 是用户 lili 的主组，组 teacher 是用户 lili 的附属组。

3.3.3　查看当前登录用户的 whoami 命令

whoami 命令用于显示登录者自身的用户名，相当于执行 id　-un 命令，如图 3.12 所示。这一系列相关的命令还有 w、who。

```
[root@localhost ~]# whoami
root
[root@localhost ~]# id -un
root
```

图 3.12　whoami 命令和 id　-un 命令的执行结果

3.3.4　查看当前用户的 w 命令

系统管理员在任何时刻都可以查看用户的行为，在终端提示符下输入 w 命令，如图 3.13 所示。

```
[root@localhost ~]# w
 17:18:11 up  4:33,  1 user,  load average: 0.06, 0.03, 0.00
USER     TTY        LOGIN@   IDLE   JCPU   PCPU WHAT
root                日15     3days  0.00s  0.09s lightdm --session-child 13 20 21
```

图 3.13　w 命令的执行结果

图 3.13 中所示的信息说明如下。

第 1 行显示系统的汇总信息，字段分别表示系统当前时间、系统运行时间、登录用户总数及系统平均负载信息。该行显示的几个数据的意义是：

17:18:11 表示执行 w 命令的时间。

up　4:33 表示系统运行 4 小时 33 分。

1　users 表示当前系统登录用户总数为 1。

load average 后面的数字表示系统在过去 1、5、10 分钟内的负载程度，数值越小，系统负载越轻。

从第 2 行开始构成一个表格，共有 7 列，显示各个用户正在做的事情及该用户所占用的系统资源。

USER：显示登录用户名。用户重复登录，该账号也会重复出现。

TTY：用户登录所使用的终端。

LOGIN@：表示登录进入系统的时间。

IDLE：用户空闲时间，从用户上一次任务结束后开始计时。

JCPU：以终端代号来区分，表示在某段时间内，与该终端相关的进程耗费的 CPU 时间。

PCPU：指 WHAT 域的任务执行后所耗费的 CPU 时间。

WHAT：表示当前执行的任务。

3.3.5　查看登录用户的 who 命令

系统管理员若想知道某一时刻有哪些用户登录系统，可以使用系统提供的 who 命令，该命令可以查看当前登录系统的用户及其他相关系统信息。

3.3.6　修改用户密码有效期限的 chage 命令

在 Linux 系统中，密码时效是通过 chage 命令来管理的。

命令格式：

```
chage  [选项]  用户名
```

chage 命令的常用选项及功能说明见表 3.10。

表 3.10　chage 命令的常用选项及功能说明

选项	功能说明
-m	密码可更改的最小天数。为 0 时，代表任何时候都可以更改密码
-W	用户密码到期前，提前收到警告信息的天数
-M	密码保持有效的最大天数
-E	账号到期的日期。过了这一天，此账号将不可用
-d	上一次更改的日期
-i	停滞时期。如果一个密码已过期这些天，那么此账号将不可用
-l	列出当前的设置，可帮助用户来确定他们的密码或账号何时过期

【例 3.16】查看 root 用户的密码信息。

执行结果如图 3.14 所示。

```
[root@localhost ~]# chage -l root
最近一次密码修改时间                                    : 7月 17, 2024
密码过期时间                                            : 从不
密码失效时间                                            : 从不
帐户过期时间                                            : 从不
两次改变密码之间相距的最小天数                          : 0
两次改变密码之间相距的最大天数                          : 99999
在密码过期之前警告的天数                                : 7
```

图 3.14　例 3.16 的执行结果

习　题　3

1．选择题

（1）以下文件中，只有 root 用户才具有读权限的是（　　）。

A．/etc/shadow　　B．/etc/passwd　　C．/etc/group　　D．/etc/hosts

（2）创建属于 sys 用户组的用户 john，正确的命令是（　　）。

A．useradd　-s　sys　john　　B．useradd　-g　sys　john

C．useradd　-d　sys　john　　D．gpasswd　-a　john　sys

（3）创建使用/bin/sh　shell 的用户 john，正确的命令是（　　）。

A．useradd　-s　/bin/sh　john　　B．useradd　-g　/bin/sh　john

C．useradd　-d　/bin/sh　john　　D．usermod　-d　/bin/sh　john

（4）以下命令中，不能将用户身份改变为 root 的是（　　）。

A．whoami　　B．su -　　C．su　root　　D．su

（5）以下命令中，能查看 tom 用户属于哪些用户组的命令是（　　）。

A．whoami　tom　　B．su　tom　　C．groups　tom　　D．ids　tom

（6）以下命令中，可以查询 tom 用户 UID 的命令是（　　）。

A．whoami　tom　　B．su　tom　　C．groups　tom　　D．id　tom

（7）exit 命令的作用是（　　）。

A．退出系统　　B．关闭控制台　　C．注销当前用户　　D．删除当前用户

（8）使用 usermod 命令对用户进行重命名，应使用的参数是（　　）。

A．-n　　B．-l　　C．-L　　D．-d

（9）passwd 命令的-d 参数可以（　　）。

A．修改密码　　B．删除密码　　C．设置密码　　D．加密密码

（10）要将用户从指定的用户组中删除，应使用命令（　　）来实现。

A．groupmod　　B．useradd　　C．gpasswd　　D．groupdel

（11）对用户组进行重命名，应使用的命令参数是（　　）。

A．-r　　B．-l　　C．-L　　D．-n

2．简答题

（1）/etc/passwd 文件中保存的是什么信息？

（2）请解释/etc/passwd 文件中某一行内容 tom:x:500:500:tom:/home/tom:/bin/bash 每一个字段的含义。

上机实践 3

1．创建账号 webuser，然后从/etc/passwd 和/etc/shadow 文件找出所添加的用户，查看并分析用户账号信息，如用户的 UID、GID、密码、主目录、Shell 信息等。

2．创建账号 admin，将其用户组指定为 wheel，主目录指定为/admin。

3．创建名为 student 的用户账号，并将该用户的密码设置为 password。

4．创建用户账号 zhangsan，设置用户名全称为“zhangsan”，并设置其密码为 11111111。

5．修改用户账号 zhangsan 的 UID 为 1700，其 Shell 类型为/bin/ksh。

6．删除用户账号 zhangsan，并且在删除该用户的同时一起删除其主目录。

7．创建用户组 group1，并且在创建时设置其 GID 为 1800。

8．修改用户组 group1 的新组名为“shanghai”。

9．管理员通过公司各部门对服务器的使用需求分析得出：设计部目前有两个项目组，分别为 Web 组和系统开发组，都需要通过远程方式登录服务器，在服务器上完成各自项目部署和测试等工作。而公司其他部门暂时不需要直接访问服务器。因此，为了方便项目组员工对服务器的访问，管理员需要为每个项目组创建两个账号，在创建过程中要考虑每个项目组账号的分组管理和账号命名的统一规范。

第4章 权限管理

Linux系统是多任务、多用户的分时操作系统，登录系统时需要用户身份的验证，从而使用户具备一定对系统操作的权限。Linux系统中通过权限设置，可以严格而细致地规定用户对文件的访问权限，从而保证用户对系统访问的安全。本章将介绍文件访问权限相关的内容，主要包括以下知识点：

- 文件基本权限的设置（重点）；
- ACL权限的设置（难点）；
- 文件特殊权限设置（重点）。

4.1 项目一：对用户访问文件权限的基本设置

【项目描述】

研发部近期招聘了两名在校大学生到项目组实习，并为他们做了关于Linux基础应用方面的培训。两人为了尽快熟悉Linux系统，共享学习成果，计划在系统的/tmp目录下创建一个名为ourfile的文件，用于分享学习收获。因此，两人需要可以随时读取和修改ourfile文件的内容。

【项目分析】

本项目对初学者来说看似简单，但是实际操作上有一定的难度。如果仅按照项目表面的描述由一个用户在/tmp目录下创建ourfile文件，那么从实际操作来看，其他用户对ourfile文件只能读不能改，并不满足项目要求。因此，在这里需考虑用户对文件的访问权限问题，从而对文件做进一步操作，以满足项目要求，相关知识点见表4.1。

表4.1 相关知识点

序号	知识点	详见章节
1	对文件访问权限的理解	4.1.1节
2	文件访问权限的修改命令	4.1.2节

【操作过程】

为方便实习生的操作，root管理员创建实习生专用账号wrestest01和wrestest02：

```
#useradd   wrestest01          //创建用户wrestest01
#useradd   wrestest02          //创建用户wrestest02
```

其中一名实习生以wrestest01账号登录系统：

```
$touch   /tmp/ourfile          //在/tmp目录下创建ourfile文件
```

此时若其他用户修改文件ourfile，则系统会提示“文件只读”，而不能完成修改功能。因此需要设置用户对文件的访问权限。

```
$chmod   666   /tmp/ourfile    //修改ourfile文件的访问权限，使其他用户可以修改ourfile文件
```

4.1.1 文件属性

在使用长格式查看目录信息时，会看到类似如图 4.1 所示的结果。每一行代表对应文件或目录的详细信息，从左到右各个字段具体的含义是：文件属性、文件数、文件所有者、所属的组、文件大小、建立月份、建立日期、建立年份或时间及文件名。其中，“建立年份或时间”字段，如果文件是当年建立的，则显示具体时间；如果是往年建立的，则显示年份。

```
[root@localhost /]# ll
总计 68
dr-xr-xr-x.   2 root root  4096  5月10日  11:41 afs
lrwxrwxrwx.   1 root root     7  5月10日  11:41 bin -> usr/bin
dr-xr-xr-x.   7 root root  4096  6月13日  17:05 boot
drwxr-xr-x.  19 root root  3560  7月28日  15:39 dev
drwxr-xr-x. 118 root root 12288  7月31日  17:25 etc
drwxr-xr-x.   9 root root  4096  7月31日  17:13 home
lrwxrwxrwx.   1 root root     7  5月10日  11:41 lib -> usr/lib
lrwxrwxrwx.   1 root root     9  5月10日  11:41 lib64 -> usr/lib64
drwx------.   2 root root 16384  6月13日  16:42 lost+found
drwxr-xr-x.   2 root root  4096  5月10日  11:41 media
drwxr-xr-x.  10 root root  4096  7月19日  13:13 mnt
drwxr-xr-x.   3 root root  4096  6月13日  17:59 opt
dr-xr-xr-x. 421 root root     0  7月28日  15:39 proc
dr-xr-x---.  17 root root  4096  7月31日  16:52 root
```

图 4.1　用长格式查看当前目录信息

文件属性由 10 个字母组成，其中第 1 个字母是类型标识，用来说明文件的类型，后面 9 个字母分为 3 组，表示文件的访问权限，其构成如图 4.2 所示。

类型标识	r	w	x	r	w	x	r	w	x
	文件所有者对该文件拥有的权限			所属用户组对该文件拥有的权限			其他用户对该文件拥有的权限		

图 4.2　文件属性构成

在 Linux 系统中，共有 7 种文件类型，分别是：

- d（directory），目录文件；
- l（link），符号链接（指向另一个文件，类似于 Windows 下的快捷方式）；
- s（socket），套接字文件；
- b（block），块设备文件，为二进制文件；
- c（character），字符设备文件；
- p（pipe），管道文件；
- -，普通文件，或者更准确地说，是不属于以上几种类型的文件。

用户对文件的操作权限分为读、写和执行 3 种，分别用 r、w、x 表示。若用户没有某个权限，则在相应权限位用“-”占位，代表无此权限。

若文件具有 x 属性，则表示是可执行的文件。具有 x 属性的文件一般是二进制文件或可执行的脚本文件。若目录具有 x 属性，则表示允许打开该目录中的文件，并且可用 cd 命令进入该目录。

例如，图 4.1 中的第 4 个文件 dev，它的文件属性是 drwxr-xr-x。第 1 位是 d，说明是一个目录文件。第 1 组权限是 rwx，说明该文件的所有者对该文件具有读、写、执行权限；第 2 组权限是 r-x，则说明文件所属的用户组中的用户对该文件具有读和执行权限，但不能对该文件进行写操作；第 3 组权限是 r-x，则说明其他用户对该文件具有读和执行权限，但没有写权限。其他用户是指文件所有者和所属组用户以外的用户。

4.1.2 修改文件访问权限的 chmod 命令

修改文件的访问权限使用 chmod 命令，有绝对权限方法（数字权限方法）和相对权限方法（字符权限方法）两种。

注意：只有 root 用户和文件所有者才可以修改文件访问权限。

（1）绝对权限方法

文件的 9 位访问权限分成 3 组，每组 3 位，使用 r、w、x 来表示，同时还可以把这 9 位权限转化成一个 3 位的十进制数字来表示。比如，一个文件的权限为 rw- r-- r--，把有权限的位置用 1 来表示，没有权限的位置用 0 来表示，这样就会形成一个 3 组 9 位的二进制编码 110 100 100，然后将每组二进制编码转换成对应的十进制数，则为 644。权限 644 中，其百位上的数字 6 代表文件所有者的权限，十位上的数字 4 代表所属用户组的权限，个位上的数字 4 代表其他用户对该文件的权限。这种采用数字来表示权限的方法，称为绝对权限方法，也称为数字权限方法。

命令格式：

```
chmod  [选项]  绝对权限值  要修改的文件或目录名称
```

chmod 命令常用的选项是-R，其功能是可以递归设置指定目录下的全部文件（包括子目录和子目录中的文件）的权限。

【例 4.1】修改当前目录下 test 文件的访问权限，使所有用户对该文件均有读、写权限。

```
#chmod  666  test
```

（2）相对权限方法

使用相对权限方法修改文件权限，命令格式：

```
chmod  修改对象  运算符  用户权限  要修改的文件或目录名称
```

其中，修改对象可以是 u（文件所有者）、g（同组用户）、o（其他用户）、a（全体用户）的任意组合。运算符可以是+（添加）、-（删除）、=（只赋值）中的任意一个。用户权限可以是 r、w、x 的任意组合。

【例 4.2】对文件 test 的组用户添加写权限：

```
#chmod  g+w  test
```

【例 4.3】修改当前目录下 test 文件的访问权限，使所有用户对该文件均有读、写权限。

```
#chmod  a+rw  test
```

或者

```
#chmod  ugo+rw  test
```

【例 4.4】增加所属组用户对当前目录下 test 文件的写权限，取消其他用户对 test 文件的读权限。

```
#chmod  g+w,o-r test
```

如果修改前 test 文件的权限是 644，那么修改后 test 文件的权限是 660。

4.1.3 设置文件默认权限掩码的 umask 命令

Linux 系统是注重安全性的操作系统，对权限的设定是安全的基础。Linux 系统不仅对已存在的文件和目录要设定必要的访问权限，对新创建的文件和目录也要设定必要的默认权限，这个默认权限是根据默认权限掩码（umask）值与文件、目录的最大默认权限来确定的。

一般用户的默认 umask 值为 002，系统用户的默认 umask 值为 022。用户可以自主修改

umask 值，并在改动后立刻生效。对于文件，其可拥有的最大默认权限是 666，即 rw-rw-rw-。也就是说，使用文件的任何用户都没有执行（x）权限。因为执行权限是文件的最高权限，出于安全考虑，系统不允许为新创建的文件默认赋予执行权限，必须在创建新文件后用 chmod 命令增加执行权限。对于目录，其可拥有的最大默认权限是 777，即 rwxrwxrwx。

设置默认权限掩码的命令格式：

```
umask  [-S]  [权限掩码]
```

umask 命令可以指定创建文件或者目录时预设的权限掩码。选项-S 表示使用符号法表示权限掩码，不使用-S 则表示使用数字法表示权限掩码。

【例 4.5】查看系统默认权限掩码。

```
#umask
#touch file
#mkdir myfile
#ls -l
```

执行结果如图 4.3 所示。

```
[root@localhost users]# umask
0022
[root@localhost users]# touch file
[root@localhost users]# mkdir myfile
[root@localhost users]# ls -l
总计 4
-rw-r--r--. 1 root root    0  7月31日  17:41 file
drwxr-xr-x. 2 root root 4096  7月31日  17:41 myfile
```

图 4.3　例 4.5 的执行结果

其中第 1 条命令使用 umask 查看目前的默认权限掩码，执行的结果是 0022，表示系统默认 umask 值是 0022，其中第 1 个数代表文件所具有的特殊权限（SUID、SGID、SBIT），此部分内容详见 4.3.1 节至 4.3.3 节，此处不做讨论。也就是说，后 3 位数字“022”才是本节真正要用到的 umask 值，将其转变为字母形式，为----w--w-。

第 2、3 条命令使用默认权限掩码创建文件 file 和目录 myfile。

第 4 条命令的执行结果表明 file 文件的权限是 rw-r--r--，即（rw-rw-rw-）－（----w--w-）；myfile 目录的权限是 rwxr-xr-x，即（rwxrwxrwx）－（----w--w-）。

注意：这里的减法，其实是“遮掩”的意思，也就是说，最大默认权限中和 umask 权限公共的部分通过减法运算会被遮盖掉，剩下的权限才是最终赋予文件或目录的默认权限。

【例 4.6】修改系统默认权限掩码。

```
#umask 033
#touch file33
#mkdir myfile33
#ls -l
```

执行结果如图 4.4 所示。

```
[root@localhost users]# umask 033
[root@localhost users]# umask
0033
[root@localhost users]# touch file33
[root@localhost users]# mkdir myfile33
[root@localhost users]# ls -l
总计 8
-rw-r--r--. 1 root root    0  7月31日  17:41 file
-rw-r--r--. 1 root root    0  7月31日  17:42 file33
drwxr-xr-x. 2 root root 4096  7月31日  17:41 myfile
drwxr--r--. 2 root root 4096  7月31日  17:42 myfile33
```

图 4.4　例 4.6 的执行结果

其中第 1、2 条命令使用 umask 修改并查看了默认权限掩码，执行的结果是 0033，将其转变为字母形式为----wx-wx。

第 3、4 条命令使用默认权限掩码 033 创建文件 file33 和目录 myfile33。

第 5 条命令显示表明 file33 文件的权限是 rw-r--r--，即（rw-rw-rw-）-（----wx-wx）；myfile33 目录的权限是 rwxr--r--，即（rwxrwxrwx）-（----wx-wx）。

4.1.4 修改文件所有者的 chown 命令

文件或目录的创建者，一般是该文件或目录的所有者，对文件具有最高的使用权。根据需要，root 用户可以将一个文件或目录的拥有权转让给其他用户，使其他用户成为该文件或目录的所有者。通过 chown 命令还可以修改文件所属的组。

注意：只有 root 用户才可以使用 chown 命令来修改文件的所有者。

命令格式：

```
chown  [选项]  新所有者:新用户组  要修改的文件或目录名称
```

chown 命令常用的选项是-R，其功能是可以递归设置指定目录下的全部文件（包括子目录和子目录中的文件）的所属关系。

【例 4.7】将当前目录下的 file 文件的所有者修改为 tom，所属组改为 tom 组。

```
#chown  tom:tom  file
```

【例 4.8】将当前目录下的 file 文件的所属组改为 tom 组。

```
#chown  :tom  file
```

注意：“:”用来分割所有者和所属用户组。

4.1.5 提升用户权限的 su、sudo 命令

1. 使用 su 命令切换用户

在 su 命令后加用户名，可以切换系统当前用户。在用户切换时，从 root 用户向普通用户可以直接进行切换，反之则需要 root 账号密码。这是因为 root 用户是系统中权限最高的用户，可以切换到任意身份而不需要密码。普通用户之间切换需要密码验证。

在切换用户时，通常需要增加“-”选项，例如#su - tom 命令表示切换到 tom 用户。“-”选项表示：切换用户时，使环境变量（home、Shell、user、logname、path 等）和欲切换的用户相同，不使用该选项，则取得的只是用户的临时权限。

注意：openEuler 操作系统增强了系统的安全性，对 su 命令的使用权进行了控制，只允许 root 用户和 wheel 用户组的用户使用 su 命令，因此默认情况下普通用户不能通过 su 命令切换到 root 用户。解决此问题有以下两种方法。

（1）将用户添加到 wheel 用户组：将需要能够切换到 root 用户的普通用户添加到 wheel 用户组中。这可以通过使用 usermod 或者 gpasswd 命令实现。

例如，要将用户名为 tom 的用户添加到 wheel 用户组，可以执行以下命令：

```
usermod  -G  wheel  tom
```

或者

```
gpasswd  -a  tom  wheel
```

（2）修改 PAM 配置文件：可以通过注释掉/etc/pam.d/su 文件中以下的内容来允许所有用户使用 su 命令切换到 root 用户。

```
#auth   required    pam_wheel.so use_uid
```

因为第二种方法可能会降低系统的安全性，所以通常推荐使用第一种方法，即将用户添加到 wheel 用户组中。这样既可以满足用户执行 su 命令的需求，又能保持系统的安全性。

2. 使用 sudo 命令提升权限

root 用户将普通用户的名字、可以执行的特定命令、按照哪种用户或用户组的身份执行等信息，登记在/etc/sudoers 文件中，即完成对该用户的授权（此时该用户称为“sudoer”）。sudoer 用户需要取得特殊权限时，可在命令前加上“sudo”，此时 sudo 将会询问该用户自己的密码（以确认终端前是不是该用户本人），回答后系统即会将该命令的进程以超级用户的权限运行。

【例 4.9】 root 用户需要创建一个普通用户 teacherli，让其具有管理员权限以便执行系统的日常维护工作，则可以把 teacherli 用户设为 sudoer，具体方法如下。

编辑/etc/sudoers 文件，在文件的最后插入：

```
teacherli   ALL=(ALL)   ALL
```

注意： 为了保障/etc/sudoers 文件的安全性，避免因错误编辑导致的系统安全问题，Linux 系统提供了专门的编辑命令 visudo。这个命令会自动检查语法正确性并在保存前进行提示，使用 visudo/etc/sudoers 命令来编辑文件。

保存退出。此后，以 teacherli 登录系统，就可以以 sudo 命令的方式进行系统的管理。例如，teacherli 向系统添加用户 lihua，如图 4.5 所示。

```
[teacherli@localhost ~]$ useradd lihua
useradd: Permission denied.
useradd: 无法锁定 /etc/passwd，请稍后再试。
[teacherli@localhost ~]$ sudo useradd lihua

我们信任您已经从系统管理员那里了解了日常注意事项。
总结起来无外乎这三点：

    #1) 尊重别人的隐私。
    #2) 输入前要先考虑(后果和风险)。
    #3) 权力越大，责任越大。

For security reasons, the password you type will not be visible.

[sudo] teacherli 的密码：
[teacherli@localhost ~]$ tail -1 /etc/passwd
lihua:x:1008:1009::/home/lihua:/bin/bash
```

图 4.5　普通用户使用 sudo 命令提升权限

用户 teacherli 作为一个普通用户账号，是没有权限执行 useradd 命令向系统添加用户的，但是作为一个 sudoer，则可以通过使用$sudo　useradd　lihua 命令，然后在系统提示“[sudo] teacherli 的密码:”时输入 teacherli 的密码，确认后即可完成。当然，如果需要指定某个用户只能执行指定的命令，则可以在/etc/sudoers 文件中按照如下格式插入一行：

```
用户名   可执行的命令列表
```

例如，让 john 用户只具有执行创建用户组命令的权限：

```
john   localhost=/usr/sbin/groupadd
```

4.2　项目二：ACL 权限设置

【项目描述】

研发部近期成立一个项目组，该项目组由一名组长、两名组员和一名实习生构成。项目组所使用到的文件存放在服务器的 project 目录中，项目组所有成员都可以访问该目录，但是身份不同，权限不同。

（1）组长对 project 目录拥有 rwx 权限，同时可以管理其他组员的权限。

（2）两名组员对 project 目录拥有 rwx 权限。

（3）实习生对 project 目录拥有 r-x 权限。

（4）其他人对 project 目录没有任何权限。

【项目分析】

作为组长，应该是 project 目录的所有者，权限为 rwx；其他组员添加到同一个用户组中，使该组作为 project 目录的所属组，并设置 rwx 权限，其他用户权限为---。

作为实习生，账号既不能作为所有者，也不合适加入用户组，可以使用 ACL 单独设置权限 r-w，相关知识点见表 4.2。

表 4.2　相关知识点

序号	知识点	详见章节
1	用户管理命令	3.1.3 节
2	用户组管理命令	3.2.3 节
3	ACL 权限概念	4.2.1 节
4	ACL 权限管理与应用	4.2.2 节~4.2.4 节

【操作过程】

```
#cd /tmp
#mkdir project                  //创建项目目录 project
#ls -ld project
drwxr-xr-x. 2 root root 40   7 月 31 日  21:01project       // project 的默认访问权限是 755
#useradd wres03              //创建用户 wres03，wres04，wres05，其中 wres03 作为组长账号
#useradd wres04
#useradd wres05
#useradd wrestest03           //创建实习生账号
#groupadd gproject            //创建用户组
#chown wres03:gproject project     //将 project 目录的所属用户改为 wres03，所属用户组改为 gproject
#ls -ld project
   drwxr-xr-x. 2 wres03 gproject 40   7 月 31 日  21:05 project     //所属用户和组修改成功
#gpasswd -a wres03 gproject         //将 wres03 添加到 gproject 组
#gpasswd -A wres03 gproject         //设置 wres03 作为 gproject 组的组长
```

以 wres03 用户登录，完成以下操作（继续使用 root 用户操作也可以）：

```
$gpasswd -a wres04 gproject         //将 wres04，wres05 添加到 gproject 组
$gpasswd -a wres05 gproject
$chmod 770 project                  //设置 project 的所属用户和组具有 rwx 权限，其他用户无权限
$ls -ld project
   drwxrwx---. 2 wres03 gproject   40   7 月 31 日  21:08 project   //设置 770 权限成功
$setfacl -m   u:wrestest03:rx    /tmp/project
                         //为用户 wrestest03 设置对目录/tmp/project 的 ACL 权限 rx
$setfacl -m d:u:wrestest03:rx    /tmp/project
                         //为用户 wrestest03 设置对目录/tmp/project 的默认 ACL 权限 rx
$ls -ld project
```

```
    drwxrwx---+ 2 wres03 gproject 40   7 月 31 日  21:10   project      // “+” 表示已经分配了 ACL 权限
$getfacl --omit-header project           //查看详细的 ACL 信息
    user::rwx
    user:wrestest03:r-x                  //wrestest03 具有 r-x 权限
    group::rwx
    mask::rwx
    other::---
    default:user::rwx
    default:user:wrestest03:r-x          //wrestest03 具有默认 ACL 权限 r-x
    default:group::rwx
    default:mask::rwx
    default:other::---
```

4.2.1 查看和开启系统对 ACL 权限的支持

4.1 节介绍了用户对文件的 3 种基本权限。对于任何一个文件，它可以有 3 种用户（所有者、所属组用户和其他人），对每一种用户可以赋予不同的权限组合（读、写、执行）。由于是按用户类型赋予用户对文件的操作权限的，因此当出现某一用户既不是所有者，又不能添加到所属组，也不适合作为其他人来访问文件时，就需要用特殊的方法为其授予相应的权限，这就是 ACL（Access Control List，访问控制列表）要解决的问题。

ACL 在为用户分配权限时，不再考虑用户身份，而是直接赋予合适的权限。要使用 ACL 为用户分配权限，系统分区必须支持 ACL。

1．查看系统支持 ACL 权限

在 openEuler 操作系统中，默认支持 ACL 权限并处于开启状态，也可以通过如下方式查看 Linux 内核是否支持 ACL，如图 4.6 所示，“CONFIG_XFS_POSIX_ACL=y” 表示支持 ACL。

```
[root@localhost ~]# cat /boot/config-6.6.0-28.0.0.34.oe2403.x86_64 | grep -i xfs
CONFIG_XFS_FS=m
CONFIG_XFS_SUPPORT_V4=y
CONFIG_XFS_SUPPORT_ASCII_CI=y
CONFIG_XFS_QUOTA=y
CONFIG_XFS_POSIX_ACL=y
```

图 4.6　查看系统对 ACL 的支持

2．开启分区的 ACL 权限

如果需要手动开启分区的 ACL 权限，则需要修改/etc/fstab 文件，修改方法如下：

```
[root@localhost ~]#vim   /etc/fstab
UUID=e70c1155-a0a3-4a92-84e5-6c7b72fb8b62   /   ext4   defaults, acl   1 1   //在 defaults 后面增加 ACL 权限
```

4.2.2 ACL 权限管理

1．用 getfacl 命令查看 ACL 权限的设置情况

任何用户都可以使用 getfacl 命令查看自己所拥有文件的 ACL 权限。

命令格式：

```
    getfacl   文件名
```

【例 4.10】 在项目二的基础上，wres03 用户查看 project 目录的 ACL 权限。

```
$getfacl  project
```

执行结果如图 4.7 所示。

```
[wres03@localhost ~]$ cd /tmp
[wres03@localhost tmp]$ getfacl  project
# file: project
# owner: wres03
# group: gproject
user::rwx
user:wrestest03:r-x
group::rwx
mask::rwx
other::---
```

图 4.7　例 4.10 的执行结果

ACL 是由一系列的访问条目组成的，每一条访问条目定义了特定的类别，可以设置对文件拥有的操作权限。访问条目有 3 个组成部分：条目标签类型、限定者（项）、权限。

条目标签类型有以下几种类型。

ACL_USER_OBJ：相当于 Linux 中文件所有者的权限。

ACL_USER：定义了额外的用户可以对此文件拥有的权限。

ACL_GROUP_OBJ：相当于所属组的权限。

ACL_GROUP：定义了额外的组可以对此文件拥有的权限。

ACL_MASK：定义了 ACL_USER、ACL_GROUP_OBJ、ACL_GROUP 的最大权限。

ACL_OTHER：相当于 Linux 中其他用户或组的权限。

如图 4.7 所示，getfacl 命令的执行结果“user:wrestest03:r-x”说明 wrestest03 既不是所有者，也不是所属组或其他人，具有 r-x 权限。图中 3 个以“#”开头的行是注释行，可以使用--omit-header 参数来省略。

2．用 setfacl 命令设置 ACL 权限

任何用户都可以使用 setfacl 命令来为其他用户或用户组设定对自己所拥有文件的访问权限。

命令格式：

```
setfacl  [选项][u:用户名|g:用户组名][:权限]  文件名
```

setfacl 命令常用选项及功能说明见表 4.3。

表 4.3　setfacl 命令常用选项及功能说明

选项	功能说明	选项	功能说明
-m	设置 ACL 权限	-x	删除指定用户或组对指定文件的 ACL 权限
-b	删除所有用户对指定文件的 ACL 权限	-k	删除默认的 ACL 权限
-R	递归设置 ACL 权限，包括子目录	-d	设置默认 ACL 权限

参数说明：

u:用户名——设置指定用户对文件的 ACL 权限；

g:组名——设置指定用户组对文件的 ACL 权限。

【例 4.11】 wres03 用户为 wrestest03 用户设置对/tmp/project 目录的 rx 权限。

```
$setfacl -m u:wrestest03:rx project
$ls -ld project
$getfacl --omit-header project
```

执行结果如图 4.8 所示。

```
[wres03@localhost tmp]$ setfacl -m u:wrestest03:rx project
[wres03@localhost tmp]$ ls -ld project
drwxrwx---+ 2 wres03 gproject 40  7月31日 21:10 project
[wres03@localhost tmp]$ getfacl --omit-header project
user::rwx
user:wrestest03:r-x
group::rwx
mask::rwx
```

图 4.8　例 4.11 的执行结果

上述 setfacl 命令中的参数“u”表示为用户 wrestest03 设置 rx 权限，如果要为组设置权限，就使用参数“g”，其后跟“组名:权限”即可。由执行两次 ls　-ld 命令的结果可以发现，“+”表示已经设置了 ACL 权限。从 getfacl 命令执行结果可以清楚地看到 wrestest03 用户已经拥有对 project 目录的 rx 权限。

【例 4.12】 删除 wrestest03 用户对/tmp/project 目录的 rx 权限。

```
$setfacl -x u:wrestest03 /tmp/project
```

【例 4.13】 删除/tmp/project 目录的所有 ACL 权限。

```
$setfacl -b /tmp/project
```

【例 4.14】 创建 dgroup 用户组，并设置其对/tmp/project 目录的 rwx 权限。

```
#groupadd dgroup
#su wres03
$cd /tmp
$setfacl -m g:dgroup:rwx /tmp/project
$getfacl /tmp/project
```

执行结果如图 4.9 所示。

```
[root@localhost ~]# groupadd dgroup
[root@localhost ~]# su wres03
[wres03@localhost root]$ cd /tmp
[wres03@localhost tmp]$ setfacl -m g:dgroup:rwx /tmp/project
[wres03@localhost tmp]$ getfacl /tmp/project
getfacl: Removing leading '/' from absolute path names
# file: tmp/project
# owner: wres03
# group: gproject
user::rwx
user:wrestest03:r-x
group::rwx
group:dgroup:rwx
mask::rwx
other::---
```

图 4.9　例 4.14 的执行结果

通过“getfacl　/tmp/project”语句的执行结果“group:dgroup:rwx”可以看出，虽然 dgroup 组不是目录/tmp/project 的所属组，但拥有与所属组相同的权限。

4.2.3　最大有效权限

getfacl 命令用来显示相应目录或文件的用户权限信息，其中的一个条目是 mask 权限，如“mask:: rwx”，表示最大有效权限。实际上，给用户或用户组赋予的 ACL 权限和 mask 权限进行与操作后，得到的结果才是用户或用户组的真正权限。

设置最大有效权限的命令格式：

```
setfacl -m m:--- 目录或文件名
```

其中，参数“m:---”表示为 mask 权限赋予的相应权限。

【例 4.15】为/tmp/project 目录的 mask 权限赋予 rx 权限。

```
$setfacl -m m:rx /tmp/project
$getfacl /tmp/project
```

执行结果如图 4.10 所示。

```
[wres03@localhost tmp]$ setfacl -m m:rx /tmp/project
[wres03@localhost tmp]$ getfacl /tmp/project
getfacl: Removing leading '/' from absolute path names
# file: tmp/project
# owner: wres03
# group: gproject
user::rwx
user:wrestest03:r-x
group::rwx                      #effective:r-x
group:dgroup:rwx                #effective:r-x
mask::r-x
other::---
```

图 4.10　例 4.15 的执行结果

由图 4.10 中“#effective:r-x”可知，虽然为所属组和 dgroup 组赋予了 rwx 权限，但其真正的权限是 r-x。所以，设置最大有效权限 mask，可以有效预防为用户设置过高的权限。

【例 4.16】验证除所有者和 other 用户不受 mask 权限限制外，其他用户的权限都受 mask 权限限制。

```
$mkdir acltest
$chmod 777 acltcst
$setfacl -m u:wrestest03:rwx acltest
$setfacl -m g:dgroup:rwx acltest
$setfacl -m m:rx acltest
$
```

执行结果如图 4.11 所示。

```
[wres03@localhost tmp]$ mkdir acltest
[wres03@localhost tmp]$ chmod 777 acltest
[wres03@localhost tmp]$ setfacl -m u:wrestest03:rwx acltest
[wres03@localhost tmp]$ setfacl -m g:dgroup:rwx acltest
[wres03@localhost tmp]$ setfacl -m m:rx acltest
[wres03@localhost tmp]$ getfacl acltest
# file: acltest
# owner: wres03
# group: wres03
user::rwx
user:wrestest03:rwx             #effective:r-x
group::rwx                      #effective:r-x
group:dgroup:rwx                #effective:r-x
mask::r-x
other::rwx
```

图 4.11　例 4.16 的执行结果

“getfacl acltest”语句的执行结果（图 4.11 中加框部分）说明 mask 权限会对所属组、ACL 用户和 ACL 用户组产生影响。

注意：在设置 mask 权限时，先设置其他用户或用户组的权限，然后设置 mask 权限，否则 mask 权限会自动恢复到 rwx 权限。

4.2.4 递归ACL权限和默认ACL权限

1. 递归ACL权限

所谓递归ACL权限，就是在设定用户或用户组对某目录的ACL权限时，同时使该用户或用户组对该目录的所有子目录和文件也都具有相同的ACL权限。

命令格式：

```
setfacl  -m  [u:用户名|g:用户组名]:权限 -R 目录名
```

-R：设置递归ACL权限，该参数的位置不能改变。

【例4.17】 为用户组dgroup设置对目录/tmp/project及其子目录和文件的读与执行的ACL权限。

```
$setfacl -m g:dgroup:rx -R /tmp/project
```

注意： 递归ACL权限设置只对目录中已有的子目录和文件生效，对ACL权限设置后建立的子目录和文件是无效的，这时需要用到默认ACL权限。

2. 默认ACL权限

如果给某目录设置了默认ACL权限，则在该目录下所有新建的子目录和文件都会继承相应的默认ACL权限。

命令格式：

```
setfacl -m d:[u:用户名 g:用户组名]:权限  目录名
```

d：设置默认ACL权限。

【例4.18】 为用户wrestest03同时设置对目录/tmp/project的递归ACL权限和默认ACL权限。

```
$setfacl -m d:u:wrestest03:rx -R /tmp/project
```

注意： 不管是默认ACL权限，还是递归ACL权限，命令本身的作用对象是目录。递归ACL权限是针对目录及其现有子目录和文件的，而默认ACL权限是针对未来新建子目录和文件的。所以，如果同时设置了递归ACL权限和默认ACL权限，那么目录中的所有子目录和文件，不管是已有的还是未来新建的，都会继承父目录的ACL权限。

4.3 项目三：文件特殊权限设置

【项目描述】

接4.2节项目，项目组成立后，又对文件访问做了如下的规范：

（1）项目组成员在project目录下创建的文件的所属组是gproject。

（2）各用户只能删除自己创建的文件，不能删除其他用户创建的文件。

【项目分析】

目前project目录的所有者是wres03，所属组是gproject，具体权限为：

```
drwxrwx---+ 3 wres03   gproject 27 2 月   27 09:41 project
```

项目组成员有wres03、wres04、wres05和wrestest03这4个用户，其中wrestest03用户对project目录的ACL权限是r-x，其他3位用户的附属组是gproject，因此对project目录具有rwx权限。

在目前情况下，wres03、wres04、wres05用户在project目录下创建的文件的所属组是用户各自的所属组，如果需要使新建文件的所属组是 gproject，需要设置 SetGID（简称 SGID）权限。当新建文件的所属组是 gproject 时，wres03、wres04、wres05 对新建文件都具有 rwx（x 权限对目录、可执行文件有效）权限，为了防止误删除其他用户的文件，因此需要设置 SetBIT（简称 SBIT）权限。相关知识点见表 4.4。

表 4.4 相关知识点

序号	知识点	详见章节
1	SGID 权限	4.3.2 节
2	SBIT 权限	4.3.3 节

【操作过程】

以 wres03 账号登录系统：

```
$cd /tmp
$chmod g+s project              //为 project 目录设置 SGID 权限
$chmod o+t project              //为 project 目录设置 SBIT 权限
```

4.3.1 SUID 权限

1. SUID 介绍

为理解 SUID，下面首先研究/usr/bin/passwd 和/etc/shadow 两个文件的用户权限及命令执行过程。

观察/usr/bin/passwd 文件的权限：

```
#ls -l /usr/bin/passwd
-rwsr-xr-x. 1 root root 30944   5 月 19 日  17:17   /usr/bin/passwd
```

可以看出，文件/usr/bin/passwd 的所有者 root 的权限是“rws”，这好像与前述章节介绍的用户对文件的权限只有 3 种（读、写和执行）的说法有些冲突，其实，这里的“s”权限就是 SUID 权限，它占据了原来“x”的位置。

再观察/etc/shadow 文件的权限：

```
#ls -l /etc/shadow
----------. 1 root root    1552    7 月 31 日  21:12 /etc/shadow
```

可以看出两点：①文件/etc/shadow 的所有者 root 的权限为“---”，可是 root 用户可以对该文件进行任何操作，这是因为 root 具有最高权限，即使不设置权限，它依然具有最高文件操作权限；②除 root 用户外的其他所有用户的权限也是“---”，但是为什么所有用户都可以修改自己的密码呢？为什么都可以修改/etc/shadow 文件呢?

由前述章节可知，密码记录在/etc/shadow 文件中，修改密码的过程其实就是修改该文件中相应内容的过程。但是用户在修改密码时，并不是直接修改/etc/shadow 文件，而是通过 passwd 命令（可执行二进制文件，位于/usr/bin 目录下）来修改密码的，虽然 passwd 命令的权限是“-rwsr-xr-x”，即除 root 用户外任何人都没有写操作，但是该命令具有 SUID 权限。SUID 权限的作用就是暂时为命令的执行者赋予文件所有者（root）权限，授权其行使文件所有者的权限，直到命令执行结束。也就是说，虽然普通用户没有修改/etc/shadow 文件的权限，但是 passwd 命令具有 SUID 权限，所以普通用户可以通过 passwd 命令获得暂时的 root 权限，从而具备了修改/etc/shadow 文件的权限。

再来观察/bin/cat 文件的权限：

```
#ls -l /bin/cat
-rwxr-xr-x. 1 root root   43448   5 月 23 日  21:02 /bin/cat
```

由于 cat 命令不具有 SUID 权限，因此普通用户在通过 cat 命令查看/etc/shadow 文件内容时就会报出“权限不够”的错误。

综上所述，SUID 权限的执行过程如图 4.12 所示。

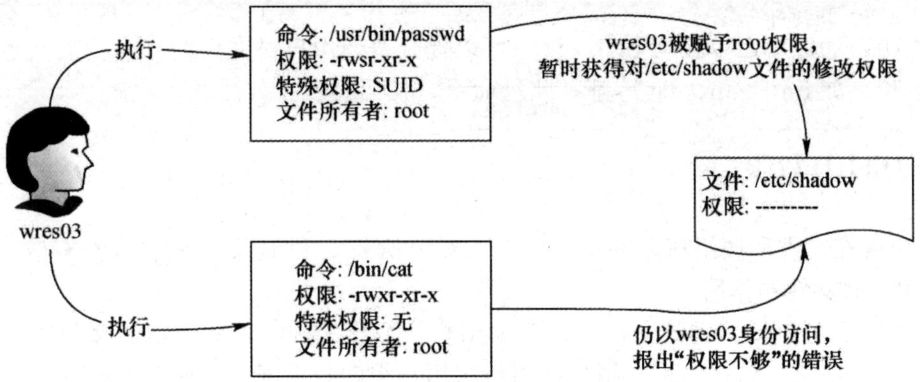

图 4.12　SUID 权限的执行过程

对 SUID 权限做以下几点说明：

① 只有命令（可执行二进制文件）才能被设定 SUID 权限，如上述的/usr/bin/passwd 文件就是一个可执行二进制文件，即命令。对其他不可执行的文件（包括文本文件、目录等）赋予 SUID 权限是无意义的，SUID 权限也不能用在普通的 Shell 脚本中。因为 Shell 脚本是由二进制命令组成的，所以如果其中的命令没有设置 SUID 权限，即使 Shell 脚本具备 SUID 权限也是无效的。

② 要为某命令文件设置特殊权限，命令（也就是可执行二进制文件）执行者必须对该命令拥有执行（x）权限。

③ 命令执行者在执行该命令时获得该命令的所有者身份，如上所述，用户在通过 passwd 命令修改用户密码，即修改/etc/shadow 文件时，因为 passwd 命令具有 SUID 权限，所以被暂时赋予了 passwd 命令的所有者 root 身份，具备修改/etc/shadow 文件的权限。

④ SUID 权限只在该命令执行过程中有效，也就是说，文件所有者的身份只在命令执行过程中有效，命令一结束，身份立即还原。

⑤ 要谨慎使用 SUID 权限，如果使用不当，则可能会带来灾难性的后果。比如，如果将/bin/vim 编辑器命令赋了 SUID 权限，那么任何用户都可以对系统中无执行权限的文件进行编辑，其后果是不堪设想的。因此在日常工作中，应对系统中默认具有 SUID 权限的文件汇总，定期检查有没有被误设了 SUID 权限的文件。

2．设置和取消 SUID 权限

设置 SUID 权限的命令格式：

```
chmod n755  文件名
```

或者

```
chmod u+s   文件名
```

其中，n 可以是 4、2、1、7 中的任何一个数字，4 代表 SUID，2 代表 SGID，1 代表 SBIT，7 代表 SUID、SGID 和 SBIT。

【例 4.19】为 cat 命令设置 SUID 权限，使其他用户可以使用 cat 命令查看/etc/shadow 文件内容（任务结束后务必还原，否则会给系统带来危险）。

```
#chmod 4755 /bin/cat
```

取消 SUID 权限的命令格式：

```
chmod 755 /bin/cat
```

或者

```
chmod u-s /bin/cat
```

特别说明：通过对命令设置 SUID 权限可以提升普通用户对文件的修改权限，然而使用不当会非常危险，如 rm、vim、cat 等都是此种命令，使用时要尤其注意。

4.3.2 SGID 权限

SGID 出现在文件所属组权限的执行位上，对可执行二进制文件和目录都有效。

1. SGID 对文件的作用

SGID 作用于可执行二进制文件时，任何用户执行该文件时，其进程的有效用户组将临时变为该文件的用户组。这可以帮助用户使用特定用户组的身份来完成命令的执行。

【例 4.20】举例说明具有 SGID 权限的二进制文件的执行过程。

任何用户都可以用文件查找命令 locate 通过对/var/lib/mlocate/mlocate.db 文件的搜索来查找文件。观察这两个文件的权限：

```
#ls -l /var/lib/mlocate/mlocate.db
-rw-r-----. 1 root slocate 2590388 5 月 23 日  21:02 /var/lib/mlocate/mlocate.db
#ls -l /usr/bin/locate
-rwx--s--x. 1 root slocate 40512 5 月 25 日  15:26 /usr/bin/locate
```

可以看出，所属组 slocate 对/var/lib/mlocate/mlocate.db 文件具有读权限，但普通用户对该文件没有读权限，那么普通用户是如何搜索 mlocate.db 文件的呢？再观察/usr/bin/locate 二进制文件的权限，发现所属组 slocate 对该文件具有“s”权限，即 SGID 权限。所以非所属组 slocate 的用户虽然不能直接读取 mlocate.db 文件，但可以通过 locate 命令来对 mlocate.db 文件内容进行查找。即普通用户在执行 locate 命令时，其组身份被赋予了 slocate 身份，具有了 slocate 组对 mlocate.db 文件的读权限，从而实现了对 mlocate.db 文件的查找功能。命令执行结束后，用户的组身份立即还原为原来的组身份。

2. SGID 对目录的作用

SGID 作用于目录时，当用户在该目录下创建文件时，新文件的用户组将继承该目录的用户组，而不是创建者默认的用户组。这意味着，即使一个用户不属于某个特定组，只要该用户在设置 SGID 的目录下创建了文件，这些文件也会属于该目录所属的用户组。这一特性在需要确保某些文件或目录具有统一所有权时非常有用。例如，在一个开发团队中，可以通过设置 SGID 来确保所有成员在共享目录下创建的文件都属于同一个用户组，从而简化权限管理和协作流程。

对目录设置 SGID 权限时要注意如下事项：

① 普通用户必须对目录拥有“r”和“x”权限，即可以用 ls 命令，可以进入该目录。

② 普通用户在进入该目录后会赋予该目录的所属组身份。

③ 当普通用户对此目录拥有“w”权限时，新建文件的所属组就是这个目录的所属组。

【例 4.21】举例说明 SGID 权限对目录的作用。

```
#mkdir /tmp/sgidtest            //以 root 身份新建一个 sgidtest 目录
```

```
$ls -ld /tmp/sgidtest          //查验 sgidtest 目录的权限是 755
drwxr-xr-x. 2 root root 40   8月 1日 09:44 /tmp/sgidtest
#chmod 2777 /tmp/sgidtest     //为新目录赋予读、写、执行和 SGID 权限
#su wres04                     //切换用户 wres04
$cd  /tmp/sgidtest             //进入新目录，wres04 被赋予所属组 root 的身份
$ls -ld /tmp/sgidtest          //验证确实具有读、写、执行和 SGID 权限
drwxrwsrwx. 2 root root 40   8月 1日 09:44 /tmp/sgidtest
$touch sgidfile                //wres04 在/tmp/sgidtest/下新建一个文件
$mkdir sgiddir                 //wres04 在/tmp/sgidtest/下新建一个目录
$ ls -l
drwxr-sr-x. 2 wres04 root  40   8月 1日 09:45  sgiddir    //新建目录的所属组为 root
-rw-r--r--.  1 wres04 root  0   8月 1日 09:45  sgidfile   //新建文件的所属组为 root
```

3．设置和取消 SGID 权限

为目录设置和取消 SGID 权限的命令类似设置和取消 SUID 权限的命令，也具有一定的危险性，使用时需要特别谨慎。

设置 SGID 权限的命令格式：

```
chmod 2777 目录名
```

或者

```
chmod g+s 目录名
```

取消 SGID 权限的命令格式：

```
chmod 755 目录名
```

或者

```
chmod g-s 目录名
```

4.3.3 SBIT 权限

1．SBIT 的作用

Sticky BIT 简称 SBIT，可称为黏着位、黏滞位、防删除位。SBIT 权限仅对目录有效，一旦目录设定了 SBIT 权限，则用户在此目录下创建的文件或目录，就只有自己和 root 用户才有删除的权限。

例如，系统中的/tmp 是一个临时目录，任何用户都可以在其中创建、删除、复制、粘贴文件或目录，但是每个用户只能删除自己创建的目录或文件，而不能删除其他用户创建的目录或文件，就是因为目录/tmp 具有 SBIT 权限。查看目录/tmp 的权限：

```
#ls -ld /tmp
drwxrwxrwt. 19 root root 980   8月 1日 09:44   /tmp
```

可知，目录/tmp 的所有者是 root，所属组是 root 组，其他人对该目录拥有“rwt”权限，其中的“t”就是 SBIT 权限。

SBIT 权限说明如下：

① SBIT 权限只对目录有效。

② 要为某个目录设置 SBIT 权限，普通用户对该目录必须拥有“-wx”权限，即普通用户可以进入此目录，也可以执行写操作。

③ 当普通用户对某目录拥有“wx”权限时，可以删除该目录下的所有目录和文件（包括其他用户创建的文件），为了避免普通用户删除同一目录下其他用户创建的文件或目录，可以

为该目录设置 SBIT 权限，这样普通用户就只能删除自己创建的文件，而不能删除其他用户创建的文件。

2．设置和取消 SBIT 权限

设置 SBIT 权限的命令格式：

```
chmod 1777 目录名
```

或者

```
chmod o+t 目录名
```

取消 SBIT 权限的命令格式：

```
chmod 755 目录名
```

或者

```
chmod o-t 目录名
```

【例 4.22】 创建一个新目录/tmp/sbittest，为该目录设置 SBIT 权限，验证在该目录下用户 wres04 创建的文件不能被其他用户（如 wres05）删除。

```
#mkdir /tmp/sbittest
#chmod 1777 /tmp/sbittest                //为/tmp/sbittest 目录设置 SBIT 权限
#ls -ld  /tmp/sbittest
drwxrwxrwt. 2 root root 40  8 月 1 日 09:48  /tmp/sbittest       //验证 SBIT 权限设置成功
#su wres04                               //切换用户为 wres04
$cd  /tmp/sbittest
$mkdir sbit04                            //以 wres04 创建一个目录 sbit04
$su wres05                               //切换用户为 wres05
$rm -rf sbittest                         //用户 wres05 删除目录 sbittest
rm: 无法删除 'sbittest/sbit04': Operation not permitted    //wres05 不能删除 wres04 创建的目录 sbittest
```

4.4 知识扩展

4.4.1 设置文件系统属性的 chattr 命令

作为服务器系统，Linux 系统被不同的用户使用，因此，这些用户有机会访问一组共同的文件，就可能会发生如意外删除或编辑重要文件等情况，作为管理员，可以使用 chattr 命令避免类似的情况发生。chattr（change file attributes）命令用于改变文件系统属性。该命令只能由 root 用户使用，并且 chattr 命令的设置对 root 用户也生效。

命令格式：

```
chattr  [+|-|=] [选项] 文件名或目录名
```

chattr 命令的常用选项及功能说明见表 4.5。

表 4.5　chattr 命令的常用选项及功能说明

选项	功能说明
+	增加权限
-	删除权限
=	赋予某权限

续表

选项	功能说明
i	如果对文件设置 i 属性，那么不允许对文件进行删除、重命名，也不能添加和修改数据，只能读其中的数据；如果对目录设置 i 属性，那么只能修改目录下文件中的数据，但不允许建立和删除文件
a	如果对文件设置 a 属性，那么只能在文件中增加数据，但是不能修改和删除数据；如果对目录设置 a 属性，那么只允许在目录中建立和修改文件，但是不允许删除文件
u	设置此属性的文件或目录，在删除时，其内容会被保存，以保证后期能够恢复，常用来防止意外删除文件或目录
s	和 u 相反，删除文件或目录时，会被彻底删除，不可恢复

【例 4.23】 在/tmp 目录下创建文件 chattrfile，为其设置文件系统属性，使任何用户不能删除、重命名该文件，也不能修改该文件内容。

```
#cd /tmp
#touch chattrfile
#echo hello linux>>chattrfile  //设置 i 属性前修改 chattrfile 文件中的内容
#cat chattrfile
hello linux                    //修改成功
#chattr +i chattrfile          //设置 i 属性
#lsattr chattrfile             //查看 chattrfile 的文件系统属性
----i----------- chattrfile    //文件具备了 i 属性
#echo test>>chattrfile         //修改文件内容
bash: chattrfile: Operation not permitted      //设置 i 属性后不能再修改文件内容
# rm -rf chattrfile            //删除文件
rm: 无法删除"chattrfile": Operation not permitted    //设置 i 属性后不能再删除文件
```

【例 4.24】 在/tmp 目录下创建 chattrdir 目录，设置其文件系统属性，使任何用户不得在该目录下新建和删除文件，只能修改该目录下的已有文件。

```
#cd /tmp
#mkdir chattrdir
#cd chattrdir
#touch chattrfile                    //设置 i 属性前可以在 chattrdir 目录中新建文件
#chattr +i /tmp/chattrdir            //为目录 chattrdir 设置 i 属性
#lsattr -d /tmp/chattrdir
----i-----------   /tmp/chattrdir    //目录具备了 i 属性
#echo linux>>chattrfile              //设置 i 属性后仍然可以修改目录 chattrdir 中的文件内容
#rm -rf chattrfile
rm: 无法删除 'chattrfile': Operation not permitted   //设置 i 属性后不能删除目录 chattrdir 中的文件
#touch chattrfile2
touch: 无法 touch 'chattrfile2': Operation not permitted   //设置 i 属性后不能在目录 chattrdir 中新建文件
```

【例 4.25】 恢复/tmp/chattrdir 目录和/tmp/chattrfile 文件的文件系统属性（删除 i 属性）。

```
#cd /tmp
#chattr -i chattrdir              //删除 chattrdir 目录的 i 属性
#lsattr -d chattrdir
---------------- chattrdir        //删除成功
#chattr -i chattrfile             //删除 chattrfile 文件的 i 属性
#lsattr   chattrfile
---------------- chattrfile       //删除成功
```

【例 4.26】设置/tmp/chattrdir 目录的文件系统属性，使任何用户在该目录中只允许新建、修改文件或目录，而不能删除文件或目录。

```
#cd /tmp
#chattr +a chattrdir                    //为 chattrdir 目录设置 a 属性
#lsattr -d chattrdir
-----a---------- chattrdir              //chattrdir 目录具有了 a 属性
#touch chattrdir/chattrfile1            //可以新建文件
#echo hello>> chattrdir/chattrfile1     //可以修改文件
#cat chattrdir/chattrfile1
hello
#rm -rf chattrdir/chattrfile1
rm: 无法删除 'chattrdir/chattrfile1': Operation not permitted    //不能删除文件
```

4.4.2 查看文件系统属性的 lsattr 命令

lsattr（list file attributes 的缩写）命令用于查看文件系统属性。

命令格式：

```
lsattr  [a|d] 文件名
```

选项说明：

a——显示所有文件和目录。

d——如果操作对象是目录，则仅列出该目录本身的属性。

【例 4.27】列出/tmp/chattrdir 目录中所有的文件和目录的文件系统属性。

```
#lsattr  -a  /tmp/chattrdir
-----a---------------- /tmp/chattrdir/.
---------------------- /tmp/chattrdir/..
---------------------- /tmp/chattrdir/chattrfile
---------------------- /tmp/chattrdir/chattrfile1
```

习 题 4

1．选择题

（1）以下命令中，只有 root 用户才具有执行权限的是（　　）。

A．chown　　B．mkdir　　C．chmod　　D．vim

（2）若设置/tmp/file 文件的所有者和所属组均有读、写权限，其他用户对该文件只有读权限，以下命令正确的是（　　）。

A．chmod　ug=rw　o-w-x　/tmp/file　　B．chown　664　/tmp/file

C．chmod　u=rw　/tmp/file　　D．chmod　664　/tmp/file

（3）若设置/usr/myprog 文件的所有者均有读、写权限，所属组和其他用户对该文件均无任何权限，以下命令正确的是（　　）。

A．chmod　u=rw　go-r-w-x　/usr/myprog　　B．chown　600　/usr/myprog

C．chmod　u=rw　/usr/myprog　　D．chmod　600　/usr/myprog

（4）取消/usr/myprog 文件所有者和所属组的写权限，以下命令正确的是（　　）。

A. chmod ug-w /usr/myprog　　B. chown 664 /usr/myprog

C. chmod u-w g-w /usr/myprog　　D. chmod 666 /usr/myprog

（5）若设置/tmp/file 文件的所有者和所属组均有读、写权限，其他用户对该文件只有读权限，以下命令正确的是（　　）。

A. chmod ug=rw o-w-x /tmp/file　　B. chown 664 /tmp/file

C. chmod u=rw /tmp/file　　D. chmod 664 /tmp/file

2. 简答题

（1）简述文件的权限及其含义。

（2）当普通用户使用 sudo 命令时，是否需要验证密码?

（3）如果希望用户执行某命令时临时拥有该命令所有者的权限，应该设置什么特殊权限？

（4）若对文件设置了隐藏权限+i，则意味着什么?

（5）使用 ACL 来限制 linuxprobe 用户组，使得该用户组中的所有成员不得在/tmp 目录中写入内容。

上机实践 4

1. 创建一个名为 bob 的用户，然后修改文件 test. txt 的所有者为 bob 用户。修改后，使用 ls 命令查看 test.txt 文件的所有者是否被改为 bob 用户。

2. 使用命令创建具有默认权限为 744 的目录/root/ak，然后将/etc/named.conf 文件复制到该目录中，最后将该目录及其目录下的文件一起删除。

3. 写出实现下面操作的相关命令。

（1）新建用户组 group1。

（2）新建用户 lily，并作为 group1 用户组的成员。

（3）以 lily 用户的身份将当前工作目录切换为/tmp 目录。

（4）在/tmp 目录中创建目录 mywork 和普通文本文件 log.lily。

（5）将 log.lily 文件移动到 lily 用户的主目录下并重命名为 loghome.lily。

（6）将 loghome.lily 文件的访问权限修改为 rw-rw-r--。

（7）删除 lily 用户及该用户的主目录。

（8）删除 group1 用户组。

4. john 用户在/tmp 目录下新建了文件 file，文件属性如图 4.13 所示。

```
[john@localhost tmp]$ ll file
-rw-r--r--. 1 john john 0  8月  1日  10:03 file
```

图 4.13　file 文件属性

此时 tom 用户对 file 文件进行修改但操作失败，如图 4.14 所示。

```
hello!
~
~
~
~
E45: 'readonly' option is set (add ! to override)          1,5          All
```

图 4.14　执行结果

请问：

（1）file 文件属性中 rw-rw-r--的含义。

（2）如果 tom 用户想成功修改 file 文件，可以有哪些方法？写出相关命令（至少写出两种方法）。

5．创建用户 test2，并给用户设置初始口令为 11111111，然后从/etc/passwd 和/etc/shadow 文件中找出所添加的用户，查看并分析用户账号信息，请指出 test2 用户的 UID 和 GID、密码、主目录、Shell；把用户 test2 添加到 sudoers 文件，使其能够完成下面的工作：

（1）创建 stus 用户组，添加新用户 stu1 到该用户组，使 stus 用户组作为 stu1 的主组，指定其主目录为/home/stu1dir，并设置用户口令。

（2）修改用户 stu1 为 lily。

（3）修改 lily 用户的主目录为/home/lily。

（4）添加新用户 liqiang 并设置口令，其主组为 liqiang，同时使其加入用户组 stus。

（5）查询 liqiang 的口令状态，将其口令锁定，再次查询其口令状态，看两次的查询结果。

（6）向系统添加新用户时，使口令最小长度为 8 个字符（修改文件/etc/login.defs）。

（7）用户 lily 的口令必须每 30 天修改一次，否则口令将失效，并在失效前 7 天给用户发出警告。

（8）修改用户 liqiang 的 UID 为 600。

（9）将用户 liqiang 进行解锁。

6. 某企业为了便于每位员工设置自己的登录密码，现定于周一上午 8:00—10:00 开放密码设置权限，同时，企业为了收集员工意见和建议，促进企业健康发展，特指定/company/suggest 目录用来保存员工的建议文件，但不允许删除他人的文件。另外，企业研发部为了提升软件和硬件开发之间的效率，创建一个共享目录/company/research，现指定 yfsoft 和 yfhard 两个人负责协调工作，单独建立一个 research 组，共享目录只有两人具有权限，且互相可以修改对方文件，其他人无法访问。

第 5 章　磁盘与逻辑卷管理

在系统管理中，对磁盘空间的管理和优化可以提高存储空间的利用率与系统的可靠性。磁盘的扩充可以解决磁盘空间不足的问题；磁盘配额管理可以为不同的用户设置磁盘配额，控制用户对存储空间的使用；逻辑卷允许随时动态调整存储空间而不需要重新格式化整个磁盘，同时各逻辑卷也可以根据系统需要格式化为不同的文件系统。本章将介绍磁盘与逻辑卷管理的相关内容，主要包括以下知识点：

- 系统磁盘扩充工具的应用（重点）；
- 磁盘配额管理（重点）；
- 逻辑卷的概念以及相关的操作（难点）。

5.1　项目一：系统磁盘空间的扩充

5.1 节视频

【项目描述】

管理员 root 发现随着对系统的使用及大量数据的备份，系统磁盘空间不足，为了扩大磁盘空间同时对数据进行优化，计划在系统中新增加两块磁盘，其中一块磁盘空间为 1TB，作为日常工作数据的备份，另一块磁盘空间为 4TB，主要用于 openTest 数据库和 proSQL 数据库的数据存储。

【项目分析】

在 Linux 系统的安装过程中，会自动创建分区的文件系统，但是如果磁盘不够用了，就需要向系统添加新的磁盘来扩充磁盘的可用空间。通常遵循以下步骤：

① 向系统中添加新磁盘；

② 由系统识别磁盘名；

③ 对新磁盘进行分区；

④ 格式化并创建文件系统；

⑤ 挂载使用。

相关知识点见表 5.1。

表 5.1　相关知识点

序号	知识点	详见章节
1	新磁盘的添加	操作过程
2	磁盘分区及分区工具	操作过程及 5.1.1 节
3	文件系统	5.1.2 节
4	挂载及卸载	5.1.3 节
5	系统开启自动挂载	5.1.4 节

【操作过程】

（1）向系统中添加两块磁盘

如果是真实的 Linux 系统，则直接向系统添加两块新磁盘（硬盘）即可。如果是在虚拟机中，则需要进行以下操作：

在虚拟机关机的前提下，打开【虚拟机设置】界面，选择【硬盘(SCSI)】，如图 5.1 所示。单击图 5.1 中的【添加(A)】按钮，弹出如图 5.2 所示的界面。

图 5.1　虚拟机设置

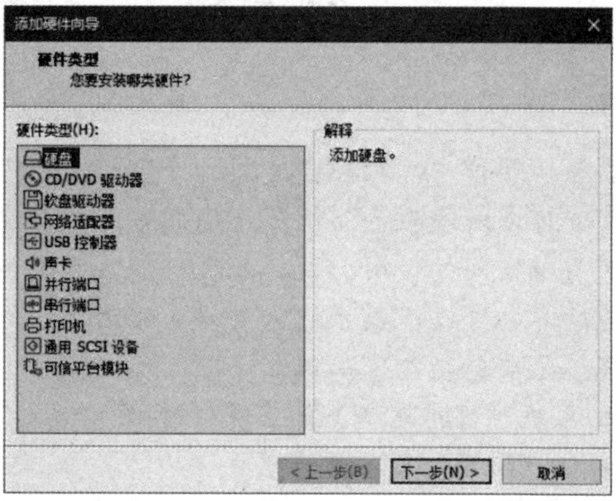

图 5.2　选择添加硬盘

在图 5.2 中选择【硬盘】，单击【下一步(N)】按钮，弹出如图 5.3 所示界面。

在图 5.3 中选择【SCSI(S)】，单击【下一步(N)】按钮，弹出如图 5.4 所示界面。

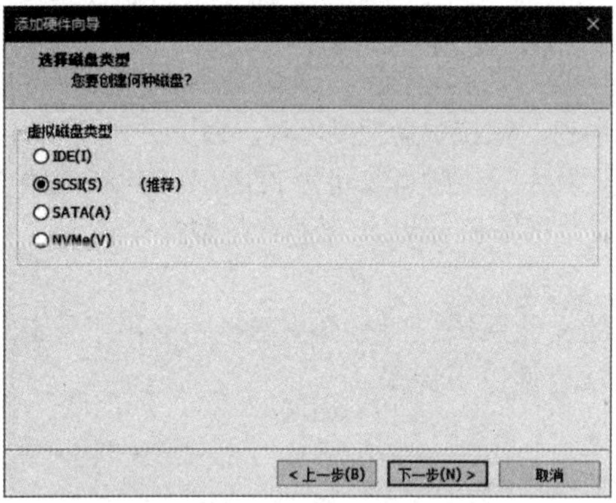

图 5.3　创建 SCSI 磁盘

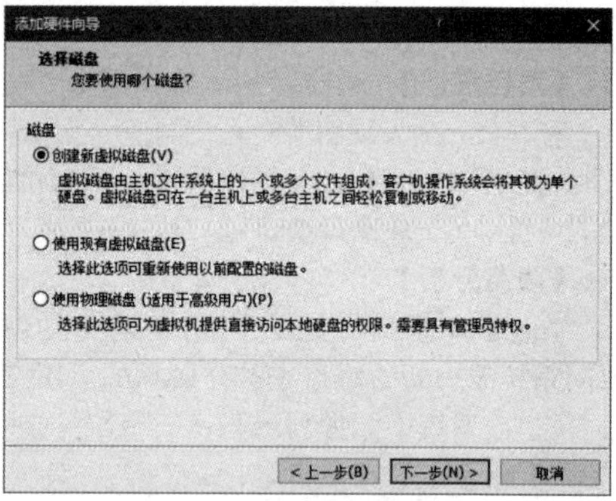

图 5.4 创建新虚拟磁盘

在图 5.4 中选择【创建新虚拟磁盘(V)】，单击【下一步(N)】按钮，弹出如图 5.5 所示界面。

在图 5.5 中设置新磁盘的容量为 1TB，单击【下一步(N)】按钮，弹出如图 5.6 所示界面。

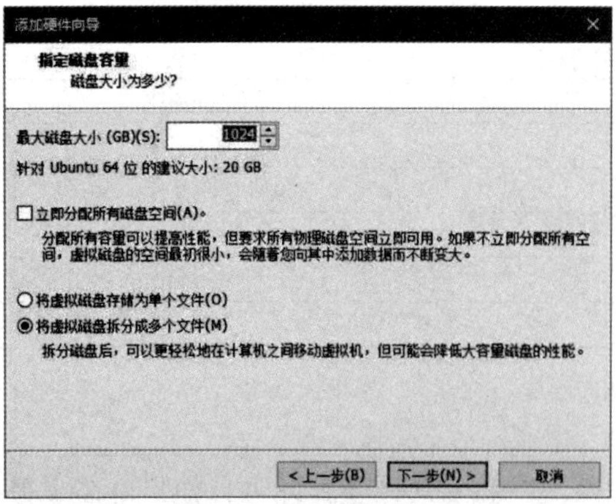

图 5.5 设置磁盘容量

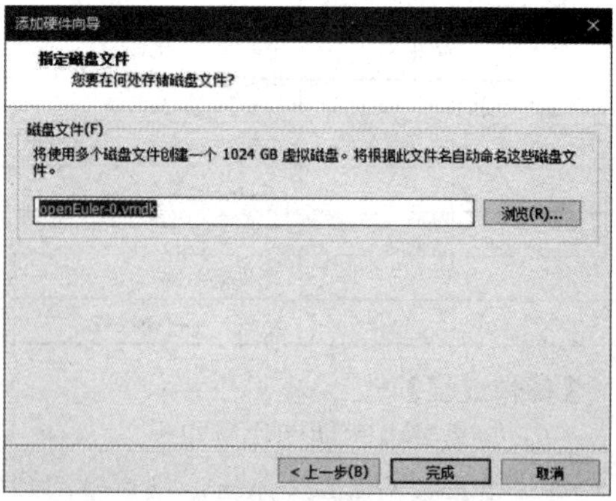

图 5.6　磁盘文件的存储位置

单击【完成】按钮，完成新磁盘的添加，如图 5.7 所示。

图 5.7　新磁盘添加成功

重复上面的操作过程，再向虚拟机中添加一块 4TB 的磁盘。

（2）由系统识别磁盘名：fdisk　-l 或者 lsblk 命令

磁盘添加成功后，重新启动计算机，进入 Linux 系统。首先使用#fdisk　-l 命令确认新添加的两块磁盘在系统中已经被识别，如图 5.8 所示。

```
[root@localhost ~]# fdisk -l
Disk /dev/sdc: 4 TiB, 4398046511104 字节, 8589934592 个扇区
磁盘型号: VMware Virtual S
单元: 扇区 / 1 * 512 = 512 字节
扇区大小(逻辑/物理): 512 字节 / 512 字节
I/O 大小(最小/最佳): 512 字节 / 512 字节


Disk /dev/sda: 60 GiB, 64424509440 字节, 125829120 个扇区
磁盘型号: VMware Virtual S
单元: 扇区 / 1 * 512 = 512 字节
扇区大小(逻辑/物理): 512 字节 / 512 字节
I/O 大小(最小/最佳): 512 字节 / 512 字节
磁盘标签类型: gpt
磁盘标识符: 7EE3E769-015A-4983-8434-0C48E2273653

设备          起点      末尾      扇区 大小 类型
/dev/sda1     2048      4095      2048   1M BIOS 启动
/dev/sda2     4096   2101247   2097152   1G Linux 文件系统
/dev/sda3  2101248 125827071 123725824  59G Linux LVM


Disk /dev/sdb: 1 TiB, 1099511627776 字节, 2147483648 个扇区
磁盘型号: VMware Virtual S
单元: 扇区 / 1 * 512 = 512 字节
扇区大小(逻辑/物理): 512 字节 / 512 字节
I/O 大小(最小/最佳): 512 字节 / 512 字节
```

图 5.8　使用 fdisk　-l 命令查看磁盘情况

可以看到，现在系统中有/dev/sda、/dev/sdb 和/dev/sdc 三块磁盘，其中第 1 块磁盘/dev/sda 的容量为 60GB，是目前正在使用的磁盘，划分了 3 个分区，分别是/dev/sda1、/dev/sda2 和

/dev/sda3。第 2 块磁盘/dev/sdb 的容量为 1TB，第 3 块磁盘/dev/sdc 的空间是 4TB，为刚添加的新磁盘，目前还没有磁盘分区表，无法使用。

确认磁盘在系统中被识别的情况也可以使用 lsblk 命令，如图 5.9 所示。

```
[root@localhost ~]# lsblk
NAME                MAJ:MIN RM  SIZE RO TYPE MOUNTPOINTS
sda                   8:0    0   60G  0 disk
├─sda1                8:1    0    1M  0 part
├─sda2                8:2    0    1G  0 part /boot
└─sda3                8:3    0   59G  0 part
  ├─openeuler-root  253:0    0   37G  0 lvm  /
  ├─openeuler-swap  253:1    0  3.9G  0 lvm  [SWAP]
  └─openeuler-home  253:2    0 18.1G  0 lvm  /home
sdb                   8:16   0    1T  0 disk
sdc                   8:32   0    4T  0 disk
sr0                  11:0    1  3.9G  0 rom  /run/media/root/openEuler-24.03-LTS-x86_64
```

图 5.9　使用 lsblk 命令查看磁盘情况

（3）使用 fdisk 工具对容量为 1TB 的/dev/sdb 磁盘进行分区

第 1 步：进入分区操作

新的磁盘在使用之前，需要进行分区操作，可以使用磁盘分区工具 fdisk 完成。在 Linux 系统中，每一个硬件设备都映射到一个系统文件，对磁盘、光驱等设备也不例外。Linux 系统给 SCSI 设备分配由 sd 前缀组成的文件，例如，第 1 个 SCSI 设备定义为 sda，第 2 个 SCSI 设备定义为 sdb，以此类推。

使用 fdisk 工具，在后面直接加上要分区的磁盘作为选项，如图 5.10 所示。

```
[root@localhost ~]# fdisk /dev/sdb

欢迎使用 fdisk (util-linux 2.39.1)。
更改将停留在内存中，直到您决定将更改写入磁盘。
使用写入命令前请三思。

设备不包含可识别的分区表。
Created a new DOS (MBR) disklabel with disk identifier 0x86c78f2e.

命令(输入 m 获取帮助)：
```

图 5.10　分区操作第 1 步

在“命令”后面输入“m”命令，可以列出 fdisk 工具中所有可供选择的命令，常用命令见表 5.2。

表 5.2　fdisk 工具的命令

命令	说明	命令	说明
a	调整磁盘启动分区	t	更改分区类型
d	删除一个磁盘分区	u	切换分区的显示单元
n	创建新的磁盘分区	w	将所有的修改写入磁盘分区表，退出 fdisk
l	列出所有分区类型	q	不保存更改，退出 fdisk
m	列出所有命令	x	列出额外选项
p	列出磁盘分区表		

第 2 步：创建新分区（类型为主分区）

fdisk 工具的“n”命令用于创建磁盘新分区，如图 5.11 所示。

```
命令(输入 m 获取帮助): n
分区类型
   p   主分区 (0个主分区, 0个扩展分区, 4空闲)
   e   扩展分区 (逻辑分区容器)
选择 (默认 p):
```

图 5.11　用“n”命令创建磁盘新分区

输入命令“n”之后，会提示用户设置要创建的分区类型：如果此时输入小写字母“p”，则表示要创建的是主分区（Primary）；如果输入小写字母“e”，则表示要创建的是扩展分区(Extended)。默认情况下，按 Enter 键将创建主分区。这里输入小写字母“p”，创建主分区 1，如图 5.12 所示。

```
选择 (默认 p): p
分区号 (1-4, 默认  1):
```

图 5.12　用“p”命令创建主分区 1

接下来，会提示用户输入创建的分区号。一般此处使用默认值，可直接按 Enter 键，之后提示用户输入要创建的分区在磁盘的起始位置（扇区号），如图 5.13 所示。

```
第一个扇区 (2048-2147483647, 默认 2048):
```

图 5.13　默认选择磁盘的起始位置

同样，此处使用默认值，按 Enter 键后，会提示用户输入要创建的分区的大小。一般情况下，使用 MB 或者 GB 为单位来为分区设置大小。这里假设要创建的主分区 1 的大小是 300GB，因此在这里输入+300G，如图 5.14 所示。

```
最后一个扇区, +/-sectors 或 +size{K,M,G,T,P} (2048-2147483647, 默认 2147483647): +300G

创建了一个新分区 1, 类型为“Linux”, 大小为 300 GiB。

命令(输入 m 获取帮助):
```

图 5.14　设置主分区 1 的大小

至此完成了主分区 1 的创建，如图 5.15 是创建主分区 1 的全部操作过程。

```
[root@localhost ~]# fdisk /dev/sdb

欢迎使用 fdisk (util-linux 2.39.1)。
更改将停留在内存中，直到您决定将更改写入磁盘。
使用写入命令前请三思。

设备不包含可识别的分区表。
Created a new DOS (MBR) disklabel with disk identifier 0x506d6713.

命令(输入 m 获取帮助): n
分区类型
   p   主分区 (0个主分区, 0个扩展分区, 4空闲)
   e   扩展分区 (逻辑分区容器)
选择 (默认 p): p
分区号 (1-4, 默认  1):
第一个扇区 (2048-2147483647, 默认 2048):
最后一个扇区, +/-sectors 或 +size{K,M,G,T,P} (2048-2147483647, 默认 2147483647): +300G

创建了一个新分区 1, 类型为“Linux”, 大小为 300 GiB。

命令(输入 m 获取帮助):
```

图 5.15　创建主分区 1

第 3 步：重复第 2 步操作，继续创建大小为 200GB 的主分区 2 和大小为 150GB 的主分区 3，如图 5.16 所示。

```
命令(输入 m 获取帮助): n
分区类型
   p   主分区 (1个主分区, 0个扩展分区, 3空闲)
   e   扩展分区 (逻辑分区容器)
选择 (默认 p): p
分区号 (2-4, 默认  2):
第一个扇区 (629147648-2147483647, 默认 629147648):
最后一个扇区, +/-sectors 或 +size{K,M,G,T,P} (629147648-2147483647, 默认 2147483647): +200G

创建了一个新分区 2, 类型为"Linux", 大小为 200 GiB。

命令(输入 m 获取帮助): n
分区类型
   p   主分区 (2个主分区, 0个扩展分区, 2空闲)
   e   扩展分区 (逻辑分区容器)
选择 (默认 p): p
分区号 (3,4, 默认  3):
第一个扇区 (1048578048-2147483647, 默认 1048578048):
最后一个扇区, +/-sectors 或 +size{K,M,G,T,P} (1048578048-2147483647, 默认 2147483647): +150G

创建了一个新分区 3, 类型为"Linux", 大小为 150 GiB。
```

图 5.16　创建主分区 2 和主分区 3

第 4 步：创建新的分区（类型为扩展分区）

创建扩展分区 4，如图 5.17 所示。

```
命令(输入 m 获取帮助): n
分区类型
   p   主分区 (3个主分区, 0个扩展分区, 1空闲)
   e   扩展分区 (逻辑分区容器)
选择 (默认 e): e

已选择分区 4
第一个扇区 (1363150848-2147483647, 默认 1363150848):
最后一个扇区, +/-sectors 或 +size{K,M,G,T,P} (1363150848-2147483647, 默认 2147483647):

创建了一个新分区 4, 类型为"Extended", 大小为 374 GiB。
```

图 5.17　创建扩展分区 4

在扩展分区上创建逻辑分区，继续执行 fdisk 工具的命令，在扩展分区 4 上创建大小为 90GB 的逻辑分区 5、大小为 50GB 的逻辑分区 6，如图 5.18 所示。

```
命令(输入 m 获取帮助): n
所有主分区都在使用中。
添加逻辑分区 5
第一个扇区 (1363152896-2147483647, 默认 1363152896):
最后一个扇区, +/-sectors 或 +size{K,M,G,T,P} (1363152896-2147483647, 默认 2147483647): +90G

创建了一个新分区 5, 类型为"Linux", 大小为 90 GiB。

命令(输入 m 获取帮助): n
所有主分区都在使用中。
添加逻辑分区 6
第一个扇区 (1551898624-2147483647, 默认 1551898624):
最后一个扇区, +/-sectors 或 +size{K,M,G,T,P} (1551898624-2147483647, 默认 2147483647): +50G

创建了一个新分区 6, 类型为"Linux", 大小为 50 GiB。
```

图 5.18　创建逻辑分区 5 和逻辑分区 6

创建完成后打印分区信息，在“命令”后输入“p”查看/dev/sdb 磁盘的分区信息，如图 5.19 所示。

```
命令(输入 m 获取帮助): p
Disk /dev/sdb: 1 TiB, 1099511627776 字节, 2147483648 个扇区
磁盘型号: VMware Virtual S
单元: 扇区 / 1 * 512 = 512 字节
扇区大小(逻辑/物理): 512 字节 / 512 字节
I/O 大小(最小/最佳): 512 字节 / 512 字节
磁盘标签类型: dos
磁盘标识符: 0x506d6713

设备        启动       起点       末尾       扇区  大小 Id 类型
/dev/sdb1              2048  629147647  629145600  300G 83 Linux
/dev/sdb2         629147648 1048578047  419430400  200G 83 Linux
/dev/sdb3        1048578048 1363150847  314572800  150G 83 Linux
/dev/sdb4        1363150848 2147483647  784332800  374G  5 扩展
/dev/sdb5        1363152896 1551896575  188743680   90G 83 Linux
/dev/sdb6        1551898624 1656756223  104857600   50G 83 Linux
```

图 5.19 /dev/sdb 磁盘的分区信息

可以看到，磁盘/dev/sdb 已经被分为 3 个主分区、一个扩展分区 4，扩展分区 4 上有逻辑分区 5 和逻辑分区 6。

分区结束以后，输入“w”命令，将分区信息写入分区表并退出 fdisk 工具，如图 5.20 所示。

```
命令(输入 m 获取帮助): w
分区表已调整。
将调用 ioctl() 来重新读分区表。

正在同步磁盘。

[root@localhost ~]#
```

图 5.20 保存分区信息并退出 fdisk 工具

第 5 步：查看目前系统的分区情况，如图 5.21 所示。

```
[root@localhost ~]# lsblk
NAME                MAJ:MIN RM  SIZE RO TYPE MOUNTPOINTS
sda                   8:0    0   60G  0 disk
├─sda1                8:1    0    1M  0 part
├─sda2                8:2    0    1G  0 part /boot
└─sda3                8:3    0   59G  0 part
  ├─openeuler-root  253:0    0   37G  0 lvm  /
  ├─openeuler-swap  253:1    0  3.9G  0 lvm  [SWAP]
  └─openeuler-home  253:2    0 18.1G  0 lvm  /home
sdb                   8:16   0    1T  0 disk
├─sdb1                8:17   0  300G  0 part
├─sdb2                8:18   0  200G  0 part
├─sdb3                8:19   0  150G  0 part
├─sdb4                8:20   0    1K  0 part
├─sdb5                8:21   0   90G  0 part
└─sdb6                8:22   0   50G  0 part
sdc                   8:32   0    4T  0 disk
sr0                  11:0    1  3.9G  0 rom  /run/media/root/openEuler-24.03-LTS-x86_64
```

图 5.21 系统的分区情况

至此可以看到第 2 块磁盘/dev/sdb 已经分区结束，/dev/sdc 还有待分区。

如果发现对/dev/sdb 的分区有误，可以使用“d”命令，删除分区后再重新分区。如图 5.22 所示，先删除 3 个主分区，再删除逻辑分区/dev/sdb6，最后删除扩展分区/dev/sdb4，在删除扩展分区/dev/sdb4 的同时逻辑分区/dev/sdb5 也被一并删除。

（4）使用 parted 工具对容量为 4TB 的/dev/sdc 磁盘进行分区

如果使用 fdisk 工具对容量超过 2TB 的磁盘进行分区，会出现如图 5.23 所示的提示。

```
[root@localhost ~]# fdisk /dev/sdb

欢迎使用 fdisk (util-linux 2.39.1)。
更改将停留在内存中，直到您决定将更改写入磁盘。
使用写入命令前请三思。


命令(输入 m 获取帮助): p

磁盘型号: VMware Virtual S
单元: 扇区 / 1 * 512 = 512 字节
扇区大小(逻辑/物理): 512 字节 / 512 字节
I/O 大小(最小/最佳): 512 字节 / 512 字节
磁盘标签类型: dos
磁盘标识符: 0xe69b5801


/dev/sdb1            2048  629147647 629145600  300G 83 Linux
/dev/sdb2       629147648 1048578047 419430400  200G 83 Linux
/dev/sdb3      1048578048 1363150847 314572800  150G 83 Linux
/dev/sdb4      1363150848 2147483647 784332800  374G  5 扩展
/dev/sdb5      1363152896 1551896575 188743680   90G 83 Linux
/dev/sdb6      1551898624 1656756223 104857600   50G 83 Linux

命令(输入 m 获取帮助): d
分区号 (1-6, 默认  6): 1

分区 1 已删除。

命令(输入 m 获取帮助): d
分区号 (2-6, 默认  6): 2

分区 2 已删除。

命令(输入 m 获取帮助): d
分区号 (3-6, 默认  6): 3

分区 3 已删除。

命令(输入 m 获取帮助): d
分区号 (4-6, 默认  6): 6

分区 6 已删除。

命令(输入 m 获取帮助): d
分区号 (4,5, 默认  5): 4

分区 4 已删除。

命令(输入 m 获取帮助): p

磁盘型号: VMware Virtual S
单元: 扇区 / 1 * 512 = 512 字节
扇区大小(逻辑/物理): 512 字节 / 512 字节
I/O 大小(最小/最佳): 512 字节 / 512 字节
磁盘标签类型: dos
磁盘标识符: 0xe69b5801

命令(输入 m 获取帮助): w
分区表已调整。
将调用 ioctl() 来重新读分区表。
正在同步磁盘。
```

图 5.22　删除分区

```
[root@localhost ~]# fdisk /dev/sdc

欢迎使用 fdisk (util-linux 2.39.1)。
更改将停留在内存中，直到您决定将更改写入磁盘。
使用写入命令前请三思。

设备不包含可识别的分区表。
该磁盘的大小为 4 TiB (4398046511104 字节)。DOS 分区表不能用于卷容量大于 2199023255040 字节、
512 字节扇区的驱动器。请使用 GUID 分区表格式 (GPT)。

Created a new DOS (MBR) disklabel with disk identifier 0xe735688d.
```

图 5.23　使用 fdisk 工具对容量超过 2TB 的磁盘进行分区的提示

图 5.23 说明 fdisk 工具只能针对容量为 2TB 之内的磁盘进行分区。如果容量超过 2TB，

可以使用 parted 工具或者 gdisk 工具完成分区。由于 gdisk 工具与 fdisk 工具的操作流程相仿，因此接下来使用 parted 工具对/dev/sdc 磁盘进行分区。

第 1 步：进行分区操作

在 parted 命令后面直接加上要分区的磁盘作为选项，如图 5.24 所示。

```
[root@localhost ~]# parted  /dev/sdc
GNU Parted 3.6
使用 /dev/sdc
欢迎使用 GNU Parted! 输入 'help' 来查看命令列表。
(parted) ▌
```

图 5.24　使用 parted 工具进行分区

在“(parted)”后面输入“help”命令，可以列出 parted 工具中所有可供选择的命令，如图 5.25 所示。

```
(parted) help
  align-check 类型 N                          检查分区 N 是否为 (最小=min|最佳=opt) 对齐类型
  help [COMMAND]                             打印通用求助信息，或 COMMAND 的帮助
  mklabel,mktable LABEL-TYPE                 创建新的磁盘卷标 (分区表)
  mkpart 分区类型 [文件系统类型] 起始点 结束点 创建一个分区
  name 编号 名称                              将指定“编号”的分区命名为“名称”
  print [devices|free|list,all]              显示分区表、可用设备、剩余空间或所有分区
  quit                                       退出程序
  rescue 起始点 终止点                         挽救临近“起始点”、“终止点”的遗失的分区
  resizepart NUMBER END                      改变 NUMBER 的大小
  rm NUMBER                                  删除编号为 NUMBER 的分区
  select 设备                                 选择要编辑的设备
  disk_set 旗标 状态                           变更已选设备上的旗标
  disk_toggle [旗标]                          切换已选设备上的旗标状态
  set 编号 旗标 状态                            改变指定“编号”分区的旗标
  toggle [编号 [旗标]]                         切换“编号”分区上的“旗标”状态
  type NUMBER TYPE-ID or TYPE-UUID           type set TYPE-ID or TYPE-UUID of partition NUMBER
  unit 单位                                   设置缺省的“单位”
  version                                    显示目前 GNU Parted 的版本与版权信息
```

图 5.25　parted 工具中命令的说明

第 2 步：创建 GPT 分区类型的磁盘卷标

使用 mklabel 命令，可以创建一个 GPT 类型的磁盘卷标，如图 5.26 所示。

```
(parted) mklabel gpt
(parted) ▌
```

图 5.26　使用 mklabel 命令创建磁盘卷标

第 3 步：创建新的 GPT 分区

使用 mkpart 命令创建 GPT 分区有两种方法，其中第 1 种方法是使用大小来表示分区的起始位置和结束位置，如下创建两个磁盘分区，第 1 个分区为 300GB（300−0=300），第 2 个分区为 500GB（800−300=500），同时将这两个分区格式化为 xfs 文件系统，如图 5.27 所示。

```
(parted) mkpart primary xfs 0 300G
警告：所产生的分区没有适当为获得最佳性能而对齐：34s % 2048s != 0s
忽略/Ignore/放弃/Cancel? I
(parted) mkpart primary xfs 300G 800G
(parted) ▌
```

图 5.27　使用 mkpart 命令创建 GPT 分区方法 1 完成两个分区的创建

创建完成后输出磁盘分区信息，“(parted)”后面输入“print”命令，如图 5.28 所示。

```
(parted) print
型号: VMware, VMware Virtual S (scsi)
磁盘 /dev/sdc: 4398GB
扇区大小 (逻辑/物理): 512B/512B
分区表: gpt
磁盘标志:

编号  起始点   结束点  大小   文件系统  名称     标志
 1    17.4kB  300GB  300GB  xfs      primary
 2    300GB   800GB  500GB  xfs      primary

(parted)
```

图 5.28　使用 print 命令输出分区信息

可以看到，目前创建了两个可以格式化为 xfs 类型的文件系统的 GPT 分区：分区 1 的大小为 300GB，分区 2 的大小为 500GB。

与使用 fdisk 工具创建分区不一样，使用 parted 工具的 mkpart 命令创建分区后会立即将分区信息保存在分区表中。

在刚才的创建中，创建分区 1 时系统提示了一句警告“警告:所产生的分区没有适当为获得最佳性能而对齐: 34s % 2048s != 0s”，这是由于使用大小表示方法设置分区的起始位置时不能对磁盘空间进行对齐。

接下来将刚才创建的分区先删除，然后使用 mkpart 命令创建 GPT 分区的第 2 种方法完成分区，第 2 种方法使用百分比表示分区首尾位置。这种方法会自动进行对齐，推荐采用百分比的方法来创建分区。本例中，创建两个分区，第 1 个分区占磁盘 40%的空间，第 2 个分区占磁盘 40%的空间，如图 5.29 所示。

```
(parted) rm 1
(parted) rm 2
(parted) print
型号: VMware, VMware Virtual S (scsi)
磁盘 /dev/sdc: 4398GB
扇区大小 (逻辑/物理): 512B/512B
分区表: gpt
磁盘标志:

编号  起始点  结束点  大小  文件系统  名称  标志

(parted) mkpart primary xfs 0% 40%
(parted) mkpart primary xfs 40% 80%
(parted) print
型号: VMware, VMware Virtual S (scsi)
磁盘 /dev/sdc: 4398GB
扇区大小 (逻辑/物理): 512B/512B
分区表: gpt
磁盘标志:

编号  起始点   结束点   大小    文件系统  名称     标志
 1    1049kB  1759GB  1759GB  xfs      primary
 2    1759GB  3518GB  1759GB  xfs      primary
```

图 5.29　使用百分比表示分区首尾位置的方法完成分区

第 4 步：命名磁盘分区

使用 name 命令给分区命名。对于刚刚创建的两个分区，分区 1 用于存储 openTest 数据库的数据，将该分区命名为 otdata。分区 2 用于存储 proSQL 数据库的数据，将该分区命名为 psdata，如图 5.30 所示。

```
(parted) name 1 otdata
(parted) name 2 psdata
(parted) print
型号: VMware, VMware Virtual S (scsi)
磁盘 /dev/sdc: 4398GB
扇区大小 (逻辑/物理): 512B/512B
分区表: gpt
磁盘标志:

编号  起始点   结束点   大小     文件系统  名称     标志
 1    1049kB  1759GB  1759GB  xfs       otdata
 2    1759GB  3518GB  1759GB  xfs       psdata
```

图 5.30　使用 name 命令给分区命名

第 5 步：退出分区程序

使用 quit 命令可以退出 parted 工具，如图 5.31 所示。

```
(parted) quit
信息: 你可能需要 /etc/fstab。

[root@localhost ~]# 
```

图 5.31　使用 quit 命令退出 parted 工具

第 6 步：查看目前系统的分区情况

至此新添加的两块磁盘的分区已经完成，系统目前分区情况可使用 lsblk 命令查看，如图 5.32 所示。

```
[root@localhost ~]# lsblk
NAME                  MAJ:MIN RM   SIZE RO TYPE MOUNTPOINTS
sda                     8:0    0    60G  0 disk
├─sda1                  8:1    0     1M  0 part
├─sda2                  8:2    0     1G  0 part /boot
└─sda3                  8:3    0    59G  0 part
  ├─openeuler-root 253:0    0    37G  0 lvm  /
  ├─openeuler-swap 253:1    0   3.9G  0 lvm  [SWAP]
  └─openeuler-home 253:2    0  18.1G  0 lvm  /home
sdb                     8:16   0     1T  0 disk
├─sdb1                  8:17   0   300G  0 part
├─sdb2                  8:18   0   200G  0 part
├─sdb3                  8:19   0   150G  0 part
├─sdb4                  8:20   0     1K  0 part
├─sdb5                  8:21   0    90G  0 part
└─sdb6                  8:22   0    50G  0 part
sdc                     8:32   0     4T  0 disk
├─sdc1                  8:33   0   1.6T  0 part
└─sdc2                  8:34   0   1.6T  0 part
sr0                    11:0    1   3.9G  0 rom  /run/media/root/openEuler-24.03-LTS-x86_64
```

图 5.32　系统目前分区情况

（5）创建文件系统：mkfs 命令

磁盘/dev/sdb 和/dev/sdc 完成分区后，要在分区上创建文件系统，该分区才可以被使用。由于刚才在/dev/sdb 上创建了三个主分区，两个逻辑分区，在/dev/sdc 上创建了两个主分区，因此需要使用 mkfs 命令依次创建文件系统，参数 t 用于指定文件类型。

在主分区/dev/sdb1 上创建 xfs 类型的文件系统，如图 5.33 所示。

在主分区/dev/sdb2 上创建 xfs 类型的文件系统，如图 5.34 所示。

在主分区/dev/sdb3 上创建 ext4 类型的文件系统，如图 5.35 所示。

在逻辑分区/dev/sdb5 上创建 xfs 类型的文件系统，如图 5.36 所示。

在逻辑分区/dev/sdb6 上创建 ext4 类型的文件系统，如图 5.37 所示。

```
[root@localhost ~]# mkfs -t xfs /dev/sdb1
meta-data=/dev/sdb1              isize=512    agcount=4, agsize=19660800 blks
         =                       sectsz=512   attr=2, projid32bit=1
         =                       crc=1        finobt=1, sparse=1, rmapbt=1
         =                       reflink=1    bigtime=1 inobtcount=1 nrext64=1
data     =                       bsize=4096   blocks=78643200, imaxpct=25
         =                       sunit=0      swidth=0 blks
naming   =version 2              bsize=4096   ascii-ci=0, ftype=1
log      =internal log           bsize=4096   blocks=38400, version=2
         =                       sectsz=512   sunit=0 blks, lazy-count=1
realtime =none                   extsz=4096   blocks=0, rtextents=0
```

图 5.33　给主分区/dev/sdb1 创建文件系统

```
[root@localhost ~]# mkfs -t xfs /dev/sdb2
meta-data=/dev/sdb2              isize=512    agcount=4, agsize=13107200 blks
         =                       sectsz=512   attr=2, projid32bit=1
         =                       crc=1        finobt=1, sparse=1, rmapbt=1
         =                       reflink=1    bigtime=1 inobtcount=1 nrext64=1
data     =                       bsize=4096   blocks=52428800, imaxpct=25
         =                       sunit=0      swidth=0 blks
naming   =version 2              bsize=4096   ascii-ci=0, ftype=1
log      =internal log           bsize=4096   blocks=25600, version=2
         =                       sectsz=512   sunit=0 blks, lazy-count=1
realtime =none                   extsz=4096   blocks=0, rtextents=0
```

图 5.34　给主分区/dev/sdb2 创建文件系统

```
[root@localhost ~]# mkfs -t ext4 /dev/sdb3
mke2fs 1.47.0 (5-Feb-2023)
创建含有 39321600 个块（每块 4k）和 9830400 个 inode 的文件系统
文件系统 UUID: 79a36a17-c33f-4f7a-adc5-8b927d04ea5a
超级块的备份存储于下列块:
        32768, 98304, 163840, 229376, 294912, 819200, 884736, 1605632, 2654208,
        4096000, 7962624, 11239424, 20480000, 23887872

正在分配组表: 完成
正在写入 inode表: 完成
创建日志（262144 个块）: 完成
写入超级块和文件系统账户统计信息: 已完成
```

图 5.35　给主分区/dev/sdb3 创建文件系统

```
[root@localhost ~]# mkfs -t xfs /dev/sdb5
meta-data=/dev/sdb5              isize=512    agcount=4, agsize=5898240 blks
         =                       sectsz=512   attr=2, projid32bit=1
         =                       crc=1        finobt=1, sparse=1, rmapbt=1
         =                       reflink=1    bigtime=1 inobtcount=1 nrext64=1
data     =                       bsize=4096   blocks=23592960, imaxpct=25
         =                       sunit=0      swidth=0 blks
naming   =version 2              bsize=4096   ascii-ci=0, ftype=1
log      =internal log           bsize=4096   blocks=16384, version=2
         =                       sectsz=512   sunit=0 blks, lazy-count=1
realtime =none                   extsz=4096   blocks=0, rtextents=0
```

图 5.36　给逻辑分区/dev/sdb5 创建文件系统

```
[root@localhost ~]# mkfs -t ext4 /dev/sdb6
mke2fs 1.47.0 (5-Feb-2023)
创建含有 13107200 个块（每块 4k）和 3276800 个 inode 的文件系统
文件系统 UUID: d4ab9653-95b8-4457-8a33-653ae81c38e6
超级块的备份存储于下列块:
        32768, 98304, 163840, 229376, 294912, 819200, 884736, 1605632, 2654208,
        4096000, 7962624, 11239424

正在分配组表: 完成
正在写入 inode表: 完成
创建日志（65536 个块）: 完成
写入超级块和文件系统账户统计信息: 已完成
```

图 5.37　给逻辑分区/dev/sdb6 创建文件系统

在主分区/dev/sdc1 上创建 xfs 类型的文件系统，如图 5.38 所示。

```
[root@localhost ~]# mkfs -t xfs /dev/sdc1
meta-data=/dev/sdc1              isize=512    agcount=4, agsize=107374144 blks
         =                       sectsz=512   attr=2, projid32bit=1
         =                       crc=1        finobt=1, sparse=1, rmapbt=1
         =                       reflink=1    bigtime=1 inobtcount=1 nrext64=1
data     =                       bsize=4096   blocks=429496576, imaxpct=5
         =                       sunit=0      swidth=0 blks
naming   =version 2              bsize=4096   ascii-ci=0, ftype=1
log      =internal log           bsize=4096   blocks=209715, version=2
         =                       sectsz=512   sunit=0 blks, lazy-count=1
realtime =none                   extsz=4096   blocks=0, rtextents=0
```

图 5.38　给主分区/dev/sdc1 创建文件系统

在主分区/dev/sdc2 上创建 xfs 类型的文件系统，如图 5.39 所示。

```
[root@localhost ~]# mkfs -t xfs /dev/sdc2
meta-data=/dev/sdc2              isize=512    agcount=4, agsize=107374144 blks
         =                       sectsz=512   attr=2, projid32bit=1
         =                       crc=1        finobt=1, sparse=1, rmapbt=1
         =                       reflink=1    bigtime=1 inobtcount=1 nrext64=1
data     =                       bsize=4096   blocks=429496576, imaxpct=5
         =                       sunit=0      swidth=0 blks
naming   =version 2              bsize=4096   ascii-ci=0, ftype=1
log      =internal log           bsize=4096   blocks=209715, version=2
         =                       sectsz=512   sunit=0 blks, lazy-count=1
realtime =none                   extsz=4096   blocks=0, rtextents=0
```

图 5.39　给主分区/dev/sdc2 创建文件系统

（6）挂载使用：mount 命令

首先创建挂载点，每个分区对应一个挂载点，命令如下：

```
[root@localhost ~]# mkdir /mnt/sdb1
[root@localhost ~]# mkdir /mnt/sdb2
[root@localhost ~]# mkdir /mnt/sdb3
[root@localhost ~]# mkdir /mnt/sdb5
[root@localhost ~]# mkdir /mnt/sdb6
[root@localhost ~]# mkdir /mnt/sdc1
[root@localhost ~]# mkdir /mnt/sdc2
```

执行分区的挂载，命令如下：

```
[root@localhost ~]# mount   /dev/sdb1   /mnt/sdb1
[root@localhost ~]# mount   /dev/sdb2   /mnt/sdb2
[root@localhost ~]# mount   /dev/sdb3   /mnt/sdb3
[root@localhost ~]# mount   /dev/sdb5   /mnt/sdb5
[root@localhost ~]# mount   /dev/sdb6   /mnt/sdb6
[root@localhost ~]# mount   /dev/sdc1   /mnt/sdc1
[root@localhost ~]# mount   /dev/sdc2   /mnt/sdc2
```

完成挂载后，输入 mount 命令查看最后 7 行信息，可以看到 7 个新的分区已经挂载，如图 5.40 所示。

```
/dev/sdb1 on /mnt/sdb1 type xfs (rw,relatime,seclabel,attr2,inode64,logbufs=8,logbsize=32k,noquota)
/dev/sdb2 on /mnt/sdb2 type xfs (rw,relatime,seclabel,attr2,inode64,logbufs=8,logbsize=32k,noquota)
/dev/sdb3 on /mnt/sdb3 type ext4 (rw,relatime,seclabel)
/dev/sdb5 on /mnt/sdb5 type xfs (rw,relatime,seclabel,attr2,inode64,logbufs=8,logbsize=32k,noquota)
/dev/sdb6 on /mnt/sdb6 type ext4 (rw,relatime,seclabel)
/dev/sdc1 on /mnt/sdc1 type xfs (rw,relatime,seclabel,attr2,inode64,logbufs=8,logbsize=32k,noquota)
/dev/sdc2 on /mnt/sdc2 type xfs (rw,relatime,seclabel,attr2,inode64,logbufs=8,logbsize=32k,noquota)
```

图 5.40　已经挂载的文件系统信息

使用 df 命令查看磁盘空间占用情况，如图 5.41 所示。

```
[root@localhost ~]# df
文件系统                         1K的块     已用        可用 已用% 挂载点
/dev/mapper/openeuler-root    37884476  7894896    28032924   22% /
devtmpfs                          4096        0        4096    0% /dev
tmpfs                          1726868        4     1726864    1% /dev/shm
tmpfs                             4096        0        4096    0% /sys/fs/cgroup
tmpfs                           690748    18760      671988    3% /run
tmpfs                          1726872      580     1726292    1% /tmp
/dev/sda2                       996780   178672      749296   20% /boot
/dev/mapper/openeuler-home    18470156       24    17506548    1% /home
tmpfs                           345372       32      345340    1% /run/user/0
/dev/sr0                       4123544  4123544           0  100% /run/media/root/openEuler-24.03-LTS-x86_64
/dev/sdb1                    314419200  6053664   308365536    2% /mnt/sdb1
/dev/sdb2                    209612800  4046876   205565924    2% /mnt/sdb2
/dev/sdb3                    153707984       28   145827252    1% /mnt/sdb3
/dev/sdb5                     94306304  1839004    92467300    2% /mnt/sdb5
/dev/sdb6                     51290592       24    48652744    1% /mnt/sdb6
/dev/sdc1                   1717147444 32912328  1684235116    2% /mnt/sdc1
/dev/sdc2                   1717147444 32912328  1684235116    2% /mnt/sdc2
```

图 5.41　查看磁盘空间占用情况

最后可以切换至新的磁盘下，执行应用操作，例如编辑文件 hello.c：

```
#cd  /mnt/sdb1
#vim  hello.c
```

这样在/mnt/sdb1 中的操作就是在新磁盘中的操作。至此，已经向系统中增加了两块新的磁盘，并且可以正常使用。

（7）开机自动挂载

需要注意使用 mount 命令挂载的文件会随着系统重启或关机而失效，因此可以在/etc/fstab 文件中设置开机自动挂载。添加如图 5.42 所示最后 7 行内容。

这样，操作系统每次启动时就会自动把两个新磁盘上的 7 个分区分别按正确的文件系统类型挂载到对应的挂载点目录下，进入系统后直接在挂载点下使用新磁盘即可。

```
UUID=e70c1155-a0a3-4a92-84e5-6c7b72fb8b62 /                       ext4    defaults        1 1
UUID=b42079e3-ff71-49bb-b19f-81145f7561e8 /boot                   ext4    defaults        1 2
UUID=1446fddf-09e6-486d-ae4e-d62b376b7cc1 /home                   ext4    defaults        1 2
UUID=92bac508-9bda-4d99-8be9-00172b9b9a2e none                    swap    defaults        0 0
/dev/sdb1        /mnt/sdb1        xfs       defaults        0        0
/dev/sdb2        /mnt/sdb2        xfs       defaults        0        0
/dev/sdb3        /mnt/sdb3        ext4      defaults        0        0
/dev/sdb5        /mnt/sdb5        xfs       defaults        0        0
/dev/sdb6        /mnt/sdb6        ext4      defaults        0        0
/dev/sdc1        /mnt/sdc1        xfs       defaults        0        0
/dev/sdc2        /mnt/sdc2        xfs       defaults        0        0
```

图 5.42　添加内容后的/etc/fstab 文件

至此两块新磁盘已经添加到系统中，并且能正常使用。

5.1.1　磁盘分区及分区工具

磁盘必须经过分区，操作系统才能读取分区中的文件系统。目前 Linux 系统中的磁盘分区主要有两种格式，分别是 MBR（Master Boot Record，主引导记录）格式与 GPT 格式。MBR 分区的历史较为悠久，不足之处在于分区有 2TB 容量的限制，若当前的磁盘容量已经超过 2TB，MBR 分区就不适用了。因此 GPT 分区应运而生，GPT 格式支持大容量分区。不过 GPT 分区并没有完全取代 MBR 分区。例如在虚拟机中，大部分磁盘的容量还是小于 2TB 的，因此

MBR 分区也还有存在的价值。

1. MBR 格式的磁盘分区

在磁盘的 0 磁道、0 柱面、1 扇区中存储 MBR，是计算机开机后访问磁盘所必须要读取的第 1 个扇区，即 MBR 扇区。它总共占用 512B（字节），存储以下信息。

（1）引导程序：占 446B，负责检查分区表并将控制权转交给可引导的活动分区，从而启动操作系统。

（2）分区表：占 64B，记录了各个分区的起始位置、结束位置及大小信息等。

（3）结束标志：占 2B，结束标志（55AA）用于验证 MBR 扇区的有效性。

扇区（Sector）是磁盘中最小的物理存储单位，目前主要有 512B 和 4KB 两种格式。

由于分区表仅有 64B，而每一条分区信息需要 16B 描述，因此分区表最多只能记录 4 条分区信息，包括分区类型、起始和结束磁头、扇区、柱面等，其中使用 32bit 地址来存储逻辑分区的起始和结束扇区的值。每个扇区最大为 512B，因此能够表示的最大分区大小为 $2^{32}\times 512B = 2TB$。这 4 条分区信息记录主分区与扩展分区。主分区被格式化后可以直接存取数据，但是扩展分区不能直接写入数据，仅相当于一个容器，必须从扩展分区中分出逻辑分区，对逻辑分区格式化后才能存取数据。通常使用 P 代表主分区，E 代表扩展分区，L 代表逻辑分区，这三者之间的关系总结如下：

① 主分区与扩展分区最多可以有 4 个，其中扩展分区最多只能有一个。

② 逻辑分区是在扩展分区上分出的分区。

③ 主分区和逻辑分区都可以被格式化后用作数据存取，扩展分区无法格式化。

④ 逻辑分区的数量依操作系统而不同。

2. GPT 格式的磁盘分区

GPT（GUID Partition Table，全局唯一标识磁盘分区表）是源自 EFI 标准的一种全新磁盘分区表格式，与普通的 MBR 格式相比，GPT 格式更加灵活、强大。

常见的磁盘扇区有 512B 和 4KB 两种格式。为了解决兼容性问题，通常使用逻辑区块地址（Logical Block Address，LBA）来定义扇区。GPT 将磁盘所有区块以 LBA（默认为 512B）来规划，第 1 个 LBA 称为 LBA0。

与 MBR 只使用第 1 个 512B 区块记录分区信息不同，GPT 使用了多个 LBA 区块记录分区信息。其中 LBA2~LBA33，共计 32 个分区，用来记录分区表，每个 LBA 记录 4 条分区信息，所以一共可以记录 32×4=128 条分区信息。每条使用 64bit 地址来存储逻辑分区的起始和结束扇区的值。每个扇区最大为 512B，因此能够表示的最大分区大小理论为 $2^{64}\times 512B = 8ZB$。另外，分区区域结束后就是分区表备份，分区表备份是对分区表 32 个分区的完整备份。

由于每个 GPT 分区都属于主分区，可以直接进行格式化。GPT 分区的优点包括：

① 分区数量无限制，但实际上限制的分区数是 128 个。

② 分区容量支持超过 2TB 的硬盘。GPT 分区采用 64 位的整数表示扇区号，支持的容量非常大，而 MBR 分区最高支持 2TB。

③ 分区表有容灾功能，如果分区表坏了，系统将自动读取分区表备份，以保证正常识别分区。

3. fdisk、painted、gdisk 分区工具

fdisk、gdisk 和 parted 是 Linux 系统中常用的磁盘分区工具，它们各自有独特的特点和使用场景。

（1）fdisk 工具

fdisk 是传统的 Linux 磁盘分区工具，主要用于操作 MBR 分区表。它最大支持 2TB 的磁盘容量。

使用 fdisk 工具可以查看、创建、删除和修改分区。启动 fdisk 工具后，进入命令行界面，通过输入具体命令进行操作，例如使用 n 创建新分区、d 删除分区、p 查看分区表，常见命令参见表 5.2，这些命令的使用可以参照 5.1 节中/dev/sdb 磁盘分区的操作过程。

（2）parted 工具

parted 是一种功能强大的磁盘分区工具，不仅支持 MBR 和 GPT 分区表，还能调整分区大小和移动分区。

用 parted 工具可以进行复杂的分区操作。启动 parted 工具后，通过输入具体命令进行操作，例如使用 mkpart 创建新分区、rm 删除分区、resizepart 调整分区大小，常见命令参见图 5.25，这些命令的使用可以参照 5.1 节中/dev/sdc 磁盘分区的操作过程。

（3）gdisk 工具

gdisk 是 fdisk 的升级版，主要用于操作 GPT 分区表。它支持大容量磁盘，并且能够创建多达 128 个分区。

gdisk 工具的使用方法与 fdisk 工具相似，但提供了更丰富的功能。启动 gdisk 工具后，同样进入命令行界面，通过输入具体命令进行操作，例如使用 n 添加新分区、d 删除分区、p 显示分区表。读者可以尝试使用 gdisk 工具对/dev/sdc 进行分区。

5.1.2　文件系统

1. 文件系统概念

磁盘经过分区后，下一个步骤就是要对磁盘分区进行格式化。格式化是指根据用户选定的文件系统类型（如 ext4 或 xfs），在磁盘的特定区域写入特定数据，在分区中划出一片用于文件管理的磁盘空间。格式化的目的就是为了写入文件系统，但是需要注意，格式化操作会导致现有分区中的所有数据被清除，因此要慎重。

操作系统中负责管理和存储文件信息的软件机构称为文件管理系统，简称文件系统。当在磁盘存储一个文件时，Linux 系统除了会在磁盘存储文件的内容，还会存储一些与文件相关的信息，例如文件的权限模式、文件的拥有者等，这样，Linux 系统才能提供与文件相关的功能。

目前几乎每一种操作系统都有其专属的文件系统。例如，微软在 DOS 操作系统中提供了一个名为 FAT 的文件系统，而在 Windows NT、Windows 2000、WindowsXP 等操作系统中则提供了 NTFS 文件系统。Linux 系统专属的文件系统为 Ext（Extended file system，扩展文件系统）。

虽然目前有许多种不同类型的文件系统，但每一种文件系统的运行原理大同小异。设计人员在设计文件系统时，为了能够更快速地调用文件的信息，一般会将磁盘空间规划为块和索引节点，用于记录存放文件空间和文件的权限等信息。如果磁盘没有提供文件系统，则 Linux 系统就无法通过文件系统使用磁盘空间。因此，如果希望 Linux 系统能使用磁盘空间，就必须在该磁盘空间上建立文件系统。

2. 文件系统类型

目前 Linux 系统支持多种常见的文件系统类型。不仅可以使用 Linux 系统自身的文件系统类型，还可以使用微软、IBM 等其他操作系统下的文件系统类型。下面介绍 Linux 系统中常见的文件系统类型。

ext4 文件系统：作为 openEuler 操作系统默认的文件系统，继承了 ext2 和 ext3 的优良特性，同时在性能和可扩展性上进行了显著优化。它给日志数据增加了校验功能，可方便判断日志数据是否损坏，提升了系统恢复的速度和可靠性，适用于需要高事务处理能力的企业级应用。同时它的容量很大，文件系统容量能达到 1EB，文件容量能达到 16TB，这对于大型磁盘阵列的用户而言非常有用。而 ext3 最多支持 32TB 的文件系统和 2TB 的文件，根据使用的具体架构和系统设置，实际容量上限可能比这个数字还要低。ext3 目前只支持 32000 个子目录，而 ext4 取消了这一限制，理论上支持无限数量的子目录。

ext3 是在 ext2 的基础之上发展演变而来的，二者区别在于 ext3 带有日志功能，它会跟踪对磁盘的写入操作并记录于日志中，这样可以在需要时回溯查找。比如，系统出现意外掉电重新启动后，只需要根据日志中记录的信息，对文件系统的处理直接定位到系统出现意外以前的部分即可，而不需要像 ext2 对整个文件系统要进行一番从头到尾的查找，以便检测文件系统的一致性。系统恢复需要的时间少，而且更加安全可靠。

ext2 是 Linux 系统自身的文件系统类型，Linux 在早期的发行版本中使用 ext2 作为默认文件系统。

swap 文件系统在 Linux 系统中作为交换分区的文件系统使用。交换分区是在磁盘上分配出来的一块存储空间，系统访问该空间的时间比较短，用来弥补物理内存空间的不足。交换分区由操作系统自动管理。因为 Linux 系统有提前读和延后写的操作机制，所以在安装 Linux 系统的过程中，交换分区是必须被分配的，其文件系统类型是 swap。

xfs 是 CentOS Linux 系统默认的文件系统类型。它是一种高性能的日志文件系统，擅长处理大文件，同时提供平滑的数据传输。它的日志功能保障了磁盘出现故障时可以迅速恢复磁盘数据。xfs 文件系统采用优化算法，查询与分配存储空间性能高。全 64 位的 xfs 文件系统可以支持上百万 TB 的存储空间，可以支持特大文件及小尺寸文件。

3．创建文件系统命令 mkfs

分区创建成功后，使用 mkfs 命令创建文件系统。

命令格式：

```
mkfs  [选项]  分区设备名
```

选项：可根据要完成的功能进行选择。mkfs 命令的常用选项及功能说明见表 5.3。

表 5.3　mkfs 命令的常用选项及功能说明

选项	功能说明
-t	指定常见的文件系统类型
-c	创建文件系统前先检查坏块
-v	显示创建文件系统的详细信息

5.1.3　挂载及卸载

1．挂载点

由于 Linux 系统只有一个根目录，因此当向系统中添加新的硬件设备时，不会像 Windows 系统那样出现一个新的根目录。因此产生的问题是，当用户在 Linux 系统中使用这些硬件设备时，只有将 Linux 系统中本身的文件目录与硬件设备的文件目录合二为一，硬件设备才能为用户所用，合二为一的过程被称为“挂载”。而连接硬件设备文件的目录称为挂载点。

需要注意的是，并不是根目录下的任何一个目录都可以作为挂载点，挂载操作会使原有目录中的文件被隐藏，因此根目录及系统原有目录都不要作为挂载点，否则可能会造成系统异常甚至崩溃，挂载点最好是新建的空目录。通常情况下，挂载点创建在/mnt 目录下，挂载成功后，访问挂载点就是访问新的硬件设备。

挂载点的目录要求有以下 3 点：

①目录事先存在，可以用 mkdir 命令新建目录。

②挂载点目录不可被其他进程使用。

③挂载点下原有文件将被隐藏。

2．挂载

挂载由 mount 命令来完成，该命令可以灵活地挂载各种类型的文件系统。

命令格式：

```
mount  [选项]  [设备名]  [挂载点]
```

mount 命令的常用选项及功能说明见表 5.4。

表 5.4　mount 命令的常用选项及功能说明

选项	功能说明
-t fstype	指定要挂载的文件系统类型，如果不清楚，可以使用-t auto 让系统自己选择最合适的文件系统类型进行挂载
-r	以只读的方式挂载文件系统
-w	以读/写的方式挂载文件系统，默认选项
-o	设置挂载属性
-a	挂载/etc/fstab 文件中记录的硬件设备

使用 mount 命令，不带任何选项，可以列出当前系统中所有已经挂载的文件系统，如图 5.43 所示。图 5.43 显示每个磁盘分区在系统中的挂载点、文件系统的类型及挂载权限。例如，/dev/sda2 在文件系统中的挂载点是/boot，文件系统类型是 ext4，挂载权限是可读/写。

3．卸载

设备文件可以被挂载，在不使用时就可以被卸载。卸载设备文件的命令是 umount，这个命令可以把设备文件从 Linux 系统中的挂载点分离，将原来建立的设备文件和挂载点的连接断掉。

命令格式：

```
umount  [设备名或者挂载点]
```

在卸载一个文件系统时，需要指定要卸载的文件系统的设备名或者挂载点。例如：

```
#umount  /dev/sdb1        //指定设备名卸载
#umount  /mnt/sdb1        //指定挂载点卸载
```

均可以将设备/dev/sdb1 卸载。

但是，当文件系统处于“busy”状态，即在被使用时，不能进行卸载操作。

文件系统的“busy”状态可能是：文件系统中缓冲文件被使用、文件系统中有文件被打开、文件系统中有目录被使用。此时，可以使用 fuser 命令查看正在使用该文件系统的用户信息。

命令格式：

```
fuser  [选项]  文件系统名或者文件名
```

```
[root@localhost ~]# mount
/dev/mapper/openeuler-root on / type ext4 (rw,relatime,seclabel)
devtmpfs on /dev type devtmpfs (rw,nosuid,seclabel,size=4096k,nr_inodes=427159,mode=755)
tmpfs on /dev/shm type tmpfs (rw,nosuid,nodev,seclabel)
devpts on /dev/pts type devpts (rw,nosuid,noexec,relatime,seclabel,gid=5,mode=620,ptmxmode=000)
sysfs on /sys type sysfs (rw,nosuid,nodev,noexec,relatime,seclabel)
securityfs on /sys/kernel/security type securityfs (rw,nosuid,nodev,noexec,relatime)
tmpfs on /sys/fs/cgroup type tmpfs (ro,nosuid,nodev,noexec,seclabel,size=4096k,nr_inodes=1024,mode=755)
cgroup on /sys/fs/cgroup/systemd type cgroup (rw,nosuid,nodev,noexec,relatime,seclabel,xattr,release_agent=/usr/li
b/systemd/systemd-cgroups-agent,name=systemd)
cgroup on /sys/fs/cgroup/memory type cgroup (rw,nosuid,nodev,noexec,relatime,seclabel,memory)
cgroup on /sys/fs/cgroup/perf_event type cgroup (rw,nosuid,nodev,noexec,relatime,seclabel,perf_event)
cgroup on /sys/fs/cgroup/cpu,cpuacct type cgroup (rw,nosuid,nodev,noexec,relatime,seclabel,cpu,cpuacct)
cgroup on /sys/fs/cgroup/rdma type cgroup (rw,nosuid,nodev,noexec,relatime,seclabel,rdma)
cgroup on /sys/fs/cgroup/pids type cgroup (rw,nosuid,nodev,noexec,relatime,seclabel,pids)
cgroup on /sys/fs/cgroup/misc type cgroup (rw,nosuid,nodev,noexec,relatime,seclabel,misc)
cgroup on /sys/fs/cgroup/hugetlb type cgroup (rw,nosuid,nodev,noexec,relatime,seclabel,hugetlb)
cgroup on /sys/fs/cgroup/devices type cgroup (rw,nosuid,nodev,noexec,relatime,seclabel,devices)
cgroup on /sys/fs/cgroup/net_cls,net_prio type cgroup (rw,nosuid,nodev,noexec,relatime,seclabel,net_cls,net_prio)
cgroup on /sys/fs/cgroup/cpuset type cgroup (rw,nosuid,nodev,noexec,relatime,seclabel,cpuset)
cgroup on /sys/fs/cgroup/freezer type cgroup (rw,nosuid,nodev,noexec,relatime,seclabel,freezer)
cgroup on /sys/fs/cgroup/blkio type cgroup (rw,nosuid,nodev,noexec,relatime,seclabel,blkio)
bpf on /sys/fs/bpf type bpf (rw,nosuid,nodev,noexec,relatime,mode=700)
configfs on /sys/kernel/config type configfs (rw,nosuid,nodev,noexec,relatime)
proc on /proc type proc (rw,nosuid,nodev,noexec,relatime)
tmpfs on /run type tmpfs (rw,nosuid,nodev,seclabel,size=690744k,nr_inodes=819200,mode=755)
selinuxfs on /sys/fs/selinux type selinuxfs (rw,nosuid,noexec,relatime)
systemd-1 on /proc/sys/fs/binfmt_misc type autofs (rw,relatime,fd=27,pgrp=1,timeout=0,minproto=5,maxproto=5,direct
,pipe_ino=9579)
hugetlbfs on /dev/hugepages type hugetlbfs (rw,nosuid,nodev,relatime,seclabel,pagesize=2M)
tracefs on /sys/kernel/tracing type tracefs (rw,nosuid,nodev,noexec,relatime,seclabel)
mqueue on /dev/mqueue type mqueue (rw,nosuid,nodev,noexec,relatime,seclabel)
debugfs on /sys/kernel/debug type debugfs (rw,nosuid,nodev,noexec,relatime,seclabel)
tmpfs on /tmp type tmpfs (rw,nosuid,nodev,seclabel,nr_inodes=1048576)
fusectl on /sys/fs/fuse/connections type fusectl (rw,nosuid,nodev,noexec,relatime)
/dev/sda2 on /boot type ext4 (rw,relatime,seclabel)
/dev/mapper/openeuler-home on /home type ext4 (rw,relatime,seclabel)
```

图 5.43 mount 命令的执行结果

fuser 命令的常用选项及功能说明见表 5.5。

表 5.5 fuser 命令的常用选项及功能说明

选项	功能说明
-a	显示所有在命令行中指定的文件系统信息。默认情况下，至少被一个进程访问的文件才会被显示
-k	杀死访问文件的进程
-i	在杀死使用文件的用户进程之前，提示确认
-u	显示使用文件系统的进程的所有者信息
-v	按进程查看命令 ps 的显示模式，显示文件的使用者信息，包括 PID、USER、COMMAND 等

【例 5.1】查看哪个进程打开了当前目录下的 myfile 文件。

```
#fuser  myfile
myfile: 943
```

结果显示访问 myfile 文件的进程 PID 为 943。

如果要杀死在/usr 分区上打开文件的进程，则命令如下：

```
#fuser  -km  /usr
```

所以，当一个文件系统处于“busy”状态时，可以先杀死所有在该文件系统中打开文件的进程，然后卸载文件系统。

5.1.4 文件系统的自动挂载

通过 mount 命令手动挂载的文件系统，在系统关机时会被自动卸载，在下次系统启动以后，该文件系统不能被自动挂载。如果需要文件系统被自动挂载，则需在系统配置文件 /etc/fstab 中添加对该文件系统的挂载信息。

/etc/fstab 是系统自动挂载的配置文件。该文件记录了在系统启动的过程中需要自动挂载的文件系统、挂载点、文件系统类型、挂载权限等，如图 5.44 所示。

```
UUID=e70c1155-a0a3-4a92-84e5-6c7b72fb8b62 /                       ext4    defaults        1 1
UUID=b42079e3-ff71-49bb-b19f-81145f7561e8 /boot                   ext4    defaults        1 2
UUID=1446fddf-09e6-486d-ae4e-d62b376b7cc1 /home                   ext4    defaults        1 2
UUID=92bac508-9bda-4d99-8be9-00172b9b9a2e none                    swap    defaults        0 0
/dev/sdb1       /mnt/sdb1       xfs     defaults        0       0
/dev/sdb2       /mnt/sdb2       xfs     defaults        0       0
/dev/sdb3       /mnt/sdb3       ext4     defaults        0       0
/dev/sdb5       /mnt/sdb5       xfs     defaults        0       0
/dev/sdb6       /mnt/sdb6       ext4     defaults        0       0
/dev/sdc1       /mnt/sdc1       xfs     defaults        0       0
/dev/sdc2       /mnt/sdc2       xfs     defaults        0       0
```

图 5.44 /etc/fstab 文件内容

文件中每一列的含义分别按顺序说明如下：

① 要挂载的设备，一般情况下是设备文件，如图 5.44 中的 UUID=e70c1155-a0a3-4a92-84e5-6c7b72fb8b62、dev/sdb1。其中 UUID 是设备在系统中的唯一标识，可以使用 UUID 挂载设备。查看设备的 UUID 使用 blkid 命令，如图 5.45 所示。

```
[root@localhost ~]# blkid
/dev/mapper/openeuler-swap: UUID="92bac508-9bda-4d99-8be9-00172b9b9a2e" TYPE="swap"
/dev/sr0: BLOCK_SIZE="2048" UUID="2024-05-29-13-21-11-00" LABEL="openEuler-24.03-LTS-x86_64" TYPE="iso9660" PTUUID=
"210f654e" PTTYPE="dos"
/dev/mapper/openeuler-home: UUID="1446fddf-09e6-486d-ae4e-d62b376b7cc1" BLOCK_SIZE="4096" TYPE="ext4"
/dev/mapper/openeuler-root: UUID="e70c1155-a0a3-4a92-84e5-6c7b72fb8b62" BLOCK_SIZE="4096" TYPE="ext4"
/dev/sda2: UUID="b42079e3-ff71-49bb-b19f-81145f7561e8" BLOCK_SIZE="4096" TYPE="ext4" PARTUUID="df1a68ee-b0c3-4489-8
a6b-592ee4f758b4"
/dev/sda3: UUID="AglyAf-2k03-hCN8-0NEf-gKiN-efxN-lAcAVd" TYPE="LVM2_member" PARTUUID="1a6990d2-6fe1-48e2-af36-76b8b
ed61f09"
/dev/sdb2: UUID="cc5c3e74-9c35-4495-83e5-24a4c1595b73" BLOCK_SIZE="512" TYPE="xfs" PARTUUID="e69b5801-02"
/dev/sdb5: UUID="62082fb2-0b12-4003-b1ec-a3e587adf8b6" BLOCK_SIZE="512" TYPE="xfs" PARTUUID="e69b5801-05"
/dev/sdb3: UUID="5fe1996f-3be2-470a-82cb-2f18b013e553" BLOCK_SIZE="4096" TYPE="ext4" PARTUUID="e69b5801-03"
/dev/sdb1: UUID="dd0b1cd1-0c08-4c37-b5ee-a4296a9ff2fd" BLOCK_SIZE="512" TYPE="xfs" PARTUUID="e69b5801-01"
/dev/sdb6: UUID="b038bcdc-13e3-44d1-ba69-8e4e876b480b" BLOCK_SIZE="4096" TYPE="ext4" PARTUUID="e69b5801-06"
/dev/sda1: PARTUUID="5d9eff7f-2b9d-43b8-b605-448033372e54"
```

图 5.45 使用 blkid 命令查看设备的 UUID

② 挂载点，见图 5.44 中的“/”“/boot”等。

③ 挂载的文件系统类型，如 ext4、swap。

④ 文件系统的挂载参数（见表 5.6），如图 5.44 中的“defaults”。

表 5.6 文件系统的挂载参数

参数	说明
async/sync	设置是否为同步运行，默认为 async（异步）
auto/noauto	当执行 mount -a 命令时，此文件系统是否被自动挂载。默认为 auto（自动）
rw/ro	是否以只读（ro）或者读/写（rw）模式挂载
exec/noexec	此文件系统是否能够进行“执行”操作
user/nouser	是否允许用户使用 mount 命令挂载

续表

参数	说明
suid/nosuid	是否允许 SUID 权限的存在
usrquota	启动文件系统支持磁盘配额模式
grpguota	启动文件系统支持用户组磁盘配额模式
defaults	同时具有 rw、suid、exec、auto、nouser、async 等默认参数的设置

⑤ 使用 dump 命令备份文件系统的频率。如果该值为 0 或者空白，表明该文件系统不需要备份；如果该值为 1，代表要每天进行 dump 备份；如果该值为 2，表示不定期进行 dump 备份。

⑥ 系统开机时 fsck 命令会对文件系统进行检查，最后一位的数值规定了检查的优先顺序。挂载到“/”分区的文件系统，该位为 1；其他文件系统该位为 2；0 表明不需要对该文件系统进行检查。

如果需要在系统启动时自动挂载某个设备的文件系统，则可以在/etc/fstab 中进行相应的设置。例如图 5.44 的最后 7 行，设置了 5.1 节中 7 个新分区的自动挂载。

这样，在系统启动以后，会自动把新磁盘上的分区分别按照正确的文件系统类型挂载到相应的目录下，进入系统后直接在挂载点下使用新磁盘即可。

5.2 项目二：磁盘配额管理

5.2 节视频

【项目描述】

W 公司近期招聘实习生进行为期 1 个月的培训，专门创建了 guestuser1 账号供实习生使用。为了控制 guestuser1 账号对其主目录和/dev/sdb1 分区的使用，对 guestuser1 账号进行了配额管理。配额要求如下：

对主目录，磁盘使用量的软限制和硬限制分别是 1GB 和 2GB；创建文件数量的软限制和硬限制分别是 50 个和 60 个。

对/dev/sdb1 分区，磁盘使用量的软限制和硬限制分别是 128MB 和 512MB；创建文件数量的软限制和硬限制分别是 3 个和 6 个。

后来在应用中发现 guestuser1 账号对/dev/sdb1 分区的使用空间不足，又将磁盘使用量的软限制和硬限制分别设置为 512MB 和 1GB。

【项目分析】

本项目涉及用户对磁盘使用的配额管理，项目描述中分别对用户的主目录和/dev/sdb1 分区进行配额管理。由图 5.46 和图 5.47 可知主目录在/dev/sda3 分区中，文件系统类型是 ext4，/dev/sdb1 分区的文件系统类型是 xfs，其中 xfs 类型的文件系统有专门的 xfs_quota 命令可以完成配额设置。本项目的操作步骤如下。

① 确保并安装 quota 工具。

② 启用磁盘配额选项：涉及对系统的配置文件/etc/fstab 的修改，为需要限制配额的文件系统添加 usrquota 和 grpquota 选项。

③ 重新挂载文件系统以启动配额功能。

④ 初始化配额文件：使用 quotacheck 命令检测已启用配额的文件系统，并生成记录用户

或用户组配额信息的文件。

⑤ 编辑用户配额设置：使用 edquota 命令结合“-u”选项来编辑特定用户的磁盘配额。

⑥ 激活磁盘配额：使用 quotaon 命令配合相应选项来激活配额。

相关知识点见表 5.7。

表 5.7 相关知识点

序号	知识点	详见章节
1	磁盘配额管理的相关概念	5.2.1 节
2	磁盘配额管理的相关命令	5.2.2 节

【操作过程】

（1）确定要操作的分区

在进行磁盘配额管理之前，可以先执行 lsblk 命令及 less /etc/fstab 命令，查看目前磁盘各分区的挂载情况，确定接下来要操作的分区及文件类型，如图 5.46 和图 5.47 所示。

```
[root@localhost ~]# lsblk
NAME                MAJ:MIN RM  SIZE RO TYPE MOUNTPOINTS
sda                   8:0    0   60G  0 disk
├─sda1                8:1    0    1M  0 part
├─sda2                8:2    0    1G  0 part /boot
└─sda3                8:3    0   59G  0 part
  ├─openeuler-root 253:0    0   37G  0 lvm  /
  ├─openeuler-swap 253:1    0  3.9G  0 lvm  [SWAP]
  └─openeuler-home 253:2    0 18.1G  0 lvm  /home
sdb                   8:16   0    1T  0 disk
├─sdb1                8:17   0  300G  0 part /mnt/sdb1
├─sdb2                8:18   0  200G  0 part /mnt/sdb2
├─sdb3                8:19   0  150G  0 part /mnt/sdb3
├─sdb4                8:20   0    1K  0 part
├─sdb5                8:21   0   90G  0 part /mnt/sdb5
└─sdb6                8:22   0   50G  0 part /mnt/sdb6
```

图 5.46 系统分区及挂载情况

```
UUID=e70c1155-a0a3-4a92-84e5-6c7b72fb8b62 /                     ext4    defaults        1 1
UUID=b42079e3-ff71-49bb-b19f-81145f7561e8 /boot                 ext4    defaults        1 2
UUID=1446fddf-09e6-486d-ae4e-d62b376b7cc1 /home                 ext4    defaults        1 2
UUID=92bac508-9bda-4d99-8be9-00172b9b9a2e none                  swap    defaults        0 0
/dev/sdb1       /mnt/sdb1       xfs     defaults        0       0
/dev/sdb2       /mnt/sdb2       xfs     defaults        0       0
/dev/sdb3       /mnt/sdb3       ext4     defaults        0       0
/dev/sdb5       /mnt/sdb5       xfs     defaults        0       0
/dev/sdb6       /mnt/sdb6       ext4     defaults        0       0
```

图 5.47 系统分区自动挂载文件类型

（2）对用户主目录进行配额管理

由图 5.46 所示，guestuser1 用户的主目录位于/home 目录下，因此需要设置 guestuser1 用户对/home 目录中的空间使用配额，软限制和硬限制分别为 1GB 和 2GB；创建文件数量的软限制和硬限制分别是 50 个和 60 个。

第 1 步：安装 quota 工具

使用如下命令完成 quota 工具的安装，安装过程如图 5.48 所示。

```
# dnf -y install quota
```

第 2 步：编辑/etc/fstab 文件

在/etc/fstab 文件中为/home 分区增加限制其配额的 usrquota 和 grpquota 选项，如图 5.49 最后一行所示，注意“default,usrquota,grpquota”之间的逗号。

```
[root@localhost ~]# dnf  -y  install  quota
update                                          25 kB/s | 3.5 kB     00:00
update                                         911 kB/s | 3.9 MB     00:04
update-source                                   26 kB/s | 3.5 kB     00:00
update-source                                  341 kB/s | 143 kB     00:00
Last metadata expiration check: 0:00:01 ago on 2024年07月25日 星期四 16时40分45
秒.
Dependencies resolved.
================================================================================
 Package          Architecture   Version                 Repository    Size
================================================================================
Installing:
 quota            x86_64         1:4.06-7.oe2403         OS            225 k
Installing dependencies:
 rpcbind          x86_64         1.2.6-7.oe2403          OS             44 k

Transaction Summary
================================================================================
Install  2 Packages

Total download size: 270 k
Installed size: 1.3 M
Downloading Packages:
(1/2): rpcbind-1.2.6-7.oe2403.x86_64.rpm       153 kB/s |  44 kB     00:00
(2/2): quota-4.06-7.oe2403.x86_64.rpm          520 kB/s | 225 kB     00:00
--------------------------------------------------------------------------------
Total                                          621 kB/s | 270 kB     00:00
Running transaction check
Transaction check succeeded.
Running transaction test
Transaction test succeeded.
Running transaction
  Preparing        :                                                        1/1
  Running scriptlet: rpcbind-1.2.6-7.oe2403.x86_64                          1/2
  Installing       : rpcbind-1.2.6-7.oe2403.x86_64                          1/2
  Running scriptlet: rpcbind-1.2.6-7.oe2403.x86_64                          1/2
Created symlink /etc/systemd/system/sockets.target.wants/rpcbind.socket → /usr/l
ib/systemd/system/rpcbind.socket.
Created symlink /etc/systemd/system/multi-user.target.wants/rpcbind.service → /u
sr/lib/systemd/system/rpcbind.service.

  Installing       : quota-1:4.06-7.oe2403.x86_64                           2/2
  Running scriptlet: quota-1:4.06-7.oe2403.x86_64                           2/2
/usr/lib/tmpfiles.d/dbus.conf:13: Line references path below legacy directory /v
ar/run/, updating /var/run/dbus/containers → /run/dbus/containers; please update
 the tmpfiles.d/ drop-in file accordingly.

  Verifying        : quota-1:4.06-7.oe2403.x86_64                           1/2
  Verifying        : rpcbind-1.2.6-7.oe2403.x86_64                          2/2

Installed:
  quota-1:4.06-7.oe2403.x86_64          rpcbind-1.2.6-7.oe2403.x86_64

Complete!
```

图 5.48　quota 工具的安装过程

```
UUID=e70c1155-a0a3-4a92-84e5-6c7b72fb8b62 /       ext4   defaults                   1 1
UUID=b42079e3-ff71-49bb-b19f-81145f7561e8 /boot   ext4   defaults                   1 2
UUID=1446fddf-09e6-486d-ae4e-d62b376b7cc1 /home   ext4   defaults,usrquota,grpquota   1 2
```

图 5.49　为/home 分区增加限制其配额的 usrquota 和 grpquota 选项

第 3 步：重新挂载/home 文件系统

首先执行# systemctl daemon-reload 命令加载更新后的/etc/fstab 文件，然后执行# mount -o remount /home 命令重新挂载/home 分区，最后使用# mount | grep /home 命令确认重新挂载后的/home 分区已经具有限制配额的选项，如图 5.50 所示。

```
[root@localhost ~]# systemctl daemon-reload
[root@localhost ~]# mount -o remount /home
[root@localhost ~]# mount | grep /home
/dev/mapper/openeuler-home on /home type ext4 (rw,relatime,seclabel,quota,usrquota,grpquota)
```

图 5.50　新挂载/home 文件系统

第 4 步：初始化/home 分区的配额文件

执行以下命令：

```
# quotacheck -cug /home
```

第 5 步：设置 guestuser1 用户对/home 目录的配额

执行如下命令，进入对 guestuser1 用户配额的编辑，设置磁盘使用量的软限制和硬限制分别是 1GB（1GB=1048576KB）和 2GB（2GB=2097152KB）；创建文件数量的软限制和硬限制分别是 50 个和 60 个，如图 5.51 所示，设置完毕后保存退出。

```
# edquota -u guestuser1
```

```
Disk quotas for user guestuser1 (uid 1001):
  Filesystem                   blocks       soft       hard     inodes     soft     hard
  /dev/mapper/openeuler-home        0    1048576    2097152          0       50       60
```

图 5.51　设置 guestuser1 用户对/home 目录的配额

第 6 步：激活磁盘配额

执行以下命令激活磁盘配额：

```
# quotaon /home
```

第 7 步：测试

切换到 guestuser1 用户下，在主目录中先使用 dd 命令成功创建一个 1GB 的文件 myfile1，再创建一个 2GB 的文件 myfile2，此时出现超出磁盘配额“Disk quota exceeded”的提示，同时执行 ll 命令查看文件的大小，也可验证 myfile1 文件的大小为 1GB（图中为 1073741824B），而 myfile2 文件没有创建成功，如图 5.52 所示。

```
[root@localhost ~]# su - guestuser1
[guestuser1@localhost ~]$ dd if=/dev/zero of=myfile1 bs=1G count=1
输入了 1+0 块记录
输出了 1+0 块记录
1073741824 字节 (1.1 GB, 1.0 GiB) 已复制, 2.2907 s, 469 MB/s
[guestuser1@localhost ~]$ dd if=/dev/zero of=myfile2 bs=2G count=1
dd: 写入 'myfile2' 时出错: Disk quota exceeded
输入了 0+1 块记录
输出了 0+0 块记录
0 字节已复制, 2.13975 s, 0.0 kB/s
[guestuser1@localhost ~]$ ll myfile*
-rw-r--r--. 1 guestuser1 guestuser1 1073741824  7月28日  21:16 myfile1
-rw-r--r--. 1 guestuser1 guestuser1          0  7月28日  21:16 myfile2
```

图 5.52　guestuser1 用户对主目录的配额测试

图 5.52 中使用了 dd if=/dev/zero 命令读取/dev/zero 设备的空字符，/dev/zero 是一个特殊的文件，它提供无限的空字符（null），该命令多用于测试或调试，会将读取的内容显示在屏幕上。在图中将读取的空字符数据写入文件 myfile1 和 myfile2 中，参数说明如下：

if：输入文件，指定要读取数据的来源，这里使用 /dev/zero 作为输入文件。

of：输出文件，指定要将数据写入的目标文件，这里使用 myfile1 和 myfile2 作为输出文件。

bs：块大小，指定每次读/写的块大小，这里设置为 1GB 和 2GB。

count：计数，指定要进行读/写操作的次数，这里设置为 1，表示只进行一次读/写操作。

（3）对/dev/sdb1 分区进行配额管理

第 1 步：设置/dev/sdb1 分区配额并修改访问权限

由图 5.47 可知，/dev/sdb1 分区的文件系统类型为 xfs 并且挂载在/mnt/sdb1 目录下。如图 5.53 所示，将/dev/sdb1 分区重新挂载到/mnt/sdb1 目录下，同时增加限制其配额的 usrquota 和 grpquota 选项，并将挂载点/mnt/sdb1 目录下的访问权限设置为 777。最后一条命令用来查验/mnt/sdb1 的配额设置情况。

```
[root@localhost ~]# umount   /mnt/sdb1
[root@localhost ~]# mount  -o uquota,gquota /dev/sdb1  /mnt/sdb1
[root@localhost ~]# chmod 777 /mnt/sdb1
[root@localhost ~]# mount |grep /mnt/sdb1
/dev/sdb1 on /mnt/sdb1 type xfs (rw,relatime,seclabel,attr2,inode64,logbufs=8,logbsize=32k,
usrquota,grpquota)
```

图 5.53　为/mnt/sdb1 增加限制其配额的 usrquota 和 grpquota 选项

第 2 步：设置 guestuser1 用户对/mnt/sdb1 分区的使用配额

由图 5.54 所示，设置 guestuser1 用户对/mnt/sdb1 目录中的空间使用配额是软限制和硬限制分别为 128MB 和 512MB；创建文件数量的软限制和硬限制分别是 3 个和 6 个。

```
[root@localhost ~]# xfs_quota -x -c 'limit bsoft=128m bhard=512m isoft=3 ihard=6 guestuser1' /mnt/sdb1
[root@localhost ~]# xfs_quota -x -c  report /mnt/sdb1
User quota on /mnt/sdb1 (/dev/sdb1)
                               Blocks
User ID          Used       Soft       Hard    Warn/Grace
---------- --------------------------------------------------
root                0          0          0     00 [--------]
guestuser1          0     131072     524288     00 [--------]

Group quota on /mnt/sdb1 (/dev/sdb1)
                               Blocks
Group ID         Used       Soft       Hard    Warn/Grace
---------- --------------------------------------------------
root                0          0          0     00 [--------]
```

图 5.54　设置 guestuser1 用户对/mnt/sdb1 分区的使用配额

第 3 步：测试

切换到 guestuser1 用户下，在/mnt/sdb1 中先使用 dd 命令成功创建一个 500MB 的文件 myfile1，再创建一个 500MB 的文件 myfile2，此时出现超出磁盘配额“Disk quota exceeded”的提示，如图 5.55 所示。

```
[guestuser1@localhost ~]$ dd if=/dev/zero of=/mnt/sdb1/myfile1 bs=500M count=1
输入了 1+0 块记录
输出了 1+0 块记录
524288000 字节 (524 MB, 500 MiB) 已复制, 51.3237 s, 10.2 MB/s
[guestuser1@localhost ~]$ dd if=/dev/zero of=/mnt/sdb1/myfile2 bs=500M count=1
dd: 写入 '/mnt/sdb1/myfile2' 时出错: Disk quota exceeded
输入了 1+0 块记录
输出了 0+0 块记录
8847360 字节 (8.8 MB, 8.4 MiB) 已复制, 0.866107 s, 10.2 MB/s
```

图 5.55　guestuser1 用户对/mnt/sdb1 分区的配额测试

（4）修改配额

第 1 步：edquota 命令修改配额

将 guestuser1 账号对/dev/sdb1 分区容量的软限制和硬限制分别修改为 512MB 和 1GB。

执行# edquota -u guestuser1 命令，打开如图 5.56 所示的编辑界面，对/dev/sdb1 所在行的 soft 列和 hard 列进行修改。

```
Disk quotas for user guestuser1 (uid 1001):
  Filesystem                   blocks       soft       hard     inodes     soft     hard
  /dev/mapper/openeuler-home  1048580    1048576    2097152          2       50       60
  /dev/sdb1                         0     524288    1048576          0        3        6
```

图 5.56　修改 guestuser1 用户对/dev/sdb1 分区的配额

第 2 步：测试

修改了 guestuser1 用户的配额后，如图 5.57 所示，成功创建了两个 500MB 的文件 myfile1 和 myfile2，说明配额修改成功，紧接着又创建了 5 个文件，在创建 myfile7 文件时，由于创建文件硬限制数量为 6，因此没有创建成功，给出超出磁盘配额“Disk quota exceeded”的提示。

```
[guestuser1@localhost ~]$ dd if=/dev/zero of=/mnt/sdb1/myfile1 bs=500M count=1
输入了 1+0 块记录
输出了 1+0 块记录
524288000 字节 (524 MB, 500 MiB) 已复制, 0.651246 s, 805 MB/s
[guestuser1@localhost ~]$ dd if=/dev/zero of=/mnt/sdb1/myfile2 bs=500M count=1
输入了 1+0 块记录
输出了 1+0 块记录
524288000 字节 (524 MB, 500 MiB) 已复制, 0.520955 s, 1.0 GB/s
[guestuser1@localhost ~]$ dd if=/dev/zero of=/mnt/sdb1/myfile3 bs=2M count=1
输入了 1+0 块记录
输出了 1+0 块记录
2097152 字节 (2.1 MB, 2.0 MiB) 已复制, 0.000778264 s, 2.7 GB/s
[guestuser1@localhost ~]$ dd if=/dev/zero of=/mnt/sdb1/myfile4 bs=2M count=1
输入了 1+0 块记录
输出了 1+0 块记录
2097152 字节 (2.1 MB, 2.0 MiB) 已复制, 0.00105233 s, 2.0 GB/s
[guestuser1@localhost ~]$ dd if=/dev/zero of=/mnt/sdb1/myfile5 bs=2M count=1
输入了 1+0 块记录
输出了 1+0 块记录
2097152 字节 (2.1 MB, 2.0 MiB) 已复制, 0.000954799 s, 2.2 GB/s
[guestuser1@localhost ~]$ dd if=/dev/zero of=/mnt/sdb1/myfile6 bs=2M count=1
输入了 1+0 块记录
输出了 1+0 块记录
2097152 字节 (2.1 MB, 2.0 MiB) 已复制, 0.0011969 s, 1.8 GB/s
[guestuser1@localhost ~]$ dd if=/dev/zero of=/mnt/sdb1/myfile7 bs=2M count=1
dd: 打开 '/mnt/sdb1/myfile7' 失败: Disk quota exceeded
```

图 5.57　guestuser1 用户对/mnt/sdb1 分区配额的再测试

本项目至此已经全部完成。

5.2.1　磁盘配额管理概述

磁盘配额管理是一个用于限制在文件系统中用户或者用户组所能使用的磁盘空间大小，以及拥有的文件数量的技术。磁盘配额管理通常用于防止某个用户或用户组占用过多的磁盘空间，从而影响系统性能和其他用户的体验，确保系统资源的公平分配和有效利用。

限制磁盘空间大小时，可以通过设定用户或用户组能够使用的磁盘数据块的大小（默认单位为 KB）来实现。限制文件数量时，可以通过限制每个用户或用户组的 i 节点（inode）数量来实现，在 Linux 系统中每个文件都对应一个唯一的 i 节点编号。

磁盘配额的限制方式有两种：软限制和硬限制。软限制用来设定一个可以在宽限期内暂时超过的磁盘使用量上限，如果超期未处理会触发系统警告。而硬限制则是一个绝对不能超过的最高磁盘使用量，一旦达到此限制，系统将禁止进一步写入数据。

5.2.2 磁盘配额管理的常用命令

1. 用 quota 命令查看和设置用户或用户组的磁盘配额

quota 命令是一个用于显示磁盘使用情况和限制的命令，它可以显示用户或者用户组在不同的文件系统上的磁盘配额，以及是否超过了限制。它还可以显示用户或者用户组在磁盘空间或者文件数目方面的宽限期，即超过软限制后的缓冲时间。quota 命令还可以帮助用户或者管理员监控和管理磁盘资源的使用，防止磁盘空间被滥用或者耗尽。

命令格式：

```
quota   [选项]   [用户或者用户组或者项目...]
```

其中，用户或者用户组或者项目是可选的参数，如果不指定，则默认为当前用户。选项可以用来指定显示的格式、范围、详细程度等。quota 命令的常用选项及功能说明见表 5.8。

表 5.8 quota 命令的常用选项及功能说明

选项	功能说明
-g, --group	显示用户组的磁盘配额，如果指定了用户组名，则只显示指定的用户组
-u, --user	显示用户的磁盘配额，如果指定了用户名，则只显示指定的用户
-P, --project	显示项目的磁盘配额，如果指定了项目名，则只显示指定的项目
-p, --raw-grace	显示宽限期的原始值，即超过限制后的截止时间
-f, --filesystem-list	只显示指定的文件系统

【例 5.2】 显示用户 guestuser1 的磁盘配额情况。

```
# quota -u guestuser1
```

执行结果如图 5.58 所示。

```
[root@localhost ~]#  quota -u guestuser1
Disk quotas for user guestuser1 (uid 1001):
     Filesystem                blocks   quota   limit   grace   files   quota   limit   grace
/dev/mapper/openeuler-home    1048580* 1048576 2097152   6days      2      50      60
      /dev/sdb1               1032192*  524288 1048576   6days     6*       3       6   6days
```

图 5.58 查看 guestuser1 用户的磁盘配额情况

从图 5.58 中可以看到 guestuser1 用户在系统中的磁盘配额情况，各字段依次解释如下。

Filesystem：文件系统名，指出针对哪一个分区文件系统的配额设置。例如，/dev/mapper/openeuler-home 指系统中/home 目录所在的分区。

blocks：当前用户已使用的磁盘容量（以 KB 为单位）。

quota：空间软限制（以 KB 为单位）。

limit：空间硬限制（以 KB 为单位）。

grace：宽限期，即用户在超过软限制但未达到硬限制时，系统给予用户的额外时间来调整其磁盘使用量，以满足软限制的要求。通常默认为 7 天。如果用户在这个宽限期内将磁盘使用量减至软限制以下，则不会受到使用限制。然而，如果宽限期过后用户仍未将使用量降至软限制以下，那么软限制就会被强制作为硬限制，用户将无法继续使用额外的磁盘空间。

files：当前用户已经使用的文件数量。

quota：文件数量的软限制。

limit：文件数量的硬限制。

2．用 quotacheck 命令创建和修复磁盘配额文件

quotacheck 命令用来扫描文件系统的磁盘使用情况，创建、检查和修复配额文件（aquota.user 和 aquota.group）。配额文件记录了每个用户或用户组在文件系统中的磁盘空间和文件数量的限制及使用情况。如果配额文件和实际的磁盘使用情况不一致，quotacheck 命令可以更新配额文件，使之与实际情况相符。

命令格式：

```
quotacheck [选项] [-a | 文件系统...]
```

quotacheck 命令的常用选项及功能说明见表 5.9。

表 5.9　quotacheck 命令的常用选项及功能说明

选项	功能说明
-a	检查/etc/fstab 文件中启用了配额的所有文件系统
-b	在写入新的配额文件之前，备份旧的配额文件
-c	创建新的磁盘配额文件
-f	强制检查和写入新的配额文件，即使文件系统已经启用了配额
-g	扫描磁盘空间时，计算每个用户组 ID（GID）所占用的目录和文件数目
-n	非交互模式，当配额文件损坏时，按照指定的方式处理
-u	扫描磁盘空间时，计算每个用户 ID（UID）所占用的目录和文件数目
-v	输出详细的信息，报告配额文件和实际磁盘使用情况的差异

【例 5.3】检查所有启用了磁盘配额的文件系统，并创建新的磁盘配额文件。

```
#quotacheck -ac
```

执行此命令时需要先关闭磁盘配额，以避免配额文件的损坏或数据的丢失。可以使用 quotaoff 命令来关闭文件系统的配额，如：#quotaoff -a。在使用 quotacheck 命令之后，可以使用 quotaon 命令来重新启用文件系统的配额，如：#quotaon -a。

3．用 edquota 命令编辑用户或用户组的磁盘配额

edquota（edit quota 的缩写）是用于编辑用户或用户组的磁盘配额的命令，它可以修改磁盘容量和文件数量的限制，以及软限制和硬限制的值，还可以修改宽限时间。

命令格式有以下 3 种：

```
edquota [-u 用户名] [-g 用户组名]
edquota -t
edquota -p 源用户名 -u 新用户名
```

edquota 命令的常用选项及功能说明见表 5.10。

表 5.10　edquota 命令的常用选项及功能说明

选项	功能说明
-u 用户名	进入配额的 vi 编辑界面，修改针对用户的配置值
-g 用户组名	进入配额的 vi 编辑界面，修改针对用户组的配置值
-t	修改配额参数中的宽限时间
-p	将源用户（或用户组）的磁盘配额设置，复制给其他用户（或用户组）

【例 5.4】修改用户 guestuser1 的软限制值和硬限制值。

```
# edquota -u guestuser1
```

执行结果如图 5.59 所示。

```
Disk quotas for user guestuser1 (uid 1001):
  Filesystem                   blocks       soft       hard     inodes     soft     hard
  /dev/mapper/openeuler-home  1048580    1048576    2097152          2       50       60
  /dev/sdb1                         0     524288    1048576          0        3        6
```

图 5.59 修改 guestuser1 用户的软限制值和硬限制值

进入配额 vi 编辑界面之后，修改相关的数据值来改变用户 guestuser1 的配额，图 5.59 中各字段依次解释如下。

Filesystem：文件系统名，指出针对哪一个分区文件系统的配额设置。例如，/dev/mapper/openeuler-home 指系统中/home 目录所在的分区。

blocks（blocks used）：磁盘块数软限制（以 KB 为单位）。

soft（blocks soft limit）：空间软限制，用户可以使用的磁盘空间量，达到此限制后用户将收到警告但仍可继续使用，直至达到空间硬限制。

hard（blocks hard limit）：空间硬限制，用户可使用的最大磁盘空间量，一旦达到此限制，用户将无法再写入数据。

inodes（inodes used）：已用文件数，用户当前已使用的文件数量。

soft（inodes soft limit）：文件数软限制，用户可创建的文件数量，达到此限制后用户同样会收到警告，但可继续创建至文件数硬限制。

hard（inodes hard limit）：文件数硬限制，用户可创建的最大文件数量，达到此限制后用户无法再创建新文件。

edquota 命令修改的磁盘配额参数不会立即生效，需要重新挂载文件系统或使用 quotaon 命令激活。

4. 用 quotaon 命令激活磁盘配额限制

quotaon 命令用于激活磁盘配额，可以让系统对一个或多个文件系统启用用户或用户组的磁盘配额。设置磁盘配额的分区文件系统的根目录必须有 quota.user 和 quota.group 配置文件，或者 aquota.user 和 aquota.group 配置文件。

命令格式：

```
quotaon  [选项]  [文件系统...]
```

quotaon 命令的常用选项及功能说明见表 5.11。

表 5.11 quotaon 命令的常用选项及功能说明

选项	功能说明
-a, --all	开启/etc/fstab 中所有具有配额设置的非 NFS 文件系统的磁盘空间限额
-g, --group	开启用户组的磁盘空间限制
-u, --user	开启用户的磁盘空间限制，这是默认设置
-v, --verbose	显示每个启用配额的文件系统的过程信息
-p, --print-state	不开启配额，只打印配额的状态（即配额是否开启）

【例 5.5】在/dev/sdb1 分区上启用用户和用户组配额，并显示详细的过程信息。

```
# quotaon  -vug  /dev/sdb1
```

【例 5.6】启用所有文件系统的配额。

```
# quotaon   -aug
```

5.3　项目三：逻辑卷管理

5.3 节视频

【项目描述】

随着磁盘空间的不足，管理员 root 在系统中又添加了一块新的磁盘，磁盘空间为 4TB，至此系统中已经有了 3 块新磁盘（项目一添加了两块），容量分别为 1TB、4TB、4TB。为了增加磁盘应用的高效性和可扩展性，管理员计划使用这 3 块磁盘构造两个逻辑卷 otdatalv 和 psdatalv，容量分别为 4.5TB 和 4TB。应用一段时间后，管理员发现两个逻辑卷空间不足，于是又添加一块 4TB 的磁盘将逻辑卷 otdatalv 的空间扩展到 6.5TB，逻辑卷 psdatalv 的空间扩展到 6TB。

【项目分析】

一个逻辑卷可以分布在不同的磁盘上，这样可以提高文件的读/写速度，还可以集合多块磁盘的空间以存储更大的单个文件，同时还可以动态扩展逻辑卷的空间。主要步骤包括：

① 向系统中添加新磁盘；

② 初始化物理卷；

③ 创建卷组；

④ 创建逻辑卷；

⑤ 创建文件系统；

⑥ 挂载使用；

⑦ 扩展卷组；

⑧ 扩展逻辑卷；

⑨ 扩展文件系统。

相关知识点见表 5.12。

表 5.12　相关知识点

序号	知识点	详见章节
1	逻辑卷的概念	5.3.1 节
2	逻辑卷管理的相关命令	操作过程及 5.3.2 节

【操作过程】

（1）添加 3 块新磁盘

通过项目一，系统中有 3 块没有使用的新磁盘，每块磁盘的容量分别 1TB、4TB、4TB，合计 9TB。执行 lsblk 命令，查看磁盘在系统中被识别的情况，如图 5.60 所示，目前系统中正在使用/dev/sda 磁盘，同时有 3 块新磁盘，分别为/dev/sdb、/dev/sdc 和/dev/sdd，容量分别为 1TB、4TB、4TB。

（2）初始化物理卷（Physical Volume，PV）：pvcreate 命令

使用 pvcreate 命令将/dev/sdb、/dev/sdc 和/dev/sdd 初始化为新的物理卷，为卷组的创建做准备，如图 5.61 所示。

```
[root@localhost ~]# lsblk
NAME                  MAJ:MIN RM   SIZE RO TYPE MOUNTPOINTS
sda                     8:0    0   600G  0 disk
├─sda1                  8:1    0     1M  0 part
├─sda2                  8:2    0     1G  0 part /boot
└─sda3                  8:3    0   59G  0 part
  ├─openeuler-root 253:0    0   37G  0 lvm  /
  ├─openeuler-swap 253:1    0  3.9G  0 lvm  [SWAP]
  └─openeuler-home 253:2    0 18.1G  0 lvm  /home
sdb                     8:16   0     1T  0 disk
sdc                     8:32   0     4T  0 disk
sdd                     8:48   0     4T  0 disk
```

图 5.60 系统磁盘识别情况

```
[root@localhost ~]# pvcreate /dev/sdb
  Physical volume "/dev/sdb" successfully created.
[root@localhost ~]# pvcreate /dev/sdc
  Physical volume "/dev/sdc" successfully created.
[root@localhost ~]# pvcreate /dev/sdd
  Physical volume "/dev/sdd" successfully created.
```

图 5.61 初始化新的物理卷

（3）查看物理卷：pvs 命令

使用 pvs 命令查看系统当前物理卷的信息，如图 5.62 所示，可以看到目前系统有 4 个物理卷，其中物理卷/dev/sda3 已经被划分给了卷组 openeuler，另外 3 个物理卷（/dev/sdb、/dev/sdc 和/dev/sdd）还没有被划分给任何卷组。

```
[root@localhost ~]# pvs
  PV         VG        Fmt  Attr PSize      PFree
  /dev/sda3  openeuler lvm2 a--    <59.00g      0
  /dev/sdb             lvm2 a--  <1024.00g      0
  /dev/sdc             lvm2 a--     <4.00t      0
  /dev/sdd             lvm2 a--     <4.00t      0
```

图 5.62 查看系统当前物理卷的信息

（4）删除物理卷：pvremove 命令

使用 pvremove 命令先删除物理卷/dev/sdd 后，显示卷组信息，再创建/dev/sdd 物理卷，如图 5.63 所示。

```
[root@localhost ~]# pvremove /dev/sdd
  Labels on physical volume "/dev/sdd" successfully  wiped.
[root@localhost ~]# pvs
  PV         VG        Fmt  Attr PSize      PFree
  /dev/sda3  openeuler lvm2 a--    <59.00g      0
  /dev/sdb             lvm2 a--  <1024.00g      0
  /dev/sdc             lvm2 a--     <4.00t      0
[root@localhost ~]# pvcreate /dev/sdd
  Physical volume "/dev/sdd" successfully created.
```

图 5.63 删除物理卷/dev/sdd

（5）创建卷组（Volume Group，VG）：vgcreate 命令

使用 vgcreate 命令创建名为 dbdatavg 的卷组，它由/dev/sdb、/dev/sdc 和/dev/sdd 三个物理卷构成，如图 5.64 所示。

```
[root@localhost ~]# vgcreate  dbdatavg /dev/sdb  /dev/sdc  /dev/sdd
  Volume group "dbdatavg" successfully created
```

图 5.64 创建卷组 dbdatavg

紧接着可以使用 pvs 命令查看系统中目前物理卷的情况，如图 5.65 所示。可见目前/dev/sdb、/dev/sdc 和/dev/sdd 三个物理卷都已经划分给了卷组 dbdatavg。

```
[root@localhost ~]# pvs
  PV         VG        Fmt  Attr PSize     PFree
  /dev/sda3  openeuler lvm2 a--    <59.00g        0
  /dev/sdb   dbdatavg  lvm2 a--  <1024.00g <511.99g
  /dev/sdc   dbdatavg  lvm2 a--     <4.00t        0
  /dev/sdd   dbdatavg  lvm2 a--     <4.00t        0
```

图 5.65　查看系统当前物理卷的信息

（6）创建逻辑卷（Logic Volume，LV）：lvcreate 命令

使用 lvcreate 命令在卷组 dbdatavg 中创建两个逻辑卷，分别命名为 otdatalv 和 psdatalv，所占空间分别为 4.5TB 和 4TB，如图 5.66 所示。

```
[root@localhost ~]# lvcreate -L 4608G -n otdatalv  dbdatavg
  Logical volume "otdatalv" created.
[root@localhost ~]# lvcreate -L 4096G -n psdatalv  dbdatavg
  Logical volume "psdatalv" created.
```

图 5.66　创建 otdatalv 和 psdatalv 两个逻辑卷

（7）创建文件系统：mkfs 命令

使用 mkfs 命令在刚创建好的两个逻辑卷上分别创建 xfs 类型的文件系统，如图 5.67 所示。

```
[root@localhost ~]# mkfs -t xfs /dev/dbdatavg/otdatalv
meta-data=/dev/dbdatavg/otdatalv isize=512    agcount=5, agsize=268435455 blks
         =                       sectsz=512   attr=2, projid32bit=1
         =                       crc=1        finobt=1, sparse=1, rmapbt=1
         =                       reflink=1    bigtime=1 inobtcount=1 nrext64=1
data     =                       bsize=4096   blocks=1207959552, imaxpct=5
         =                       sunit=0      swidth=0 blks
naming   =version 2              bsize=4096   ascii-ci=0, ftype=1
log      =internal log           bsize=4096   blocks=521728, version=2
         =                       sectsz=512   sunit=0 blks, lazy-count=1
realtime =none                   extsz=4096   blocks=0, rtextents=0
[root@localhost ~]# mkfs -t xfs /dev/dbdatavg/psdatalv
meta-data=/dev/dbdatavg/psdatalv isize=512    agcount=4, agsize=268435455 blks
         =                       sectsz=512   attr=2, projid32bit=1
         =                       crc=1        finobt=1, sparse=1, rmapbt=1
         =                       reflink=1    bigtime=1 inobtcount=1 nrext64=1
data     =                       bsize=4096   blocks=1073741820, imaxpct=5
         =                       sunit=0      swidth=0 blks
naming   =version 2              bsize=4096   ascii-ci=0, ftype=1
log      =internal log           bsize=4096   blocks=521728, version=2
         =                       sectsz=512   sunit=0 blks, lazy-count=1
realtime =none                   extsz=4096   blocks=0, rtextents=0
```

图 5.67　创建 xfs 类型的文件系统

（8）创建挂载点并挂载逻辑卷：mkdir 命令和 mount 命令

使用 mkdir 命令和 mount 命令创建挂载点并挂载物理卷。如图 5.68 所示。

```
[root@localhost ~]# mkdir /mnt/otdatalv
[root@localhost ~]# mkdir /mnt/psdatalv
[root@localhost ~]# mount /dev/dbdatavg/otdatalv  /mnt/otdatalv
[root@localhost ~]# mount /dev/dbdatavg/psdatalv  /mnt/psdatalv
```

图 5.68　挂载逻辑卷

挂载完成后，可以使用 df -h 命令查看挂载情况，如图 5.69 所示。逻辑卷/dev/dbdatavg/otdatalv 被挂载到/mnt/otdatalv 目录，逻辑卷/dev/dbdatavg/psdatalv 被挂载到/mnt/psdatalv 目录，可以正常使用了。

```
[root@localhost ~]# df -h /mnt/otdatalv/   /mnt/psdatalv/
文件系统                          大小  已用  可用 已用% 挂载点
/dev/mapper/dbdatavg-otdatalv  4.5T   89G  4.5T    2% /mnt/otdatalv
/dev/mapper/dbdatavg-psdatalv  4.0T   79G  4.0T    2% /mnt/psdatalv
```

图 5.69　查看逻辑卷的挂载情况

（9）开机自动挂载

编辑/etc/fstab 文件，在最后添加两行挂载信息：

```
/dev/dbdatavg/otdatalv   /mnt/otdatalv    xfs   defaults  0    0
/dev/dbdatavg/psdatalv   /mnt/psdatalv    xfs   defaults  0    0
```

这样，系统每次启动时就会自动挂载这两个逻辑卷，进入系统后直接在挂载点下使用即可。

（10）扩展卷组：vgextend 命令

应用一段时间后，发现逻辑卷空间不足，于是又添加一块 4TB 的磁盘，执行 lsblk 命令，查看新磁盘的设备名为/dev/sde，并将其初始化为物理卷，如图 5.70 所示。

```
[root@localhost ~]# lsblk
NAME                 MAJ:MIN RM  SIZE RO TYPE MOUNTPOINTS
sda                    8:0    0   60G  0 disk
├─sda1                 8:1    0    1M  0 part
├─sda2                 8:2    0    1G  0 part /boot
└─sda3                 8:3    0   59G  0 part
  ├─openeuler-root   253:0    0   37G  0 lvm  /
  ├─openeuler-swap   253:1    0  3.9G  0 lvm  [SWAP]
  └─openeuler-home   253:2    0 18.1G  0 lvm  /home
sdb                    8:16   0    1T  0 disk
├─dbdatavg-otdatalv  253:3    0  4.5T  0 lvm  /mnt/otdatalv
└─dbdatavg-psdatalv  253:4    0    4T  0 lvm  /mnt/psdatalv
                                                 /mnt/psdatalv
sdc                    8:32   0    4T  0 disk
└─dbdatavg-otdatalv  253:3    0  4.5T  0 lvm  /mnt/otdatalv
sdd                    8:48   0    4T  0 disk
└─dbdatavg-psdatalv  253:4    0    4T  0 lvm  /mnt/psdatalv
                                                 /mnt/psdatalv
sde                    8:64   0    4T  0 disk
sr0                   11:0    1  3.9G  0 rom  /run/media/guestuser1/openEuler-24.03-LTS-x86_64
[root@localhost ~]# pvcreate /dev/sde
  Physical volume "/dev/sde" successfully created.
```

图 5.70　查看系统分区的信息

现在计划将逻辑卷 otdatalv 的空间扩展到 6.5TB，逻辑卷 psdatalv 的空间扩展到 6TB。为了完成这个任务，首先使用 vgdisplay 命令查看卷组 dbdatavg 目前的情况，如图 5.71 所示。

```
[root@localhost ~]# vgdisplay dbdatavg
  --- Volume group ---
  VG Name               dbdatavg
  System ID
  Format                lvm2
  Metadata Areas        3
  Metadata Sequence No  3
  VG Access             read/write
  VG Status             resizable
  MAX LV                0
  Cur LV                2
  Open LV               2
  Max PV                0
  Cur PV                3
  Act PV                3
  VG Size               <9.00 TiB
  PE Size               4.00 MiB
  Total PE              2359293
  Alloc PE / Size       2228224 / 8.50 TiB
  Free  PE / Size       131069 / <511.99 GiB
  VG UUID               lhACIw-ZlHH-Mt7l-P1WR-zQTz-P0tm-Q83jRd
```

图 5.71　使用 vgdisplay 命令查看卷组 dbdatavg 目前的情况

从图 5.71 可以看出，目前卷组 dbdatavg 中只剩下不足 511.99GB 的空闲空间，不能满足扩展逻辑卷的任务。因此使用扩展卷组命令 vgextend 为卷组 dbdatavg 添加新的物理卷/dev/sde，如图 5.72 所示。

```
[root@localhost ~]# vgextend dbdatavg /dev/sde
  Volume group "dbdatavg" successfully extended
```

图 5.72　使用 vgextend 命令为卷组 dbdatavg 添加新的物理卷/dev/sde

执行 vgdisplay 命令查看目前卷组情况，如图 5.73 所示，可以看到空闲空间还有 4.5TB，可以满足扩展需求。

```
[root@localhost ~]# vgdisplay dbdatavg
  --- Volume group ---
  VG Name               dbdatavg
  System ID
  Format                lvm2
  Metadata Areas        4
  Metadata Sequence No  4
  VG Access             read/write
  VG Status             resizable
  MAX LV                0
  Cur LV                2
  Open LV               2
  Max PV                0
  Cur PV                4
  Act PV                4
  VG Size               <13.00 TiB
  PE Size               4.00 MiB
  Total PE              3407868
  Alloc PE / Size       2228224 / 8.50 TiB
  Free  PE / Size       1179644 / <4.50 TiB
  VG UUID               lhACIw-ZlHH-Mt7l-P1WR-zQTz-P0tm-O83jRd
```

图 5.73　查看卷组 dbdatavg 的情况

（11）扩展逻辑卷：lvextend 命令

在扩展之前可以先查看目前系统中逻辑卷的情况，如图 5.74 所示，此时逻辑卷 otdatalv 和逻辑卷 psdatalv 的空间分别是 4.5TB 和 4TB。

```
[root@localhost ~]# lvs
  LV       VG        Attr       LSize   Pool Origin Data%  Meta%  Move Log Cpy%Sync Convert
  otdatalv dbdatavg  -wi-ao----   4.50t
  psdatalv dbdatavg  -wi-ao----   4.00t
  home     openeuler -wi-ao---- <18.07g
  root     openeuler -wi-ao---- <37.01g
  swap     openeuler -wi-ao----   3.92g
```

图 5.74　系统中逻辑卷的情况

使用 lvextend 命令将逻辑卷 dbdatavg/otdatalv 的空间扩展到 6.5TB。注意：在指定逻辑卷时，要加上卷组的名字，如图 5.75 所示。

```
[root@localhost ~]# lvextend -L 6.5T dbdatavg/otdatalv
  Size of logical volume dbdatavg/otdatalv changed from 4.50 TiB (1179648 extents) to 6.50 TiB (1703936 extents).
  Logical volume dbdatavg/otdatalv successfully resized.
```

图 5.75　使用 lvextend 命令将逻辑卷 dbdatavg/otdatalv 的空间扩展到 6.5TB

扩展逻辑卷之后，还需要使用 xfs_grows 命令扩展逻辑卷 otdatalv 上的文件系统。为了清楚扩展的效果，可以先执行 df 命令查看现状，扩展后再执行 df 命令查看变化，如图 5.76 所示。

同样，先使用 lvextend 命令将逻辑卷 dbdatavg/psdatalv 的空间扩展到 6TB，再使用 xfs_grows 命令扩展逻辑卷 psdatalv 上的文件系统，如图 5.77 所示。

```
[root@localhost ~]# df -h /mnt/otdatalv/
文件系统                          大小  已用  可用  已用% 挂载点
/dev/mapper/dbdatavg-otdatalv    4.5T   89G  4.5T    2% /mnt/otdatalv
[root@localhost ~]# xfs_growfs /dev/dbdatavg/otdatalv
meta-data=/dev/mapper/dbdatavg-otdatalv isize=512    agcount=5, agsize=268435455 blks
         =                       sectsz=512   attr=2, projid32bit=1
         =                       crc=1        finobt=1, sparse=1, rmapbt=1
         =                       reflink=1    bigtime=1 inobtcount=1 nrext64=1
data     =                       bsize=4096   blocks=1207959552, imaxpct=5
         =                       sunit=0      swidth=0 blks
naming   =version 2              bsize=4096   ascii-ci=0, ftype=1
log      =internal log           bsize=4096   blocks=521728, version=2
         =                       sectsz=512   sunit=0 blks, lazy-count=1
realtime =none                   extsz=4096   blocks=0, rtextents=0
data blocks changed from 1207959552 to 1744830464
[root@localhost ~]# df -h /mnt/otdatalv/
文件系统                          大小  已用  可用  已用% 挂载点
/dev/mapper/dbdatavg-otdatalv    6.5T  128G  6.4T    2% /mnt/otdatalv
```

图 5.76　逻辑卷 dbdatavg/otdatalv 的空间扩展成功

```
[root@localhost ~]# lvextend -L 6T dbdatavg/psdatalv
  Size of logical volume dbdatavg/psdatalv changed from 4.00 TiB (1048576 extents) to 6.00 TiB (1572864 extents).
  Logical volume dbdatavg/psdatalv successfully resized.
[root@localhost ~]# xfs_growfs /dev/dbdatavg/psdatalv
meta-data=/dev/mapper/dbdatavg-psdatalv isize=512    agcount=4, agsize=268435455 blks
         =                       sectsz=512   attr=2, projid32bit=1
         =                       crc=1        finobt=1, sparse=1, rmapbt=1
         =                       reflink=1    bigtime=1 inobtcount=1 nrext64=1
data     =                       bsize=4096   blocks=1073741820, imaxpct=5
         =                       sunit=0      swidth=0 blks
naming   =version 2              bsize=4096   ascii-ci=0, ftype=1
log      =internal log           bsize=4096   blocks=521728, version=2
         =                       sectsz=512   sunit=0 blks, lazy-count=1
realtime =none                   extsz=4096   blocks=0, rtextents=0
data blocks changed from 1073741820 to 1610612730
[root@localhost ~]# df -h /mnt/psdatalv/
文件系统                        大小  已用  可用  已用% 挂载点
/dev/mapper/dbdatavg-psdatalv  6.0T  118G  5.9T    2% /mnt/psdatalv
```

图 5.77　逻辑卷 dbdatavg/psdatalv 的空间扩展成功

至此本项目已经实现了逻辑卷的创建，可以在挂载点下正常使用。此时执行 lsblk 命令，如图 5.78 所示，可以看到 otdatalv 逻辑卷分布在磁盘/dev/sdb、/dev/sdc 和/dev/sde 上，psdatalv 逻辑卷分布在磁盘/dev/sdb、/dev/sdd 和/dev/sde 上。

```
[root@localhost ~]# lsblk
NAME                      MAJ:MIN RM  SIZE RO TYPE MOUNTPOINTS
sda                         8:0    0   60G  0 disk
├─sda1                      8:1    0    1M  0 part
├─sda2                      8:2    0    1G  0 part /boot
└─sda3                      8:3    0   59G  0 part
  ├─openeuler-root        253:0    0   37G  0 lvm  /
  ├─openeuler-swap        253:1    0  3.9G  0 lvm  [SWAP]
  └─openeuler-home        253:2    0 18.1G  0 lvm  /home
sdb                         8:16   0    1T  0 disk
├─dbdatavg-otdatalv 253:3    0  6.5T  0 lvm  /mnt/otdatalv
└─dbdatavg-psdatalv 253:4    0    6T  0 lvm  /mnt/psdatalv
                                                /mnt/psdatalv
sdc                         8:32   0    4T  0 disk
└─dbdatavg-otdatalv 253:3    0  6.5T  0 lvm  /mnt/otdatalv
sdd                         8:48   0    4T  0 disk
└─dbdatavg-psdatalv 253:4    0    6T  0 lvm  /mnt/psdatalv
                                                /mnt/psdatalv
sde                         8:64   0    4T  0 disk
├─dbdatavg-otdatalv 253:3    0  6.5T  0 lvm  /mnt/otdatalv
└─dbdatavg-psdatalv 253:4    0    6T  0 lvm  /mnt/psdatalv
                                                /mnt/psdatalv
sr0                        11:0    1  3.9G  0 rom  /run/media/guestuser1/openEuler-24.03-LTS-x86_64
```

图 5.78　逻辑卷在磁盘的分布情况

5.3.1 逻辑卷的概念

通常使用中的硬盘想调整分区大小不太容易。也就是说，当用户想要随着实际需求的变化调整硬盘分区的大小时，会受到限制。这时可以借助硬盘设备资源管理技术——逻辑卷管理（Logical Volume Manager，LVM）来完成。逻辑卷管理允许用户对硬盘资源进行动态调整。在逻辑卷管理技术中，一个物理磁盘称为一个物理卷（Physical Volume，PV）；一个物理卷由很多的物理扩展（Physical Extent，PE），即可以被寻址的最小单元构成，每个 PE 的大小是 4MB，如图 5.79 所示。

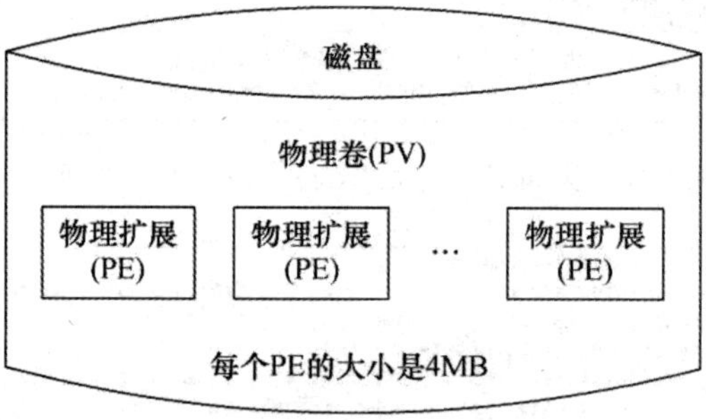

图 5.79　物理卷（PV）由物理扩展（PE）构成

多个物理卷可以捆绑在一起，形成一个卷组（Volume Group，VG），如图 5.80 所示。可以把卷组看成一个很大的抽象磁盘。

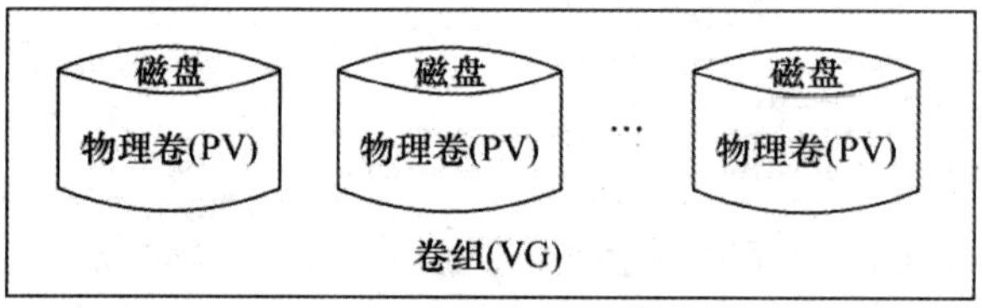

图 5.80　卷组（VG）由多个物理卷（PV）组成

一个卷组可以重新被划分为多个逻辑卷（Logic Volume，LV），如图 5.81 所示。

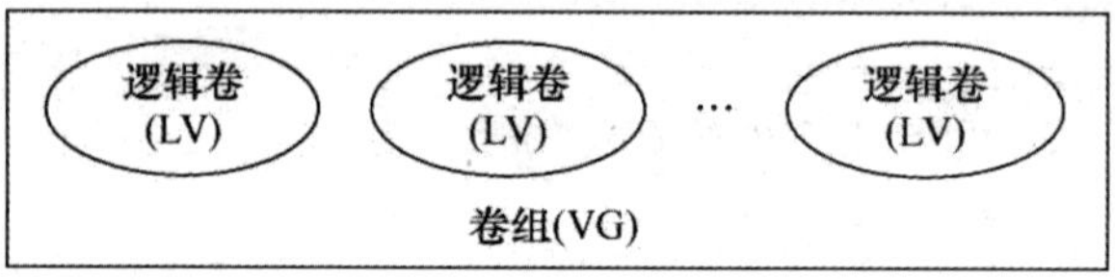

图 5.81　卷组可以重新被划分为多个逻辑卷

一个逻辑卷由很多的逻辑区域（Logical Extent，LE）构成，每个 LE 的大小和 PE 相同，并且一一对应。

引入逻辑卷有以下好处：

① 一个逻辑卷上的物理扩展，可以分布在多个物理卷上。如果在逻辑卷上创建文件系统，那么读/写文件系统上的数据时，将同时在多个磁盘上操作，这将大大提高计算机的性能。

② 当某个文件大于一个物理磁盘的大小时，使用前面学过的磁盘分区技术无法保存这个文件，但使用逻辑卷可以解决此问题。引入逻辑卷技术之后，将几个物理磁盘捆绑在一起，构成一个大的卷组，然后在这个卷组上创建一个足够大的逻辑卷，并在这个逻辑卷上创建文件系统，就可以存储大文件。

③ 当某个文件系统所依赖的逻辑卷太小时，可以动态地扩展逻辑卷的大小。

5.3.2 逻辑卷管理的相关命令

在部署逻辑卷管理时，需要用到与物理卷、卷组和逻辑卷的相关命令（见表 5.13），下面介绍常用的一些命令。

表 5.13 逻辑卷管理的相关命令

命令	物理卷管理	卷组管理	逻辑卷管理
扫描	pvscan	vgscan	lvscan
创建	pvcreate	vgcreate	lvcreate
显示	pvs、pvdisplay	vgs、vgdisplay	lvs、lvdisplay
删除	pvremove	vgremove	lvremove
扩展	—	vgextend	lvextend
缩小	—	vgreduce	lvreduce

1. 用 pvcreate 命令初始化物理卷

pvcreate 命令可以一次初始化多个物理卷。

命令格式：

```
pvcreate  磁盘名 1 磁盘名 2 磁盘名 3…
```

2. 用 pvs 命令和 pvdisplay 命令查看物理卷信息

pvs 命令可以显示全部或指定物理卷的信息，pvdisplay 命令可以显示全部或指定物理卷的详细信息。

命令格式：

```
pvs  [物理卷名]
pvdisplay  [物理卷名]
```

3. 用 pvremove 命令删除物理卷

命令格式：

```
pvremove  物理卷名
```

4. 用 vgcreate 命令创建卷组

vgcreate 命令可以将物理卷加入新的卷组中。

命令格式：

```
vgcreate  [选项] 新的卷组名 物理卷名 1 物理卷名 2 物理卷名 3 …
```

vgcreate 命令的常用选项及功能说明见表 5.14。

表 5.14 vgcreate 命令的常用选项及功能说明

选项	功能说明
-l	卷组上允许创建的最大逻辑卷数
-p	卷组中允许添加的最大物理卷数
-s	卷组上的物理卷的 PE 大小

5. 用 vgs 命令和 vgdisplay 命令查看卷组信息

vgs 命令可以显示全部或指定卷组的信息，vgdisplay 命令可以显示全部或指定卷组的详细信息。

命令格式：

```
vgs  [卷组名]
vgdisplay  [卷组名]
```

6. 用 vgremove 命令删除卷组

命令格式：

```
vgremove  [选项]  卷组名
```

常用选项-f，表示强制删除卷组，不需要用户确认。

【例 5.7】删除卷组 dbdatavg。

```
# vgremove  dbdatavg
```

7. 用 vgextend 命令扩展卷组

vgextend 命令可以将物理卷加入卷组中，以实现对卷组的扩展。

命令格式：

```
vgextend  [选项]  卷组名  物理卷名
```

【例 5.8】为卷组 dbdatavg 添加新的物理卷/dev/sde。

```
# vgextend  dbdatavg  /dev/sde
```

8. 用 vgreduce 命令从卷组中删除物理卷

vgreduce 命令用来删除卷组中的一个未被使用的物理卷。

命令格式：

```
vgreduce  卷组名  物理卷名
```

【例 5.9】从卷组 dbdatavg 中删除空闲的物理卷/dev/sdb。

```
# vgreduce  dbdatavg  /dev/sdb
```

9. 用 lvcreate 命令创建逻辑卷

命令格式：

```
lvcreate  [选项]  逻辑卷名
```

lvcreate 命令的常用选项及功能说明见表 5.15。

表 5.15 lvcreate 命令的常用选项及功能说明

选项	功能说明
-L	指定逻辑卷的大小，单位可以是 KB、MB、GB、TB
-l	指定逻辑卷的大小（LE 数）
-n	指定要创建的逻辑卷名称
-s	创建快照

【例 5.10】在卷组 dbdatavg 中创建 500GB 的逻辑卷。

```
#lvcreate  -L  500G  dbdatavg
```

【例 5.11】在卷组 dbdatavg 中创建 200MB 的逻辑卷，并命名为 mlv。

```
# lvcreate  -L  200M  -n  mlv  dbdatavg
```

【例 5.12】使用 1000 个 LE 在卷组 dbdatavg 中创建逻辑卷 techlv。

```
# lvcreate  -l  1000  -n  techlv  dbdatavg
```

10. 用 lvs 命令和 lvdisplay 命令查看卷组信息

lvs 命令可以显示全部或指定逻辑卷的信息，lvdisplay 命令可以显示全部或指定逻辑卷的详细信息。

命令格式：

```
lvs  [逻辑卷名]
lvdisplay  [逻辑卷名]
```

11. 用 lvremove 命令删除逻辑卷

命令格式：

```
lvremove  [选项]  逻辑卷名
```

常用选项-f，表示强制删除逻辑卷，不需要用户确认。

【例 5.13】 删除逻辑卷/dev/dbdatavg/mlv。

```
# lvremove   /dev/dbdatavg/mlv
```

【例 5.14】 在项目三中，首先使用 4 个物理卷/dev/sdb、/dev/sdc、/dev/sdd 和/dev/sde 构造了一个卷组 dbdatavg，然后又在卷组 dbdatavg 中创建了两个逻辑卷 otdatalv 和 psdatalv，并将逻辑卷 otdatalv 和 psdatalv 分别挂载到/mnt/otdatalv 和/mnt/psdatalv 目录下进行应用。接下来通过以下操作完成对逻辑卷的删除。

（1）先卸载再删除逻辑卷 otdatalv

如图 5.82 所示。

```
[root@localhost ~]# umount  /mnt/otdatalv/
[root@localhost ~]# lvremove  dbdatavg/otdatalv
Do you really want to remove active logical volume dbdatavg/otdatalv? [y/n]: y
  Logical volume "otdatalv" successfully removed.
```

图 5.82　删除逻辑卷 otdatalv

（2）从卷组 dbdatavg 中移除物理卷/dev/sdc、/dev/sdb、/dev/sdd 和/dev/sde

由于磁盘/dev/sdc 的空间只分配给了逻辑卷 otdatalv（可以通过 lsblk 命令查看），因此删除逻辑卷 otdatalv 后，可以将/dev/sdc 从卷组 dbdatavg 中移除。而磁盘/dev/sdb、/dev/sdd 和/dev/sde 还在被逻辑卷 psdatalv 使用，不能被移除，如图 5.83 所示。

```
[root@localhost ~]# vgreduce dbdatavg /dev/sdc
  Removed "/dev/sdc" from volume group "dbdatavg"
[root@localhost ~]# vgreduce dbdatavg /dev/sdb
  Physical volume "/dev/sdb" still in use
[root@localhost ~]# vgreduce dbdatavg /dev/sdd
  Physical volume "/dev/sdd" still in use
[root@localhost ~]# vgreduce dbdatavg /dev/sde
  Physical volume "/dev/sde" still in use
```

图 5.83　从卷组 dbdatavg 中移除物理卷

（3）卸载并删除逻辑卷 psdatalv 后移除物理卷/dev/sdb、/dev/sdd 和/dev/sde

卸载逻辑卷 psdatalv 后，物理卷/dev/sdb、/dev/sdd 和/dev/sde 都处于空闲状态，此时可以成功从卷组 dbdatavg 中移除物理卷/dev/sdb、/dev/sdd，但不能将卷组 dbdatavg 中最后一个物理卷/dev/sde 移除，如图 5.84 所示。

```
[root@localhost ~]# umount  /mnt/psdatalv/
[root@localhost ~]# lvremove  dbdatavg/psdatalv/
Do you really want to remove active logical volume dbdatavg/psdatalv? [y/n]: y
  Logical volume "psdatalv" successfully removed.
[root@localhost ~]# vgreduce dbdatavg /dev/sdb
  Removed "/dev/sdb" from volume group "dbdatavg"
[root@localhost ~]# vgreduce dbdatavg /dev/sdd
  Removed "/dev/sdd" from volume group "dbdatavg"
[root@localhost ~]# vgreduce dbdatavg /dev/sde
  Can't remove final physical volume "/dev/sde" from volume group "dbdatavg"
```

图 5.84　卸载并删除逻辑卷 psdatalv 后移除物理卷

（4）删除卷组 dbdatavg

当前卷组 dbdatavg 上没有逻辑卷，可直接删除，如图 5.85 所示。

```
[root@localhost ~]# vgremove dbdatavg
  Volume group "dbdatavg" successfully removed
```

图 5.85　删除卷组 dbdatavg

但是如果此时卷组 dbdatavg 上有逻辑卷，那么在删除卷组时，会有确认提示，如图 5.86 所示。同时还可以看到在重建逻辑卷 otdatalv 时会对上一次保留的签名信息进行询问。

```
[root@localhost ~]# vgcreate dbdatavg /dev/sdb /dev/sdc
  Volume group "dbdatavg" successfully created
[root@localhost ~]# lvcreate -L3T -n otdatalv dbdatavg
WARNING: xfs signature detected on /dev/dbdatavg/otdatalv at offset 0. Wipe it? [y/n]: y
  Wiping xfs signature on /dev/dbdatavg/otdatalv.
  Logical volume "otdatalv" created.
[root@localhost ~]# vgremove dbdatavg
Do you really want to remove volume group "dbdatavg" containing 1 logical volumes? [y/n]: y
Do you really want to remove active logical volume dbdatavg/otdatalv? [y/n]: y
  Logical volume "otdatalv" successfully removed.
  Volume group "dbdatavg" successfully removed
```

图 5.86　重建逻辑卷 otdatalv 时会对上一次保留的签名信息进行询问

12．用 lvextend 命令扩展逻辑卷

命令格式：

```
lvextend  [选项]  逻辑卷名
```

lvextend 命令的常用选项及功能说明见表 5.16。

表 5.16　lvextend 命令的常用选项及功能说明

选项	功能说明
-L	指定逻辑卷的大小，单位可以是 KB、MB、GB、TB
-l	指定逻辑卷的大小（LE 数）
-s	强制调整逻辑卷大小，不需要用户确认

【例 5.15】为逻辑卷/dev/dbdatavg/mlv 增加 300MB 的空间。

```
# lvextend  -L  +300M  /dev/dbdatavg/mlv
```

【例 5.16】将逻辑卷/dev/dbdatavg/techlv 扩展到 5GB。

```
# lvextend  -L  5G  /dev/dbdatavg/techlv
```

习　题　5

1．选择题

（1）Linux 利用交换分区空间来提供虚拟内存，交换分区的文件系统类型是（　　）。

A．ext2　　B．ext3　　C．swap　　D．FAT

（2）fdisk 工具中能够列出系统目前所有分区类型的命令是（　　）。

A．l　　B．p　　C．t　　D．m

（3）一般来说，使用 fdisk 工具的最后一步是使用（　　）命令将改动写入磁盘的当前分区表中。

A．p　　B．r　　C．x　　D．w

（4）一般情况下，系统启动过程自动加载的文件系统信息存放在（　　）文件中。

A．/usr/sbin/cfdisk　　B．/sbin/fdisk　　C．/etc/mtab　　D．/etc/fstab

（5）下列分区表中的/dev/sdb2 的类型是（　　）。

设备	Boot	Start	End	Blocks	Id	System
/dev/sdb1		2048	10487807	5242880	83	Linux
/dev/sdb2		10487808	41943039	15727616	5	Extended
/dev/sdb5		10489856	41943039	15727616	83	Linux

A．主分区　　B．扩展分区　　C．逻辑分区　　D．逻辑卷

（6）parted 工具与 fdisk 工具相比，（　　）。

A．前者能对容量超过 2TB 的磁盘进行分区，后者不能

B．后者能对容量超过 2TB 的磁盘进行分区，前者不能

C．两者都能对容量超过 2TB 的磁盘进行分区

D．两者都不能对容量超过 2TB 的磁盘进行分区

（7）可以通过限制（　　）来限制文件数量。

A．文件属性　　B．i 节点（inode）数量　　C．用户权限　　D．文件的命名

（8）用（　　）命令查看和设置用户或用户组的磁盘配额。

A．quota　　B．quotacheck　　C．edquota　　D．quotaon

（9）（　　）允许用户对硬盘资源进行动态调整。

A．分区管理　　B．用户配额管理　　C．逻辑卷管理　　D．磁盘管理

（10）逻辑卷管理的相关命令主要包括（　　）。

A．物理卷、卷组和逻辑卷的相关命令　　B．物理卷、磁盘分区和逻辑卷的相关命令

C．配额管理、卷组和逻辑卷的相关命令　　D．物理卷、卷组和磁盘分区的相关命令

2．简答题

（1）简述/etc/fstab 文件各字段的含义。

（2）简述主分区、扩展分区和逻辑分区三者之间的关系。

上机实践 5

1．某用户在使用 Linux 系统时发现磁盘空间资源不足，计划增加一块磁盘，请完成如下操作：

（1）在虚拟机环境中，新添加一块 1TB 的磁盘，然后为该磁盘创建两个主分区和一个扩展分区，在扩展分区上创建两个逻辑分区。

（2）对第 1 个主分区创建文件系统为 xfs，挂载到/mnt/kwork1 目录中。

（3）对第 2 个主分区创建文件系统为 xfs，挂载到/mnt/kwork2 目录中。

（4）对两个逻辑分区创建文件系统为 ext4，分别挂载到/mnt/kwork3 和/mnt/kwork4 目录中。

（5）修改/etc/fstab 文件，使得所有分区可以开机自动挂载。

（6）重新启动 Linux 系统，测试分区是否成功。

2．针对用户配额做如下设置：

创建 guestuser3 账号，对于其主目录，磁盘使用量的软限制和硬限制分别是 2GB 和 3GB，创建文件数量的软限制和硬限制分别是 100 个和 150 个。

对于/dev/sdb1 分区，磁盘使用量的软限制和硬限制分别是 512MB 和 1GB，创建文件数量的软限制和硬限制分别是 15 个和 30 个。

3．逻辑卷管理实践：

在系统中分别添加容量为 1TB、4TB、8TB 的 3 块磁盘，使用这 3 块磁盘构造两个逻辑卷 testdatalv1 和 testdatalv2，容量分别为 3TB 和 10TB。应用一段时间后，发现两个逻辑卷空间不足，于是又添加一块 4TB 的磁盘，将逻辑卷 testdatalv1 的空间扩展到 5TB、逻辑卷 testdatalv2 的空间扩展到 12TB。

第 6 章　服务与进程

服务是指执行指定系统功能的程序、例程或进程，以便支持其他程序，尤其是底层程序。openEuler 操作系统的管理是由若干服务进程完成的，因此，对服务进程的了解和学习是掌握 openEuler 操作系统不可或缺的环节。本章将介绍服务管理与进程管理的入门知识，主要包括以下知识点：

- openEuler 操作系统的启动过程（难点）；
- 设置系统的运行级别（重点）；
- 管理服务的命令（重点）；
- 管理进程的命令（难点）。

6.1　项目一：openEuler 操作系统启动配置与快捷键设置

【项目描述】

管理员在部署 openEuler 操作系统时，为了提高工作效率，通常在文本界面下进行工作，因此他以系统管理员 root 权限把系统设置成开机后，直接进入文本界面下。

【项目分析】

在本项目中，主要任务是设置系统的运行级别。

在 openEuler 操作系统中，通过 systemctl 命令完成对系统运行级别的设置，相关知识点详见表 6.1。

表 6.1　相关知识点

序号	知识点	详见章节
1	对系统启动过程的理解	6.1.1 节
2	对运行级别的理解	6.1.3 节
3	使用 systemctl 命令设置运行级别	6.1.4 节

【操作过程】

```
#systemctl   set-default multi-user.target                    //设置运行级别为 3
  Removed "/etc/systemd/system/default.target".
  Created symlink /etc/systemd/system/default.target → /usr/lib/systemd/system/multi-user.target.
#vim   /usr/lib/systemd/system/ctrl-alt-del.target            //修改文件内容，使用“#”注销所有配置项
#reboot                                                       //重启计算机
```

6.1.1　openEuler 操作系统的启动过程

openEuler 操作系统的启动过程如图 6.1 所示。

当计算机开机时，首先会加载 BIOS（Basic Input Output System，基本输入输出系统）或 UEFI（Unified Extensible Firmware Interface，统一可扩展固件接口），在硬件层面上对计算机

进行初始化、检测和配置硬件设备。之后，Bootloader 接管启动过程。

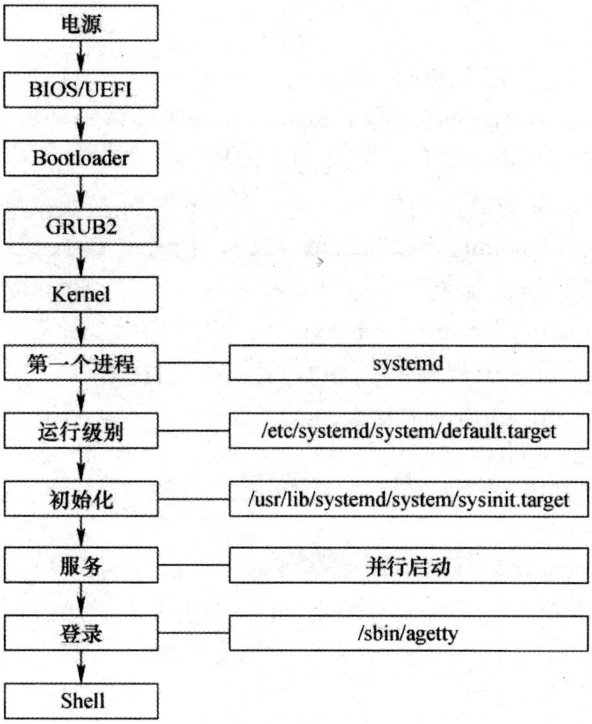

图 6.1　openEuler 操作系统的启动过程

Bootloader 作为 BIOS 与操作系统之间的桥梁，负责初始化硬件并加载操作系统，其具体的实现由系统加载器完成。在 openEuler 操作系统中，使用的系统加载器主要有两个：syslinux 和 GRUB2。syslinux 仅在使用光盘安装 X86 BIOS legacy 时使用，其他情况下均使用 GRUB2 作为默认的系统加载器。

GRUB2 负责读取内核（Kernel）和 initrd（initial RAM disk，初始内存磁盘），并将它们加载到内存中。内核是操作系统的核心，而 initrd 提供了启动过程中必要的驱动程序和文件系统。

内核在启动过程中会初始化各种设备驱动程序、配置内核运行参数，并最终启动系统的第一个进程，即 systemd 进程。

systemd 是 openEuler 操作系统中的服务管理器，负责处理系统服务之间的依赖关系，确保各类服务按正确的顺序启动。该进程将根据 default.target 指向的运行级别引导系统，然后执行 sysinit.target 来初始化操作系统并准备操作系统以确保在进入多用户模式之前，所有需要的服务都按照预定的顺序启动。在 sysinit.target 之后，systemd 进程将并行启动对应运行级别下的服务。

紧接着 systemd 进程执行/sbin/agetty 程序，为系统控制台和终端提供登录界面，等待用户登录系统。用户可以输入用户名和密码进行登录，进入桌面环境或命令行界面。

6.1.2　服务与 systemd 进程

1. 服务简介

在 openEuler 操作系统中，服务指的是系统后台运行的一些进程或程序，它们旨在执行特定的功能或维护系统的某一部分运行状态。这些服务可能包括网络服务、数据库服务、文件服务等，它们通常在系统启动时自动运行，并在后台静默执行。对服务的管理包括启动、查询、停止等操作。

2．systemd 进程

systemd 进程是 openEuler 操作系统中第一个运行的进程，被称为 system daemon，负责系统启动和管理服务的运行，在系统初始化时能并行启动服务，以降低 Shell 系统开销。unit 是 systemd 进程管理系统资源的基本单位，通过 unit 配置文件来定义、控制各种系统资源和服务的启动与管理，可提高系统的启动速度和管理效率。unit 可以代表服务（.service）、挂载点（.mount）、自动挂载（.automount）、设备（.device）、任务（.target）、路径（.path）、套接字（.socket）等 12 种不同的系统资源类型。每个 unit 都有一个对应的 unit 配置文件，这些文件通常存放在/etc/systemd/system、/run/systemd/system 或/usr/lib/systemd/system 目录中。例如，MySQL 服务在 systemd 管理中被视为一个 unit，其配置文件通常命名为 mysql.service，该文件包含了服务的描述信息、属性和启动命令等。

6.1.3 Linux 系统的运行级别

运行级别是一种状态或模式，是操作系统当前正在运行的功能级别，类似 Windows 系统的安全模式、命令模式、正常模式等运行级别。Linux 系统为了适应不同用户对服务的启动配置要求，设置了 7 种不同的运行级别（0～6），不同的运行级别具有不同的功能，具体定义如下。

运行级别 0：停机，关闭系统。

运行级别 1：单用户模式，仅用于 root 用户对系统进行维护时。

运行级别 2：用户定义运行级别，默认等同于运行级别 3。

运行级别 3：完全多用户模式，非图形化，即多用户文本界面模式。

运行级别 4：域特定运行级别，默认等同于运行级别 3。

运行级别 5：多用户模式，图形化界面运行级别。

运行级别 6：重新启动。

在 openEuler 操作系统中，每个运行级别都有属于自己的 target 文件，这些 target 文件保存在/lib/systemd/system 目录中，同时在/usr/lib/systemd/system 中也有一份。

如果仔细观察/lib/systemd/system 目录和/usr/lib/systemd/system 目录，会发现两个目录中有很多相同的配置文件。/usr/lib/systemd/system 目录主要存放由软件包管理器安装的 systemd 管理的 unit 文件。这些配置文件是软件包的一部分，通常情况下，不应手动修改这些文件，因为软件包更新可能会覆盖这些更改。该目录中的配置文件通常具有较低的优先级，当系统管理员需要对服务进行定制时，通常会在/etc/systemd/system 中创建相应的符号链接或覆盖文件。

相比之下，/etc/systemd/system 目录用于存放系统管理员手动添加的配置文件。这个目录下的配置文件具有更高的优先级，可以覆盖/usr/lib/systemd/system 中的配置文件。这种做法允许系统管理员对服务进行个性化配置，而不受软件包管理的服务文件的影响。例如，如果需要为某个服务创建自定义启动参数或修改服务的运行方式，可以在 /etc/systemd/system 下创建相应的.service 文件或使用 systemctl enable 命令建立符号链接。

在/etc/systemd/system 目录下的 default.target 文件是一个软链接文件，它链接到某一具体运行级别的 target 文件，从而确定系统的默认启动级别。因为系统为/usr/lib/systemd/system 中的运行级别的 target 文件提供了标准配置，确保了无论系统怎样自定义，基本的服务配置不会丢失，保障了系统的稳定启动，因此通常将 default.target 文件指向/usr/lib/systemd/system 中的运行级别的 target 文件，以保证默认启动配置的有效性和一致性，同时仍然允许在

/etc/systemd/system 中根据需要进行个性化定制。这种分离的管理方式不仅增加了灵活性，还确保了系统的稳定性和可维护性。

6.1.4 系统运行级别之间的切换

如果系统安装的是图形界面，那么在启动系统时默认以图形方式启动并通过认证后进入图形界面。图形界面虽然有其直观易懂的特点，但是相对于文本界面，图形界面会消耗更多的系统资源，因此在进行系统管理和远程访问时多采用文本界面。

要确定系统目前使用的运行级别，可通过 systemctl get-default 命令来查看，如图 6.2 所示。

```
[root@localhost ~]# systemctl get-default
graphical.target
```

图 6.2 使用命令 systemctl get-default 来查看系统目前的运行级别

通过图 6.2 可以看到，目前系统的运行级别是图形界面，可以通过 systemctl 命令来修改默认的运行级别。

命令格式：

```
systemctl  set-default  name.target
```

图 6.3 将默认的运行级别设成运行级别 3。

```
[root@localhost ~]# systemctl set-default multi-user.target
Removed "/etc/systemd/system/default.target".
Created symlink /etc/systemd/system/default.target → /usr/lib/systemd/system/mul
ti-user.target.
```

图 6.3 使用 systemctl 命令修改运行级别

【例 6.1】 将系统的默认运行级别修改成运行级别 5。

```
#systemctl  set-default  graphical.target
#reboot
```

重启系统后观察系统的运行级别。

6.2 项目二：使用 systemctl 命令管理 smb 服务

【项目描述】

管理员在 Linux 系统中对 smb 服务做简单的管理，首先查询 smb 服务的启动状态，发现 smb 服务为关闭状态，接着启动了 smb 服务并再次查询 smb 服务的启动状态，以确定启动是否成功。为了方便使用 smb 服务，设置 smb 服务为开机自启动。

【项目分析】

本项目主要涉及服务的管理和自启动设置，可以使用 systemctl 命令来实现。systemctl 命令可以实现服务的启动、查询、停止以及设置服务自启动功能，相关知识点见表 6.2。

表 6.2 相关知识点

序号	知识点	详见章节
1	启动与停止服务	6.2.1 节
2	设置服务的自启动状态	6.2.2 节

【操作过程】

```
#systemctl   status   smb.service                    //查询 smb 服务状态
#systemctl   start   smb.service                     //启动 smb 服务
#systemctl   status   smb.service                    //查询 smb 服务状态
#systemctl   is-enabled   smb.service                //查询 smb 服务自启动状态
#systemctl   enable   smb.service                    //设置 smb 服务自启动
```

6.2.1 管理服务的启动与停止

对服务可以进行启动、查询、停止等操作。openEuler 操作系统中对服务的管理可以通过 systemctl 命令来实现。

命令格式：

```
systemctl   {start|stop|status|restart|reload}   服务名
```

选项说明：

start，启动服务。

stop，停止服务。

status，查询服务运行情况。

restart，重启服务。

reload，重新加载服务，加载更新后的配置文件（并不是所有服务都支持这个选项）。

服务名一般以“.service”结尾，这些服务是被 systemctl 监视的进程，如果要求启动或停止的某个服务不存在，系统将会寻找同名的初始化脚本，即去掉.service 后缀的服务脚本，这主要用于与传统的 Linux 系统兼容。

【例 6.2】使用 systemctl 命令管理 NetworkManager 服务。

启动 NetworkManager 服务：#systemctl   start   NetworkManager

查询 NetworkManager 服务：#systemctl   status   NetworkManager

重启 NetworkManager 服务：#systemctl   restart   NetworkManager

停止 NetworkManager 服务：#systemctl   stop   NetworkManager

systemctl 命令管理 NetworkManager 服务的执行效果如图 6.4 所示。

```
[root@localhost ~]# systemctl  start  NetworkManager
[root@localhost ~]# systemctl  status  NetworkManager
● NetworkManager.service - Network Manager
     Loaded: loaded (/usr/lib/systemd/system/NetworkManager.service; enabled; preset: enabled)
    Drop-In: /usr/lib/systemd/system/NetworkManager.service.d
             └─NetworkManager-ovs.conf
     Active: active (running) since Fri 2024-08-02 09:43:36 CST; 2s ago
       Docs: man:NetworkManager(8)
   Main PID: 16549 (NetworkManager)
      Tasks: 7 (limit: 21357)
     Memory: 4.0M ()
     CGroup: /system.slice/NetworkManager.service
             ├─16549 /usr/sbin/NetworkManager --no-daemon
             ├─16555 /sbin/dhclient -d -q -sf /usr/libexec/nm-dhcp-helper -pf /var/run/NetworkManager/dhclient-ens33.pid -lf
             └─16584 /usr/libexec/nm-daemon-helper

8月 02 09:43:36 localhost.localdomain NetworkManager[16549]: <info>  [1722563016.7210] dhcp4 (ens33):   domain name 'localdom
8月 02 09:43:36 localhost.localdomain NetworkManager[16549]: <info>  [1722563016.7210] dhcp4 (ens33): state changed new lease
8月 02 09:43:36 localhost.localdomain dhclient[16555]: bound to 192.168.137.129 -- renewal in 761 seconds.
8月 02 09:43:36 localhost.localdomain NetworkManager[16549]: <info>  [1722563016.7306] device (ens33): state change: ip-confi
8月 02 09:43:36 localhost.localdomain NetworkManager[16549]: <info>  [1722563016.7394] device (ens33): state change: ip-check
8月 02 09:43:36 localhost.localdomain NetworkManager[16549]: <info>  [1722563016.7397] device (ens33): state change: secondar
[root@localhost ~]# systemctl  restart  NetworkManager
[root@localhost ~]# systemctl  stop  NetworkManager
```

图 6.4 systemctl 命令管理 NetworkManager 服务的执行效果

6.2.2 管理服务的自启动状态

在对服务进行管理时，经常要设置服务的自启动状态，Linux 系统提供了 systemctl 命令和 ntsysv 命令两种方法来实现服务自启动状态的设置。

（1）使用 systemctl 命令设置服务的自启动状态

① 查看服务的自启动状态

命令格式：

```
systemctl   is-enabled   [服务名称]
```

如果省略“服务名称”，则表示要查看系统中所有服务的自启动状态。

② 设置开机自启动/不自启动

命令格式：

```
systemctl   { enable | disable }   服务名称
```

选项说明：

enable，开启自启动状态。

disable，关闭自启动状态。

【例 6.3】 查看 NetworkManager 服务的自启动状态并设置为开机不自启动。

```
#systemctl   is-enabled   NetworkManager
#systemctl   disable      NetworkManager
#systemctl   is-enabled   NetworkManager
```

效果如图 6.5 所示。

```
[root@localhost ~]# systemctl  is-enabled  NetworkManager
enabled
[root@localhost ~]# systemctl  disable     NetworkManager
Removed "/etc/systemd/system/dbus-org.freedesktop.nm-dispatcher.service".
Removed "/etc/systemd/system/multi-user.target.wants/NetworkManager.service".
Removed "/etc/systemd/system/network-online.target.wants/NetworkManager-wait-online.service".
[root@localhost ~]# systemctl  is-enabled  NetworkManager
disabled
```

图 6.5　例 6.3 的执行结果

（2）使用 ntsysv 命令设置服务的自启动状态

ntsysv 命令具有文本格式图形界面，可以进行互动式操作，如图 6.6 所示。使用上、下箭头来查看列表；使用空格键来选择或取消服务，并使用【确定】和【取消】按钮来确认；要在服务列表和【确定】、【取消】按钮中切换，可使用 Tab 键。“*”标明某服务被设为自启动状态。

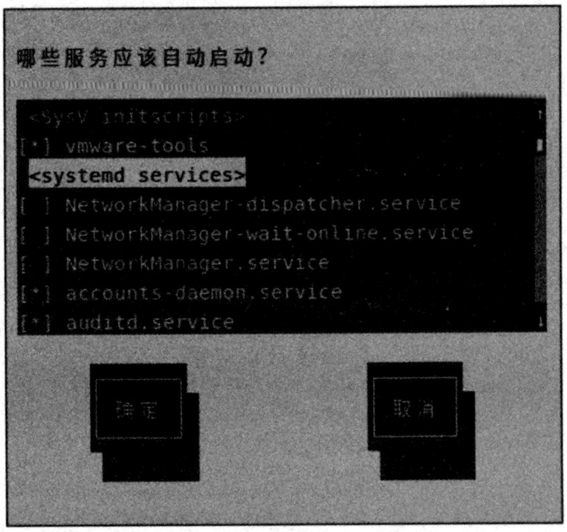

图 6.6　ntsysv 命令的文本格式图形界面

命令格式：

```
ntsysv   [--back]   [--level ]
```

选项说明：

back，在文本格式图形界面中，显示【返回】按钮，而非【取消】按钮。

level，在指定的运行级别中，决定要启动或关闭的系统服务。

在仅执行#ntsysv 命令时，只能配置当前运行级别下各服务的自启动状态。如果需要配置不同运行级别的自启动状态，则需要使用--level 选项来指定一个或多个运行级别。

例如，命令#ntsysv --level 345 表示配置运行级别 3、4 和 5 下的服务自启动状态。

6.2.3 查看所有的服务

命令格式：

```
systemctl [选项] [--type=TYPE] [-all]
```

选项说明：

list-units，列出所有启动的 unit。加上-all 或者--all，将列出没有启动的 unit。

list-unit-files，依据/usr/lib/systemd/system/内的启动文件，列出所有的启动文件。

--type=TYPE，unit 的类型，主要有 service、socket、target。

【例 6.4】列出系统所有的服务。

```
#systemctl                                                //列出系统所有的服务
#systemctl  list-units                                    //列出所有启动的 unit
#systemctl  list-unit-files                               //列出所有的启动文件
#systemctl  list-units  --type=service  -all              //列出所有 service 类型的 unit
#systemctl  list-units  --type=service  -all grep cpu     //列出 CPU 电源管理机制的服务
#systemctl  list-units  --type=target   -all              //列出所有目标单元 target
```

systemctl 命令的功能比较强大，除了上述功能，还可以用来管理系统的关机、重启等，见表 6.3。

表 6.3 systemctl 命令特殊功能说明

命令	说明	命令	说明
systemctl poweroff	系统关机	systemctl hibernate	进入休眠模式
systemctl reboot	系统重启	systemctl rescue	强制进入救援模式
systemctl suspend	进入睡眠模式	systemctl emergency	强制进入紧急救援模式

6.3 项目三：进程的延迟与周期调度

【项目描述】

系统开发组员工以 dguser0201 账号远程登录到服务器准备开始一天的工作，首先他设置了一个提醒任务：在下午 4:55 时，系统自动输出“The work for today is finished.”，以提醒自己快到 5 点要下班了。由于他在工作中把重要文件的后缀统一定义为.port，为了每天整理出最新的.port 文件，他制定了一个周期性任务计划：每天下午 5:30 将主目录中后缀是.port 的文件列表保存到 list 文件中，以方便对重要文件的管理。在工作中，运行的 test 进程发生了问题，他只能强制终止了 test 进程的运行。

【项目分析】

在本项目中，主要任务是对进程的调度启动，包括对延迟性任务（在下午 4:55 时，系统自动输出“The work for today is finished.”，以提醒快到 5 点要下班了）的调度和对周期性任务（每天下午 5:30 将主目录中后缀是.port 的文件列表保存到 list 文件中）的调度。延迟性任务的调度在实施过程中采用 at 命令来实现，周期性任务的调度采用 crontab 命令来实现。另外，对进程的终止可以使用 kill 或 killall 命令来实现。相关知识点见表 6.4。

表 6.4　相关知识点

序号	知识点	详见章节
1	对进程概念的理解	6.3.1 节
2	对延迟性任务和周期性任务的调度	6.3.2 节
3	对进程信息的查询	6.3.3 节
4	对进程的终止	6.3.4 节

【操作过程】

首先安装或者确认安装 at 命令并开启 atd 服务，同时增加普通用户对/dev/tty2 的访问权限，如下：

```
#dnf install at                    //安装 at 命令，已安装可以忽略此步骤
#systemctl start atd               //启动 atd 服务
#chmod 666 /dev/tty2               //增加对/dev/tty2 设备的权限
```

然后才能以 dguser0201 账号完成如下操作：

```
$at   4:55pm                       //对延迟性任务的调度
at> echo "The work for today is finished."> /dev/tty2
at><EOF>                           //按组合键输入 Ctrl + D 退出 at 交互模式
$crontab                           //对周期性任务的调度
30  5   *   *   *   ls   -l | grep   .port > list
```

按组合键 Ctrl+D 结束。

```
$./test
$ps   aux | grep   test            //查询进程信息
$kill   -9   6424                  //终止进程
```

6.3.1　进程的概念

1. 进程与程序

程序是为了完成某种任务而设计的软件，包含可执行的代码和数据，而进程是指开始执行但是还没有结束的程序的实体。

一个运行着的程序，可能有多个进程。例如 Apache 服务器，在使用时可能会有许多用户同时请求 httpd 服务，Apache 服务器将创建多个 httpd 进程来响应服务请求。

2. 进程分类

进程一般分为交互进程、批处理进程和守护进程 3 类。

交互进程指 Shell 下通过执行程序产生的进程，可在前台运行，也可在后台运行。

批处理进程是进程的序列，在执行批处理进程时是不需要人机交互的。

守护进程总是活跃的，一般在后台运行。守护进程一般由系统在开机时通过脚本自动启动或者由 root 用户启动。由于守护进程是一直运行着的，因此它所处的状态是等待请求处理任务。比如，httpd 服务一直在运行，等待着用户来访问，也就是等待需要处理的任务。

6.3.2 进程调度

在 Linux 系统中，进程的启动可以通过手动的方式直接在命令行下完成，也可以通过调度命令有计划地执行。常用的调度命令有 crontab 和 at。

1．周期性任务调度命令 crontab

crontab 命令主要用于周期性任务的执行，可以在指定的日期和时间内周期性地执行预定的任务，由 crond 服务进行管理。使用 crontab 命令需要确保 crond 服务是开启的，否则任务不会被执行。

crond 服务通过两个配置文件/etc/cron.allow 和/etc/cron.deny 来控制用户是否具有设置 cron 任务的权限。在/etc/cron.allow 文件中，每行一个用户名，表示允许设置 cron 任务的用户，同样/etc/cron.deny 文件也是每行一个用户名，表示不允许设置 cron 任务的用户。

/etc/cron.allow 文件的优先级高于/etc/cron.deny 文件，如果存在/etc/cron.allow 文件，那么只有在这个文件中列出的用户才被允许设置 cron 任务，而忽略文件/etc/cron.deny 中列出的用户。

如果不存在/etc/cron.allow 文件，或者/etc/cron.allow 文件为空，那么系统会检查/etc/cron.deny 文件。如果存在/etc/cron.deny 文件，那么只有该文件中列出的用户将被禁止设置 cron 任务；如果存在/etc/cron.deny 文件并且该文件为空，那么所有用户都将被允许设置 cron 任务。

如果/etc/cron.allow 文件和/etc/cron.deny 文件都不存在，则只有 root 用户可以设置 cron 任务。

openEuler 操作系统默认/etc/cron.allow 文件的内容为空，因此只有 root 用户才被允许设置 cron 任务，而普通用户被禁止设置 cron 任务。

综上所述，如果以下一个条件成立，某用户将不能设置 cron 任务：

- /etc/cron.allow 文件和/etc/cron.deny 文件不存在（只允许 root 用户设置 cron 任务）；
- /etc/cron.allow 文件存在，但该用户名并不列在其中；
- /etc/cron.deny 文件存在，并且该用户名列在其中。

crontab 命令格式：

```
crontab  [-u user]  {-e | -l | -r}
```

选项说明：

-e，修改目前的周期性任务。

-l，列出目前的周期性任务。

-r，删除目前的周期性任务。

[-u user]，指定要设置的用户名称。

crontab 命令文件的格式是：

```
minute  hour  day  month  dayofweek  command
```

minute：分钟，0～59 之间的任何整数。

hour：小时，0～23 之间的任何整数。

day：天，1～31 之间的任何整数（如果指定了月份，必须是该月的有效日期）。

month：月份，1～12 之间的任何整数（或使用月份的英文简写，如 jan、feb 等）。

dayofweek：星期，0～7 之间的任何整数，这里的 0 或 7 代表星期日；或者使用星期的英文简写，如 sun、mon 等。

command：要执行的命令，可以是 ls 之类的命令，也可以执行自行编写的脚本命令。

【例 6.5】 每个星期四早晨 8:30，提醒用户上午 10:00 有一个会议。

```
#crontab -e
```

会调出 vim 编辑器，用于创建周期性任务，输入如下内容：

```
30  8  *  *  4  echo  "meeting at 10:00 AM"> /dev/tty1
```

保存退出编辑。

如果需要修改周期性任务，可以再次执行：

```
#crontab  -e
```

将再次调出 vim 编辑器，用于修改周期性任务。

如果每隔两小时，执行某任务，可以设置为以下内容：

```
1  */2  *  *  *  CommandToExcute
```

“*/2”表示每隔 2 个小时。

2．延迟性任务调度命令 at

在默认情况下，openEuler 操作系统可能没有安装 at 命令，此时可以使用如下命令完成安装并启动 atd 服务：

```
#dnf install at
#systemctl start atd
```

at 命令可以实现在某时刻执行某个指定命令序列的功能。使用 at 命令需要确保 atd 服务是开启的，否则任务不会被执行。

atd 服务通过两个配置文件/etc/at.allow 和/etc/at.deny 来控制用户是否具有设置 at 任务的权限。/etc/at.allow 文件中每行一个用户名，表示允许设置 at 任务的用户，同样/etc/at.deny 文件也是每行一个用户名，表示不允许设置 at 任务的用户。

/etc/at.allow 文件的优先级高于/etc/at.deny 文件，如果存在/etc/at.allow 文件，那么只有在这个文件中列出的用户才被允许设置 at 任务，而忽略文件/etc/at.deny 中列出的用户。

如果不存在/etc/at.allow 文件，或者/etc/at.allow 文件为空，那么系统会检查/etc/at.deny 文件。如果存在/etc/at.deny 文件，那么只有该文件中列出的用户将被禁止设置 at 任务；如果存在/etc/at.deny 文件并且该文件为空，那么所有用户都将被允许设置 at 任务。

如果/etc/at.allow 文件和/etc/at.deny 文件都不存在，则只有 root 用户可以设置 at 任务。

openEuler 操作系统默认没有/etc/at.allow 文件，同时存在/etc/at.deny 文件并且内容为空，因此所有用户都被允许设置 at 任务。

at 命令格式：

```
at [-V] [-q x] [-f file] [-m] time
```

选项说明：

-V，显示任务将被执行的时间。

-q，选择队列名称，队列名称可以是 a～z 和 A～Z 之间的任意字母。队列字母顺序越靠后，则队列优先级别越低。

-f，从文件中读取命令或 Shell 脚本。

-m，执行完任务后发送电子邮件到用户。

time，设定任务执行的时间。time 选项可以是下面格式中的任何一种。

① HH:MM 格式，例如 04:00，代表 4:00AM。如果时间已过，就会在第 2 天的这一时间执行。

② midnight 代表 12:00AM，teatime 代表 4:00PM。

③ 英文月名 日期 年份格式，例如 January 15 2005，代表 2005 年 1 月 15 日。

④ MMDDYY、MM/DD/YY 或 MM.DD.YY 格式，如 011505，代表 2005 年 1 月 15 日。

⑤ now +时间格式，时间以 minutes、hours、days 或 weeks 为单位。如 now + 5 days，代表命令应该在 5 天之后的此时此刻执行。此种格式可以写为“时间＋偏移量”的形式，偏移量的单位是 minutes、hours 和 days。

除了 at 命令，atq 命令可以用于查询已经设定的调度任务的序列号，再使用 atrm 序列号命令可以删除已经设定的调度任务。

【例 6.6】让系统在 2 天后的 17:30 执行文件 data 中指定的任务。

```
#at  -f  data  17:30 +2 days
```

【例 6.7】1 分钟以后在 tty2 中提示“hello!!”。

```
#at   now + 1 minutes
at>echo "hello!!" >/dev/tty2
at><EOF>                                  //按组合键 Ctrl + D 退出 at 交互模式
```

【例 6.8】明天凌晨 2 点将正在登录的用户写入/tmp/users.log。

```
#at   2:00   tomorrow
at> w >/tmp/ users.log
at><EOF>                                  //按组合键 Ctrl + D 退出 at 交互模式
```

【例 6.9】1 分钟以后在主目录中建立目录 at。

```
#at   now + 1 minutes
at>mkdir /root/at
at><EOF>                                  //按组合键 Ctrl + D 退出 at 交互模式
```

6.3.3 进程的查看

1．查看系统进程信息的命令 ps

命令格式：

```
ps  [选项]
```

选项说明：

-A，显示系统中所有进程的信息，与-e 具有相同的功能。

-a，显示所有用户进程的信息。

-f，完整地显示进程的所有信息。

-l，以长格式显示进程信息。

-r，只显示正在运行的进程信息。

-u，显示面向用户的进程信息（包括用户名、CPU 及内存使用情况等）。

-x，显示所有终端上的进程信息。

-p，显示由进程 ID 指定的进程信息。

-t，显示指定终端上的进程信息。

对进程的监测和控制，首先要了解进程的运行情况。ps 命令就是最基本也是非常强大的进程查看命令。根据显示的信息，可以确定哪些进程正在运行、哪些进程被挂起、进程已运行了多久、进程正在使用的资源、进程的相对优先级及进程的标志号（pid）。所有这些信息对用户都很有用，对系统管理员来说更为重要。

【例 6.10】查看系统终端上所有用户进程的所有信息。

```
#ps   aux
```

如果显示的信息过多，可以使用管道命令分页查看输出信息：

```
#ps  aux| less
```

如果想查看用户 glenda 的所有进程信息，可以执行下面的命令：

```
#ps  aux | grep  glenda
```

2．查看各进程继承关系的命令 pstree

pstree 命令以树状结构显示系统进程的继承关系。树状结构将会以 pid（如果有指定）或 init 为根，如果指定 user，则树状结构只显示该用户所拥有的进程。

命令格式：

```
pstree  [选项]  [pid|user]
```

选项说明：

-a，显示该进程的完整继承关系，如果是被内存置换出去的进程，则会加上括号。

-c，如果有重复的进程名，则分开列出（默认值会在前面加上 *）。

pid|user，查看指定根（pid）或用户（user）所拥有的进程。

6.3.4 进程的终止

在使用 Linux 系统过程中，如果需要终止一个正在前台运行的进程，通常使用 Ctrl+C 组合键；但是对一个正在后台运行的进程，就必须使用进程终止命令，常用的有 kill、killall 等。

1．终止进程的 kill 命令

在使用 Linux 系统过程中，想终止某个进程，可以用 kill 命令来实现。

命令格式：

```
kill  [信号代码]  pid
```

kill 命令可将指定的信息送至程序。指定的信息为 SIGTERM(15)，可将指定进程终止。若仍无法终止该进程，可使用 SIGKILL(9)，尝试强制删除进程。kill 命令的工作原理是：向 Linux 系统的内核发送一个系统操作信号和某个进程的标志号，然后系统内核就可以对该进程进行操作。一般情况下，kill 命令与 ps、grep 命令结合在一起使用。

【例 6.11】终止 sshd 服务进程的执行。

```
#ps  -A | grep  sshd          //查询 sshd 服务进程的 pid
#kill  1429                   //1429 是 sshd 服务进程的 pid
```

如图 6.7 所示。

```
[root@localhost ~]# ps  -A | grep  sshd
  1429 ?        00:00:00 sshd
[root@localhost ~]# kill  1429
```

图 6.7 终止 sshd 服务进程

对于僵尸进程，可以使用信号代码-9 来强制终止。

2．通过进程名终止进程的 killall 命令

killall 命令通过进程名直接终止进程，通常与 ps 命令结合在一起使用。

命令格式：

```
killall  [信号代码]  进程名
```

【例 6.12】终止所有 sshd 进程。

```
#killall  sshd
```

6.4 知识扩展

6.4.1 作业控制的概念

Linux 是一个多任务操作系统，系统上同时运行着多个进程。进程是程序在系统中运行的实体，是系统分配资源的基本单位。进程有多种状态，如运行、挂起、就绪、等待等。而正在执行的一个或多个相关进程称为一个作业，可以通过对进程状态的控制调整一个作业的运行。

作业控制是指控制当前正在运行的进程的行为。使用作业控制，用户可以同时运行多个作业，并在需要时在作业之间进行切换。例如，系统资源紧张时，用户可以挂起一个不紧急的、正在运行的进程，稍后再恢复它的运行。Shell 会记录所有系统中的进程，并保持对进程状态的跟踪。

例如，看完一部电影是一个完整的任务，由一个独立的进程来完成。看电影的过程代表进程处于运行状态，但是在观看的过程中，遇到了电话或敲门等事务的干扰，此时电话或敲门是紧急的、首要解决的事务，不是非常紧急的事情（看电影的过程）将被暂停，暂停的过程即正在运行进程的挂起。当处理完突发事务（电话或敲门）以后，可以将被暂停的看电影的过程重新唤醒，继续完成这个任务。这就是一个简单的作业控制的例子：运行→暂停→运行。

6.4.2 作业控制的常用命令

作业控制的常用命令及功能说明见表 6.5。

表 6.5 作业控制的常用命令及功能说明

命令	功能说明	命令	功能说明
Ctrl+d	正常终止一个正在前台运行的进程	bg(background)	将被挂起的进程调度到后台运行
Ctrl+c	强行终止一个正在前台运行的进程	fg(foreground)	将被挂起的进程调度到前台运行
Ctrl+z	挂起一个正在前台运行的进程	cmd&	直接在后台启动运行一个新的命令，不占用终端资源
jobs	查看后台运行或者被挂起的进程	kill	杀死进程

当一个程序或者命令在前台被执行时，会独占终端资源，禁止用户和系统的交互，直到该程序运行结束。一般情况下，命令的执行需要很短的系统运行时间，可以在前台运行。但如果被执行的命令在前台运行时占用终端时间太长，则会对系统执行用户的其他命令产生影响。此时，可以使用 cmd&命令，使其在后台运行。

习 题 6

1．选择题

（1）openEuler 操作系统引导的过程包括如下几步：

a．启动引导加载器 GRUB

b．启动系统的第 1 个进程 systemd

c．内核初始化

d．加载 BIOS

以下正确的引导顺序是（　　）。

A．dbca　　B．dacb　　C．bdca　　D．adcb

（2） 查询 NetworkManager 服务状态的命令是（　）。

A．systemctl　start　NetworkManager.service

B．systemctl　status　NetworkManager.service

C．systemctl　restart　NetworkManager.service

D．systemctl　stop　NetworkManager.service

（3）在命令提示行输入 systemctl reboot，会（　　）。

A．关机　　B．进入图形界面　　C． 进入完全用户模式　　D．重启

（4）设置 smb 服务开机自启动，正确的命令是（　　）。

A．systemctl　enable　smb.service　　B．systemctl　disable　smb.service

C．systemctl　enabled　smb.service　　D．systemctl　disabled　smb.service

2．简答题

（1）简述 openEuler 操作系统的启动过程。

（2）openEuler 操作系统的运行级别有几种？请解释每一种运行级别的含义。

（3）openEuler 操作系统采用了 systemd 作为初始化进程，那么如何查看某个服务的运行状态？

（4）在 openEuler 操作系统中，当通过修改其配置文件中的参数来配置服务程序时，若要让新配置的参数生效，还需要执行什么操作?

上机实践 6

1．使用 ps 命令显示 root 用户的进程。

2．修改/etc/crontab 文件实现自动化，使得每周一的 1:00 将/boot 目录及其子目录和文件复制到/root/abc 目录中。

3．用户 lily 是 Linux 系统的用户，经常在 Linux 系统的图形界面下工作，请帮 lily 把 Linux 系统设置成开机后直接进入图形界面下。

4．请根据下面的描述完成相应的操作：

root 管理员在 Linux 系统中对 sshd 服务做了简单的管理，首先 root 查询了 sshd 服务的启动状态，发现 sshd 服务为关闭状态，接着 root 启动了 sshd 服务并再次查询了 sshd 服务的启动状态，已确定启动成功。为了方便管理 sshd 服务，root 设置了 sshd 服务开机自启动。

5．请根据下面的描述完成相应的操作：

用户 tom 远程登录到 Linux 服务器准备开始一天的工作，首先 tom 设置了一个提醒任务：在上午 9:50，系统自动输出“I have a meeting at 10:00.”，以提醒 tom 在 10:00 有一个会议要参加。同时 tom 每周三下午要主持一个讲座，因此 tom 制定了一个周期性任务：每周二下午 1:00 提醒自己第二天有讲座。

第 7 章　软件安装与包管理工具

在 openEuler 操作系统中安装软件的方法主要有 RPM 包安装、YUM 源安装及 DNF 源安装。RPM 包安装由 RPM 包管理工具完成，YUM 源安装由 YUM 工具实现，DNF 源安装由 DNF 工具实现。本章将重点介绍在 openEuler 操作系统中安装软件的方法，并且演示 VMware Tools 的安装，主要包括以下知识点：

- RPM 的使用（重点）；
- YUM 工具的使用（重点、难点）；
- TAR 包管理工具的使用（重点）。

7.1　项目一：使用 RPM 管理 telnet 软件包

【项目描述】

管理员要在服务器上安装配置 telnet 服务，以方便用户通过 telnet 远程访问 Linux 服务器。

【项目分析】

在本项目中，首先查询目前系统中是否已经安装了合适版本的 telnet 软件包。如果未安装，则准备好所需版本的软件包 telnet-0.17-80.oe2403.x86_64.rpm。安装前，需要了解 telnet 软件包将要安装的位置。安装完成后，查询 telnet 软件包安装是否成功。然后设置 telnet 服务的自启动状态，启动 telnet 服务。最后测试 telnet 服务的安装配置是否成功，相关知识点见表 7.1。

表 7.1　相关知识点

序号	知识点	详见章节
1	对 RPM 的理解	7.1.1 节
2	查询 telnet 软件包是否安装	7.1.2 节
3	查询 telnet 软件包的安装位置	7.1.2 节
4	安装 telnet 软件包	7.1.2 节
5	查询 telnet 软件包安装是否成功	7.1.2 节
6	设置 telnet 服务的自启动状态	6.2.2 节
7	启动 telnet 服务	6.2.1 节

【操作过程】

telnet 安装包可以从 openEuler 操作系统的安装镜像中获得，通常镜像文件挂载在 /run/media/root 目录下。RPM 安装包位于 openEuler-24.03-LTS-x86_64/Packages 下。首先将 telnet-0.17-80.oe2403.x86_64.rpm 软件包复制到 root 主目录中，然后安装。

```
#cd  /run/media/root                              //切换到安装镜像挂载目录
#cd  openEuler-24.03-LTS-x86_64/Packages          //切换到 RPM 安装包所在目录
#cp  telnet-0.17-80.oe2403.x86_64.rpm   /root     //把安装包复制到 root 的主目录
```

```
#cd                                                   //切换到 root 的主目录
#rpm  -q  telnet                       //提示“未安装软件包 telnet”，表示未安装 telnet 软件包
#rpm  -qpl  telnet-0.17-80.oe2403.x86_64.rpm   //查询 telnet 软件包的安装位置
#rpm  -ivh  telnet-0.17-80.oe2403.x86_64.rpm   //安装 telnet 软件包
#rpm  -q  telnet    //提示“telnet-0.17-80”，表示安装了 telnet 软件包，版本是 0.17-80
#systemctl  enable  telnet.socket        //设置 telnet 服务的自启动状态
#systemctl  start  telnet.socket         //启动 telnet 服务
#telnet  192.168.137.130   //测试，用 telnet  IP 地址的方式可以连接到 telnet 服务器上，根据提示信
                            息输入用户名和密码，即可登录到服务器上进行操作
```

7.1.1 RPM 简介

红帽软件包管理器（Red Hat Package Manager，RPM）由于其原始设计理念是开放式的，因此已经被 openEuler、CentOS、OpenLinux、SuSE Linux 等 Linux 发行版本采用，是公认的行业标准。

RPM 包中含有已经编译过的软件、记录软件安装时所需的其他依赖软件。在 Linux 上安装 RPM 包时，RPM 程序会先依照包中记录的软件依赖信息查询要安装该软件的 Linux 系统是否满足这些先决条件。如果满足则开始安装，否则就停止安装 RPM 包。

采用 RPM 管理的优点：① 软件已经编译打包，所以传输和安装方便，不需要用户通过编译安装软件；② 在安装之前，会先检查系统的磁盘、操作系统版本等，避免将软件错误安装在系统上；③ 安装过的软件信息都记录在 Linux 主机的数据库上，方便查询、升级和卸载。

RPM 管理存在的缺点：① 软件安装环境必须与打包环境一致或兼容；② 必须已经安装了该 RPM 包所依赖的其他 RPM 包，才能完成安装；③ 卸载 RPM 包时，最底层的软件不能先移除，否则可能造成整个系统不能使用。

RPM 只能管理后缀是.rpm 的软件包。软件包的命名格式：

```
软件名称-版本号(包括主版本号和次版本号). 软件运行的硬件平台.rpm
```

例如，telnet-0.17-80.oe2403.x86_64.rpm，其中 telnet 是软件名称，0.17-80 是版本号，oe2403.x86_64 是软件运行的硬件平台。

7.1.2 RPM 的使用

RPM 主要有 5 种基本功能：查询、安装、升级、刷新、卸载，这些功能均由 rpm 命令配合不同的选项来实现，因此，rpm 命令的选项非常多。在使用过程中，rpm 命令的选项多结合使用，以便实现更加丰富的功能。

命令格式：

```
rpm  [选项]  [文件]
```

选项说明：

-a，显示所有软件包。

-q，查询功能。

-i，安装指定的软件包，通常和-v、-h 选项结合使用。

-e，删除指定的软件包。

-f，查询拥有指定文件的软件包。

-i，显示软件包的相关信息，通常和-q 选项结合使用。

-l，显示软件包的文件列表。

-p，查询待安装的软件包。

-R，显示软件包的关联性信息。

-s，显示文件状态，通常结合-l 选项使用。

-U，升级指定的软件包。

-v，显示命令执行过程。

-h，在安装过程中将显示一系列的“#”来表示安装进度。

-vv，详细显示命令执行过程，便于排错。

1．查询

RPM 的查询功能主要由-q 选项完成，为了实现特殊的查询功能，要结合其他的选项使用。

（1）查询系统已经安装的全部软件包

命令格式：

```
rpm  -qa
```

【例 7.1】查询系统中已经安装的所有软件包。

操作过程如图 7.1 所示。

```
[root@localhost ~]# rpm -qa
libXcomposite-devel-0.4.6-1.oe2403.x86_64
libXinerama-devel-1.1.5-1.oe2403.x86_64
libXtst-devel-1.2.4-1.oe2403.x86_64
libXdamage-devel-1.1.6-1.oe2403.x86_64
vulkan-headers-1.3.261.0-1.oe2403.noarch
```

图 7.1　例 7.1 的操作过程

【例 7.2】在已经安装的软件包中查询包含 lib 关键字的软件包的名称。

操作过程如图 7.2 所示。

```
[root@localhost ~]# rpm -qa|grep lib
libXcomposite-devel-0.4.6-1.oe2403.x86_64
libXinerama-devel-1.1.5-1.oe2403.x86_64
libXtst-devel-1.2.4-1.oe2403.x86_64
libXdamage-devel-1.1.6-1.oe2403.x86_64
libcrystalhd-3.10.0-2.oe2403.x86_64
libcrystalhd-devel-3.10.0-2.oe2403.x86_64
```

图 7.2　例 7.2 的操作过程

（2）查询指定软件包是否在本系统中已经安装

命令格式：

```
rpm  -q  软件名称
```

【例 7.3】查询 openssh-server 软件包是否已经安装。

操作过程如图 7.3 所示。

```
[root@localhost ~]# rpm -q openssh-server
openssh-server-9.3p2-3.oe2403.x86_64
```

图 7.3　例 7.3 的操作过程

【例 7.4】查询 openssh-server 和 httpd 两个软件包是否已经安装。

操作过程如图 7.4 所示。

```
[root@localhost ~]# rpm -q openssh-server httpd
openssh-server-9.3p2-3.oe2403.x86_64
未安装软件包 httpd
```

图 7.4　例 7.4 的操作过程

系统提示"未安装软件包 httpd"，表示未安装 httpd 软件包；系统提示"openssh-server-9.3p2-3.oe2403.x86_64"，表示安装了 openssh-server 软件包。

（3）查询软件包的描述信息

命令格式：

```
rpm -qi 软件包名称
```

【例 7.5】查询已安装的 openssh-server 软件包的信息。

操作过程如图 7.5 所示。

```
[root@localhost ~]# rpm -qi openssh-server
Name        : openssh-server
Version     : 9.3p2
Release     : 3.oe2403
Architecture: x86_64
Install Date: 2024年06月13日 星期四 16时43分21秒
Group       : Unspecified
Size        : 1136885
License     : BSD
Signature   : RSA/SHA256, 2024年05月23日 星期四 21时37分24秒, Key ID 3b477c60b675600b
Source RPM  : openssh-9.3p2-3.oe2403.src.rpm
Build Date  : 2024年05月23日 星期四 21时34分44秒
Build Host  : dc-64g.compass-ci
Packager    : http://openeuler.org
URL         : http://www.openssh.com/portable.html
Summary     : An open source SSH server daemon
Description :
OpenSSH is a free version of SSH (Secure SHell), a program for logging
into and executing commands on a remote machine. This package contains
the secure shell daemon (sshd). The sshd daemon allows SSH clients to
securely connect to your SSH server.
```

图 7.5　例 7.5 的操作过程

（4）查询已安装软件包的文件列表

命令格式：

```
rpm -ql 软件包名称
```

【例 7.6】查询 openssh-server 软件包中有哪些文件及这些文件安装在系统的位置。

操作过程如图 7.6 所示。

```
[root@localhost ~]# rpm -ql openssh-server
/etc/ima/digest_lists.tlv/0-metadata_list-compact_tlv-openssh-server-9.3p2-3.oe2403.x86_64
/etc/ima/digest_lists/0-metadata_list-compact-openssh-server-9.3p2-3.oe2403.x86_64
/etc/pam.d/sshd
/etc/ssh/sshd_config
/etc/sysconfig/sshd
/usr/lib/systemd/system/sshd-keygen.target
/usr/lib/systemd/system/sshd-keygen@.service
/usr/lib/systemd/system/sshd.service
/usr/lib/systemd/system/sshd.socket
/usr/lib/systemd/system/sshd@.service
/usr/lib/tmpfiles.d/openssh.conf
/usr/libexec/openssh/sftp-server
/usr/libexec/openssh/sshd-keygen
/usr/sbin/sshd
/var/empty/sshd
```

图 7.6　例 7.6 的操作过程

（5）查询某文件所属的软件包

命令格式：

```
rpm  -qf  文件名称
```

使用该命令，可以查询系统中的文件是因安装哪一个软件包而产生的，但并不是系统中的每一个文件都是由软件包的安装而产生的，例如用户创建的文件就不属于任何软件包。

【例 7.7】查询/var/empty/sshd 文件是安装哪一个软件包而创建的。

操作过程如图 7.7 所示。

```
[root@localhost ~]# rpm -qf /var/empty/sshd
openssh-server-9.3p2-3.oe2403.x86_64
```

图 7.7　例 7.7 的操作过程

系统提示/var/empty/sshd 文件是在安装 openssh-server-9.3p2-3.oe2403.x86_64 软件包时创建的。

（6）查询待安装的软件包的信息

在安装一个软件包之前，通常需要了解该软件包的详细信息、安装文件列表、安装位置等，可以使用-p 选项结合-q 选项来实现。

查询待安装软件包的详细信息，命令格式：

```
rpm  -qpi  软件包的名称
```

查询待安装软件包的文件列表，命令格式：

```
rpm  -qpl  软件包的名称
```

【例 7.8】查询待安装 telnet-0.17-80.oe2403.x86_64.rpm 软件包的文件列表。

操作过程如图 7.8 所示。

```
[root@localhost ~]# rpm -qpl telnet-0.17-80.oe2403.x86_64.rpm
/etc/ima/digest_lists.tlv/0-metadata_list-compact_tlv-telnet-0.17-80.oe2403.x86_64
/etc/ima/digest_lists/0-metadata_list-compact-telnet-0.17-80.oe2403.x86_64
/usr/bin/telnet
/usr/lib/systemd/system/telnet.socket
/usr/lib/systemd/system/telnet@.service
/usr/sbin/in.telnetd
```

图 7.8　例 7.8 的操作过程

2. 安装

安装功能是 RPM 中最常用的功能。软件包的安装使用-i 选项，通常结合-v 和-h 选项使用。

命令格式：

```
rpm  -ivh  软件包名称
```

【例 7.9】安装 telnet-0.17-80.oe2403.x86_64.rpm 软件包。

操作过程如图 7.9 所示。

```
[root@localhost ~]# rpm -ivh telnet-0.17-80.oe2403.x86_64.rpm
Verifying...                          ################################# [100%]
准备中...                          ################################# [100%]
        软件包 telnet-1:0.17-80.oe2403.x86_64 已经安装
```

图 7.9　例 7.9 的操作过程

软件包的安装有时需要依赖其他软件包，即安装了特定的软件包后才可以安装该软件包，此时只需要按照提示信息，先安装所依赖的软件包，然后安装该软件包即可。

3．升级

若要将某软件包升级为较高版本的软件包，可以使用软件包的升级功能来实现，需要使用-U选项。升级功能首先将低版本的软件包卸载，再安装高版本的软件包。为了详细显示安装过程，通常结合-v和-h选项使用。

命令格式：

```
rpm  -Uvh  软件包名称
```

【例 7.10】升级 telnet 软件为 telnet-0.17-80.oe2403.x86_64.rpm 软件包。

```
#rpm  -Uvh  telnet-0.17-80.oe2403.x86_64.rpm
```

如果指定的软件包系统中未安装，则直接安装该软件包。

4．刷新

刷新软件包的功能和升级软件包的功能相似，由选项-F 实现，通常结合-v 和-h 选项使用。

命令格式：

```
rpm  -Fvh  软件包名称
```

【例 7.11】刷新 telnet-0.17-80.oe2403.x86_64.rpm 软件包。

```
#rpm  -Fvh  telnet-0.17-80.oe2403.x86_64.rpm
```

使用 RPM 刷新软件包时，系统会比较选项指定的软件包的版本和目前系统中所安装的软件包的版本。如果选项指定的软件包的版本更高，就会升级到高版本软件包。如果系统中未安装过该软件包，则刷新选项不会安装软件包，这一点与软件包升级功能不同。

5．卸载

卸载命令可以从系统中将已安装的软件包清除。

命令格式：

```
rpm  -e  软件名称
```

【例 7.12】将 telnet 软件从系统中卸载。

```
#rpm  -e  telnet
```

如果卸载正常，则系统不会出现任何提示。

7.1.3 常见问题分析

常见问题 1：在执行#rpm -qa 命令时，如果输出信息过多，不易查找指定信息。

解决方法：可以使用#rpm -qa|grep 关键字命令过滤出指定的信息。

常见问题 2：在查询软件包信息或文件时，想保存执行结果。

解决方法：可以使用输出重定向命令将结果重定向到文件中保存。

常见问题 3：“软件名称”和“软件包名称”。

解决方法：在使用 rpm 命令时，要注意选项的正确使用，在安装、升级、刷新、查询未安装软件包信息时，需要指定完整的软件包名称，而在查询已安装软件包信息、卸载软件包时，只需要指出软件名称即可。软件名称是软件包名称的一部分。例如，telnet-0.17-80.oe2403.x86_64.rpm 是完整的软件包名称，而其中 telnet 是软件名称。

常见问题 4：软件包依赖问题。

解决方法：使用 RPM 安装时，如果系统提示软件之间有相互依赖关系，但在没有相关依赖软件包的情况下，可以使用--nodeps 选项来忽略依赖关系，但不提倡用该选项来安装软件。此外，使用 RPM 卸载软件时，有时也会提示其他软件依赖于正卸载的软件，例如，

libpcre.so.o()(64bit) is needed by (installed) grep-2.6.3-3.el6x86_64，同样可以使用--nodeps 选项来忽略依赖关系。

常见问题 5：软件安装的时间问题。

解决方法：在安装软件时，系统有时会提示“warning:clock skew detected.”错误，这说明系统时间发生了严重的错误，可以通过 date -s "2024-08-12 14:00"这种命令格式修改系统时间，并通过 hwclock -w 命令将时间更新写入 CMOS 时间。

7.2 项目二：配置本地 YUM 源安装软件

【项目描述】

作为系统管理员，需要经常在服务器上安装各种软件，由于使用 RPM 安装的方法需要找到相应的软件包，还要解决软件包依赖的问题，比较麻烦。因此，系统管理员计划配置本地 YUM 服务，便于今后软件的安装。

【项目分析】

openEuler 操作系统中定义了默认的 YUM 源，可以通过网络连接到共享的软件仓库进行软件的安装。但有时主机可能无法连接外网，这时需要定义本地的软件仓库。相关知识点见表 7.2。

表 7.2 相关知识点

序号	知识点	详见章节
1	对 YUM 工具的理解	7.2.1 节
2	创建本地的软件仓库	7.2.2 节
3	使用 yum 命令安装软件	7.2.3 节

【操作过程】

```
#mkdir /media/myYumRepo/                                //创建本地 YUM 库的目录
#cd /run/media/root/openEuler-24.03-LTS-x86_64/Packages  //切换到镜像 RPM 包目录下
#cp * /media/myYumRepo/                                 //将 RPM 包复制到本地 YUM 库的目录下
#yum   install createrepo_c                             //安装 repo 创建软件
#createrepo /media/myYumRepo/                           //创建软件仓库
#cd /etc/yum.repos.d                                    //切换到 YUM 源定义文件存放目录下
#vim   media.repo                                       //创建本地 YUM 源文件
[media]
     name =openEuler
     baseurl = file:///media/myYumRepo
     enabled = 1
     gpgcheck = 0
#yum   -y   install   vsftpd                            //使用 yum 安装 vsftpd 服务
```

7.2.1 YUM 简介

YUM（Yellow dog Update Modified，Shell 前端软件包管理器）是改进版的 RPM，它很好地解决了 RPM 所面临的软件包依赖问题。YUM 可以从指定的 YUM 服务器（源）自动下载软件并且安装，可以自动处理依赖性关系，并且一次性安装所有依赖的软件包，无须频繁下载、安装。YUM 提供了查找、安装、删除某一个、一组甚至全部软件包的命令，命令简洁且易记。

YUM 管理的关键是要有可靠的软件仓库（Repository），它可以是 HTTP 或 FTP 站点，也可以是本地软件源。软件仓库中保存了软件的 RPM 包，并且还包含 RPM 包的 header 信息。RPM 包的 header 中包括以下信息：RPM 包的描述、功能、文件、依赖性。YUM 通过分析这些 header 信息，自动完成软件包的升级、安装、删除等操作，减少了 Linux 用户一直头痛的包依赖问题。

YUM 的基本工作机制如下。

① 服务器：在服务器上面存放所有的 RPM 包，然后分析每个 RPM 文件的依赖性关系，并将这些数据记录成文件存放在服务器的某个特定目录内。

② 客户端：若要安装某个软件，需先下载服务器上面记录的依赖性关系文件（可通过 WWW 或 FTP 方式），对从服务器下载的记录数据进行分析，然后取得所有相关的软件，一次性全部下载后再进行安装。

在 YUM 的配置文件/etc/yum.conf 中，可以同时配置多个软件仓库，自动解决增加或删除 RPM 包时遇到的依赖性问题，保持与 RPM 数据库的一致性。

7.2.2 YUM 的配置

1. YUM 配置文件

YUM 配置文件分为两部分，第一部分是全局配置选项 main，一般位于文件/etc/yum.conf 中，只能有一个全局配置选项，内容如下：

```
[root@localhost etc]# cat    yum.conf
[main]
gpgcheck=1
installonly_limit=3
clean_requirements_on_remove=True
best=True
skip_if_unavailable=False
```

gpgcheck 选项用于设置是否进行 GPG（GNU Private Guard）校验，以确定 RPM 包的来源是有效和安全的，取值为 0 表示不校验，为 1 表示校验。这个选项如果设置在[main]部分，则对每个软件仓库都有效。

YUM 配置文件的第二部分是对软件仓库的配置，每一个软件仓库对应一个后缀为.repo 的文件，每一个文件内可以定义多个 YUM 源，配置文件位于/etc/yum.repo.d 目录下，该目录下只有一个默认的软件仓库，openEuler.repo 文件的部分内容如下：

```
[root@localhost yum.repos.d]# cat openEuler.repo
#generic-repos is licensed under the Mulan PSL v2.
# 省略了许多输出
[OS]
name=OS
baseurl=http://repo.openeuler.org/openEuler-24.03-LTS/OS/$basearch/
enabled=1
gpgcheck=1
gpgkey=http://repo.openeuler.org/openEuler-24.03-LTS/OS/$basearch/RPM-GPG-KEY-openEuler
```

主要选项含义见表 7.3。

表 7.3　openEuler.repo 文件的主要选项含义

选项	功能描述
[ ]	填写 YUM 源唯一的 ID 号，可以为任意字符串
name	指定 YUM 源名称，可以为任意字符串
baseurl	指定 YUM 源的 URL 地址（可以是 http://、ftp://和 file://，对应 HTTP、FTP 或本地路径）
mirrorlist	指定镜像站点目录
enabled	是否激活该 YUM 源（0 代表禁用，1 代表激活，默认为激活）
gpgcheck	安装软件时是否检查签名（0 代表不检查，1 代表检查）
gpgkey	如果检查软件包的签名，该语句定义检查签名的密钥文件

2．创建本地软件仓库

openEuler.repo 文件中的 YUM 源需要通过 HTTP 协议连接到互联网中的软件仓库服务器，才可以使用 openEuler 操作系统的免费资源安装各种软件包。有时用户需要定义自己的本地软件仓库，步骤如下：

（1）使用 mkdir 命令创建软件仓库所在的目录。

（2）将 RPM 包存于该目录下。

（3）安装 createrepo_c 软件。

（4）使用“createrepo 软件仓库目录”命令为 RPM 包建立索引，以便可以使用 yum 命令进行软件的安装和更新。

（5）在/etc/yum.repo.d 目录下创建.repo 文件。

下面通过创建 media.repo 文件，使用 openEuler 操作系统光盘中自带的 RPM 包构造本地软件仓库。提前将光盘挂载点/run/media/root/openEuler-24.03-LTS-x86_64/Packages 目录中的所有 RPM 包复制到自定义目录/media/myYumRepo 下，具体操作见【操作过程】。

7.2.3　YUM 的使用

YUM 主要有查询、安装、升级、刷新、卸载软件包等功能，这些功能均由 yum 命令配合不同的指令来实现，因此，yum 命令的指令非常多。

命令格式：

```
yum  [选项]  [指令]  [软件包...]
```

选项：-y，执行非交互安装，假定安装过程中出现的所有提示回答为 Yes。

指令：

```
install package1 [package2][...]                    //使用 YUM 源安装软件包
update [package][packge2][...]                      //使用 YUM 源升级软件包
check-update                                        //检查 YUM 源中所有可用的升级软件包
remove|erase package1 [package2][...]               //卸载软件包
list[...]          //列出系统中已经安装的及 YUM 源中所有可用的软件包
info[...]                                           //查看软件包信息
clean all                                           //清空所有的缓存信息
groupinstall group1 [group2] [...]                  //使用 YUM 源安装组包
grouplist          //列出系统中已经安装的及 YUM 源中所有可用的组包
```

```
groupremove group1 [group2] [...]          //卸载组包
search string [string2] [...]              //根据关键词查找软件
localinstall rpmfile1 [rpmfile2] [....]    //通过本地 RPM 文件安装软件
history                                    //查看历史记录
langavailable                              //查看语言包
langinstall                                //安装语言包
```

1. 查看 YUM 源列表

【例 7.13】查看系统中目前的 YUM 源。

```
#yum repolist
```

操作过程如图 7.10 所示。

```
[root@localhost ~]# yum repolist
repo id                                  repo name
EPOL                                     EPOL
OS                                       OS
debuginfo                                debuginfo
everything                               everything
source                                   source
update                                   update
update-source                            update-source
```

图 7.10　例 7.13 的操作过程

2. 安装

【例 7.14】安装 httpd 软件。

```
#yum -y install httpd
```

操作过程如图 7.11 所示。

3. 更新和升级

【例 7.15】升级系统的所有软件。

```
#yum update
```

【例 7.16】升级 httpd 软件。

```
#yum update httpd
```

【例 7.17】查询可更新的软件。

```
#yum check-update
```

4. 查找和显示

【例 7.18】显示 httpd 软件的信息。

```
#yum info httpd
```

【例 7.19】显示 httpd 软件的安装情况。

```
#yum list httpd
```

【例 7.20】根据 htt 关键字查找相关软件。

```
#yum search htt
```

【例 7.21】显示所有已经安装的软件。

```
#yum list all
```

【例 7.22】显示所有可更新的软件包。

```
#yum list upgrades
```

5. 删除

【例 7.23】删除 httpd 软件。

```
#yum remove httpd
```

```
[root@localhost ~]# yum -y install httpd
OS                                              57  B/s | 3.5 kB     01:02
Dependencies resolved.
==============================================================================
 Package                  Architecture  Version           Repository    Size
==============================================================================
Installing:
 httpd                    x86_64        2.4.58-6.oe2403   update       1.3 M
Installing dependencies:
 apr                      x86_64        1.7.4-2.oe2403    OS           110 k
 apr-util                 x86_64        1.6.3-1.oe2403    OS           109 k
 httpd-filesystem         noarch        2.4.58-6.oe2403   update       5.9 k
 httpd-tools              x86_64        2.4.58-6.oe2403   update        68 k
 mailcap                  noarch        2.1.54-1.oe2403   OS            34 k
 mod_http2                x86_64        2.0.25-3.oe2403   update       129 k
 openEuler-logos-httpd    noarch        1.0-9.oe2403      OS           6.5 k
Transaction Summary
==============================================================================
Install  8 Packages
Total download size: 1.8 M
Installed size: 5.8 M
Downloading Packages:
(1/8): apr-1.7.4-2.oe2403.x86_64.rpm                  3.9 kB/s | 110 kB     00:28
(2/8): apr-util-1.6.3-1.oe2403.x86_64.rpm             3.8 kB/s | 109 kB     00:28
(3/8): mailcap-2.1.54-1.oe2403.noarch.rpm             1.2 kB/s |  34 kB     00:28
(4/8): openEuler-logos-httpd-1.0-9.oe2403.noarch.rpm  7.8 kB/s | 6.5 kB     00:00
(5/8): httpd-filesystem-2.4.58-6.oe2403.noarch.rpm    7.6 kB/s | 5.9 kB     00:00
(6/8): httpd-tools-2.4.58-6.oe2403.x86_64.rpm          27 kB/s |  68 kB     00:02
(7/8): mod_http2-2.0.25-3.oe2403.x86_64.rpm            26 kB/s | 129 kB     00:04
(8/8): httpd-2.4.58-6.oe2403.x86_64.rpm                27 kB/s | 1.3 MB     00:50
------------------------------------------------------------------------------
Total                                                  23 kB/s | 1.8 MB     01:18
Running transaction check
Transaction check succeeded.
Running transaction test
Transaction test succeeded.
Running transaction
  Preparing        :                                                    1/1
  Running scriptlet: apr-1.7.4-2.oe2403.x86_64                          1/8
  Installing       : apr-1.7.4-2.oe2403.x86_64                          1/8
  Running scriptlet: apr-1.7.4-2.oe2403.x86_64                          1/8
  Running scriptlet: apr-util-1.6.3-1.oe2403.x86_64                     2/8
  Installing       : apr-util-1.6.3-1.oe2403.x86_64                     2/8
  Running scriptlet: apr-util-1.6.3-1.oe2403.x86_64                     2/8
  Installing       : httpd-tools-2.4.58-6.oe2403.x86_64                 3/8
  Running scriptlet: httpd-filesystem-2.4.58-6.oe2403.noarch            4/8
  Installing       : httpd-filesystem-2.4.58-6.oe2403.noarch            4/8
  Installing       : openEuler-logos-httpd-1.0-9.oe2403.noarch          5/8
  Running scriptlet: mailcap-2.1.54-1.oe2403.noarch                     6/8
  Installing       : mailcap-2.1.54-1.oe2403.noarch                     6/8
  Running scriptlet: mailcap-2.1.54-1.oe2403.noarch                     6/8
  Installing       : mod_http2-2.0.25-3.oe2403.x86_64                   7/8
  Installing       : httpd-2.4.58-6.oe2403.x86_64                       8/8
  Running scriptlet: httpd-2.4.58-6.oe2403.x86_64                       8/8
/usr/lib/tmpfiles.d/dbus.conf:13: Line references path below legacy directory
/var/run/, updating /var/run/dbus/containers → /run/dbus/containers; please update
the tmpfiles.d/ drop-in file accordingly.
  Verifying        : apr-1.7.4-2.oe2403.x86_64                          1/8
  Verifying        : apr-util-1.6.3-1.oe2403.x86_64                     2/8
  Verifying        : mailcap-2.1.54-1.oe2403.noarch                     3/8
  Verifying        : openEuler-logos-httpd-1.0-9.oe2403.noarch          4/8
  Verifying        : httpd-2.4.58-6.oe2403.x86_64                       5/8
  Verifying        : httpd-filesystem-2.4.58-6.oe2403.noarch            6/8
  Verifying        : httpd-tools-2.4.58-6.oe2403.x86_64                 7/8
  Verifying        : mod_http2-2.0.25-3.oe2403.x86_64                   8/8
Installed:
  apr-1.7.4-2.oe2403.x86_64                  apr-util-1.6.3-1.oe2403.x86_64
  httpd-2.4.58-6.oe2403.x86_64               httpd-filesystem-2.4.58-6.oe2403.noarch
  httpd-tools-2.4.58-6.oe2403.x86_64         mailcap-2.1.54-1.oe2403.noarch
  mod_http2-2.0.25-3.oe2403.x86_64           openEuler-logos-httpd-1.0-9.oe2403.noarch
Complete!
```

图 7.11　例 7.14 的操作过程

7.2.4 DNF 软件包管理

1．介绍

DNF 即 Dandified YUM，是基于 RPM 的 Linux 发行版本的下一代软件包管理工具。它首先出现在 Fedora18 发行版本中。DNF 克服了 YUM 性能差、内存占用过多、依赖解析速度变慢的问题，使用 RPM、libsolv 和 hawkey 库进行包管理操作。DNF 使用由 SUSE 开发和维护的 libsolv 进行依赖解析，可以极大地提高性能，使维护软件包、组变得更容易，并且能够自动解决依赖性问题，用户可以在使用 YUM 的同时使用 DNF。

配置 DNF 本地软件仓库的方法与 YUM 相同，请参照 7.2.2 节。

2．使用

（1）查看 DNF 源列表

命令格式：

```
dnf  repolist  all
```

【例 7.24】 查看系统中目前的 DNF 源。

操作过程如图 7.12 所示，图中列出了所有的软件仓库源。

```
[root@localhost ~]# dnf repolist all
repo id                          repo name                        status
EPOL                             EPOL                             enabled
OS                               OS                               enabled
debuginfo                        debuginfo                        enabled
everything                       everything                       enabled
source                           source                           enabled
update                           update                           enabled
update-source                    update-source                    enabled
```

图 7.12　例 7.24 的操作过程

（2）安装

命令格式：

```
dnf  -y  install  软件名称
```

【例 7.25】 安装 postgresql 软件。

```
#dnf  -y  install  postgresql
```

（3）更新和升级

【例 7.26】 查询可更新的软件。

```
#dnf  check-update
```

【例 7.27】 升级所有软件。

```
#dnf  upgrade
```

【例 7.28】 更新所有软件。

```
#dnf  update
```

（4）删除

【例 7.29】 删除 postgresql 软件。

```
#dnf  -y  remove  postgresql
```

7.3 项目三：安装 VMware Tools

【项目描述】

在 VMware 虚拟机中使用 Linux 系统时，常需要在宿主机和虚拟机中共享文件，调整合适的显示分辨率。而 VMware Tools 可以实现上述功能，从而提高工作效率和改善用户体验。

【项目分析】

VMware Tools 是 VMware 虚拟机中的一种增强工具集，提供了一系列实用功能和工具以提升虚拟机的性能与管理体验。VMware Tools 可以通过 VMware 虚拟机进行下载，而后解压缩安装即可，操作比较简单。其中解压缩是一个新的内容，在文件管理中也会经常用到，相关知识点见表 7.4。

表 7.4 相关知识点

序号	知识点	详见章节
1	理解 TAR 包管理工具	7.3.1 节
2	源码包的解压缩	7.3.2 节

【操作过程】

启动 VMware Workstation 软件中的 openEuler 操作系统。单击【虚拟机】→【安装 VMware Tools(T)…】选项，如图 7.13 所示，此时会把 VMware Tools 安装文件以光盘的形式加载到 openEuler 操作系统中。

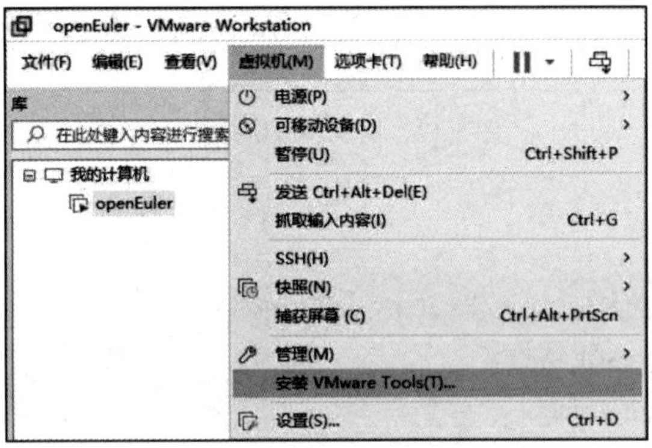

图 7.13 加载 VMware Tools 安装文件

默认情况下，VMware Tools 将以只读的方式挂载在 cd /run/media/root/目录下。进入 VMware Tools 目录后，首先将安装源码包复制到/root 下，然后切换到/root 目录并解压缩，为安装做准备，操作过程如下：

```
# cd /run/media/root/VMware\ Tools                  //切换到 VMware Tools 加载目录
# cp VMwareTools-10.3.25-20206839.tar.gz   /root    //将安装源码包复制到/root 下
# cd                                                //切换到/root 目录
# tar -zxvf VMwareTools-10.3.25-20206839.tar.gz     //解压缩
```

解压缩完毕后，切换到解压目录并执行安装命令：

```
# cd vmware-tools-distrib/          //切换到解压目录
#./vmware-install.pl                //执行安装命令
```

安装过程中一直默认按回车键，注意查看每个回应的语句，个别版本需要手动回复 yes，

VMware Tools 的安装过程截图如图 7.14 所示。

```
[root@localhost ~]# cd /run/media/root/VMware\ Tools/
[root@localhost VMware Tools]# ls
manifest.txt     VMwareTools-10.3.25-20206839.tar.gz  vmware-tools-upgrader-64
run_upgrader.sh  vmware-tools-upgrader-32
[root@localhost VMware Tools]# cp VMwareTools-10.3.25-20206839.tar.gz /root
[root@localhost VMware Tools]# cd
[root@localhost ~]# ls
公共  视频  文档  音乐  anaconda-ks.cfg  VMwareTools-10.3.25-20206839.tar.gz
模板  图片  下载  桌面  readme
[root@localhost ~]# tar -zxvf VMwareTools-10.3.25-20206839.tar.gz
此处省略若干解压缩过程的输出内容
[root@localhost ~]# ls
公共  视频  文档  音乐  anaconda-ks.cfg  VMwareTools-10.3.25-20206839.tar.gz
模板  图片  下载  桌面  readme           vmware-tools-distrib
[root@localhost ~]# cd vmware-tools-distrib/
[root@localhost vmware-tools-distrib]# ls
bin  doc  etc  FILES  INSTALL  installer  lib  vgauth  vmware-install.pl
[root@localhost vmware-tools-distrib]# ./vmware-install.pl
```

图 7.14　VMware Tools 的安装过程

7.3.1　TAR 包管理工具简介

TAR（Tape Archive，TAR）是 Linux 系统下的包管理工具。在 Windows 系统下最常见的压缩文件是 zip 和 rar，而在 Linux 系统下标准的打包文件是 tar。利用 tar 命令，可以将要备份保存的数据打包成一个扩展名为.tar 的文件，以便文件的保存。需要使用时，再利用 tar 命令进行释放即可。

使用 tar 命令对文件打包有两种形式：一种是简单的不压缩的打包，一种是压缩打包。如果想进行压缩打包，需要配合压缩技术（gzip 或 bzip2）来实现。为了方便使用，tar 命令内置了相应选项（-j 或-z）来实现压缩功能。

7.3.2　TAR 包管理工具的使用

TAR 包管理工具主要有 5 种基本功能：打包、查询、释放、更新、追加，这些功能均由 tar 命令配合不同的选项来实现，因此，tar 命令的选项非常多。

命令格式：

```
tar  [主选项+辅助选项]  [文件或者目录]
```

在使用 tar 命令时，主选项是必须要有的，主选项控制 tar 命令执行的功能，辅助选项是辅助主选项使用的，可以选用。

常用的主选项：

-c，创建新的 TAR 包。如果用户想备份一个目录或一些文件，就要选择这个选项。

-t，列出 TAR 包中文件的列表，查看 TAR 包中已经备份的文件。

-x，从 TAR 包中释放文件，解压缩。

-r，把要备份的文件追加到已备份文件的末尾。例如，用户已经做好备份文件，又发现还有一个目录或一些文件忘记备份了，这时可以使用该选项，将忘记的目录或文件追加到备份文件中。

常用的辅助选项：

-f，使用备份文件或设备，这个选项通常是必选的。

-v，详细报告 tar 命令处理的文件信息。若无此选项，tar 命令不报告文件信息。

-z，用 gzip 来压缩/解压缩文件，加上该选项后，可以将备份文件进行压缩，但还原时一定也要使用该选项进行解压缩。

-j，用 bzip2 来压缩/解压缩文件，加上该选项后，可以将备份文件进行压缩，但还原时一定也要使用该选项进行解压缩。

-C，用于指定文件解压缩后的存放路径。

1. 打包

打包命令可以将指定的目录或者文件打包成扩展名为.tar 的包文件。

命令格式：

```
tar  -cvf  tar包名  要打包备份的目录或文件名
```

【例 7.30】guestuser1 用户在其主目录中打包 test 目录为 test.tar 包文件。

操作过程如图 7.15 所示。

```
[guestuser1@localhost ~]$ ll
总计 4
drwxr-xr-x. 2 guestuser1 guestuser1 4096  8月25日 11:34 test
[guestuser1@localhost ~]$ tar -cvf test.tar test
test/
test/exam.c
test/logfile
[guestuser1@localhost ~]$ ll
总计 16
drwxr-xr-x. 2 guestuser1 guestuser1  4096  8月25日  11:34 test
-rw-r--r--. 1 guestuser1 guestuser1 10240  8月25日  11:35 test.tar
```

图 7.15　例 7.30 的操作过程

从图 7.15 可以看出，test.tar 就是 test 目录打包后的包文件。

因为生成的 TAR 包没有压缩，所以包文件一般都比较大。为了节省磁盘空间或者方便传输，通常情况下会创建压缩格式的 TAR 包，此时可以在 tar 命令中增加-z 或-j 选项来调用 gzip 或 bzip2 而实现。压缩后的文件扩展名分别为.gz、.bz 或.bz2。

创建压缩包命令格式：

```
tar  -[z|j]cvf  tar包名  要打包备份的目录或文件名
```

【例 7.31】guestuser1 用户在其主目录中打包 test 目录为 test.tar.gz 和 test.tar.bz2 包文件。

操作过程如图 7.16 所示。

```
[guestuser1@localhost ~]$ tar -zcvf test.tar.gz test
test/
test/exam.c
test/logfile
[guestuser1@localhost ~]$ tar -jcvf test.tar.bz2 test
test/
test/exam.c
test/logfile
[guestuser1@localhost ~]$ ll
总计 24
drwxr-xr-x. 2 guestuser1 guestuser1  4096  8月25日  11:34 test
-rw-r--r--. 1 guestuser1 guestuser1 10240  8月25日  11:35 test.tar
-rw-r--r--. 1 guestuser1 guestuser1   187  8月25日  11:38 test.tar.bz2
-rw-r--r--. 1 guestuser1 guestuser1   172  8月25日  11:38 test.tar.gz
```

图 7.16　例 7.31 的操作过程

从图 7.16 可以看出，压缩后的包文件 test.tar.gz 和 test.tar.bz2 在不同程度上都比 test.tar 包小很多。

2. 查看 TAR 包中的文件列表

在释放 TAR 包文件之前，很可能需要查看 TAR 包中的文件列表，以确定包中是否有需要的文件。

命令格式：

```
tar  -tvf  tar 包名
```

查看压缩包文件列表命令格式：

```
tar  -[z|j]tvf  tar 包名
```

【例 7.32】 guestuser1 用户查看 test.tar 和 test.tar.gz 包中的文件列表。

操作过程如图 7.17 所示。

```
[guestuser1@localhost ~]$ tar -tvf test.tar
drwxr-xr-x guestuser1/guestuser1 0 2024-08-25 11:34 test/
-rw-r--r-- guestuser1/guestuser1 0 2024-08-25 11:34 test/exam.c
-rw-r--r-- guestuser1/guestuser1 0 2024-08-25 11:34 test/logfile
[guestuser1@localhost ~]$ tar -ztvf test.tar.gz
drwxr-xr-x guestuser1/guestuser1 0 2024-08-25 11:34 test/
-rw-r--r-- guestuser1/guestuser1 0 2024-08-25 11:34 test/exam.c
-rw-r--r-- guestuser1/guestuser1 0 2024-08-25 11:34 test/logfile
```

图 7.17　例 7.32 的操作过程

3. 释放 TAR 包

释放 TAR 包使用-x 选项。

命令格式：

```
tar  -xvf  tar 包名
```

释放压缩包命令格式：

```
tar  -[z|j]xvf  tar 包名
```

【例 7.33】 guestuser1 用户释放 test.tar 包到当前目录下。

操作过程如图 7.18 所示。

```
[guestuser1@localhost ~]$ ls
test  test.tar  test.tar.bz2  test.tar.gz
[guestuser1@localhost ~]$ rm -rf test
[guestuser1@localhost ~]$ ls
test.tar  test.tar.bz2  test.tar.gz
[guestuser1@localhost ~]$ tar -xvf test.tar
test/
test/exam.c
test/logfile
[guestuser1@localhost ~]$ ll test
总计 0
-rw-r--r--. 1 guestuser1 guestuser1 0  8月 25日  11:34 exam.c
-rw-r--r--. 1 guestuser1 guestuser1 0  8月 25日  11:34 logfile
```

图 7.18　例 7.33 的操作过程

在释放时，如果想将文件释放到指定目录下，可以使用选项“-C 路径名”来实现。

【例 7.34】 guestuser1 用户释放 test.tar.gz 包到/tmp 目录下。

操作过程如图 7.19 所示，从图可以看出在/tmp 目录下生成了 test 目录。

```
[guestuser1@localhost ~]$ tar -zxvf test.tar.gz -C /tmp
test/
test/exam.c
test/logfile
[guestuser1@localhost ~]$ ll /tmp/test
总计 0
-rw-r--r--. 1 guestuser1 guestuser1 0  8月25日 11:34 exam.c
-rw-r--r--. 1 guestuser1 guestuser1 0  8月25日 11:34 logfile
```

图 7.19　例 7.34 的操作过程

4．向 TAR 包中追加文件

向 TAR 包中追加文件使用选项-r 来实现。

命令格式：

```
tar  -rvf  tar 包名  要追加的文件
```

【例 7.35】 guestuser1 用户将 myfile 文件追加到 test.tar 包中。

操作过程如图 7.20 所示，从图可以看出在 test.tar 包中追加了 myfile 文件。

```
[guestuser1@localhost ~]$ tar -rvf test.tar myfile
myfile
[guestuser1@localhost ~]$ tar -tvf test.tar
drwxr-xr-x guestuser1/guestuser1 0 2024-08-25 11:34 test/
-rw-r--r-- guestuser1/guestuser1 0 2024-08-25 11:34 test/exam.c
-rw-r--r-- guestuser1/guestuser1 0 2024-08-25 11:34 test/logfile
-rw-r--r-- guestuser1/guestuser1 0 2024-08-25 11:48 myfile
```

图 7.20　例 7.35 的操作过程

习　题　7

1．选择题

（1）利用 rpm 命令查询软件包是否安装时，应使用的命令选项为（　　）。

A．-q　　B．-e　　C．-ivh　　D．-U

（2）利用 rpm 命令安装软件包 telnet-0.17-80.oe2403.x86_64.rpm 时，正确的命令为（　　）。

A．rpm　-q　telnet-0.17-80.oe2403.x86_64.rpm　　B．rpm　-ivh　telnet-0.17-80.oe2403.x86_64.rpm

C．rpm　-h　telnet-0.17-80.oe2403.x86_64.rpm　　D．rpm　-e　telnet-0.17-80.oe2403.x86_64.rpm

（3）利用 rpm 命令卸载软件包 vsftpd 时，应使用的命令选项为（　　）。

A．rpm　-q　vsftpd　　B．rpm　-ivh　vsftpd

C．rpm　-h　vsftpd　　D．rpm　-e　vsftpd

（4）若要释放 myfile.tar.gz 包中的内容，则应使用命令（　　）来实现。

A．tar　-xvf　myfile.tar.gz　　B．tar　-xzvf　myfile.tar.gz

C．tar　-cjvf　myfile.tar.gz　　D．tar　-xjvf　myfile.tar.gz

（5）若要对 myfile.tar.bz 包中的内容进行查看，则应使用命令（　　）来实现。

A．tar　-tvf　myfile.tar.bz　　B．tar　-cvf　myfile.tar.bz

C．tar　-ztvf　myfile.tar.bz　　D．tar　-jtvf　myfile.tar.bz

（6）若要对 myfile.tar.gz 包中的内容进行查看，则应使用命令（　　）来实现。

A．tar　-tvf　myfile.tar.gz　　B．tar　-cvf　myfile.tar.gz

C．tar　-ztvf　myfile.tar.gz　　D．tar　-jtvf　myfile.tar.gz

（7）下面哪个命令用于查看 telnet-0.17-80.oe2403.x86_64.rpm 软件包将要在系统中安装的文件（　　）。

A．rpm　-qip　telnet-0.17-80.oe2403.x86_64.rpm　　B．rpm　-qlp　telnet-0.17-80.oe2403.x86_64.rpm

C．rpm　-ivh　telnet-0.17-80.oe2403.x86_64.rpm　　D．rpm　-qpR　telnet-0.17-80.oe2403.x86_64.rpm

（8）为了将当前目录下所有的.txt 文件打包并压缩到 this.tar.gz 文件，可以使用（　　）。

A．tar　-jcvf　./*.txt　this.tar.gz　　B．tar　-jcvf　this.tar.gz　./*.txt

C．tar　-jxvf　this.tar.gz　./*.txt　　D．tar　-jxvf　./*.txt　this.tar.gz

2．简答题

（1）简述 RPM 的用途。

（2）简述升级软件包和刷新软件包的区别。

（3）简述创建本地 YUM 源的步骤。

上机实践 7

1．使用 rpm 命令安装 bind-chroot 软件包，安装完毕后，查看该软件包的描述信息。

2．使用 rpm 命令查询 crontabs 软件包所包含的文件列表。

3．使用 rpm 命令查询/etc/crontab 文件属于哪个软件包。

4．使用 yum 命令安装 samba 软件包。

5．使用 yum 命令删除 bind 软件包。

6．备份/root/abc 目录，生成文件为/root/abc.tar。

7．使用 tar 命令调用 gzip 压缩程序将/root/abc 目录压缩成文件。

8．用户 guestuser1 在其主目录的 report 目录中进行一系列的文件编辑，工作完成后，guestuser1 用户想把所编辑的文件发送到自己的邮箱中以便随时使用。为了方便文件的发送，guestuser1 用户决定将所有文件打包压缩成一个文件再发送，请写出相关命令。

9．系统管理员计划每周对系统用户文件和日志文件进行备份，请写出相关命令。

第8章 网络连接

网络环境的配置是系统连通网络的第一步，包括对IP地址、子网掩码、网关、主机名、客户端DNS服务器的配置。本章将介绍网络环境配置的入门知识，主要包括以下知识点：

- 主机名的配置；
- 网卡信息的配置（重点，难点）；
- 网络故障的排除方法（难点）。

8.1 项目一：网络环境配置

【项目描述】

管理员为了能够更好地管理和维护网络，需要配置服务器的网络环境，再将服务器部署到网络环境中。为此他需要完成以下工作：

（1）设置主机名为server。

（2）设置网卡信息——IP地址为192.168.137.129，网关地址为192.168.137.1，设置客户端DNS服务器地址为219.216.129.5。

（3）对每一步的设置，管理员都要做相应的查看以验证设置成功。

【项目分析】

在本项目中，root管理员首先设置主机名，然后配置网卡的信息，包括IP地址、子网掩码、网关，最后需要设置客户端DNS服务器的地址，同时要通过相关的命令或者其他可靠的方法对所有的设置进行验证，相关知识点见表8.1。

表8.1 相关知识点

序号	知识点	详见章节
1	主机名的配置	8.1.1节
2	网卡信息配置	8.1.2节
3	客户端DNS服务器配置	8.1.3节

【操作过程】

```
#hostnamectl   set-hostname   server                //设置临时主机名为server
#hostname                                           //可以验证结果是否正确
#systemctl   status   NetworkManager                //检查NetworkManager服务的状态
#systemctl   start   NetworkManager                 //开启NetworkManager服务
#nmcli c mod ens33 ipv4.addresses "192.168.137.129/24" ipv4.gateway 192.168.137.1    //配置网卡信息
#nmcli c mod ens33 ipv4.dns 219.216.129.5           //修改DNS
#nmcli c reload                                     //重新载入网络配置，使配置生效
#nmcli c up ens33
#nmcli device show ens33                            //查看网络配置文件，验证配置是否生效
```

8.1.1 主机名的配置

主机名是主机在网络中的唯一标识。设置主机名有两种常用的方法：一是使用 hostname 命令临时设置主机名；另一种是使用 hostnamectl 命令永久设置主机名。

1．使用 hostname 命令临时设置主机名

命令格式：

```
hostname [新主机名]
```

使用 hostname 命令设置的主机名立刻生效，可以使用 hostname 命令来查询设置是否成功。但是，hostname 命令的设置是临时的，当系统重启后会恢复成原主机名。这是由于 hostname 命令的设置内容并没有更新到网络配置文件/etc/hostname 中主机名的选项中。

查看主机名和设置主机名如图 8.1 所示。

```
[root@localhost ~]# hostname
localhost.localdomain
[root@localhost ~]# hostname server
[root@localhost ~]# su
[root@server ~]#
```

图 8.1 查看主机名和设置主机名

2．使用 hostnamectl 命令永久设置主机名

命令格式：

```
hostnamectl set-hostname 新主机名
```

openEuler 操作系统使用/etc/hosts 配置文件存储主机名信息，然而使用 hostname 命令设置主机名并未修改该配置文件的内容，因此 hostname 命令未实现永久性设置，而 hostnamectl 命令可以修改/etc/hosts 文件的内容，系统重启时会读取该文件中的内容从而对主机名进行配置。如图 8.2 所示。

```
[root@localhost ~]# hostnamectl set-hostname server
[root@localhost ~]# cat /etc/hostname
server
[root@localhost ~]# hostname
server
```

图 8.2 永久设置主机名

8.1.2 网卡信息的配置

1．网卡配置文件

网卡信息的配置通常包括配置 IP 地址、子网掩码、网关。网卡信息保存在网卡配置文件中。网卡配置文件位于/etc/sysconfig/network-scripts 目录下。一块网卡对应一个网卡配置文件。

Linux 系统中网卡设备的传统命名方式是 eth0、eth1、eth2 等，而 openEuler 操作系统提供了不同的命名规则，默认是基于固件、拓扑、位置信息来分配的。这样做的优点在于命名是全自动的、可预知的，缺点是难于理解。

以网卡设备名 ens33 为例，前 2 个字符的含义：en——以太网 Ethernet；wl——无线局域网 WLAN；ww——无线广域网 WWAN。

第 3 个字符的含义：

o<index>　　　板载设备，index 为设备序号。

s<slot>　　　热插拔卡槽，slot 为设备序号。

x<MAC>　　　物理地址。

p<bus>s<slot>　PCI 接口物理位置，bus 为横坐标，slot 为纵坐标。

如图 8.3 所示，ifcfg-ens33 即网卡配置文件。可使用 cat 命令查看此配置文件的具体内容，如图 8.4 所示。

```
[root@localhost network-scripts]# pwd
/etc/sysconfig/network-scripts
[root@localhost network-scripts]# ll
总计 4
-rw-r--r--. 1 root root 343  8月  3日  14:21 ifcfg-ens33
[root@localhost network-scripts]# ls
ifcfg-ens33
```

图 8.3　网卡配置文件的路径及名称

```
[root@localhost network-scripts]# cat ifcfg-ens33
TYPE=Ethernet
PROXY_METHOD=none
BROWSER_ONLY=no
BOOTPROTO=dhcp
DEFROUTE=yes
IPV4_FAILURE_FATAL=no
IPV6INIT=yes
IPV6_AUTOCONF=yes
IPV6_DEFROUTE=yes
IPV6_FAILURE_FATAL=no
IPV6_ADDR_GEN_MODE=eui64
NAME=ens33
UUID=e367784f-9327-4e2b-a5b2-97fc6a9b0fa5
DEVICE=ens33
ONBOOT=yes
```

图 8.4　网卡配置文件的具体内容

网卡配置文件中常用配置项的含义如下：

```
DEVICE=ens33          //定义该网卡的识别名称
BOOTPROTO=dhcp        //启动该网卡的方式，有以下两种：static/none 表示固定 IP 地址；bootp/dhcp
                        表示通过 BOOTP 或 DHCP 协议动态取得 IP 地址
ONBOOT=yes            //启动 NetworkManager 服务时，是否启动该网卡
```

NetworkManager 服务是管理和监控网络设置的守护进程。openEuler 操作系统使用 NetworkManager 服务来实现网络的配置和管理。

当 Linux 系统启动 NetworkManager 服务时，此服务会依次读取保存于/etc/sysconfig/network-scripts/目录下网卡的配置文件。如果网卡配置文件的 ONBOOT 参数设置为 yes，则 NetworkManager 服务就会调用 ifup 命令启动该网卡；如果网卡配置文件的 ONBOOT 参数设置为 no，则此服务会跳过此网卡的启动工作。

```
TYPE=Ethernet                    //网卡的类型
```

以下配置项用于指定该网卡的静态 IP 地址，此时 BOOTPROTO 必须为 static/none。

```
IPADDR=192.168.137.129           //静态方式指定网卡的 IP 地址
NETMASK=255.255.255.0            //定义该网卡的子网掩码
MTU=1500                         //设置网卡传输的最大数据包
GATEWAY=192.168.137.1            //设置网络的默认网关
```

2. 配置网卡信息

（1）使用 ip 命令管理网卡

① 查看网卡信息

命令格式：

```
ip addr show  [选项]
```

选项说明：

无选项——显示系统中所有网卡的配置信息。

网卡设备名——显示指定网卡的配置信息。

【例 8.1】 查看 ens33 网卡的信息。

操作过程如图 8.5 所示。

```
[root@localhost ~]#  ip addr show  ens33
2: ens33: <BROADCAST,MULTICAST,UP,LOWER_UP> mtu 1500 qdisc fq_codel state UP group
 default qlen 1000
    link/ether 00:0c:29:0c:29:e1 brd ff:ff:ff:ff:ff:ff
    inet 192.168.137.129/24 brd 192.168.137.255 scope global noprefixroute ens33
       valid_lft forever preferred_lft forever
    inet6 fe80::20c:29ff:fe0c:29e1/64 scope link noprefixroute
       valid_lft forever preferred_lft forever
```

图 8.5　例 8.1 的操作过程

从图 8.5 可以看到 ens33 网卡的 IP 地址是 192.168.137.129/24（这里 24 表示子网掩码是 255.255.255.0），MAC 地址是 00:0c:29:0c:29:e1。

② 增加 IP 地址

命令格式：

```
ip  addr  add  IP 地址 dev 网卡设备名
```

ip 命令可以为一块网卡添加多个 IP 地址。通过 ip 命令设置的 IP 地址即时生效，但是重启计算机后，IP 地址又恢复到原 IP 地址，所以 ip 命令只能用于设置临时 IP 地址。

【例 8.2】 使用 ip 命令为当前网卡 ens33 添加 192.168.137.100 和 192.168.137.101 两个 IP 地址。

操作过程如图 8.6 所示，前两条命令“ip　addr　add”完成对 IP 地址的添加，第 3 条命令“ip　addr　show”查看目前 ens33 网卡的 IP 地址，可以发现此时网卡 ens33 有 3 个 ip 地址。

```
[root@localhost ~]# ip  addr  add 192.168.137.100/24 dev ens33
[root@localhost ~]# ip  addr  add 192.168.137.101/24 dev ens33
[root@localhost ~]# ip  addr  show ens33
2: ens33: <BROADCAST,MULTICAST,UP,LOWER_UP> mtu 1500 qdisc fq_codel state UP group
 default qlen 1000
    link/ether 00:0c:29:0c:29:e1 brd ff:ff:ff:ff:ff:ff
    inet 192.168.137.129/24 brd 192.168.137.255 scope global noprefixroute ens33
       valid_lft forever preferred_lft forever
    inet 192.168.137.100/24 scope global secondary ens33
       valid_lft forever preferred_lft forever
    inet 192.168.137.101/24 scope global secondary ens33
       valid_lft forever preferred_lft forever
    inet6 fe80::20c:29ff:fe0c:29e1/64 scope link noprefixroute
       valid_lft forever preferred_lft forever
```

图 8.6　例 8.2 的操作过程

③ 删除 IP 地址

命令格式：

```
ip  addr  del  IP 地址 dev 网卡设备名
```

【例 8.3】使用 ip 命令删除当前网卡 ens33 的 IP 地址 192.168.137.101。

操作过程如图 8.7 所示。

```
[root@localhost ~]# ip  addr  del  192.168.137.101/24 dev ens33
[root@localhost ~]# ip  addr  show ens33
2: ens33: <BROADCAST,MULTICAST,UP,LOWER_UP> mtu 1500 qdisc fq_codel state UP group
 default qlen 1000
    link/ether 00:0c:29:0c:29:e1 brd ff:ff:ff:ff:ff:ff
    inet 192.168.137.129/24 brd 192.168.137.255 scope global noprefixroute ens33
       valid_lft forever preferred_lft forever
    inet 192.168.137.100/24 scope global secondary ens33
       valid_lft forever preferred_lft forever
    inet6 fe80::20c:29ff:fe0c:29e1/64 scope link noprefixroute
       valid_lft forever preferred_lft forever
```

图 8.7　例 8.3 的操作过程

（2）使用 nmcli 命令管理网卡

① 查看网络配置信息

直接输入 nmcli 命令，可以查看到目前系统中所有网卡的配置信息。输入“nmcli　device show　ens33”命令，如图 8.8 所示，可以看到 ens33 网卡的详细配置信息。

```
[root@localhost ~]# nmcli  device  show  ens33
GENERAL.DEVICE:                         ens33
GENERAL.TYPE:                           ethernet
GENERAL.HWADDR:                         00:0C:29:0C:29:E1
GENERAL.MTU:                            1500
GENERAL.STATE:                          100 (已连接)
GENERAL.CONNECTION:                     ens33
GENERAL.CON-PATH:                       /org/freedesktop/NetworkManager/ActiveConnection/3
WIRED-PROPERTIES.CARRIER:               开
IP4.ADDRESS[1]:                         192.168.137.100/24
IP4.ADDRESS[2]:                         192.168.137.129/24
IP4.GATEWAY:                            192.168.137.1
IP4.ROUTE[1]:                           dst = 0.0.0.0/0, nh = 192.168.137.1, mt = 100
IP4.ROUTE[2]:                           dst = 192.168.137.0/24, nh = 0.0.0.0, mt = 100
IP4.DNS[1]:                             172.17.1.17
IP4.DNS[2]:                             192.168.137.2
IP4.DOMAIN[1]:                          localdomain
IP6.ADDRESS[1]:                         fe80::20c:29ff:fe0c:29e1/64
```

图 8.8　ens33 网卡的详细配置信息

② 配置网卡

nmcli 命令格式：

```
nmcli [选项] 对象 {命令} [参数]
```

nmcli 命令可以创建、显示、编辑、删除、激活和停用网络连接，并能控制和显示网络设备状态。nmcli 命令格式较复杂，其中常用选项及功能说明见表 8.2，常用对象及功能说明见表 8.3，在书写命令时，选项和对象都可以简写。

表 8.2　nmcli 命令的常用选项及功能说明

选项	功能说明
-c	--colors auto|yes|no，是否在输出中使用颜色
-e	--escape，yes|no 值中的转义符
-f	--fields <field，...> |all|common，指定要输出的字段
-m	--mode，表格|多行，输出模式
-o	--overview，概述模式
-t	--terse，简要输出
-w	--wait <seconds>，设置等待完成操作的时间

表 8.3　nmcli 命令的常用对象及功能说明

对象	功能说明	常用命令
g[eneral]	NetworkManager 的状态和操作	status|hostname|permissions|logging
n[etworking]	整体的网络控制	on|off|connectivity
r[adio]	无线交换机网络管理	all|wifi|wwan
c[onnection]	NetworkManager 的连接管理	show|up|down|modify|add|edit|clone|delete|monitor|reload|load|import|export
d[evice]	NetworkManager 管理的设备	status|show|set|connect|reapply|modify|disconnect|delete|monitor|wifi|lldp
a[gent]	NetworkManager secret agent or polkit agent	secret|polkit|all
m[onitor]	监控 NetworkManager 的变化。当 NetworkManager 出现改动时，打印一行信息	

【例 8.4】使用 nmcli 命令永久配置网络环境。

```
#nmcli c mod ens33   connection.autoconnect yes        //修改为自动连接
#nmcli c mod ens33 ipv4.method manual ipv4.addresses "192.168.137.8/24" ipv4.gateway 192.168.137.1
                                                      //将网络 IP 地址修改为 192.168.137.8
#nmcli c mod ens33 ipv4.dns 172.17.1.17          //修改 DNS
#nmcli c reload                              //重新载入网络配置，使配置生效
#nmcli c up ens33
#nmcli device show ens33                     //查看网络配置文件，验证配置是否生效
```

执行结果如图 8.9 所示。

```
[root@localhost ~]# nmcli device show ens33
GENERAL.DEVICE:                         ens33
GENERAL.TYPE:                           ethernet
GENERAL.HWADDR:                         00:0C:29:0C:29:E1
GENERAL.MTU:                            1500
GENERAL.STATE:                          100（已连接）
GENERAL.CONNECTION:                     ens33
GENERAL.CON-PATH:                       /org/freedesktop/NetworkManager/ActiveConnection/4
WIRED-PROPERTIES.CARRIER:               开
IP4.ADDRESS[1]:                         192.168.137.129/24
IP4.ADDRESS[2]:                         192.168.137.8/24
IP4.GATEWAY:                            192.168.137.1
IP4.ROUTE[1]:                           dst = 192.168.137.0/24, nh = 0.0.0.0, mt = 100
IP4.ROUTE[2]:                           dst = 0.0.0.0/0, nh = 192.168.137.1, mt = 100
IP4.ROUTE[3]:                           dst = 192.168.137.0/24, nh = 0.0.0.0, mt = 100
IP4.DNS[1]:                             172.17.1.17
IP4.DNS[2]:                             192.168.137.2
```

图 8.9　例 8.4 的执行结果

3. 其他网卡操作常用命令

（1）ifdown

ifdown 命令可以禁用网卡。

命令格式：

```
ifdown   网卡设备名
```

（2）ifup

ifup 命令可以重新启用网卡。

命令格式：

```
ifup   网卡设备名
```

8.1.3 客户端 DNS 服务器的配置

在 Linux 系统中，如果想配置客户端 DNS 服务器，可以使用 nmcli 命令，也可以使用 vim 编辑器直接编辑其配置文件/etc/resolv.conf。

文件内容格式：

```
nameserver  指定 DNS 服务器的 IP 地址
```

最多可同时指定 3 个 DNS 服务器的 IP 地址，根据 nameserver 的配置顺序依次搜索解析。另外，可以使用 domain 来指定当前主机所在域的域名。

为避免/etc/resolv.conf 文件的内容被系统修改或覆盖，需要修改/etc/NetworkManager/NetworkManager.conf 文件，在 main 部分添加“dns=none”选项。

修改后的 NetworkManager.conf 文件的内容如下：

```
[main]
plugins=ifcfg-rh
dns=none
```

完成修改后，需要执行命令：#systemctl restart NetworkManager.service 重新装载 NetworkManager 的配置，此时客户端 DNS 服务器设置完成。

8.2 项目二：网络调试与故障排查

【项目描述】

管理员已经配置完成网络环境：主机命名为 server，IP 地址为 192.168.137.8，网关地址为 192.168.137.1，DNS 服务器地址为 219.216.129.5。但是当管理员打开浏览器准备上网时，发现当在地址栏中输入一个局域网内 Web 站点的 IP 地址时可以上网，如 http://192.168.137.42；但是输入域名而无法得到响应，如 http://www.baidu.com。因此，他需要进行网络调试并排查其中的故障。

【项目分析】

在本项目中首先要对网络故障作出初步的判断，由于目前的情况是可以用 IP 地址的方法访问局域网，而以域名方式访问却出现了问题，因此初步判断可能是由于网关不通或者 DNS 服务器有问题。因此，管理员使用 ping 命令来判断网关是否畅通，又使用 nslookup 命令判断 DNS 服务器是否起作用，相关知识点见表 8.4。

表 8.4 相关知识点

序号	知识点	详见章节
1	网络故障排查方法	8.2.2 节
2	使用 ping 命令来判断网关是否畅通	8.2.1 节
3	使用 nslookup 命令判断 DNS 服务器是否起作用	8.2.1 节

【操作过程】

```
#ping  192.168.137.1     //测试网关 192.168.137.1 是否畅通
#nslookup                //测试 DNS 219.216.129.5 是否可用
>server  219.216.129.5
>www.baidu.com
```

提示：

```
connection timed out;noservers could be reached        //无法连通
```

此时需要更换 DNS 服务器的地址并重复测试过程，直到网络畅通。

8.2.1 常用网络调试命令

1．ping 命令

ping 命令可以用于测试网络中两台主机之间的网络是否畅通及网络质量。

命令格式：

```
ping  [选项]  对方主机 IP 地址
```

选项说明：

-c，指定向目的主机发送报文的次数。

-s，指定发送报文的大小，以字节为单位。

-W，设置等待接收回应报文的时间间隔，以秒为单位。

【例 8.5】测试与目的主机 192.168.137.8 的网络是否畅通。

```
#ping  192.168.137.8
```

如果网络畅通，则会显示报文的返回时间，如图 8.10 所示，否则提示“Destination Host Unreachable”。需要注意 ping 命令在 Linux 中是一个循环命令，如果想退出，可以使用 Ctrl+D 组合键来实现。

```
[root@localhost ~]# ping 192.168.137.8
PING 192.168.137.8 (192.168.137.8) 56(84) 字节的数据。
64 字节，来自 192.168.137.8: icmp_seq=1 ttl=64 时间=0.035 毫秒
64 字节，来自 192.168.137.8: icmp_seq=2 ttl=64 时间=0.027 毫秒
64 字节，来自 192.168.137.8: icmp_seq=3 ttl=64 时间=0.052 毫秒
64 字节，来自 192.168.137.8: icmp_seq=4 ttl=64 时间=0.211 毫秒
^C
--- 192.168.137.8 ping 统计 ---
已发送 4 个包， 已接收 4 个包，0% packet loss, time 3106ms
rtt min/avg/max/mdev = 0.027/0.081/0.211/0.075 ms
```

图 8.10　网络畅通结果

【例 8.6】向目的主机 192.168.137.8 发送 2 次 2KB 的 ping 测试包，检测网络是否畅通。网络畅通时的执行结果如图 8.11 所示。

```
[root@localhost ~]# ping -c 2 -s 2048 192.168.137.8
PING 192.168.137.8 (192.168.137.8) 2048(2076) 字节的数据。
2056 字节，来自 192.168.137.8: icmp_seq=1 ttl=64 时间=0.025 毫秒
2056 字节，来自 192.168.137.8: icmp_seq=2 ttl=64 时间=0.036 毫秒

--- 192.168.137.8 ping 统计 ---
已发送 2 个包， 已接收 2 个包，0% packet loss, time 1058ms
rtt min/avg/max/mdev = 0.025/0.030/0.036/0.005 ms
```

图 8.11　例 8.6 的执行结果

2．netstat 命令

netstat 命令可以查看当前服务器打开的与网络相关的程序数量及它们使用的协议类型。

命令格式：

```
netstat  [选项]
```

功能：显示网络连接、路由表、正在监听的端口等信息。

选项说明：

-l，显示正在监听的服务或端口。

-a，显示当前主机开放的所有端口（TCP，UDP，已建立、正在建立的端口）。

-n，不进行域名解析。

-p，显示该端口的进程。

-c，动态显示网络连接和端口监听信息。

-i，显示网卡相关信息。

-r，显示当前主机的路由表信息。

如果在执行 netstat 命令时，系统提示命令找不到，可以先执行如下命令安装 net-tools 工具，安装过程如图 8.12 所示。

```
# dnf install net-tools
```

```
[root@localhost ~]# dnf install net-tools
Last metadata expiration check: 0:33:05 ago on 2024年08月03日 星期六 17时08分57秒.
Dependencies resolved.
================================================================================
 Package            Architecture    Version                 Repository   Size
================================================================================
Installing:
 net-tools          x86_64          2.10-4.oe2403           OS           199 k

Transaction Summary
================================================================================
Install  1 Package

Total download size: 199 k
Installed size: 883 k
Is this ok [y/N]: y
Downloading Packages:
net-tools-2.10-4.oe2403.x86_64.rpm                  7.8 kB/s | 199 kB     00:25
--------------------------------------------------------------------------------
Total                                               7.8 kB/s | 199 kB     00:25
Running transaction check
Transaction check succeeded.
Running transaction test
Transaction test succeeded.
Running transaction
  Preparing        :                                                        1/1
  Installing       : net-tools-2.10-4.oe2403.x86_64                         1/1
  Running scriptlet: net-tools-2.10-4.oe2403.x86_64                         1/1
  Running scriptlet: net-tools-2.10-4.oe2403.x86_64                         1/1
  Verifying        : net-tools-2.10-4.oe2403.x86_64                         1/1

Installed:
  net-tools-2.10-4.oe2403.x86_64

Complete!
```

图 8.12　net-tools 工具的安装过程

【例 8.7】显示主机目前开放的所有端口的信息。

图 8.13 中显示出当前主机开放的所有端口，并显示各个端口由哪个进程在监听。

3. traceroute 命令

traceroute 命令可以查看当前主机和指定通信的目的主机之间数据包传输的路径，即路由跟踪。

命令格式：

```
traceroute　IP 地址
```

功能：路由跟踪，使用该命令可以跟踪当前主机到目的主机传输数据包所经历的路径，从而分析网络的故障点。

```
[root@localhost ~]# netstat -a
Active Internet connections (servers and established)
Proto Recv-Q Send-Q Local Address           Foreign Address         State
tcp        0      0 0.0.0.0:netbios-ssn     0.0.0.0:*               LISTEN
tcp        0      0 0.0.0.0:ssh             0.0.0.0:*               LISTEN
tcp        0      0 0.0.0.0:microsoft-ds    0.0.0.0:*               LISTEN
tcp6       0      0 [::]:netbios-ssn        [::]:*                  LISTEN
tcp6       0      0 [::]:ssh                [::]:*                  LISTEN
tcp6       0      0 [::]:microsoft-ds       [::]:*                  LISTEN
udp        0      0 0.0.0.0:48361           0.0.0.0:*
udp        0      0 0.0.0.0:mdns            0.0.0.0:*
udp        0      0 0.0.0.0:bootpc          0.0.0.0:*
udp        0      0 localhost:323           0.0.0.0:*
udp6       0      0 [::]:mdns               [::]:*
udp6       0      0 localhost:323           [::]:*
udp6       0      0 [::]:33328              [::]:*
raw6       0      0 [::]:ipv6-icmp          [::]:*                  7
```

图 8.13　显示当前主机开放的所有端口

如果在执行 traceroute 命令时，系统提示命令找不到，可以先执行如下命令安装 traceroute 工具，安装过程如图 8.14 所示。

```
# dnf install traceroute
```

```
[root@localhost ~]# dnf install traceroute
OS                                                     141  B/s | 3.5 kB     00:25
everything [ === ] --- B/s |   0  B --:-- ETeverythi --- B/s |  0everythingeverything everything  evev
erything                                               141  B/s | 3.5 kB     00:25
EPOL                                                   123  B/s | 3.0 kB     00:25
debuginfo                                              141  B/s | 3.5 kB     00:25
source                                                 138  B/s | 3.5 kB     00:25
update                                                 142  B/s | 3.5 kB     00:25
update                                                  94 kB/s | 5.1 MB     00:55
update-source                                          141  B/s | 3.5 kB     00:25
update-source                                          3.9 kB/s | 198 kB     00:50
Dependencies resolved.
================================================================================
 Package             Architecture        Version               Repository     Size
================================================================================
Installing:
 traceroute          x86_64              3:2.1.5-2.oe2403      OS             43 k

Transaction Summary
================================================================================
Install  1 Package

Total download size: 43 k
Installed size: 98 k
Is this ok [y/N]: y
Downloading Packages:
traceroute-2.1.5-2.oe2403.x86_64.rpm                1.7 kB/s |  43 kB     00:25
--------------------------------------------------------------------------------
Total                                               1.7 kB/s |  43 kB     00:25
Running transaction check
Transaction check succeeded.
Running transaction test
Transaction test succeeded.
Running transaction
  Preparing        :                                                        1/1
  Installing       : traceroute-3:2.1.5-2.oe2403.x86_64                     1/1
  Verifying        : traceroute-3:2.1.5-2.oe2403.x86_64                     1/1

Installed:
  traceroute-3:2.1.5-2.oe2403.x86_64

Complete!
```

图 8.14　traceroute 工具的安装过程

【例 8.8】显示从当前主机到达 www.baidu.com 的数据包路由信息。

图 8.15 显示了从当前主机到达目的主机 www.baidu.com 的数据包传输的路径。

```
[root@localhost ~]# traceroute www.baidu.com
traceroute to www.baidu.com (110.242.68.4), 30 hops max, 60 byte packets
 1  _gateway (192.168.3.1)  18.920 ms  18.764 ms  18.653 ms
 2  192.168.2.1 (192.168.2.1)  18.529 ms  18.367 ms  18.443 ms
 3  42.84.240.1 (42.84.240.1)  18.354 ms  18.239 ms  18.202 ms
 4  61.189.83.233 (61.189.83.233)  36.119 ms 61.189.81.225 (61.189.81.225)  5.170 ms  6.095 ms
 5  61.189.85.222 (61.189.85.222)  6.665 ms 113.230.188.193 (113.230.188.193)  6.718 ms 61.189.64.26 (61.189.64.26)  5.616 ms
 6  113.230.183.77 (113.230.183.77)  9.478 ms 219.158.98.126 (219.158.98.126)  26.898 ms 113.230.175.201 (113.230.175.201)  7.223 ms
 7  110.242.66.170 (110.242.66.170)  25.304 ms 219.158.120.166 (219.158.120.166)  23.706 ms 110.242.66.186 (110.242.66.186)  26.515 ms
 8  221.194.45.134 (221.194.45.134)  26.445 ms 110.242.66.178 (110.242.66.178)  26.388 ms 110.242.66.162 (110.242.66.162)  26.127 ms
 9  221.194.45.130 (221.194.45.130)  27.105 ms  26.904 ms *
10  * * *
11  * * *
```

图 8.15　从当前主机到达 www.baidu.com 的数据包路由信息

4．nslookup 命令

nslookup 命令可以检查指定的 DNS 服务器是否能够解析域名和 IP 地址。

命令格式：

```
nslookup  [参数]  [域名]
```

功能：检测指定的 DNS 服务器工作是否正常。

常用参数：

-sil，不显示任何警告信息。

exit，退出命令。

server，指定解析域名的服务器地址。

set type=soa，设置查询域名授权起始信息。

set type=a，设置查询域名 a 记录。

set type=mx，设置查询域名邮件交换记录。

该命令有交互方式和命令方式两种查询方式。如果只查询一个 DNS 服务器或某个域名，可以使用命令方式，多数据查询则使用交互方式。

交互方式在执行 nslookup 命令后，会出现 nslookup 交互环境命令提示符：“>”，然后指定待测试的 DNS 服务器“server　DNS 服务器 IP 地址”，接着输入要查询的信息，如果成功返回查询结果，则表示 DNS 服务器功能正常；如果提示“connection timed out;noservers could be reached”，则表示 DNS 服务器功能异常，退出时使用 exit 命令。

【例 8.9】在非交互模式下查询域名 www.baidu.com 的基本信息，如图 8.16 所示。

```
[root@localhost ~]# nslookup www.baidu.com
Server:         192.168.3.1
Address:        192.168.3.1#53

Non-authoritative answer:
www.baidu.com   canonical name = www.a.shifen.com.
Name:   www.a.shifen.com
Address: 110.242.68.4
Name:   www.a.shifen.com
Address: 110.242.68.3
Name:   www.a.shifen.com
Address: 2408:871a:2100:2:0:ff:b09f:237
Name:   www.a.shifen.com
Address: 2408:871a:2100:3:0:ff:b025:348d
```

图 8.16　查询域名 www.baidu.com 的基本信息

8.2.2 网络故障排查方法

1．检查本机 IP 地址及网关地址是否正确

无法访问 Internet 时，先检查当前主机的 IP 地址、网关和 DNS 服务器的配置是否正确，检查网卡本身工作情况、网线连接情况。对动态分配的 IP 地址，Windows 系统可以使用 ipconfig/all 命令查看，若配置不正确，查看 DHCP 服务器；Linux 系统可以使用 ip 或 nmcli 命令获得主机 IP 地址，使用 traceroute 命令查看路由表，注意默认路由。

2．检查与网关和代理服务器之间的网络是否畅通

使用 ping 命令测试与网关地址、代理服务器之间的网络是否畅通。如果不畅通，说明网关设置出现问题。

3．检查与 DNS 服务器的连接

使用 ping 命令测试与 DNS 连接是否畅通，不畅通则更换 DNS 地址。如果更换若干 DNS 地址仍 ping 不通，则考虑是否是网关接入互联网部分出现问题。

4．测试域名解析是否正确

用 nslookup 命令测试当前使用的 DNS 服务器是否能够正确解析域名，如果不能正确解析，则需要更换 DNS 服务器。另外在访问特殊端口时，要考虑该端口是否被路由器或防火墙关闭。

习　题　8

1．选择题

（1）对下列 ip 命令用法错误的是（　　）。

A．ip addr show　　B．ip addr add 192.168.137.111/24

C．ip addr del 192.168.137.111/24　dev ens33　　D．ip addr show　ens33

（2）若要启用网卡 ens33，以下命令中可以实现的是（　　）。

A．ip ens33 up　　B．ifup ens33　　C．ifdown ens33　　D．ip ens33 down

（3）若要禁用网卡 ens33，以下命令中可以实现的是（　　）。

A．ip ens33 up　　B．ifup ens33　　C．ifdown ens33　　D．ip ens33 down

（4）在 Linux 系统中，可以查看和设置主机名的命令是（　　）。

A．hosts　　B．hostname　　C．sysconfig　　D．ip

（5）向目的主机 127.0.0.1 发送 4 次 2KB 的 ping 测试包，检测网络是否畅通，以下命令可以实现的是（　　）。

A．ping　-c 4　-s 1024　127.0.0.1　　B．ping　-c 4　-s 2048　127.0.0.1

C．ping　-c 4　127.0.0.1　　D．ping　-s 2048　127.0.0.1

（6）显示系统中所有网卡配置信息的命令是（　　）。

A．nmcli　　B．ping　　C．ip show　　D．nmcli show

2．填空题

（1）客户端 DNS 服务器的配置文件是__________。

（2）永久设置主机名为 student1 的命令是__________。

（3）网卡配置文件的目录是__________。

3．简答题

（1）简述网卡配置文件的内容。

（2）简述测试网络连通可以使用的命令。

（3）在 Linux 系统中有多种方法可以配置网络参数，请列举几种。

上机实践 8

1．使用命令显示当前计算机系统的内核路由表信息。

2．root 管理员需要重新配置网络环境，他需要完成的工作如下：

（1）临时设置主机名为 myhost。

（2）设置网卡信息：IP 地址为 192.168.137.133，网关地址为 192.168.137.1，DNS 服务器地址为 216.128.5.132。

（3）查询网卡配置信息。

（4）测试网关的连通性。

服务器配置篇

- 第 9 章　DNS 服务器
- 第 10 章　DHCP 服务器
- 第 11 章　Web 服务器
- 第 12 章　数据库服务器
- 第 13 章　NFS 服务器
- 第 14 章　Linux 日志管理
- 第 15 章　系统安全

第 9 章　DNS 服务器

域名系统（Domain Name System，DNS）服务器用于域名与 IP 地址的相互解析，即用于解决远程的 DNS 服务器为本地计算机解析域名的问题。本章将介绍在 openEuler 操作系统中安装配置 DNS 服务器的方法，主要知识点如下：

- DNS 的正向解析和反向解析原理（重点）；
- DNS 服务器安装方法（重点）；
- DNS 服务器的配置过程（重点、难点）；
- DNS 客户端配置方法（重点）。

9.1 节视频

9.1　项目一：DNS 服务器的安装与启动

【项目描述】

某公司内部网络较多，为方便员工使用，将配置局域网 DNS 服务器，用于解析内网域名与 IP 地址。

【项目分析】

在配置 DNS 服务器之前，首先需要安装 DNS 服务器。DNS 服务器由 named 服务来管理，这里采用 DNF 方式安装 named 软件包。安装完成后，启动 named 服务，设置自启动状态。相关知识点见表 9.1。

表 9.1　相关知识点

序号	知识点	详见章节
1	了解 DNS 服务器	9.1.1 节
2	安装 DNS 服务器的过程	9.1.2 节
3	管理 named 服务	9.1.2 节

【操作过程】

```
#dnf   -y   install   bind   bind-utils   //安装 DNS 服务器
#systemctl   start   named.service        //开启 named 服务
#systemctl   enable   named.service       //设置 named 服务自启动
```

9.1.1　DNS 服务器简介

在 Internet 上，域名与 IP 地址之间是一一对应的，域名虽然便于人们记忆，但机器之间只能互相认识 IP 地址，域名与 IP 地址之间的转换工作称为域名解析。域名解析需要由专门的域名解析系统来完成，DNS 就是进行域名解析的系统。

通常 Internet 主机域名的一般结构为：主机名.三级域名.二级域名.顶级域名。Internet 的顶级域名由 Internet 网络协会负责网络地址分配的委员会进行登记和管理。全世界现有三大互联网络信息中心：位于美国的 Inter-NIC，负责美国及其他地区；位于荷兰的 RIPE-NIC，负责欧洲地区；位于日本的 APNIC，负责亚太地区。

DNS 实际上是一个包含主机信息的分布式数据库，将整个网络按照组织结构或管理范围划分为一个层次结构。所有信息在网络中将通过客户/服务器模式任意存取。如图 9.1 所示为一个 DNS 域分布图。其中，根域是 DNS 域的最顶端层级，可以用符号“.”来表示，根域下是由 com、edu、gov、mil、org 以及以国家为分类的域组成的第二层网域，再往下是相应的子域，子域中有大量的主机，图中 ftp.scu.edu.cn 即一个主机。这种管理方式即 DNS 系统的阶层式管理模式。

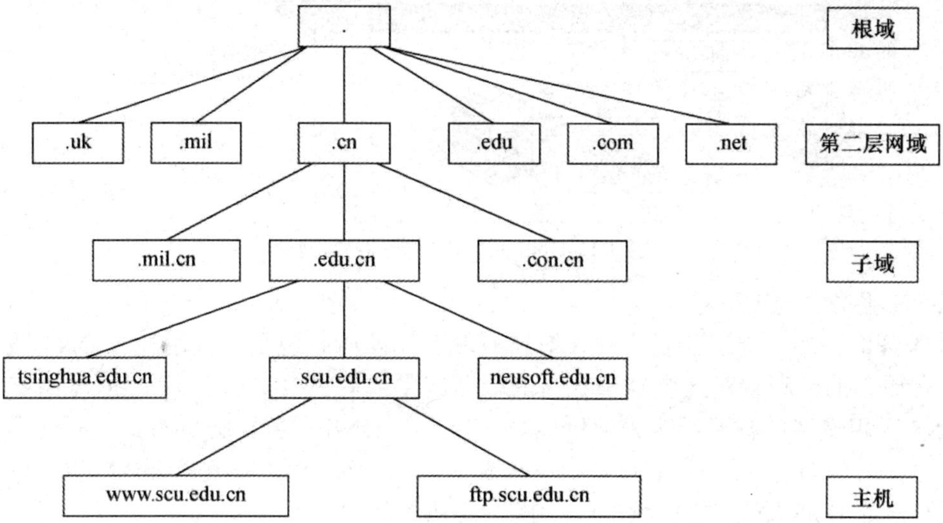

图 9.1　DNS 域分布图

1. DNS 服务器正向解析

通常用户在上网时，输入一个域名后，系统会自动将输入的域名提交给 DNS 服务器，等待其返回 IP 地址，然后用这个 IP 地址去访问网址，而这一切对用户来说是感觉不到的。这种通过域名解析 IP 地址的方式称为“正向解析”。

例如，用户登录校园网 www.neusoft.edu.cn，先打开 IE 浏览器输入域名，如果用户计算机中提前设置好 DNS 服务器的 IP 地址，则使用 DNS 服务器的 IP 地址作为目标地址，将域名发送过去，接着 DNS 服务器根据域名 www.neusoft.edu.cn 查询出 IP 地址 210.83.202.4，并将这个地址作为结果返回给用户计算机，最后用户计算机通过 210.83.202.4 这个地址在 Internet 上访问 www.neusoft.edu.cn 域名的网站。服务器正向解析原理如图 9.2 所示。

DNS 客户端在发出域名解析请求时，首先将试图使用本地缓存的信息进行解析，如果解析成功，则域名解析请求被应答并且返回结果；否则，域名解析请求将被发送给首选的 DNS 服务器。当首选 DNS 服务器接收到解析请求时，首先查询本地配置的区域，如果本地区域中存在要解析的资源记录信息，则作出权威性的应答；如果本地区域中不存在要解析的资源记录信息，则 DNS 服务器将试图使用本地缓存进行解析，如果解析成功，则返回结果，否则使用递归来解析请求。

2. DNS 服务器反向解析

反向解析指根据 IP 地址解析域名。

在 DNS 服务器中建立的 in-addr.arpa 域要求资源记录类型为指针（PTR），一般对应于其正向解析的主机地址（A）资源记录类型。

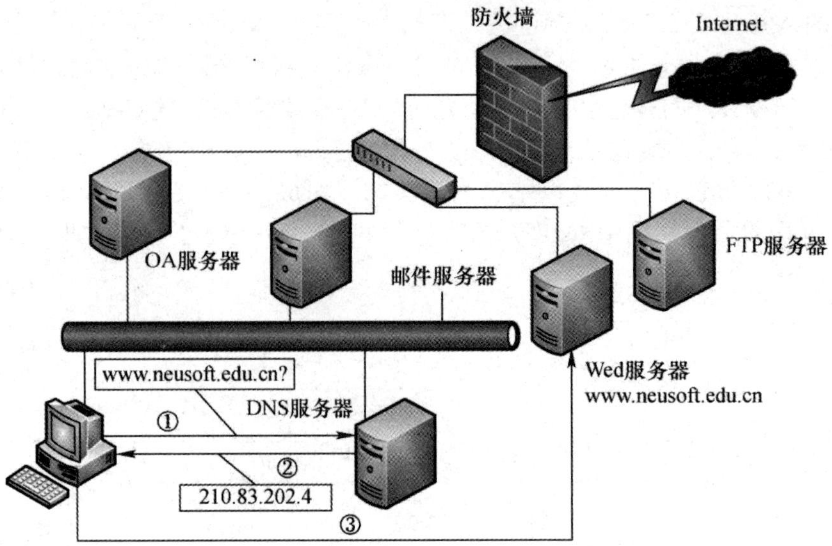

图 9.2　DNS 服务器正向解析原理

3. DNS 服务器的树形结构

DNS 服务器基本上能够满足客户端对所有域名的解析。但是，仅用一台 DNS 服务器是不能包含所有域名的，因为每天全球都有新的域名产生或者更改，所有 DNS 服务器都是动态服务器。DNS 采用倒置的树形结构来解析域名，当一台 DNS 服务器解析不了客户端提出的域名解析请求时，这台 DNS 服务器会将解析请求发送给上一级 DNS 服务器进行解析，以此类推，逐渐发送到根部 DNS 服务器进行解析，如图 9.3 所示。

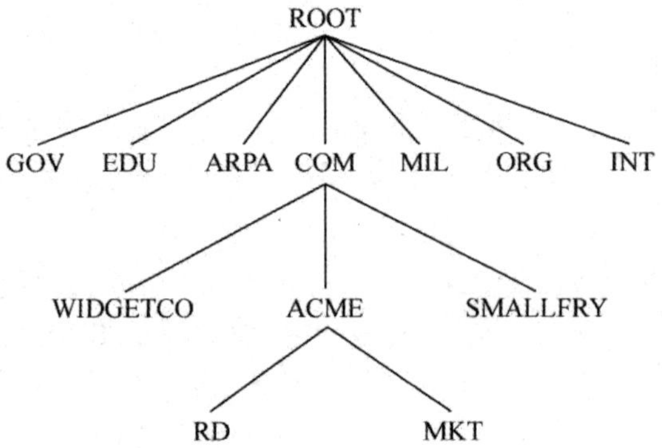

图 9.3　DNS 服务器的树形结构

9.1.2　安装 DNS 服务器

1. 安装

方法一：使用 dnf 命令完成 DNS 服务器的安装

```
#dnf  -y  install  bind  bind-utils
```

方法二：使用源码包安装：

```
#wget ftp://ftp.isc.org/isc/bind9/9.9.9-P6/bind-9.9.9-P6.tar.gz
#tar -zvxf bind-9.9.9-P6.tar.gz
#cd bind-9.9.9-P6/
```

```
#yum -y install gcc
#./configure --without-openss
#make
#make install
```

2. 启动

启动 named 服务可以使用 systemctl 命令：

```
#systemctl   start   named.service
#systemctl   status   named.service
```

启动后可以查询 DNS 服务器的状态，如图 9.4 所示安装成功但是还缺少相应的配置。

```
[root@localhost etc]# systemctl status named.service
o named.service - Berkeley Internet Name Domain (DNS)
    Loaded: loaded (/usr/lib/systemd/system/named.service; disabled; preset: disabled)
    Active: inactive (dead)
```

图 9.4　DNS 服务器的状态查询

3. 设置自启动状态

```
#systemctl   enable   named.service
```

9.2　项目二：DNS 服务器的配置

9.2 节视频

【项目描述】

成功安装 DNS 服务器后，为了完善服务器的功能，管理员需要继续配置该 DNS 服务器，使该服务器能够正、反向解析下面的域名与 IP 地址的对应关系，并且只允许 192.168.137.0/24 中的计算机访问该 DNS 服务器。

```
www.excesoft.com            192.168.137.42
mail.excesoft.com           192.168.137.16
exam.excesoft.com           192.168.137.111
attendance.excesoft.com     192.168.137.6
dns.excesoft.com            192.168.137.129
```

DNS 服务器的 IP 地址是 192.168.137.129。

【项目分析】

首先该项目要求配置本地 DNS 服务器，能够正、反向解析 5 对域名和 IP 地址的对应关系，其次需要设置权威 DNS 服务器进行转发。这都需要熟练掌握 DNS 服务器的配置过程及对相关配置文件的编写方法。配置过程可分为 5 步。

1. 配置主配置文件

设置 named.conf 文件，设定监听地址、权威 DNS 服务器、转发方式、服务对象。

2. 配置正向解析文件

正向解析文件为 excesoft.com.zone，放置于/var/named 目录下。为 excesoft.com 域名设计正向解析代码，并指定具体域名明细，如 www、mail、exam、attendance 等。

3. 配置反向解析文件

反向解析文件为 137.168.192.zone，放置于/var/named 目录下。为 excesoft.com 域名设计反向解析代码，并指定具体 IP 明细，如 111、42、16 等。

4．重新启动 DNS 服务器并关闭防火墙

```
#systemctl  start  named.service
#systemctl  stop  firewalld.service
#systemctl  disable  firewalld.service
```

5．测试 DNS 服务器

用客户端测试 DNS 服务器，在客户端计算机上输入命令 nslookup -sil 进行测试。

相关知识点见表 9.2。

表 9.2 相关知识点

序号	知识点	详见章节
1	主配置文件 named.conf 的配置	9.2.1 节
2	正向解析文件的配置	9.2.2 节
3	反向解析文件的配置	9.2.3 节
4	DNS 服务器的测试	参见【操作过程】

【操作过程】

1．配置主配置文件

主配置文件 named.conf 位于/etc 目录下。在该文件中设定监听地址、权威 DNS 服务器、转发方式、服务对象，需要写入 options { } 结构中。

```
#cd /etc
#vim named.conf
```

按照图 9.5 所示修改 named.conf 文件，完成修改后保存退出。

```
options {
        listen-on port 53 { 192.168.137.129; };
        listen-on-v6 port 53 { ::1; };
        directory       "/var/named";
        dump-file       "/var/named/data/cache_dump.db";
        statistics-file "/var/named/data/named_stats.txt";
        memstatistics-file "/var/named/data/named_mem_stats.txt";
        secroots-file   "/var/named/data/named.secroots";
        recursing-file  "/var/named/data/named.recursing";
        allow-query     { 192.168.137.0/24; };

        recursion yes;
        dnssec-validation yes;
        managed-keys-directory "/var/named/dynamic";
        pid-file "/run/named/named.pid";
        session-keyfile "/run/named/session.key";
        include "/etc/crypto-policies/back-ends/bind.config";
};
logging {
        channel default_debug {
                file "data/named.run";
                severity dynamic;
        };
};
zone "." IN {
        type hint;
        file "named.ca";
};

include "/etc/named.rfc1912.zones";
include "/etc/named.root.key";
```

图 9.5 named.conf 文件的内容

该文件结尾处通过 include "/etc/named.rfc1912.zones"加载辅助区域文件 named.rfc1912.zones 的内容，而在 named.rfc1912.zones 文件中已经定义了若干 zone 语句。每一条 zone 语句定义一个区域，用于定义与域名相关的正反向解析文件。

```
#vim named.rfc1912.zones
```

按照图 9.6 所示修改 named.rfc1912.zones 文件，在该文件的尾部通过两条 zone 语句分别添加与 excesoft.com 域名相关的正向解析文件 excesoft.com.zone 及反向解析文件 137.168.192.zone，完成修改后保存退出。

```
zone "excesoft.com" IN {
        type master;
        file "excesoft.com.zone";
        allow-update { none; };
};

zone "137.168.192.in-addr.arpa" IN {
        type master;
        file "137.168.192.zone";
        allow-update { none; };
};
```

图 9.6　named.rfc1912.zones 文件增加的内容

2．配置正向解析文件

在/var/named 目录下，将 named.empty 文件复制并重命名为 excesoft.com.zone，作为正向解析文件，并按照图 9.7 所示修改 excesoft.com.zone 文件内容，修改后保存退出。注意：excesoft.com.zone 文件应属于 named 用户组。

```
#cd /var/named
#cp named.empty    excesoft.com.zone
#chgrp named excesoft.com.zone
#vim excesoft.com.zone
```

```
$TTL  86400
@          IN SOA  excesoft.com.   root.excesoft.com. (
                                        0       ; serial
                                        1D      ; refresh
                                        1H      ; retry
                                        1W      ; expire
                                        3H )    ; minimum
       IN NS dns.excesoft.com.
       IN MX 10 mail.excesoft.com.
www   IN A 192.168.137.42
mail  IN A 192.168.137.16
exam  IN A 192.168.137.111
attendance  IN A 192.168.137.6
dns   IN A 192.168.137.129
```

图 9.7　excesoft.com.zone 文件的内容

3．配置反向解析文件

在/var/named 目录下，将 named.empty 文件复制并重命名为 137.168.192.zone，作为反向解析文件，并按照图 9.8 所示修改 137.168.192.zone 文件内容，修改后保存退出。注意：137.168.192.zone 文件应属于 named 用户组。

```
#cd /var/named
#cp named.empty    137.168.192.zone
#chgrp named 137.168.192.zone
```

```
#vim 137.168.192.zone
```

```
$TTL   86400
@         IN SOA   excesoft.com.    root.excesoft.com.(
                                         0        ; serial
                                         1D       ; refresh
                                         1H       ; retry
                                         1W       ; expire
                                         3H )     ; minimum
   IN NS dns.excesoft.com.
   IN MX 10 mail.excesoft.com.
42  IN  PTR  www.excesoft.com.
16  IN  PTR  mail.excesoft.com.
111  IN  PTR   exam.excesoft.com.
6   IN  PTR  attendance.excesoft.com.
129   IN  PTR  dns.excesoft.com.
```

图 9.8　137.168.192.zone 文件的内容

4．重新启动 DNS 服务器并关闭防火墙

```
#systemctl   restart   named.service
#systemctl   stop   firewalld.service
#systemctl   disable   firewalld.service
```

5．测试 DNS 服务器

在客户端计算机上使用命令 nslookup 测试 DNS 服务器。

输入命令 nslookup -sil，在“>”提示符下输入 server 192.168.137.129，然后在“>”提示符下输入域名 www.excesoft.com，系统如果提示 IP 地址是 192.168.137.42，则说明正向解析正确。

测试反向解析，在“>”提示符下输入 192.168.137.111，系统如果提示域名 exam.excesoft.com，说明 DNS 反向解析正确。测试结果如图 9.9 所示。

```
[root@localhost named]# nslookup  -sil
> server 192.168.137.129
Default server: 192.168.137.129
Address: 192.168.137.129#53
> www.excesoft.com
Server:          192.168.137.129
Address:         192.168.137.129#53

Name:   www.excesoft.com
Address: 192.168.137.42
> 192.168.137.111
111.137.168.192.in-addr.arpa     name = exam.excesoft.com.
```

图 9.9　DNS 服务器的测试结果

9.2.1　主配置文件 named.conf

named.conf 是 DNS 服务器的主配置文件，用于实现 DNS 服务器的基本配置，位于/etc 目录下。密钥文件 named.root.key 和区域文件 named.rfc1912.zones 通常也存储在/etc 目录下。

named.conf 文件的内容：

```
options {
    listen-on port 53 { any; };     //named 监听的端口号是 53，可以填写 DNS 主服务器的地址或者 any
    listen-on-v6 port 53 { ::1; };          //支持 IPv6
    directory      "/var/named";          //区域文件默认的存放目录
```

```
        dump-file      "/var/named/data/cache_dump.db";   //域名缓存文件的保存位置和文件名
        statistics-file "/var/named/data/named_stats.txt";   //状态统计文件的存放位置和文件名
        memstatistics-file "/var/named/data/named_mem_stats.txt";    //服务器输出的内存使用统计文件的
                                                                      存放位置和文件名
        forwarders{219.216.129.5};        // 转发到其他 DNS 服务器的地址或主机名
        forward first
        allow-query       { any; };      //允许访问此 DNS 服务器的客户端地址
    };
        logging {                        //定义 bind 服务的日志
           channel default_debug {       //日志输出方式，只有当服务器的 debug 级别非 0 时，才产生输出。
                                          这里默认保存在/var/named/data 目录下
              file "data/named.run";     //输出到文本文件
            severity dynamic;            //消息的严重性等级
    };
    };
    zone "." IN {                        //定义根域
           type hint;
           file "named.ca";             //在 DNS 中，/var/named/named.ca 是一个关键的配置文件，它存储了
全球 13 个根域名服务器的信息。这些根域名服务器位于 DNS 层级结构中的最顶层，负责管理整个域名空间
的解析权。当本地 DNS 服务器接收到一个查询请求时，如果缓存中没有相应的记录，它会首先向这些根域名
服务器发起查询请求，以获取进一步的解析路径
           };
        include "/etc/named.rfc1912.zones";   //辅助区域文件
        include "/etc/named.root.key";        //用来签名和验证 DNS 资源记录的密钥文件
    };
```

说明：根域是互联网中所有域名的开始，使用句点（.）表示，只有能够访问 DNS 根域名服务器，才能提供正常的域名解析服务。因此，在文件 named.conf 中对根域进行了设置。

include 将 named.rfc1912.zones 文件的内容包含到 named.conf 文件中，DNS 服务器的正、反向解析文件在该文件中进行定义。

named.conf 文件支持的主要配置语句见表 9.3。

表 9.3 named.conf 文件支持的主要配置语句

配置语句	说明	配置语句	说明
acl	定义一个主机匹配列表，用于访问控制或其他用途	options	设置全局选项
controls	定义 rndc 工具与 bind 服务进程的通信	statistics-channels	定义与 bind 统计信息的通信信道
include	把其他文件中的内容包含进来	server	定义服务器的属性
key	定义加密密钥	trusted-keys	定义信任的 DNSSEC 密钥
logging	定义系统日志信息	view	定义视图
masters	定义主域名列表	zone	定义区域

1．options 语句

options 语句用于设置影响整个 DNS 服务器的全局选项，该语句在 named.conf 文件中只能出现一次。options 语句支持的选项较多，如果没有对选项进行设置，那么将使用默认值。下面是一些常见的选项格式：

```
options{
[directory path_name;]
[forward (only | frist);]
[forwarders {[ip_addr[port ip_port];……] };]
[query-source ((ipv4_addr |*)
[port (ip_port |*)] |
[address (ipv4_addr| *)]
[port (ip_port | *)] ); ]
[query-source -v6( (ip6_addr | *)
[port (ip_port |*)] |
[address (ip6_addr| *)] |
[port (ip_port |*)]);]
[statistics-interval number ;]
};
```

directory 选项用于定义服务器的工作目录，在配置文件中所指定的路径都是相对于该路径来定义的。该目录也是服务器中大部分输出文件的存储位置。如果没有设置 directory，那么系统默认使用“.”作为工作目录。一般会把服务器的工作目录设置为/var/named，例如：directory "/var/named"。

forwarders 选项用于将域名解析请求转发到其他 DNS 服务器上，该选项默认为空，也就是不进行转发。选项值可以是一个 IP 地址或主机名，也可以是主机的列表。不同主机 IP 地址或名称之间使用分号“;”进行分隔。例如：

```
forwarders{219.216.129.5; 219.216.129.4};
```

forward 选项仅仅在 forwarders 选项不为空时生效。该选项用于控制 DNS 服务器的域名解析请求转发操作。如果选项值设置为 first，则表示该 DNS 服务器先将域名转发到 forwarders 声明的服务器去解析域名，当其他 DNS 服务器无法解析时，该服务器再进行解析。有时不希望该 DNS 服务器解析任何域名，而是让 forwarders 声明的 DNS 服务器解析时，则使用 forward only 代替 forward first。

query-source 和 query-source-v6 分别设置 DNS 服务器所使用的 IPv4 或 IPv6 及端口号。默认的端口号为 53，如果指定其他端口号，将无法与其他的 DNS 服务器通信。

statistics-interval 选项用于指定 DNS 服务器记录统计信息的时间间隔，单位为分钟。其默认值为 60，最大值为 28 天（40320 分钟）。如果选项值设置为 0，则 DNS 服务器不记录统计信息。

在设置配置项时，如果需要进行 IP 地址配置，可以参考表 9.4。

表 9.4 IP 地址配置列表

地址配置列表	说明
any	匹配任何主机
none	不匹配任何主机
location	匹配系统上所有网卡的 IPv4 和 IPv6 地址

2. view 语句

view 语句可以使 DNS 服务器根据客户端的地址决定需要返回的域名解析结果。也就是说，不同的主机通过同一台 DNS 服务器对同一个域名进行解析，可以得到不同的解析结果。其格式如下：

```
view    view_name    [class] {
        match-clients{address_match_list};
        match-destinations{address_match_list};
        match-recursive-onlyyes_or_no;
        [ view_option; ...]
        [ zone_statement;...]
};
```

每一条 view 语句定义了一个客户端集合所能看到的视图，如果客户端匹配视图中的 match-clients 选项定义的客户端列表，那么 DNS 服务器将根据该视图返回解析结果。例如，希望对内网和外网用户进行区分，使他们访问同一个域名时，会得到不同的结果。可以通过 view 语句定义两个不同的视图，在两个视图中分别定义不同的属性，以达到上述的效果。配置如下：

```
view "internal" {      //定义内网视图
      match-clients         { 172.0.0.0/8; };
      recursion yes;   //对内部用户提供递归查询服务
      zone    "example.com"{
          type master;
          file "example-internal.zone";   //访问 example.com 域名时，根据 example-internal.zone 文件
                                          内容进行解析
      };
};
view "internet" {      //定义外网视图
      match-clients         { any; };   //匹配外网
      recursion no;   //不进行递归查询
      zone    "example.com"{
          type master;
          file "example-internet.zone";   //访问 example.com 域名时，根据 example-internet.zone 文件
                                          内容进行解析
      };
};
```

3．zone 语句

zone 语句是 named.conf 文件的核心部分。每一条 zone 语句定义一个区域，用户可以在 zone 语句中设置与域名相关的正、反向解析文件。zone 的类型多样，参见表 9.5。

表 9.5　zone 的类型及说明

zone 类型	说明
master	主 DNS 区域
slave	从 DNS 区域，由主 DNS 区域控制
stub	与从 DNS 区域类似，但是只保存 DNS 服务器的名称
forward	将域名解析请求转发给其他 DNS 服务器
hint	根 DNS 服务器集

其中最常用的是 master 和 hint 两种类型的区域。而主 DNS 区域文件又可以分为正向解析和反向解析两种。正向解析就是通过域名查询对应的 IP 地址，例如：

```
zone  "test.com"{
      type  master;
      file "test.zone";
      allow-update {none;};
}
```

allow-update 选项定义了允许对主 DNS 区域进行动态 DNS 更新的服务器列表。none 表示不进行更新。

一般情况下，用户只进行正向解析，根据域名来查询对应的 IP 地址。但是在一些特殊情况下，也会使用反向解析查询 IP 地址对应的域名，例如：

```
zone  "13.168.192.in-addr.arpa" in {
      type  master;
      file "test.local";
      allow-update {none;};
};
```

13.168.192.in-addr.arpa 是该反向解析区域的名称。其中，in-addr.arpa 是反向解析区域名称中固定的后缀格式，.in-addr.arpa 左边的部分是需要解析的 IP 地址或网段的十进制数表示方法的逆序字符串。

9.2.2 正向解析文件

正向解析文件用于映射域名和 IP 地址，文件中包含该区域的所有参数，包括域名、IP 地址、刷新时间、重试时间、超过的时间等。正向解析文件如下：

```
$TTL  86400        //DNS 客户端缓存数据的有效期
@          IN SOA   excesoft.com.     root.excesoft.com.(   //SOA 域名
           0        //版本号
           1D       //从 DNS 服务器在检查主 DNS 服务器的 SOA 记录之前应等待的时间
           1H       //从 DNS 服务器在主 DNS 服务器不能使用时重试请求应等待的时间
           1W       //从 DNS 服务器与主 DNS 服务器不能通信时其区域信息保存的时间
           3H)      //没有定义 TTL 时，默认使用的 TTL 值
   IN NS dns.excesoft.com.          //DNS 资源记录
   IN MX 10 mail.excesoft.com.      //邮件交换记录
www    IN A 192.168.137.42          //域名记录
mail   IN A 192.168.137.16
exam   IN A 192.168.137.111
attendance    IN A 192.168.137.6
dns    IN A 192.168.137.129
```

第 1 行的“$TTL　86400”用于设置 DNS 客户端缓存数据的有效期。该值默认的单位为秒，用户可以明确指定使用 H（小时）、D（天）或 W（星期）作为单位。

第 2～7 行用于设置该域的控制信息，可以看到，控制信息包括域名、有效时间、网络地址类型等，其格式如下：

```
name   [ttl]  class    SOA   origin     contact(
       serial
       refresh
       retry
```

```
        expire
        minimum)
```

name：定义 SOA（Start Of Authority）的域名，以"."结束，也可以使用@代替。

ttl：定义有效时间，如果不设置该值，则系统默认使用第 1 行中定义的 TTL 值。

class：定义网络的递归子类型。对于 TCP/IP 网络，应设置为 IN。

SOA：表示对该 zone 区域数据而言，该 DNS 服务器就是权威的信息来源。每个 zone 数据文件都要有 SOA 记录，并且只能有一个 SOA 记录。

origin：定义 DNS 服务器的主机名，以"."结尾。

contact：定义该 DNS 服务器的管理员邮件地址，因为@在 SOA 记录表示域名，所以用"."代替，本例中的 root.excesoft.com 表示 root@excesoft.com。

serial：定义正向解析文件的版本号，它是一个整数值。通过它可知正向解析文件的修改时间，每次更改正向解析文件，都应对这个数加 1。

refresh：定义 DNS 服务器在检查主 DNS 服务器的 SOA 记录之前应等待的时间。该选项及圆括号中除 serial 外的其他选项都以秒为单位，也可以使用 M（分钟）、H（小时）、W（星期）等。如果 SOA 记录不经常改变，可以把这个值设置得大一些。本例中设为 1 天。

retry：定义 DNS 服务器在主 DNS 服务器不能使用时重试对主 DNS 服务器发出请求应等待的时间。通常该时间不应超过 1 小时。本例中设置为 1 小时。

expire：定义 DNS 服务器在无法与主 DNS 服务器进行通信的情况下其区域信息保存的时间。本例中为 1 个星期。

minimum：当没有定义 TTL 时，默认使用的 TTL 值。本例中为 3 小时。

本例中第 8 行是 DNS 服务器的资源记录（NS），指定该域中的 DNS 服务器名称。其格式如下：

```
[name]   [ttl] class NS    name-server-hostname
```

本例中指定的 DNS 服务器为 dns.excesoft.com。

NS 记录：指定在这个区域内的权威 DNS 服务器。

MX 记录：指定邮件交换服务器，MX 后面的数字表示优先级（数字越小，优先级越高），数字后面是邮件服务器地址，本例中表示发给 excesoft.com 域的邮件由 mail.excesoft.com 服务器接收。邮件的域名必须在 A 关键字中设置。如果局域网内没有邮件服务器，则可以没有 MX 关键字的信息。

A：表示域名到 IP 地址的映射。

PTR：IP 地址到域名的映射。

@：表示当前的 zone 名称。

9.2.3 反向解析文件

反向解析文件用于定义 IP 地址到域名的解析，它采用与正向解析文件类似的选项和格式，但由于是反向解析，因此该文件使用 PTR 指针记录，而不是主机记录。反向解析文件如下：

```
$TTL   86400      //DNS 客户端缓存数据的有效期
@          IN SOA    excesoft.com.     root.excesoft.com.(   //SOA 域名
           0          //版本号
```

```
            1D      //DNS 服务器在检查主 DNS 服务器的 SOA 记录之前应等待的时间
            1H      //DNS 服务器在主 DNS 服务器不能使用时重试请求应等待的时间
            1W      //DNS 服务器与主 DNS 服务器不能通信时其区域信息保存的时间
            3H)     //没有定义 TTL 时，默认使用的 TTL 值
    IN NS dns.excesoft.com.    //DNS 资源记录
    IN MX 10 mail.excesoft.com.  //邮件交换记录
42   IN   PTR   www.excesoft.com.
16   IN   PTR   mail.excesoft.com.
111   IN   PTR   exam.excesoft.com.
6    IN   PTR   attendance.excesoft.com.
129    IN   PTR   dns.excesoft.com.
```

各字段详解参见 9.2.2 节。

9.3 项目三：DNS 客户端配置

【项目描述】

DNS 服务器的 IP 地址是 192.168.137.129，配置完成后，用户在使用时可以通过 DHCP 服务器来自动获取，也可以手动设置。

【项目分析】

该项目中 DNS 服务器已经成功配置，目前需要配置的是 DNS 客户端。可以使用 nmcli 命令或者修改/etc/resolv.conf 文件来实现。在配置时，要保证 IP 地址、网关、子网掩码等网络信息设置正确，可以参考 8.1.3 节内容来完成。

【操作过程】

方法一　使用 nmcli 命令配置 DNS 服务器：

```
#nmcli con mod ens33 ipv4.dns "192.168.137.129"
```

方法二　修改配置文件/etc/resolv.conf：

```
#vim   /etc/resolv.conf
```

写入：

```
nameserver 192.168.137.129
```

9.4 项目四：转发 DNS 服务器配置

【项目描述】

根据 9.2 节完成主 DNS 服务器的配置以后，管理员用另一台计算机继续配置转发 DNS 服务器，使该服务器在接收到解析请求之后首先将请求转发给主 DNS 服务器，如果主 DNS 服务器不能解析，再由转发 DNS 服务器自行解析。转发 DNS 服务器能够解析的域名与 IP 地址的对应关系如下，使用第 3 台计算机进行测试：

```
lib.exceoff.com          192.168.136.120
pro.exceoff.com          192.168.136.125
dns.exceoff.com          192.168.137.128
```

转发 DNS 服务器的 IP 地址是 192.168.137.128。

【项目分析】

该项目需要建立另一台 Linux 虚拟机来完成配置，并且在测试时，需要在 9.2 节建立的主 DNS 服务器运行的情况下完成，配置过程仍为以下 5 个步骤。

1．配置主配置文件

需要设置 forwarders、forward、recursion 和 dnssec-validation。

2．配置正向解析文件

正向解析文件为 exceoff.com.zone，放置于/var/named 目录下。为 exceoff.com 域名设计正向解析代码，并指定具体域名明细，如 lib、pro 等。

3．配置反向解析文件

反向解析文件为 136.168.192.zone，放置于/var/named 目录下。为 exceoff.com 域名设计反向解析代码，并指定具体 IP 明细，如 120、125 等。

4．重新启动 DNS 服务器并关闭防火墙

```
#systemctl   restart   named.service
#systemctl   stop   firewalld.service
#systemctl   disable   firewalld.service
```

5．测试转发 DNS 服务器

用客户端测试转发 DNS 服务器，在客户端计算机上输入命令进行测试。

【操作过程】

1．配置主配置文件

设置 forwarders、forward、recursion 和 dnssec-validation 选项，见图 9.10 中加框处。

forwarders 设置转发 DNS 服务器的 IP 地址，forward 设置为 first，表示首先转发给 forwarders 设置的 IP 地址，recursion 设置为 yes，dnssec-validation 设置为 no。

```
#cd /etc
#vim named.conf
```

按照图 9.10 所示修改 named.conf 文件，完成修改后保存退出。

```
options {
        listen-on port 53 { 192.168.137.128; };
        listen-on-v6 port 53 { ::1; };
        directory       "/var/named";
        dump-file       "/var/named/data/cache_dump.db";
        statistics-file "/var/named/data/named_stats.txt";
        memstatistics-file "/var/named/data/named_mem_stats.txt";
        secroots-file   "/var/named/data/named.secroots";
        recursing-file  "/var/named/data/named.recursing";
        allow-query     {any; };
        forwarders {192.168.137.129;};
        forward  first;

        recursion yes;
        dnssec-validation no;
        managed-keys-directory "/var/named/dynamic";
        pid-file "/run/named/named.pid";
        session-keyfile "/run/named/session.key";
        include "/etc/crypto-policies/back-ends/bind.config";
};
```

图 9.10　named.conf 文件的内容

```
#vim named.rfc1912.zones
```

在 named.rfc1912.zones 文件尾部增加如图 9.11 所示的内容。通过 3 条 zone 语句分别添加对 excesoft.com 域名的转发解析、exceoff.com 域名相关的正向解析文件 exceoff.com.zone 及反向解析文件 136.168.192.zone，完成修改后保存退出。

```
zone "excesoft.com" IN {
        type forward;
        forward first;
        forwarders {192.168.137.129;};
};
zone "exceoff.com" IN {
        type master;
        file "exceoff.com.zone";
        allow-update { none; };
};
zone "136.168.192.in-addr.arpa" IN {
        type master;
        file "136.168.192.zone";
        allow-update { none; };
};
```

图 9.11　named.rfc1912.zones 文件增加的内容

2．配置正向解析文件

在/var/named 目录下，将 named.empty 文件复制并重命名为 exceoff.com.zone，作为正向解析文件，并按照图 9.12 所示修改 exceoff.com.zone 文件内容，修改后保存退出。注意：exceoff.com.zone 文件应属于 named 用户组。

```
#cd /var/named
#cp named.empty    exceoff.com.zone
#chgrp named exceoff.com.zone
#vim exceoff.com.zone
```

```
$TTL  86400
@         IN SOA   exceoff.com.   root.exceoff.com. (
                                       0       ; serial
                                       1D      ; refresh
                                       1H      ; retry
                                       1W      ; expire
                                       3H )    ; minimum
       IN NS dns.exceoff.com.
       IN MX 10 mail.exceoff.com.
lib    IN A 192.168.136.120
pro    IN A 192.168.136.125
dns    IN A 192.168.137.128
```

图 9.12　exceoff.com.zone 文件的内容

3．配置反向解析文件

在/var/named 目录下，将 named.empty 文件复制并重命名为 136.168.192.zone，作为反向解析文件，并按照图 9.13 所示修改 136.168.192.zone 文件内容。注意：136.168.192.zone 文件应属于 named 用户组。

```
#cd /var/named
#cp named.empty    136.168.192.zone
#chgrp named 136.168.192.zone
#vim 136.168.192.zone
```

```
$TTL  86400
@        IN SOA  exceoff.com.   root.exceoff.com.(
                                  0      ; serial
                                  1D     ; refresh
                                  1H     ; retry
                                  1W     ; expire
                                  3H )   ; minimum
   IN NS dns.exceoff.com.
   IN MX 10 mail.exceoff.com.
120  IN  PTR  lib.exceoff.com.
125  IN  PTR  pro.exceoff.com.
```

图 9.13　136.168.192.zone 文件的内容

4. 重新启动 DNS 服务器并关闭防火墙

```
#systemctl  restart  named.service
#systemctl  stop  firewalld.service
#systemctl  disable  firewalld.service
```

5. 测试 DNS 服务器

在客户端计算机上使用命令 nslookup 测试转发 DNS 服务器。本实验的客户端使用的是 CentOS 操作系统。

输入命令 nslookup -sil，在“>”提示符下输入 server 192.168.137.128，然后在“>”提示符下输入域名 pro.exceoff.com，系统提示 IP 地址是 192.168.136.125，则说明 192.168.137.128 主机正向解析正确。输入域名 www.excesoft.com，系统提示 IP 地址是 192.168.137.42，同时出现“Non-authoritative answer:”的提示，说明不是由 192.168.137.128 主机解析，而是由其转发后的目的主机（192.168.137.129）解析后返回的结果。测试结果如图 9.14 所示。

```
[root@localhost ~]# nslookup -sil
> server 192.168.137.128
Default server: 192.168.137.128
Address: 192.168.137.128#53
> pro.exceoff.com
Server:         192.168.137.128
Address:        192.168.137.128#53

Name:   pro.exceoff.com
Address: 192.168.136.125
> www.excesoft.com
Server:         192.168.137.128
Address:        192.168.137.128#53

Non-authoritative answer:
Name:   www.excesoft.com
Address: 192.168.137.42
```

图 9.14　转发 DNS 服务器的测试结果

习　题　9

1．选择题

（1）DNS 客户端配置文件是（　　）。

A．passwd　　B．resolv.conf　　C．named.conf　　D．httpd.conf

（2）DNS 服务器配置文件是（　　）。

A．passwd　　B．resolv.conf　　C．named.conf　　D．httpd.conf

（3）重新启动 DNS 服务器的命令是（　　）。

A．systemctl restart named.service　　B．systemctl stop named.service

C．systemctl restart dns.service　　D．systemctl start named.service

（4）DNS 服务器主要负责主机名和（　　）之间的解析。

A．IP 地址　　B．MAC 地址　　C．网络地址　　D．主机别名

（5）在/etc/named.conf 文件中用下列（　　）类型定义主 DNS 区域。

A．master　　B．slave　　C．hint　　D．Root

（6）在 Linux 环境下，若 DNS 服务器的主配置文件内容如下：

```
options {
      directory "/var/named";
};
zone "test.com" IN {
      type master;
      file "test.com.zone";
};
```

则 test.com 的正向解析域的数据库文件的绝对路径文件名是（　　）。

A．/var/named/test.com　　B．/var/named/test.com.zone

C．/etc/test.com.zone　　D．/etc/named/test.com.zone

（7）下面哪个 test.com 域的部分 SOA 记录是正确的？（　　）

A．test.com. IN SOA openeuler.root. openeuler.test.com

B．test.com. IN SOA openeuler.test.com root.openeuler.test.com

C．test.com. IN SOA openeuler.test.com. root@openeuler.test.com.

D．test.com. IN SOA openeuler.test.com. root.openeuler.test.com.

（8）在 Linux 环境下，若 DNS 服务器的主配置文件内容如下：

```
zone “0.168.192.in-addr.arpa” {
      type slave;
   file “slaves/192.168.0.zone”;
      masters { 192.168.0.1; };
};
```

则以下说法错误的是（　　）。

A．此语句是在声明反向解析区域

B．此 DNS 服务器是区域 0.168.192.in-addr.arpa 的辅助域名服务器

C．区域文件 192.168.0.zone 无须创建，可自动获得

D．此 DNS 服务器地址为 192.168.0.1

（9）关于 DNS 服务器，叙述正确的是（　　）。

A．DNS 服务器配置不需要配置客户端

B．一个域中可以有两台主 DNS 服务器

C．主 DNS 服务器和从 DNS 服务器都需要启动 named 服务守护进程

D．DNS 服务器的/var/named/named.ca 文件包含了根域名服务器的有关信息

2．简答题

（1）简述 DNS 服务器的作用。

（2）简述正向解析和反向解析的工作原理。

（3）简述 DNS 服务器的配置步骤。

上机实践 9

1. 在 Linux 系统下配置 DNS 服务器，IP 地址是 192.168.137.11，域名为 dns.louting.com。要求正、反向解析：

www.louting.com	192.168.137.42
mail.louting.com	192.168. 137.16
dns.louting.com	192.168. 137.11

当该 DNS 不能解析时，则请求 219.216.129.5 服务器解析。配置完成后，设置 DNS 客户端地址为 192.168.137.11 并测试。

2. 构建主 DNS 服务器。主 DNS 服务器位于 Internet 中，IP 地址为 192.168.1.10，主机名为 nsl.benet.com，所负责的 DNS 域为 benet.com。要求为以下服务提供正、反向解析：

网站服务器 www.benet.com，IP 地址为 192.168.1.1。

邮件服务器 mail.benet.com，IP 地址为 192.168.1.1。

在线培训点服务器 study.benet.com，IP 地址为 192.168.1.2。

主域名服务器 ns1.benet.com，IP 地址为 192.168.1.10。

从域名服务器 ns2.benet.com，IP 地址为 192.168.1.20。

配置完成后启动 named 服务，验证 DNS 服务器解析是否正常。

第 10 章　DHCP 服务器

动态主机配置协议（Dynamic Host Configuration Protocol，DHCP）是局域网网络协议之一，使用 UDP 协议工作，给内部网络或网络服务供应商自动分配 TCP/IP 信息。DHCP 是内部网络管理员对所有计算机进行集中管理的手段。本章将介绍 DHCP 服务器配置的基本知识，主要包括以下知识点：

- DHCP 服务器的安装方法（重点）；
- DHCP 服务器配置文件解析（重点、难点）；
- DHCP 服务器和客户端的配置方法（重点）；
- 动态分配 IP 地址、固定分配 IP 地址的方法（难点）。

10.1　项目一：DHCP 服务器的安装与启动

10.1 节视频

【项目描述】

某公司正处于快速发展阶段，终端数量日益增多，如果仍采用设置静态 IP 地址的方法，会造成设置错误或者 IP 地址冲突的问题，这样既影响正常工作又会加大管理员的工作量。为此公司希望采用动态 IP 地址分配的方法来完成对 IP 地址的维护。针对这一需求，管理员计划在服务器上安装配置 DHCP 服务器，用来给局域网用户动态分配 IP 地址等网络信息。首先，管理员需要安装 DHCP 服务器，然后对 DHCP 服务器做简单常规设置。

【项目分析】

在 openEuler 操作系统中，DHCP 应用程序已默认安装好。可确认安装情况，若未安装可采用 DNF 方式安装 dhcp 软件包。安装完成后，启动 dhcpd 服务，设置为自启动。相关知识点见表 10.1。

表 10.1　相关知识点

序号	知识点	详见章节
1	了解 DHCP 服务器	10.1.1 节、10.1.2 节
2	安装 DHCP 服务器的过程	10.1.3 节
3	管理 dhcpd 服务	10.1.4 节

【操作过程】

```
#dnf list --installed dhcp            // 列出系统中已安装的 dhcp 软件包
#dnf install dhcp                     // 安装 dhcp 软件包（如果尚未安装）
#systemctl start dhcpd.service        // 启动 dhcpd 服务（DHCP 服务器服务）
#systemctl enable dhcpd.service       // 设置 dhcpd 服务在系统启动时自启动
```

10.1.1　DHCP 服务器简介

DHCP 称为动态主机配置协议，其目的是减轻网络管理员在网络规划、管理和维护等方面工作的负担。在 TCP/IP 网络上，要使每个工作站都能存取网络上的资源，必须进行基本的网络参数配置，一些主要参数如 IP 地址、子网掩码、默认网关和 DNS 服务器等必不可少，还可能需要一些附加的信息（如 IP 管理策略等）。对于一个稍微大的网络而言，网络的管理和维护任务是相当重的，为了把网络管理员从繁重的网络管理和维护任务中解脱出来，可以使用 DHCP 服务器。DHCP 服务器把 TCP/IP 网络设置集中起来，动态配置网络中工作站的网络参数。DHCP 服务器使用 DHCP 租约和预置 IP 地址的策略。DHCP 租约提供了自动在 TCP/IP 网络上安全地分配和租用 IP 地址的机制，实现 IP 地址的集中式管理，基本上不需要网络管理员人为干预；预置 IP 地址可以满足需要固定 IP 地址的系统。

DHCP 分为服务器和客户端两部分。所有的 IP 网络设定数据都由 DHCP 服务器集中管理，并负责处理客户端的 DHCP 请求；而客户端则会使用从 DHCP 服务器分配来的 IP 数据信息。使用 DHCP 服务，计算机可以在一条信息中获得 IP 地址、子网掩码、默认网关、DNS 服务器和其他的 TCP/IP 配置信息。DHCP 的资源分配，要求至少有一台 DHCP 服务器工作在网络上，它会监听网络的 DHCP 请求，并与客户端协商 TCP/IP 的设定环境。

DHCP 提供 3 种 IP 地址分配方式。

（1）人工分配

人工分配获得的 IP 地址也称为静态地址，网络管理员为某些少数特定的在网计算机或者网络设备绑定固定 IP 地址，且地址不会过期。

（2）自动分配

一旦 DHCP 客户端第一次成功地从 DHCP 服务器租用到某个 IP 地址之后，就永远使用这个地址。

（3）动态分配

当 DHCP 客户端第一次从 DHCP 服务器租用到 IP 地址之后，并非永久地使用该地址，只要租约到期，客户端就得释放这个 IP 地址，以给其他主机使用。

动态分配显然比人工分配更加灵活，尤其是当实际 IP 地址不足时。例如，一家互联网服务提供商，只能提供 200 个 IP 地址用来给拨号连接用户分配，但并不意味用户最多只能有 200 个。由于用户各自不同的行为习惯或者电话线路的限制，用户不可能全部在同一时间上网。这样，就可以将这 200 个 IP 地址轮租给拨号连接的用户使用。这也是每次拨号成功后查看到的 IP 地址不一样的原因。当然，互联网服务提供商不一定使用 DHCP 来分配地址，但分配原理是一样的。DHCP 除能动态地设定 IP 地址外，还可以将一些 IP 地址保留下来给一些特殊用途的客户端使用，按照硬件地址来固定分配 IP 地址。

10.1.2 DHCP 的运作方式

如果在同一网段内有一台 DHCP 服务器，则客户端可以通过软件广播的方式来达到相互通信的目的。DHCP 客户端与 DHCP 服务器相互通信过程示意图如图 10.1 所示。

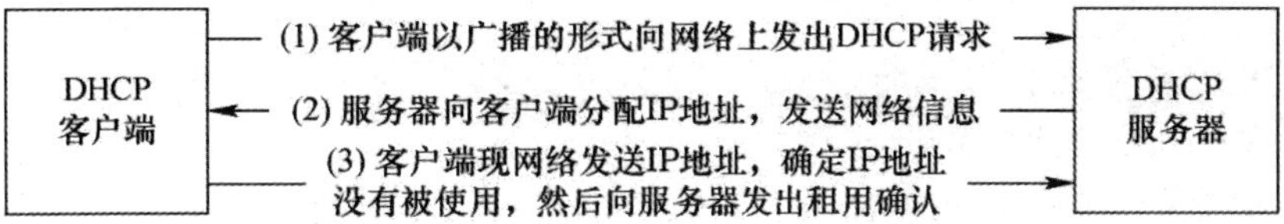

图 10.1　DHCP 客户端与 DHCP 服务器相互通信过程示意图

1．客户端发出 DHCP 请求

如果客户端设定了使用 DHCP 方式获得网络参数，则客户端计算机在开机或重启网卡设备时，会自动发出 DHCP 请求给网络中的每一台计算机，所发出的请求希望网络上的每一台计算机都可以接收，所以除当前主机 MAC 地址不变外，请求的源 IP 地址被设定为 0.0.0.0，而目的地址则为 255.255.255.255（Linux 主机会自动设定）。此时，网络上的所有主机都将接收到这一请求。但是所有不能提供 DHCP 服务的计算机会自动将该请求丢弃。

2．DHCP 服务器响应请求

如果网络上存在 DHCP 服务器，则 DHCP 服务器在接收到客户端的 DHCP 请求后，DHCP 服务器将请求中的 MAC 地址与本身的设定值进行对比，如果 DHCP 服务器的设定值针对该 MAC 地址提供静态 IP 地址（每次都给予一个固定的 IP 地址），则将给客户端提供相应的固定 IP 地址与网络参数等网络信息；如果该请求的 MAC 地址并不在 DHCP 服务器的设定值之内，则 DHCP 服务器会选取目前网络内没有使用的 IP 地址并发送给客户端使用，而网络信息无法指定目的 IP 地址，因此仍然以广播的形式发送。另外，DHCP 服务器发送给客户端的网络信息中会附带一个“租约期限”的信息，告诉客户端这个 IP 地址可以使用的期限。

3．客户端接收来自 DHCP 服务器的网络信息，并设定客户端网络环境

当客户端接收到网络信息后，地址解析协议将在网络内发出信息以确定来自 DHCP 服务器发放的 IP 地址并没有被占用。如果该 IP 地址已经被占用，则客户端拒绝接收这次的 DHCP 网络信息，而再次向网络内发出 DHCP 请求；若该 IP 地址没有被占用，则客户端接收 DHCP 服务器所给的网络信息，同时客户端也会向 DHCP 服务器发出确认数据包，告诉 DHCP 服务器已经确认，而 DHCP 服务器也会将该数据包记录下来。

10.1.3 安装 DHCP 服务器

安装 DHCP 服务器的流程可以具体为查询、安装两个步骤。

1．查询

在安装 DHCP 服务器之前，需要确认当前系统是否已经安装了合适版本的软件包。如果输出如图 10.2 所示信息，表示系统已经安装了 dhcp 软件包。

```
[root@localhost ~]# dnf list --installed dhcp
Installed Packages
dhcp.x86 64                    12:4.4.3-7.oe2403                    @anaconda
```

图 10.2　已安装 DHCP 软件包

如果系统未安装 dhcp 软件包，则输出如图 10.3 所示“no matching Package to list”信息。

```
[root@localhost ~]# dnf list --installed dhcp
Error: No matching Packages to list
```

图 10.3　未安装 DHCP 软件包

在对 DHCP 服务器进行查询时，要注意软件包的名字是 dhcp，服务的名称是 dhcpd。注意使用正确的软件包名称进行查询。

另外，也可以使用 systemctl　status　dhcpd.service 命令，通过对 dhcpd 服务状态查询的结果来判断系统是否已经安装了 dhcp 软件包。如果能够查询成功，则说明系统当前安装了 chcp 软件包；如果系统提示“unrecognized service”，则说明系统当前没有安装 chcp 软件包。

2. 安装

执行 dnf 命令安装 dhcp 软件包：

```
#dnf install dhcp
```

命令执行结束后，如图 10.4 所示。

```
Installed:
  dhcp-12:4.4.3-7.oe2403.x86_64                    ipcalc-1.0.3-1.oe2403.x86_64


Complete!
```

图 10.4　DHCP 服务器安装成功

安装成功后，由于没有对 DHCP 服务器做必需的配置，因此暂不启动 DHCP 服务器，具体配置过程见 10.2 节。

10.1.4　/etc/dhcp/dhcpd.conf 配置文件

DHCP 服务器默认的配置文件是/etc/dhcp/dhcpd.conf，它是一个文本文件，DHCP 服务器中含有一个语法分析器，能对该文件进行语法分析，从而获得 DHCP 服务器的配置参数。该文件对关键字的大小写敏感，注释信息以“#”开头，一直持续到该行结束。

/etc/dhcp/dhcpd.conf 文件通常包括 3 部分：parameters（参数）、declarations（声明）和 option（选项）。

1. parameters（参数）

parameters（参数）表明如何执行任务，是否要执行任务，或将哪些网络配置选项发送给客户端。主要 parameters（参数）说明见表 10.2。

表 10.2　主要 parameters(参数)说明

pararmeters	说明
ddns-update-style	配置 DHCP-DNS 互动更新模式
default-lease-time	指定默认租用时间的长度，单位为秒
max-lease-time	指定最大租用时间长度，单位为秒
hardware	指定网卡接口类型和 MAC 地址
server-name	通知 DHCP 服务器名称
get-lease hostnames flag	检查客户端使用的 IP 地址
fixed-address ip	分配给客户端一个固定的地址
authoritative	拒绝不正确的 IP 地址的要求

2. declarations（声明）

declarations（声明）用来描述网络布局、提供给客户端的 IP 地址等。主要 declarations（声明）说明见表 10.3。

表 10.3　主要 declarations(声明)说明

declarations	说明
shared-network	用来告知是否允许某些子网分享相同网络
subnet	描述一个 IP 地址是否属于该子网
range　起始 IP　终止 IP	提供动态分配 IP 地址的范围

续表

declarations	说明
host　主机名称	参考特别主机
group	为一组参数提供声明
allow unknown-clients/denyunknown-client	是否动态分配 IP 地址给未知的使用者
allow bootp/deny bootp	是否响应激活查询
allow booting/deny booting	是否响应使用者查询

3．option（选项）

option（选项）用来配置 DHCP 服务器的可选参数，全部用 option 关键字作为开始。主要 option（选项）说明见表 10.4。

表 10.4　主要 option(选项)说明

option	说明
subnet-mask	为客户端设定子网掩码
domain-name	为客户端指明 DNS 服务器的名称
domain-name-servers	为客户端指明 DNS 服务器的 IP 地址
host-name	为客户端指定主机名称
routers	为客户端设定默认网关
broadcast-address	为客户端设定广播地址
ntp-server	为客户端设定网络时间服务器的 IP 地址
time-offset	为客户端设定和格林尼治时间的偏移时间，单位为秒

10.2　项目二：DHCP 服务器的配置

10.2 节视频

【项目描述】

安装完 DHCP 服务器以后，管理员要为公司局域网完成动态 IP 地址的分配，进一步配置 DHCP 服务器。分配网段为 192.168.137.0/24，IP 地址范围为 192.168.137.60～192.168.137.240，默认网关为 192.168.137.1，该网段其他地址保留为静态分配。另外，为物理地址 00:0C:09:04:ED:35 的主机设置固定 IP 地址：192.168.137.90。

【项目分析】

首先该项目要求定义本地 DHCP 服务器能够自动为 192.168.137.0/24 网段的用户分配范围为 192.168.137.60～192.168.137.240 的 IP 地址，网关是 192.168.137.1，然后为 00:0C:09:04:ED:35 的主机设置固定 IP 地址：192.168.137.90。

分配过程可以分为动态 IP 地址分配和人工固定 IP 地址分配两部分。配置内容需要在 DHCP 配置文件 dhcpd.conf 中完成。

动态 IP 地址分配：网段声明使用 subnet 关键字，子网掩码声明使用 netmask 关键字，IP 地址资源范围和网关写在{}内：

```
subnet   192.168.137.0   netmask   255.255.255.0{
      range   192.168.137.60        192.168.137.240;
      option   routers   192.168. 137.1;
}
```

其中，range 关键字声明 IP 地址的开始和结束，option routers 关键字表示 DHCP 为客户端分配的网关。

人工固定 IP 地址分配：网卡地址和 IP 地址的绑定使用关键字 group 声明，用 host 关键字来绑定网卡地址和 IP 地址。具体格式如下：

```
host  段名 {}
```

在该项目中，段名可以由用户自己命名，假设段名为 staticiphost1，并且使用 option routers 关键字声明相应的网关。当有若干个段时，并列使用 host 声明并且放入 group 的 { } 中。关键字 hardware ethernet 声明具体的网卡物理地址，fixed-address 声明绑定的 IP 地址，代码如下：

```
group{
 option   routers   192.168.137.1;
  host   staticiphost1{
      hardware   Ethernet   00:0C:09:04:ED:35;
      fixed-address   192.168.137.90;
            }
}
```

配置完成后，需要启动 DHCP 服务器并进行测试。相关知识点见表 10.5。

表 10.5 相关知识点

序号	知识点	详见章节
1	文件 dhcpd.conf 的配置	10.1.4 节
2	DHCP 服务器的测试	参见【操作过程】

【操作过程】

1．编辑配置文件 dhcpd.conf

DHCP 的配置文件 dhcpd.conf 位于系统的/etc/dhcp 目录下。如果该目录下没有该文件，则新建此文件，也可以使用下面命令将服务器提供的/usr/share/doc/dhcp-server/dhcpd.conf.example 模板复制到/etc/dhcp 目录下：

```
cp /usr/share/doc/dhcp-server/dhcpd.conf.example   dhcpd.conf
```

编辑 dhcpd.conf 文件，写入配置内容：

```
#vim   /etc/dhcp/dhcpd.conf                              #编辑配置文件，编写下面的内容
ddns-update-style   interim;
subnet   192.168.137.0   netmask   255.255.255.0{        #配置网段和子网掩码
     range   192.168.137.60      192.168.137.240;        #配置分配范围
     option   routers   192.168.137.1;                   #配置网关
}
group{
     option   routers   192.168.137.1;
      host   staticiphost1{                              #配置固定 IP 地址
          hardware   ethernet   00:0C:09:04:ED:35;
          fixed-address   192.168.137.90;
               }
}
```

编辑完成后保存退出。

2. 启动 DHCP 服务器

```
#systemctl  start  dhcpd.service
```

3. 测试 DHCP 服务器

首先将客户端主机的 IP 地址设置为动态获取。

（1）对于 Windows 系统，设置比较简单，打开 Windows 系统的【控制面板】，找到【网络和 Internet】→【网络连接】，在本地连接的属性中设置，如图 10.5 所示。

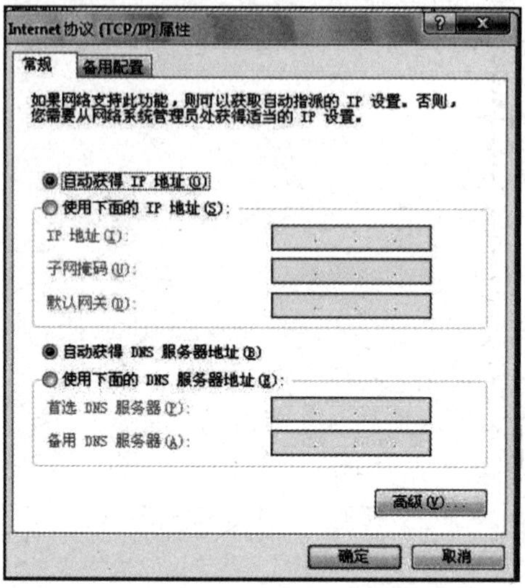

图 10.5　Windows 客户端 DHCP 服务器自动获得 IP 地址设置

然后测试连通性，在 cmd 命令行下输入：ipconfig　/all，查看 IP 地址，如图 10.6 所示。

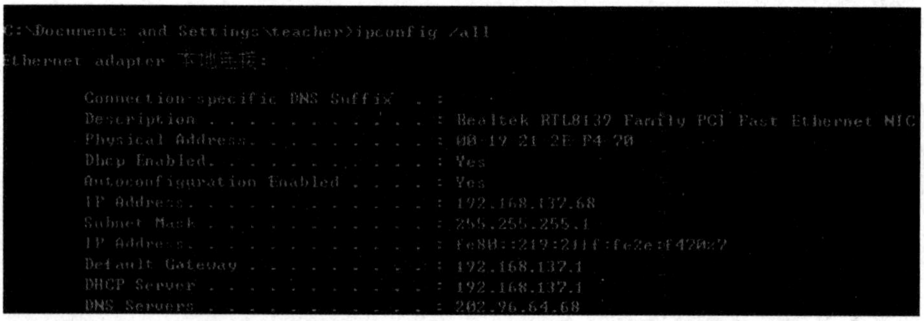

图 10.6　查询 Windows 系统获取的动态 IP 地址

（2）对于 Linux 系统，编辑客户端主机的配置文件/etc/sysconfig/network-scripts/ifcfg-ens33：

```
#vim  /etc/sysconfig/network-scripts/ifcfg-ens33
```

编辑配置文件中 BOOTPROTO 项的值为“dhcp”，保存文件并退出。然后重新启动 NetworkManager 服务，获取 IP 地址，如图 10.7 所示。

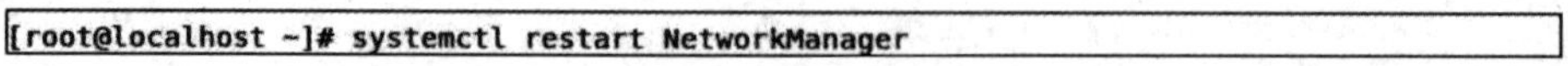

图 10.7　Linux 客户端获取动态 IP 地址

执行#ip addr show ens33 命令，可以查询到自动获取的 IP 地址是 192.168.137.133，如图 10.8 所示。

```
[root@localhost ~]# ip addr show ens33
2: ens33: <BROADCAST,MULTICAST,UP,LOWER_UP> mtu 1500 qdisc fq_codel state UP group default qlen 1000
    link/ether 00:0c:29:19:7a:2a brd ff:ff:ff:ff:ff:ff
    inet 192.168.137.130/24 brd 192.168.137.255 scope global noprefixroute ens33
       valid_lft forever preferred_lft forever
    inet 192.168.137.133/24 brd 192.168.137.255 scope global secondary dynamic noprefixroute ens33
       valid_lft 1594sec preferred_lft 1594sec
    inet6 fe80::20c:29ff:fe19:7a2a/64 scope link noprefixroute
       valid_lft forever preferred_lft forever
```

图 10.8　查询 Linux 系统获取的 IP 地址

最后，测试与网关的连通性：

```
#ping 192.168.137.1
```

10.3　常见问题分析

常见问题 1：在配置 DHCP 服务器时，有时客户端会出现“DeterminingIPinformation for ens33... Failed; no link present.Check cable”提示信息。

解决方法：信息提示 IP 地址获取错误，检查是否连接。这个问题在虚拟机环境下，由于没有真正的网线，因此并不存在真实的网线连接问题。这种虚拟机问题需要按如下设置解决。

以 root 权限在/etc/sysconfig/network-scripts/ifcfg-ens33 文件中添加：

```
check_link_down () {
return 1;
}
```

保存文件并退出。

常见问题 2：客户端无法获得 IP 地址。

解决方法：首先判断此故障是某个客户端发生还是多个客户端都发生。如果仅有一个客户端出现此故障，应检查网卡的设置，设置动态获取 IP 地址，确保它使用了 DHCP 服务器。然后检查交换机，确认端口和 VLAN 信息，查看是否配置了 VLAN 成员，并检查这个 VLAN 上的其他设备是否可以获得 IP 地址。

如果多个客户端都无法获得 IP 地址，问题可能是由于路由器没有将 DHCP 请求转发给 DHCP 服务器造成的。如果多个子网上的多个客户端都有这个问题，则可能是 DHCP 服务器自身造成的。此时，可能没有运行 DHCP 服务器或者没有足够的 IP 地址可供分配。

常见问题 3：在配置 DHCP 服务器时，因为配置文件错误导致启动 dhcpd 服务出现异常。

解决方法：这个问题可以通过如下命令帮助检查配置文件可能的错误：

```
#dhcpd -t -cf /etc/dhcp/dhcpd.conf
```

习　题　10

1.选择题

（1）DHCP 是动态主机配置协议的简称，其作用是可以使网络管理员通过一台服务器来管理一个网络系统，自动地为一个网络中的主机分配（　　）地址。

A．网络　　B．MAC　　C．TCP　　D．IP

（2）DHCP 服务器的配置文件是（　　）。

A．dhcpd.conf　　B．resolv.conf　　C．named.conf　　D．httpd.conf

（3）在配置 DHCP 服务器时，声明参考特别主机的关键字是（　　）。

A．range　　B．group　　C．subnet　　D．host

（4）在配置 DHCP 服务器时，声明动态 IP 地址范围的关键字是（　　）。

A．range　　B．group　　C．subnet　　D．host

（5）在配置 DHCP 服务器时，声明子网段的关键字是（　　）。

A．range　　B．group　　C．subnet　　D．host

（6）在配置 DHCP 服务器时，声明一组参数的关键字是（　　）。

A．range　　B．group　　C．subnet　　D．host

（7）在配置 DHCP 服务器时，声明 DNS 名称的选项是（　　）。

A．subnet-mask　　B．domain-name　　C．host-name　　D．routers

（8）在配置 DHCP 服务器时，设定子网掩码的选项是（　　）。

A．subnet-mask　　B．domain-name　　C．host-name　　D．routers

2．简答题

（1）简述 DHCP 服务器的作用。

（2）简述 DHCP 服务器的运作方式。

（3）简述在局域网内使用 DHCP 服务器的优点。

（4）DHCP 服务器能够为客户端分配什么网卡资源?

（5）简述 DHCP 服务器中“租约”的作用。

（6）把 IP 地址与主机的什么信息绑定，就可以保证该主机一直获取到固定的 IP 地址?

上机实践 10

1．完成以下操作：

（1）要为某局域网配置 DHCP 服务器，为 192.168.1.0/24 网段的用户提供动态 IP 地址分配服务。IP 地址范围为 192.168.1.66~192.168.1.244，默认网关为 192.168.1.1，该网段其他地址保留为静态分配。另外，为物理地址 00:0C:09:04:DD:35 的主机设置静态 IP 地址 192.168.1.111。

（2）在（1）的基础上进行测试，使 Windows 系统能够获取 IP 地址。

（3）将 Linux 客户端的网卡地址改为 00:0C:09:04:DD:35，再次验证客户端是否可以获取到静态 IP 地址 192.168.1.111。

2．添加两台 Linux 虚拟机，分别作为 DHCP 服务器和 DHCP 客户端。在其中一台虚拟机上安装 DHCP 服务器。在 192.168.1.0/24 网段中构建一台 DHCP 服务器，IP 地址为 192.168.1.2，默认网关为 192.168.1.1，要求能够为 192.168.1.0/24 网段中的客户端动态分配 IP 地址等网络参数。对应于这个物理网段，用于动态分配的 IP 地址范围为 192.168.1.20 ~192.168.1.200。将 DHCP 服务器的主机名称设置为 dhcp.benet.com，将使用的 DNS 服务器地址设置为 192.168.1.5、202.106.0.20，默认搜索域为 benet.com。设置完成后，重新启动 DHCP 服务器，分别使用 Linux 和 Windows 系统测试使用结果。

第 11 章　Web 服务器

Web 服务器的功能是在网络上发布 Web 站点。Web 服务器的种类很多，其中 Apache 服务器和 Nginx 服务器是目前使用比较广泛的 Web 服务器。本章将分别介绍这两种服务器的安装和配置方法，主要包括以下知识点：

- Apache 服务器的安装（重点）；
- Apache 服务器的基本配置（重点、难点）；
- 配置虚拟主机（重点、难点）；
- Nginx 服务器的安装（重点）；
- Nginx 服务器的配置（重点、难点）。

11.1　项目一：Apache 服务器的安装与测试

11.1 节视频

【项目描述】

管理员将根据 W 公司设计部发布“项目考核信息发布平台”的需求，在服务器上部署该站点。首先要安装 Web 服务器，然后对服务器进行必要测试，服务器 IP 地址为 192.168.137.129，测试站点首页为 index.html，其内容是“hello,this is index.html.”。

测试效果：在浏览器中输入 http://192.168.137.129，即可看到 index.html 的内容。

【项目分析】

在本项目中，管理员首先需要安装 Apache 软件包，软件包的安装可以使用 DNF 工具来实现，然后对 Apache 服务器进行必要的测试。由于/var/www/html 目录是 Apache 服务器的默认站点根目录，因此可以在/var/www/html 目录下创建 Web 站点的首页 index.html 并使用 vim 编辑器编写内容，最后通过浏览器查看 Web 站点的首页。相关知识点见表 11.1。

表 11.1　相关知识点

序号	知识点	详见章节
1	了解 Apache 服务器	11.1.1 节
2	安装并配置 Apache 服务器	11.1.2 节
3	测试 Apache 服务器	11.1.2 节
4	理解 Apache 服务器的根目录	11.1.3 节

【操作过程】

```
#rpm  -qa  |  grep  httpd                 //查询 Apache 服务器是否已安装
#dnf  install  httpd  -y                  //安装 Apache 服务器
#systemctl  start  httpd                  //启动 Apache 服务器
#systemctl  enable  httpd                 //设置 Apache 服务器开机自启动
#systemctl  restart  httpd                //重启 Apache 服务器
```

测试：开启浏览器，在地址栏中输入 http://192.168.137.129，如果出现图 11.1 所示页面，则表示 Apache 服务器安装成功。

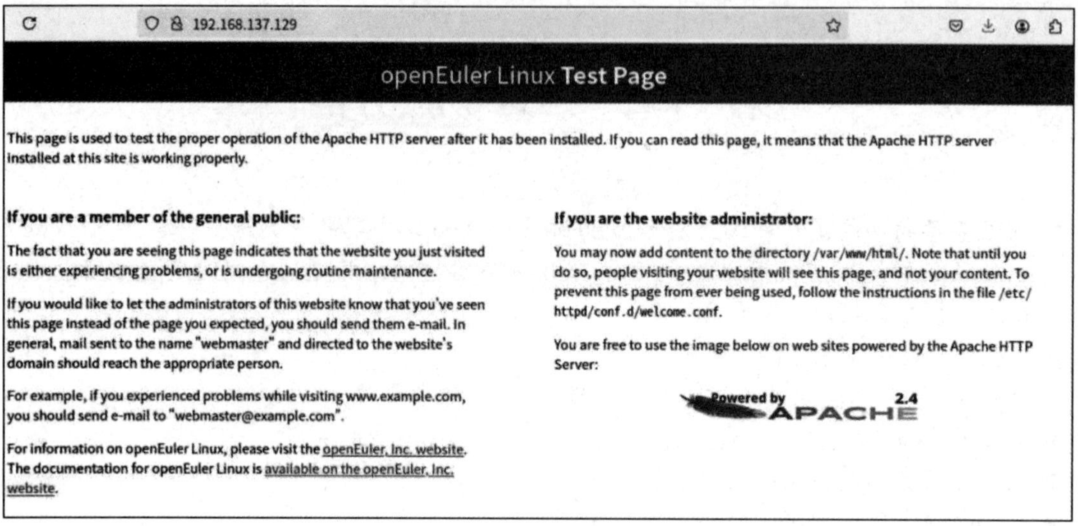

图 11.1　Apache 服务器的测试页面

```
#cd   /var/www/html            //切换到 Apache 服务器默认 Web 站点根目录
#vim   index.html              //使用 vim 编辑器创建并编辑 index.html 页面
```

输入“hello,this is index.html.”，保存后退出。

测试：开启浏览器，在地址栏中输入 http://192.168.137.129，如果出现图 11.2 所示页面，则表示测试成功。

图 11.2　站点首页

11.1.1　Apache 服务器简介

目前Web服务器是Internet上最流行的网站服务器之一，Web服务器也称为WWW（World Wide Web）服务器，其主要功能是提供网上信息浏览服务，它已成为人们在网上搜索、浏览信息的主要手段。Web服务器采用浏览器/服务器结构，其作用是整理和存储各种WWW资源，并响应客户端软件的请求，把用户所需的资源传送到客户端上，然后通过简单的图形界面展现在用户面前。

主流的 3 个 Web 服务器有 Apache、Nginx 和 IIS，Apache 服务器是常用服务器之一。常用的浏览器如 Internet Explorer、Mozilla Firefox、Google Chrome、Safari 和 Opera 等。用户可以在浏览器的地址栏内输入统一资源定位地址（Uniform Resource Locator，URL）来访问 Web 页面。Web 最基本的概念是超文本（Hypertext），它使文本不再是传统的书页式文本，而是让用户在阅读过程中可以从一个页面位置跳转到另一个页面位置。用来书写 Web 页面的语言称为超文本标记语言（Hyper Text Markup Language，HTML）。WWW 服务遵从 HTTP 协议，默认的 TCP/IP 端口是 80，浏览器（Web Client）与服务器（Web Server）的通信过程简述如图 11.3 所示。

图 11.3　浏览器与服务器的通信过程简述

浏览器根据用户输入的URL连接到相应的远端服务器上，从指定的服务器获得指定的Web文档，然后断开与远端服务器的连接。也就是说，平时用户在浏览某网站时是每取一个网页就建立一次连接，读完后马上断开，当需要另一个网页时再重新连接，周而复始。

Apache 服务器源于 NCSAhttpd 服务器，经过多次修改，成为目前世界上最流行的 Web 服务器之一。Apache 服务器取自“a patchy server”，意思是充满补丁的服务器，因为它是自由开放的，所以不断有人为它开发新的功能、新的特性并修改原来的缺陷。Apache 服务器的特点是简单、速度快、性能稳定，并可用作代理服务器。

初期 Apache 服务器只用于小型或实验 Internet 网络，后来逐步扩充到各种 UNIX 系统中，尤其是对 Linux 系统的完美支持。Apache 服务器有多种产品，支持 SSL 技术，也支持多个虚拟主机。Apache 服务器采用以进程为基础的架构，进程要比线程消耗更多的系统开支，不太适合于多处理器环境，因此，在一个 Apache Web 站点扩容时，通常是增加服务器或扩充集群节点而不是增加处理器。本章将以 Apache 2.4 为例，详细叙述 Apache 服务器的安装和配置方法。

11.1.2　安装 Apache 服务器

软件包的安装一般有 RPM 安装、YUM 安装、DNF 安装和源码包安装 4 种方法。

源码包在安装时，除解压缩外，还需执行 make、make install 命令进行配置、编译和安装；由于 Apache 服务器与其他的软件存在依赖关系，因而在使用 RPM 安装时，需要事先安装好依赖的软件，安装过程比较烦琐；相对而言，使用 YUM 的安装过程比较简单。DNF 则克服了 YUM 包管理器的一些瓶颈，联合使用 RPM、libsolv 和 hawkey 库进行包管理操作。

1．使用 YUM 安装软件包

安装 Apache 软件包的过程具体分为查询、安装、测试 3 个步骤。

（1）查询

在安装 Apache 软件包之前，需要确认当前系统是否已经安装了合适版本的软件包，如图 11.4 所示表示系统已经安装了 Apache 软件包，并且可以通过输出结果判定已安装的软件包版本号是 httpd-2.4.58-6.oe2403.x86-64，此时不需要再继续安装软件包，可以直接进行测试。

```
[root@localhost ~]# rpm -q httpd
httpd-2.4.58-6.oe2403.x86_64
```

图 11.4　已安装 Apache 软件包（安装包简略列表）

如果系统未安装 Apache 软件包，则会输出“未安装软件包 httpd”，如图 11.5 所示。

```
[root@localhost ~]# rpm -q httpd
未安装软件包 httpd
```

图 11.5　未安装 Apache 软件包

Apache 软件包的名称为 httpd，服务名称也为 httpd。但有的服务器，其软件包名称与服务名称是不一致的，在执行相应命令时要使用正确的名称。

（2）安装

使用 YUM 的安装过程比较简单，执行#yum -y install httpd 命令即可。如图 11.6 所示，安装过程显示在安装 httpd 的同时，还安装了有关的依赖包，如 apr、apr-util、httpd-filesystem、httpd-tools、mod_http2 和 openEuler-logos-httpd。

```
[root@localhost ~]# yum -y install httpd
Last metadata expiration check: 0:01:04 ago on 2024年10月22日 星期二 15时17分26秒
Dependencies resolved.
================================================================================
 Package                   Arch        Version                 Repository   Size
================================================================================
Installing:
 httpd                     x86_64      2.4.58-6.oe2403         update      1.3 M
Installing dependencies:
 apr                       x86_64      1.7.4-4.oe2403          update      110 k
 apr-util                  x86_64      1.6.3-1.oe2403          OS          109 k
 httpd-filesystem          noarch      2.4.58-6.oe2403         update      5.9 k
 httpd-tools               x86_64      2.4.58-6.oe2403         update       68 k
 mailcap                   noarch      2.1.54-1.oe2403         OS           34 k
 mod_http2                 x86_64      2.0.25-3.oe2403         update      129 k
 openEuler-logos-httpd     noarch      1.0-9.oe2403            OS          6.5 k
```

图 11.6　安装 Apache 软件包部分截图

（3）测试

在测试之前，需要确认管理 Apache 服务器的 httpd 服务是否已经正常启动。默认情况下，httpd 服务在软件包安装完成后并不启动。启动及查询 httpd 服务的操作过程如图 11.7 所示。

```
[root@localhost ~]# systemctl start httpd.service
[root@localhost ~]# systemctl status httpd.service
● httpd.service - The Apache HTTP Server
     Loaded: loaded (/usr/lib/systemd/system/httpd.service; disabled; preset: dis>
     Active: active (running) since Tue 2024-10-22 15:20:30 CST; 15s ago
       Docs: man:httpd.service(8)
   Main PID: 5398 (httpd)
     Status: "Total requests: 0; Idle/Busy workers 100/0;Requests/sec: 0; Bytes s>
      Tasks: 177 (limit: 21358)
     Memory: 7.5M ()
     CGroup: /system.slice/httpd.service
             ├─5398 /usr/sbin/httpd -DFOREGROUND
             ├─5400 /usr/sbin/httpd -DFOREGROUND
             ├─5401 /usr/sbin/httpd -DFOREGROUND
             ├─5402 /usr/sbin/httpd -DFOREGROUND
             └─5403 /usr/sbin/httpd -DFOREGROUND
```

图 11.7　启动及查询 httpd 服务的操作过程

启动 Apache 服务器，执行命令：systemctl start httpd.service

查询 Apache 服务器的状态，执行命令：systemctl status httpd.service

停止 Apache 服务器，执行命令：systemctl stop httpd.service

重启 Apache 服务器，执行命令：systemctl restart httpd.service

Apache 服务器启动后，启动浏览器，然后在地址栏中输入 http://localhost 或

http://127.0.0.1，如果出现如图 11.8 所示的页面，则说明 Apache 服务器启动成功，工作正常。

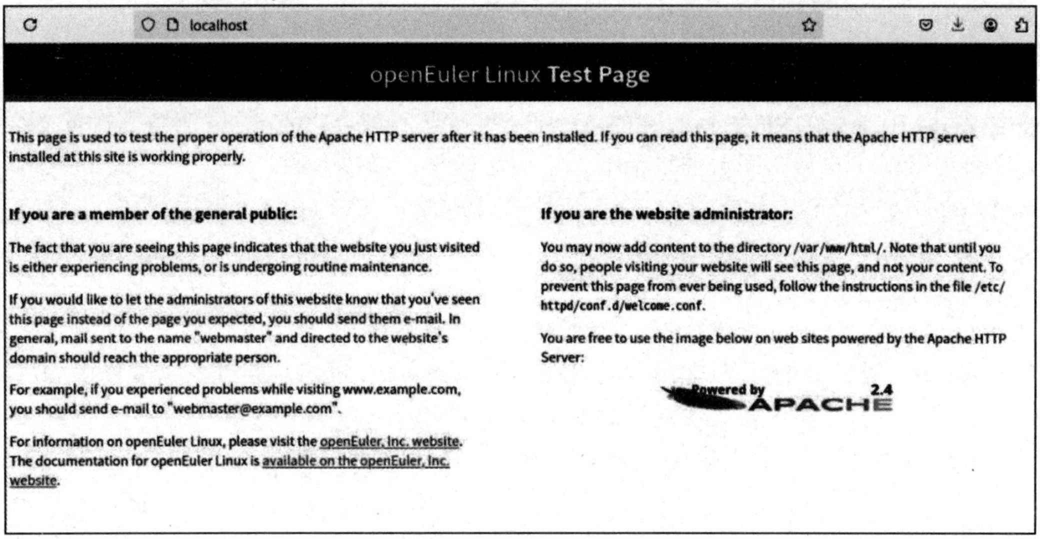

图 11.8 Apache 服务器默认站点首页

到目前为止，Apache 软件包在系统中已经安装并测试成功，为了方便日常的管理和应用，还可以对服务器进行如下的配置。

为了使 Apache 服务器在系统重启时可以自启动，需要设置服务器的自启动状态。操作过程如图 11.9 所示。

```
[root@localhost ~]# systemctl enable httpd
Created symlink /etc/systemd/system/multi-user.target.wants/httpd.service → /usr/lib/systemd/
system/httpd.service.
[root@localhost ~]# systemctl is-enabled httpd
enabled
```

图 11.9 设置 Apache 服务器的自启动状态

2. 使用 DNF 安装软件包

使用 DNF 的安装过程与 YUM 类似，执行#dnf install httpd -y 命令，如图 11.10 所示。

```
[root@localhost ~]# dnf install httpd -y
Last metadata expiration check: 0:00:07 ago on 2024年10月22日 星期二 15时55分25秒.
Dependencies resolved.
================================================================================
 Package                 Architecture Version              Repository    Size
================================================================================
Installing:
 httpd                   x86_64       2.4.58-6.oe2403      update       1.3 M
Installing dependencies:
 apr                     x86_64       1.7.4-4.oe2403       update       110 k
 apr-util                x86_64       1.6.3-1.oe2403       OS           109 k
 httpd-filesystem        noarch       2.4.58-6.oe2403      update       5.9 k
 httpd-tools             x86_64       2.4.58-6.oe2403      update        68 k
 mailcap                 noarch       2.1.54-1.oe2403      OS            34 k
 mod_http2               x86_64       2.0.25-3.oe2403      update       129 k
 openEuler-logos-httpd   noarch       1.0-9.oe2403         OS           6.5 k

Transaction Summary
================================================================================
Install  8 Packages
```

图 11.10 安装 Apache 软件包部分截图

Apache 服务器安装完毕后，执行#systemctl start httpd.service 命令启动服务器，可参考图 11.8 对服务器进行测试。

11.1.3 Apache 软件包安装位置

采用 YUM 工具和 DNF 工具安装的 Apache 服务器，都会将 Apache 服务器的配置文件、日志文件和实用程序安装在固定的目录下，下面对此进行简单介绍。

/etc/httpd/conf：该目录用于存放 Apache 服务器的配置文件 httpd.conf。

/var/www/html：该目录是 Apache 服务器的默认 Web 站点根目录。站点的网页文件及其相关文件可以存放在该目录下。

/etc/httpd/logs：Apache 服务器日志文件的默认存放路径。

由于 Apache 服务器的默认 Web 站点根目录是/var/www/html，因此只需要将 Web 站点的页面放置到该目录下，就可以直接通过浏览器进行访问。

有关 Apache 服务器的配置文件 httpd.conf 的详细讲解与应用将在 11.2.1 节和 11.2.2 节介绍。

11.2 节视频

11.2 项目二：发布 Web 站点

【项目描述】

W 公司的“项目考核信息发布平台”已经开发完毕，由于该平台包含的元素很多，如若干页面、图片、样式文件、程序文件等，因此为了方便管理，管理员采用将同一平台的元素存放于一个目录（称为 Web 站点目录）中，然后进行部署。目前该平台的 Web 站点目录为 exam，目录中存放该平台的所有文件，站点首页是 index.html。

效果：在浏览器中输入 http://192.168.137.129 或者 http://localhost，可以看到站点首页。

【项目分析】

由于/var/www/html/是默认站点根目录，因此可以将 exam 目录及 exam 目录中所有的内容存放于/var/www/html/下。

为了将 Apache 服务器的默认站点根目录设置为/var/www/html/exam，需要修改 Apache 服务器配置文件 httpd.conf 中的配置项 DocumentRoot。修改配置文件后，需重启 httpd 服务使修改生效。

本项目中 Apache 服务器配置文件 httpd.conf 的修改和应用是一个新的知识点，详见 11.2.1 节和 11.2.2 节。

【操作过程】

```
#cd   /var/www/html                          //切换当前工作目录
#cp   -r   /root/exam   exam                 //将开发完毕的站点复制到站点根目录下
#vim   /etc/httpd/conf/httpd.conf            //编辑 httpd.conf 配置文件
DocumentRoot   "/var/www/html/exam"          //设置 Apache 服务器默认站点根目录
#httpd   -t                                  //检查 httpd.conf 配置文件的语法
# systemctl   restart   httpd                //重启 httpd 服务，使配置文件的修改生效
```

测试：在浏览器中输入 http://192.168.137.129 后，可以看到如图 11.11 所示页面。

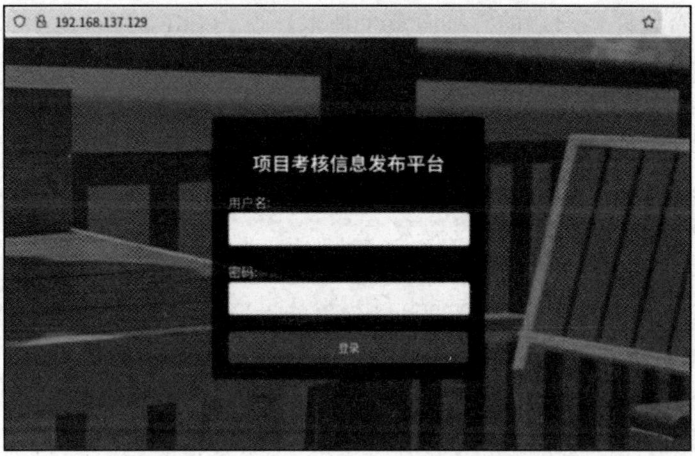

图 11.11 “项目考核信息发布平台”首页

11.2.1 Apache 服务器配置文件简介

Apache 服务器的配置文件是包含若干配置项的纯文本文件，其文件名为 httpd.conf。Apache 服务器启动时，会自动读取配置文件中的内容。配置文件修改后，只有在启动或重启 Apache 服务器后才会生效。

配置文件中的内容包含注释和服务器配置项行。以“#”开头的行被视为注释并被服务器忽略，注释不能出现在配置项的后边。空白行和配置项前的空白字符将被忽略，因此可以采用缩进方式以保持配置文件层次的清晰。

配置文件中的配置项是不区分大小写的，但是配置项的选项通常是大小写敏感的。Apache 服务器配置文件的每一行包含一个配置项，如果配置项较长，可以在行尾使用“\”续行，但是反斜杠与下一行之间不能有任何其他字符（包括空白字符）。

对配置文件修改后，可以使用 apachectl configtest 或者 httpd -t 命令检查配置文件中的错误，无误后再重启 Apache 服务器使配置生效。

Apache 服务器配置文件的内容可以划分为 3 部分。

① 全局环境配置：主要用于控制整个 Apache 服务器的行为。

② 主服务器配置：定义主要或者默认服务器参数的配置项，也为所有虚拟主机提供默认的设置参数。

③ 虚拟主机配置：用于设置和创建虚拟主机。

11.2.2 配置 Apache 服务器

Apache 服务器配置文件的配置命令很多，下面介绍一些常用的配置命令。

1. 全局环境配置命令

ServerRoot：用于设置 Apache 服务器的根目录，通常不需要修改。根目录是 Apache 服务器配置文件和日志文件的基础目录。配置命令用法：

```
ServerRoot  Apache 服务器的目录
```

Timeout：设置超时的时间，单位为秒。如果客户端超过规定时间还没有连上服务器或服务器超过规定时间还没有传送信息给客户端，即断线。

KeepAlive：是否允许客户端的连线有多个请求，设为 Off 表示不允许，On 表示允许。

MaxKeepAliveRequests：每次连线最大的请求数目，数字越大，效能越好。0 表示不限制。

MinSpareServer：表示处理程序的最少闲置数目，如果实际数目少于此数目，则会增加处理程序。

MaxSpareServers：表示处理程序的最大闲置数目，如果网站需求量很大，可以将此数目设置得大一些，但不要随便将此数目设得太大。

StartServers：启动时创建的子进程的数目。

MaxClients：限制同时间最大的连线数目，不能设置得太小，一旦达到此数目，就无法再增加客户端。

MaxRequestPerChild：限制子处理程序的要求数目，0 表示不限制。

Listen：服务器监听的端口号。

2. 主服务器配置命令

ServerAdmin：设置管理员的电子邮件地址，如果 Apache 服务器有问题，会发邮件通知管理员。

ServerName：设置主机名称，如果没有域名，也可以用 IP 地址。

DocumentRoot：用于设置 Apache 服务器默认站点根目录。

UserDir public_html：用户可以在自己的目录下建立 public_html 目录来放置网页。

DirectoryIndex：用来设定主页，可以设置多个页面，前面的页面优先级高。

UseCanonicalName：使用标准的名称，预设是 On。

HostLookups：如果设为 On，则每次都会请求 DNS 服务器解析该 IP 地址；若设为 Off，仅记录 IP 地址。

ErrorLog/usr/local/httpd/logs/error_log：指定发生错误的记录文件（error_log）位置。如果没有指定记录错误的文件，则会沿用此文件。

AllowOverride：访问权限设置。

11.3　项目三：发布个性化 Web 站点

11.3 节视频

【项目描述】

“项目考核信息发布平台”部署完成后，考虑到站点是内部网站，为了保证网站的安全性，将首页名字改为 exam.html，并且需要使用 8080 端口进行访问。

效果：在浏览器中输入 http://192.168.137.129:8080 或者 http://localhost:8080，可以看到 exam.html 页面内容。

【项目分析】

本项目关键点之一在于如何使 Apache 服务器将 exam.html 设置为 exam 站点的默认首页，这需要通过修改 Apache 服务器配置文件 httpd.conf 中的配置项 DirectoryIndex 来完成；另一个关键点是如何修改 Apache 服务器的监听端口号为 8080，这需要通过修改 Apache 服务器配置文件 httpd.conf 中的配置项 Listen 来完成。修改配置文件后，需重启 httpd 服务使修改生效。

【操作过程】

```
#cd  /var/www/html                    //切换当前工作目录
#cd   exam                            //切换当前工作目录
```

```
#mv   index.html   exam.html                          //修改首页的名称为 exam.html
#vim   /etc/httpd/conf/httpd.conf                     //编辑 httpd.conf 配置文件
DirectoryIndex    exam.html    index.html             //设置默认首页
Listen   8080                                         //设置监听端口号
#httpd   -t                                           //检查 httpd.conf 配置文件的语法
#systemctl   restart   httpd.service                  //重启 httpd 服务，使配置文件的修改生效
```

测试：在浏览器中输入 http://192.168.137.129:8080 后，可以看到如图 11.12 所示页面。

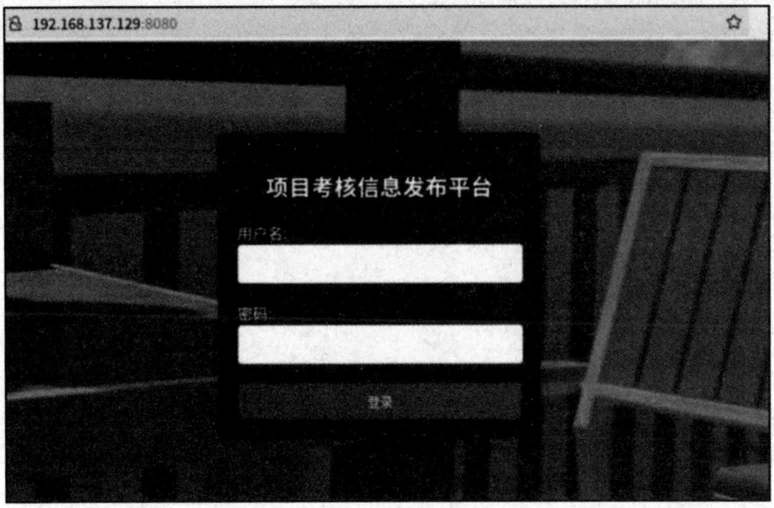

图 11.12　exam 站点的默认首页

11.4　项目四：虚拟主机配置

【项目描述】

“项目考核信息发布平台”部署完毕后，W 公司人力资源部计划部署一个员工考勤网站。因此，管理员需要在一台服务器上部署多个站点，为了方便今后 W 公司内部网站的部署和管理，管理员可以采用基于域名的虚拟主机或基于 IP 地址的虚拟主机两种方法来配置多个站点。在实施过程中，除了要部署员工考勤网站，还要对“项目考核信息发布平台”进行重新部署。

为了方便对网站的访问，分别为两个站点设置本地域名：exam.excesoft.com 和 attendance.excesoft.com，站点根目录：/var/www/html/exam 和/var/www/html/attendance，首页为根目录下的 index.html 页面。

当前服务器的 IP 地址是 192.168.137.129，使用标准 80 端口。

效果：在浏览器地址栏输入 http://exam.excesoft.com，可以看到“项目考核信息发布平台”的首页；输入 http://attendance.excesoft.com，可以看到员工考勤网站的首页。

【项目分析】

本项目可以采用基于域名的虚拟主机或基于 IP 地址的虚拟主机两种方法实现。

基于域名的虚拟主机的配置：首先需要设置本地域名，然后确认 Apache 服务器的监听端口号，最后明确各站点的域名与默认站点目录的对应关系，详见 11.4.2 节。

基于 IP 地址的虚拟主机的配置：首先需要设置多个 IP 地址，然后配置本地域名、端口号

和站点与域名的对应关系，详见 11.4.3 节。

【操作过程】

1. 配置基于域名的虚拟主机

（1）域名注册，在/etc/hosts 中追加一行：

```
192.168.137.129    exam.excesoft.com    attendance.excesoft.com
```

编辑完成后，使用 ping 命令测试所设置的域名是否生效：

```
#ping    exam.excesoft.com
#ping    attendance.excesoft.com
```

（2）将两个站点的所有元素复制到对应的站点根目录下，假设站点目前存放于/root 目录下。

```
#cd    /var/www/html
#cp    -r    /root/exam    exam
#cp    -r    /root/attendance    attendance
```

（3）切换到/etc/httpd/conf 目录下，在 httpd.conf 配置文件中设置站点 Listen 监听端口是 80。

```
#cd    /etc/httpd/conf
#vim    httpd.conf
Listen 80
```

（4）在 httpd.conf 配置文件的末尾加入以下配置：

```
Include    conf/vhost/*.conf
```

（5）新建 vhost 目录并切换至 vhost 目录中，利用 vim 编辑器新建且编辑每个域名的配置文件，并编辑其内容。

```
#mkdir    /etc/httpd/conf/vhost
#cd    vhost
#vim    exam.conf
```

exam.conf 作为第一个域名的配置文件，该文件内容如下：

```
<VirtualHost      192.168.137.129 >
ServerName    exam.excesoft.com
DocumentRoot       /var/www/html/exam
<Directory    "/var/www/html/exam">
    Options    Indexes    FollowSymLinks
    AllowOverride    None
    Require    all    granted
</Directory>
</VirtualHost>
#vim    attendance.conf
```

attendance.conf 作为第二个域名的配置文件，该文件内容如下：

```
<VirtualHost      192.168.137.129>
ServerName       attendance.excesoft.com
DocumentRoot       /var/www/html/attendance
<Directory "/var/www/html/attendance">
    Options    Indexes    FollowSymLinks
    AllowOverride    None
    Require    all    granted
```

```
</Directory>
</VirtualHost>
```

（6）用 httpd -t 检查虚拟主机配置是否正确：

```
#httpd -t
```

（7）重启 Apache 服务器，然后测试。

```
#systemctl   restart   httpd.service
```

测试：在浏览器地址栏分别输入 http://exam.excesoft.com 和 http://attendance.excesoft.com 后，可以看到相应首页。

2. 配置基于 IP 地址的虚拟主机

（1）为网卡添加多个 IP 地址：

```
#ip   addr   add 192.168.137.130/24 dev ens33
#ip   addr   add 192.168.137.131/24 dev ens33
```

测试 IP 地址是否连通：

```
#ping   192.168.137.130
#ping   192.168.137.131
```

（2）域名注册，在/etc/hosts 中追加两行：

```
192.168.137.130   exam.excesoft.com
192.168.137.131   attendance.excesoft.com
```

编辑完成后，使用 ping 命令测试所设置的域名是否生效：

```
#ping   exam.excesoft.com
#ping   attendance.excesoft.com
```

（3）将两个站点的所有元素复制到对应的站点根目录下，假设站点目前存放于/root 目录下。

```
#cd   /var/www/html
#cp   -r   /root/exam   exam
#cp   -r   /root/attendance   attendance
```

（4）切换到/etc/http/conf 目录下，在 httpd.conf 配置文件中设置站点 Listen 监听端口为 80。

```
#cd   /etc/http/conf
#vim   httpd.conf
Listen 80
```

（5）在 httpd.conf 配置文件的末尾加入以下配置：

```
Include   conf/vhost/*.conf
```

（6）新建 vhost 目录并切换至 vhost 目录中，利用 vim 编辑器新建且编辑每个域名的配置文件，并编辑其内容。

```
#mkdir   /etc/httpd/conf/vhost
#cd   vhost
#vim   exam.conf
```

exam.conf 作为第一个域名的配置文件，该文件内容如下：

```
<VirtualHost   192.168.137.130>
ServerName        exam.excesoft.com
DocumentRoot      /var/www/html/exam
```

```
<Directory  "/var/www/html/exam">
    Options  Indexes  FollowSymLinks
    AllowOverride  None
    Require  all  granted
</Directory>
</VirtualHost>
#vim  attendance.conf
```

attendance.conf 作为第二个域名的配置文件，该文件内容如下：

```
<VirtualHost      192.168.137.131>
    ServerName       attendance.excesoft.com
    DocumentRoot      /var/www/html/attendance
<Directory  "/var/www/html/attendance">
    Options  Indexes  FollowSymLinks
    AllowOverride  None
    Require  all  granted
</Directory>
</VirtualHost>
```

（7）用 httpd -t 检查虚拟主机配置是否正确：

```
#httpd  -t
```

（8）重启 Apache 服务器，然后测试。

```
#systemctl  restart  httpd.service
```

测试：在浏览器地址栏分别输入 http://exam.excesoft.com 和 http://attendance.excesoft.com 后，可以看到相应首页。

11.4.1 虚拟主机简介

虚拟主机是指在一台主机上运行多个 Web 站点，每个站点均有自己独立的域名，通过不同的域名可以访问不同的站点。虽然多个 Web 站点部署在同一台计算机内，但是它们对用户是透明的。用户在访问时，只需要在浏览器中输入相应的域名即可。

虚拟主机主要分为两类：基于域名的虚拟主机和基于 IP 地址的虚拟主机。如果每个 Web 站点的 IP 地址相同，但是域名不同，则称为基于域名的虚拟主机；如果每个 Web 站点拥有不同的 IP 地址，则称为基于 IP 地址的虚拟主机。

11.4.2 基于域名的虚拟主机配置

基于域名的虚拟主机的配置相对比较简单，只需要将每个域名与同一个 IP 地址映射，然后配置 Apache 服务器，令其辨识不同的域名即可。同时基于域名的服务器也可以缓解 IP 地址不足的问题。

配置基于域名的虚拟主机的步骤可以归纳为以下 5 步。

1. 域名注册

由于每个站点具有不同的域名，因此配置的第一步需要在系统中注册不同的域名，使系统可以区分域名对应的 IP 地址。域名的注册可以通过 DNS 服务器来实现。在本机实现时可以通过编写/etc/hosts 文件来实现。

2．设置 Listen 命令

在 http.conf 配置文件中设置 Listen 命令，通常情况下选择标准 80 端口来监听服务的请求。

设置方法：

```
Listen　端口号
```

3．引用域名的配置文件

在 http.conf 配置文件中引用每个域名的配置文件，通常情况下可以引用指定目录下后缀为 conf 的文件。

设置方法：在 http.conf 文件的末尾增加：

```
Include　conf/vhost/*.conf
```

4．为每个虚拟主机新建配置文件

在/etc/httpd/conf/vhost 目录下为每个虚拟主机新建一个配置文件，在配置文件中，使用<VirtualHost>容器定义每一个虚拟主机，<VirtualHost>容器中的 IP 地址必须与域名对应的 IP 地址保持一致。在<VirtualHost>容器中至少指定 ServerName、Directory 和 DocumentRoot 配置项，在 Directory 内部可指定 AllowOverride None（不可重写）、Options Indexes FollowSymLinks（可显示目录结构）、Require all granted（允许所有请求访问资源），另外可选择的配置有 ServerAdmin、ErrorLog、CustomLog、TransferLog、ServerAlias、ScrIPtAlias 等，大部分的配置项都可以用在<VirtualHost>容器中，但是与进程相关的 PidFile、TypesConfig、ServerRoot 和 Listen 配置项不能使用。

当有一个请求到达时，服务器会查找每一个与这个 IP 地址相对应的<VirtualHost>配置项，并尝试找出一个 ServerName 或 ServerAlias 配置项与请求的域名相同。若找到，则使用该虚拟主机的配置，并响应其访问请求，否则将使用符合这个 IP 地址的第一个列出的虚拟主机。由此可见，排在最前面的虚拟主机成为默认虚拟主机。

5．重启 Apache 服务器并测试

执行命令#systemctl　restart　httpd.service 完成 Apache 服务器的重启操作，随后，在浏览器的地址栏输入网址，可以看到对应首页的内容。

11.4.3　基于 IP 地址的虚拟主机配置

基于 IP 地址的虚拟主机的配置相对比较复杂，除要将每个域名映射到正确的 IP 地址，令其辨识不同的域名外，还需要设置多个 IP 地址。

配置基于 IP 地址的虚拟主机的步骤可以归纳为以下 6 步。

1．设置多个 IP 地址

设置多个 IP 地址的方法有多种，用虚拟网卡的方法可以实现。本节采用虚拟网卡的方法实现，也可以使用“ifconfig”命令为网卡添加多个 IP 地址。

2．域名注册

由于每个站点具有不同的域名，因此需要在系统中注册不同的域名，使系统可以区分域名对应的 IP 地址。域名的注册可以通过 DNS 服务器来实现。在本机实现时，可以通过编写/etc/hosts 文件来实现。

3．设置 Listen 命令

在 http.conf 配置文件中设置 Listen 命令，通常情况下选择标准 80 端口来监听服务的请求。

设置方法：

```
Listen  端口号
```

其中，端口号是可选项，如果虚拟主机使用的不是标准 80 端口，需要在这里进行说明。

4．引用域名的配置文件

在 http.conf 配置文件中引用每个域名的配置文件，通常情况下可以引用指定目录下后缀为 conf 的文件。

设置方法：在 http.conf 文件的末尾增加：

```
Include  conf/vhost/*.conf
```

5．为每个虚拟主机新建配置文件并定义一个<VirtualHost>容器

在/etc/httpd/conf/vhost 目录下为每个虚拟主机新建一个配置文件，在配置文件中，使用<VirtualHost>容器定义每一个虚拟主机，这与基于域名的虚拟主机配置步骤相似。

6．重启 Apache 服务器并测试

与基于域名的虚拟主机配置步骤相似。

11.5　项目五：Nginx 服务器的安装与配置

【项目描述】

管理员将根据 W 公司设计部需要再次发布“项目考核信息发布平台”的需求，在 Nginx 服务器上部署该站点。为了方便今后 W 公司内部网站的部署和管理，仍旧采用基于域名的虚拟主机来配置站点。

设置本地域名：http://exam.excesoft.com，站点根目录：/var/www/html/exam，首页为根目录下的 index.html 页面。

当前服务器的 IP 地址是 192.168.137.129，使用标准 80 端口。

效果：在浏览器地址栏输入 http://exam.excesoft.com，可以看到“项目考核信息发布平台”的首页。

【项目分析】

相对于 Apache 服务器，Nginx 服务器占用更少的内存及资源。由于其处理请求是异步非阻塞的，在高并发下能保持低资源、低消耗和高性能。

本项目首先使用 YUM 方式和源码包方式安装 Nginx 服务器，涉及的安装内容有 gcc-c++、pcre、pcre-devel、zlib、zlib-devel、openssl、openssl-devel 和 nginx，在服务器启动成功后，采用基于域名的虚拟主机方法，创建虚拟主机配置文件，内含虚拟主机监听的 IP 地址、端口、主机域名等信息，并修改 nginx.conf 配置文件，创建日志文件，修改/etc/hosts 配置文件，创建站点根目录及首页文件，从而实现该站点的配置。相关知识点见表 11.2。

表 11.2　相关知识点

序号	知识点	详见章节
1	了解 Nginx 服务器	11.5.1 节
2	掌握 Nginx 服务器的安装方法	11.5.2 节
3	理解 Nginx 服务器的虚拟主机概念	11.5.3 节
4	理解虚拟主机配置流程	11.5.3 节

【操作过程】

```
#dnf   install   gcc-c++                          //安装 gcc
#dnf   install   -y   pcre   pcre-devel           //安装 pcre 和 pcre-devel 库
#dnf   install   -y   zlib   zlib-devel           //安装 zlib 和 zlib-devel 库
#dnf   install   -y   openssl   openssl-devel     //安装 openssl 和 openssl-devel 库
#tar   -xzvf   nginx-1.26.2.tar.gz
#cd   nginx-1.26.2/
#./configure
#make
#make   install
#cd   /usr/local/nginx/sbin
#./nginx                                          //启动 nginx 服务器
#cd   /usr/local/nginx/conf
#mkdir   vhost
#cd   vhost
#vim   exam.conf   //创建虚拟主机配置文件，内含虚拟主机监听的 IP 地址、端口、主机域名等信
                    息，类似 Apache 服务器中的<VirtualHost>容器。文件内容如下：
   server{
       listen     192.168.137.129;
       server_name    http://exam.excesoft.com;
       access_log           /data/logs/http://exam.excesoft.com.log  main;
       error_log        /data/logs/http://exam.excesoft.com.error.log;
       location   / {
           root   /var/www/html/exam;
           index  index.html  index.htm;
   }
}
#vim   nginx.conf              //在 nginx.conf 文件最后一个花括号内部，增加语句
       include   vhost/*.conf
#mkdir   -p   /data/logs
#touch   /data/logs/http://exam.excesoft.com.log            //创建日志文件
#touch   /data/logs/http://exam.excesoft.com.error.log
#cd   /usr/local/nginx/sbin/
#./nginx   -t                                               //检查服务器配置
#./nginx                                                    //启动服务器
#vim   /etc/hosts                                           //在最后一行增加内容
    192.168.137.129          http://exam.excesoft.com
#mkdir   -p   /var/www/html/exam                            //创建站点根目录
```

此时打开浏览器，在地址栏输入 http://exam.excesoft.com，可以看到站点首页。

11.5.1 Nginx 服务器简介

Nginx 是一款高性能的 HTTP 和反向代理服务器，也是 IMAP/POP3/SMTP 服务器。Nginx 是由伊戈尔·赛索耶夫为俄罗斯访问量较大的 Rambler.ru 站点开发的，第一个公开版本 Nginx0.1.0 发布于 2004 年 10 月。Nginx 将源代码以类 BSD 许可证的形式发布，它因稳定性、丰富的功能集、示例配置文件和低系统资源的消耗而闻名。2017 年 1 月，Nginx 1.11.9 版本发布。Nginx 可以在大多数 UNIX 和 Linux 系统上编译运行，并有 Windows 移植版。

Nginx 具有很多优越的特性：

① 在连接高并发的情况下，Nginx 服务器是 Apache 服务器很好的替代品，它能够支持高达 50000 个并发连接数的响应。

② Nginx 服务器作为负载均衡服务器，既可以在内部直接支持 Rails 和 PHP 程序对外进行服务，也可以支持作为 HTTP 代理服务器对外进行服务。不论是系统资源开销还是 CPU 使用效率都比较优秀。

③ Nginx 源代码完全用 C 语言编写，已经移植到许多体系结构和操作系统中，包括 Linux、FreeBSD、Solaris、Mac OS X、AIX 及 Windows 等。Nginx 有自己的函数库，并且除 zlib、pcre 和 openssl 库外，标准模块只使用系统 C 库函数。而且，如果不需要或者考虑到潜在的授权冲突，可以不使用第三方库。

④ Nginx 服务器是一款安装简单、配置简洁、Bug 较少的服务器，几乎可以做到每天不间断运行。此外，还能够在不间断服务情况下进行软件版本的升级。

11.5.2 安装 Nginx 服务器

在一些 Linux 发行版本和 BSD 的各个变种版本的安装包中都有 Nginx，通过各个系统自带的软件包管理方法即可安装。需要注意的是，很多预先编译好的安装包都比较陈旧，大多数情况下还是推荐直接从源码包安装。

Nginx 在安装时存在模块依赖性：gzip 模块需要 zlib 库，rewrite 模块需要 pcre 库，SSL 功能需要 openssl 库。

1．gcc 环境安装

安装 Nginx，需要先将官网下载的源码包进行编译。编译依赖 gcc 环境，如果没有 gcc 环境，则需要安装 gcc 环境。通常 gcc 环境已经安装，如图 11.13 所示。

```
[root@localhost ~]# dnf install gcc-c++
Last metadata expiration check: 0:55:58 ago on 2024年10月22日 星期二 15时17分26秒.
Package gcc-c++-12.3.1-30.oe2403.x86_64 is already installed.
Dependencies resolved.
Nothing to do.
Complete!
```

图 11.13 提示 gcc 环境已经安装

2．语言兼容正则表达式安装

语言兼容正则表达式（Perl Compatible Regular Expressions，PCRE）是一个 perl 库，包括 perl 兼容的正则表达式库。Nginx 的 http 模块使用 pcre 库来解析正则表达式，所以需要在 openEuler 操作系统中安装 pcre 库，pcre-devel 是使用 pcre 库开发的一个二次开发库。安装 pcre 库和 pcre-devel 库如图 11.14 所示。

```
[root@localhost ~]# dnf install -y pcre pcre-devel
Last metadata expiration check: 0:57:53 ago on 2024年10月22日 星期二 15时17分26秒.
Package pcre-8.45-6.oe2403.x86_64 is already installed.
Dependencies resolved.
================================================================================
 Package            Architecture     Version                  Repository   Size
================================================================================
Installing:
 pcre-devel         x86_64           8.45-6.oe2403            OS           445 k

Transaction Summary
================================================================================
Install  1 Package

Total download size: 445 k
Installed size: 1.9 M
Downloading Packages:
pcre-devel-8.45-6.oe2403.x86_64.rpm                658 kB/s | 445 kB     00:00
--------------------------------------------------------------------------------
Total                                              655 kB/s | 445 kB     00:00
Running transaction check
Transaction check succeeded.
Running transaction test
Transaction test succeeded.
Running transaction
  Preparing        :                                                        1/1
  Installing       : pcre-devel-8.45-6.oe2403.x86_64                        1/1
  Running scriptlet: pcre-devel-8.45-6.oe2403.x86_64                        1/1
  Verifying        : pcre-devel-8.45-6.oe2403.x86_64                        1/1

Installed:
  pcre-devel-8.45-6.oe2403.x86_64

Complete!
```

图 11.14　安装 pcre 库和 pcre-devel 库

3．zlib 库安装

zlib 库提供了很多种压缩和解压缩方式，Nginx 使用 zlib 库对 http 包的内容进行解压缩，所以需要在 openEuler 操作系统中安装 zlib 库（默认已经安装），如图 11.15 所示。

```
[root@localhost ~]# dnf install -y zlib zlib-devel
Last metadata expiration check: 1:01:39 ago on 2024年10月22日 星期二 15时17分26秒.
Package zlib-1.2.13-2.oe2403.x86_64 is already installed.
Package zlib-devel-1.2.13-2.oe2403.x86_64 is already installed.
Dependencies resolved.
Nothing to do.
Complete!
```

图 11.15　已经安装 zlib 库

4．openssl 库安装

openssl 库是一个强大的安全套接字层密码库，涵盖主要的密码算法、常用的密钥和证书封装管理功能及 SSL 协议，并提供丰富的应用程序，供测试或其他目的使用。

Nginx 不仅支持 HTTP 协议，还支持 HTTPS[在安全套接字层协议（Secure Sockets Layer，SSL）上传输 HTTP 协议]，所以需要在 openEuler 操作系统中安装 openssl 库，如果已经默认升级安装，如图 11.16 所示。

5．Nginx 服务器安装

首先在 https://nginx.org/en/download.html 下载源码包 nginx-1.26.2.tar.gz，然后进行解压缩，操作过程如图 11.17 所示。

```
[root@localhost ~]# dnf install -y openssl openssl-devel
Last metadata expiration check: 1:02:42 ago on 2024年10月22日 星期二 15时17分26秒.
Package openssl-1:3.0.12-5.oe2403.x86_64 is already installed.
Package openssl-devel-1:3.0.12-5.oe2403.x86_64 is already installed.
Dependencies resolved.
================================================================================
 Package             Architecture    Version                 Repository      Size
================================================================================
Upgrading:
 openssl             x86_64          1:3.0.12-11.oe2403      update         347 k
 openssl-devel       x86_64          1:3.0.12-11.oe2403      update         4.7 M
 openssl-libs        x86_64          1:3.0.12-11.oe2403      update         2.4 M

Transaction Summary
================================================================================
Upgrade  3 Packages
```

图 11.16　升级 openssl 库部分截图

```
[root@localhost ~]# cd nginx-1.26.2.tar.gz
[root@localhost ~]# tar -xzvf nginx-1.26.2.tar.gz
```

图 11.17　解压源码包

接下来配置 Nginx 服务器，准备进行安装，安装过程采用传统的源码包的安装方法，如图 11.18 所示。

```
[root@localhost nginx-1.26.2]# ./configure
Configuration summary
  + using system PCRE2 library
  + OpenSSL library is not used
  + using system zlib library

  nginx path prefix: "/usr/local/nginx"
  nginx binary file: "/usr/local/nginx/sbin/nginx"
  nginx modules path: "/usr/local/nginx/modules"
  nginx configuration prefix: "/usr/local/nginx/conf"
  nginx configuration file: "/usr/local/nginx/conf/nginx.conf"
  nginx pid file: "/usr/local/nginx/logs/nginx.pid"
  nginx error log file: "/usr/local/nginx/logs/error.log"
  nginx http access log file: "/usr/local/nginx/logs/access.log"
  nginx http client request body temporary files: "client_body_temp"
  nginx http proxy temporary files: "proxy_temp"
  nginx http fastcgi temporary files: "fastcgi_temp"
  nginx http uwsgi temporary files: "uwsgi_temp"
  nginx http scgi temporary files: "scgi_temp"
[root@localhost nginx-1.26.2]# make
make -f objs/Makefile
make[1]: 进入目录"/root/nginx-1.26.2"
[root@localhost nginx-1.26.2]# make install
make -f objs/Makefile install
make[1]: 进入目录"/root/nginx-1.26.2"
```

图 11.18　安装源码包

在安装 Nginx 服务器后，首先执行#whereis　nginx 命令查找安装路径，根据安装路径启动 Nginx 服务器，如图 11.19 所示。

```
[root@localhost nginx-1.26.2]# whereis nginx
nginx: /etc/nginx /usr/local/nginx
[root@localhost nginx-1.26.2]# cd /usr/local/nginx/sbin/
[root@localhost sbin]# ./nginx
```

图 11.19　启动 Nginx 服务器

启动成功后，在浏览器可以看到如图 11.20 所示页面。

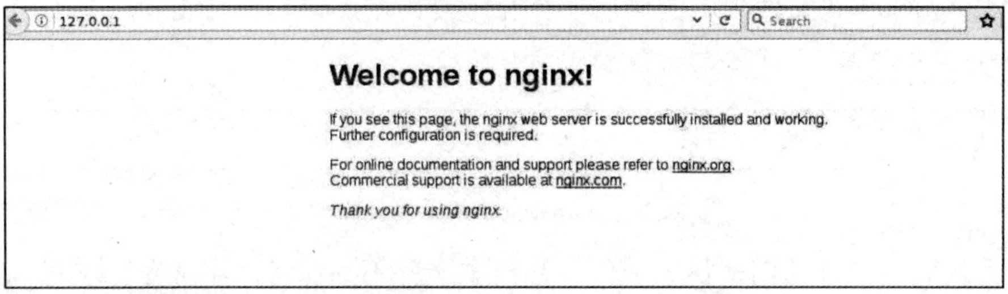

图 11.20　Nginx 服务器启动成功页面

11.5.3　配置 Nginx 服务器

与 Apache 服务器类似，Nginx 服务器支持多种虚拟主机配置方式，如基于 IP 地址的虚拟主机配置和基于域名的虚拟主机配置，本节主要以基于域名的虚拟主机配置为例说明此服务器的具体配置过程。例如，虚拟主机的域名为 www.test.com，IP 地址为 192.168.137.129，端口号为 80，站点目录为/data/www.test.com。

首先需要在/usr/local/nginx/conf 目录下新建目录 vhost，在 vhost 目录中新建虚拟主机配置文件。主要操作如图 11.21 所示。

```
[root@localhost ~]# cd /usr/local/nginx/conf
[root@localhost conf]# mkdir vhost
[root@localhost conf]# cd vhost
[root@localhost vhost]# vim www.test.com.conf
```

图 11.21　新建目录 vhost 和虚拟主机配置文件

利用 vim 编辑器编辑 www.test.com.conf 文件的内容，如图 11.22 所示。

```
server {
        listen 192.168.137.129:80;
        server_name www.test.com;
        access_log /data/logs/www.test.com.log.main;
        error_log /data/logs/www/test.com.error.log;
        location / {
                root /data/www.test.com;
                index index.html index.htm;
        }
}
```

图 11.22　www.test.com.conf 文件的内容

之后，将虚拟主机配置文件包含到主文件中，主文件是位于/usr/local/nginx/conf 目录下的 nginx.conf，利用 vim 命令打开文件，在 http 段中找到 log_format 及以下 3 行内容并删除每行前面的“#”，如图 11.23 所示。

```
http {
    include       mime.types;
    default_type  application/octet-stream;

    log_format  main  '$remote_addr - $remote_user [$time_local] "$request" '
                      '$status $body_bytes_sent "$http_referer" '
                      '"$http_user_agent" "$http_x_forwarded_for"';

    #access_log  logs/access.log  main;
```

图 11.23　nginx.conf 配置文件修改 1

此外，在 nginx.conf 文件末尾的最后一个花括号内增加语句：include /vhost/*.conf，如图 11.24 所示。

```
    include /vhost/*.conf;
}
```

图 11.24 nginx.conf 配置文件修改 2

完成以上内容后，开始创建日志文件，当日志文件不存在时，服务器无法正确启动。具体操作过程如图 11.25 所示。

```
[root@localhost vhost]# mkdir -p /data/logs
[root@localhost vhost]# touch /data/logs/www.test.com.log
[root@localhost vhost]# touch /data/logs/www.test.com.error.log
```

图 11.25 创建日志文件

最后进行 Nginx 服务器的测试。首先测试配置文件，具体操作如图 11.26 所示。

```
[root@localhost vhost]# cd /usr/local/nginx/sbin/
[root@localhost sbin]# ./nginx -t
nginx: the configuration file /usr/local/nginx/conf/nginx.conf syntax is ok
nginx: configuration file /usr/local/nginx/conf/nginx.conf test is successful
[root@localhost sbin]# ./nginx
```

图 11.26 测试配置文件

然后，在/etc/hosts 文件中添加域名和 IP 地址的对应关系，如图 11.27 所示，在/etc/hosts 中增加最后一行内容。

```
[root@localhost sbin]# vim /etc/hosts
127.0.0.1   localhost localhost.localdomain localhost4 localhost4.localdomain4
::1         localhost localhost.localdomain localhost6 localhost6.localdomain6
# See hosts(5) for proper format and other examples:
# 192.168.1.10 foo.example.org foo
# 192.168.1.13 bar.example.org bar
192.168.137.129         www.test.com
```

图 11.27 /etc/hosts 文件操作

若 Nginx 服务器可以正常启动，可以创建虚拟主机目录，并创建测试文件，如图 11.28 所示。

```
[root@localhost sbin]# mkdir -p /data/www.test.com
[root@localhost sbin]# vim /data/www.test.com/index.html
[root@localhost sbin]# cat /data/www.test.com/index.html
hello,this is index.html in /data/www.test.com/
```

图 11.28 创建虚拟主机目录

然后启动浏览器，在地址栏输入 http://192.168.137.129，可以看到 Nginx 服务器的主页显示内容为首页的内容。

习 题 11

1．选择题

（1）配置 Apache 服务器时，若要设置 Web 站点的首页，应在配置文件中通过（　　）配置语句来实现。

A．ServerRoot　　B．DocumentRoot　　C．Listen　　D．DirectoryIndex

（2）配置 Apache 服务器时，若要设置 Web 站点的监听端口号，应在配置文件中通过（　　）配置语句来实现。

A．ServerRoot　　B．Listen　　C．DocumentRoot　　D．DirectoryIndex

（3）配置 Apache 服务器时，配置文件中的 DocumentRoot 配置项用来设置（　　）。

A．Web 站点根目录的位置　　B．Web 站点的监听端口号

C．Web 站点的首页　　D．Web 站点的域名

（4）启动 Apache 服务器的命令是（　　）。

A．systemctl　start　httpd.service　　B．systemctl　restart　httpd.service

C．systemctl　status　httpd.service　　D．systemctl　stop　httpd.service

2．填空题

（1）Apache 服务器的配置文件所在路径是__________。

（2）Nginx 服务器的配置文件名称是__________。

（3）Apache 服务器的配置文件修改完成后，需要通过__________命令判断该配置是正确的。

3．简答题

（1）简述 Apache 服务器配置虚拟主机的方法。

（2）简述基于域名的虚拟主机和基于 IP 地址的虚拟主机两者之间的区别。

上机实践 11

1．在 Apache 服务器上创建 Web 站点/var/www/html/myjob，在 myjob 站点下创建站点首页 myjob.html，编辑页面内容为“It is my homepage !”。

效果：在浏览器地址栏输入 http://localhost 后，可以看到 myjob.html 页面内容。

2．配置基于 IP 地址的虚拟主机：在 192.168.75.128 地址上配置 test1 站点，域名为 www.test1.com，默认站点根目录为/var/www/html/test1，使用 80 端口；在 192.168.75.228 地址上配置 test2 站点，域名为 www.test2.com，默认站点根目录为/var/www/html/test2，使用 80 端口。

效果：在浏览器地址栏输入 http://www.test1.com，可以看到 test1 站点的首页；输入 http://www.test2.com，可以看到 test2 站点的首页。

3．配置 Nginx 服务器：设置本地域名为 www.test.com，站点根目录为/data/www.test.com，首页为根目录下的 index.html 页面。当前服务器的 IP 地址是 192.168.137.25，使用 80 端口。

效果：在浏览器地址栏输入 http://192.168.137.25，可以看到站点的首页。

第 12 章　数据库服务器

Linux 系统中可以安装多种关系数据库管理系统（Relational Database Management System，RDBMS），如 Oracle、MySQL、PostSQL 和 openGauss 等。其中，MySQL 是一个高性能、多线程、多用户、建立在客户/服务器结构上的 RDBMS，是专门为速度和稳定性而设计的小型数据库。openGauss 是一个由华为在 2020 年推出的企业级开源关系型数据库，旨在通过开源方式推动数据库技术的发展与创新，主要适用于交易型应用和物联网数据场景。本章将介绍在 openEuler 操作系统中安装并配置 MySQL 服务器和 openGauss 服务器的过程，主要包括以下知识点：

- MySQL 服务器的安装与测试（重点、难点）；
- 数据库的创建与操作（重点）；
- openGauss 服务器的安装与测试（重点、难点）。

12.1　项目一：MySQL 服务器的安装与测试

【项目描述】

W 公司设计部需要在服务器上部署一个用于发布项目考核信息的网站，在该网站上实现员工对考核内容的选择和考核成绩的查询等基本操作。为此，除需要部署前台相关的 Web 服务外，还需要部署后台的数据库服务。管理员选取目前比较常用的数据库 MySQL，因此需要对 MySQL 服务器进行安装并测试。

【项目分析】

该项目是搭建后台 MySQL 服务器的第一步，由于安装 MySQL 服务器需要的 RPM 包较多，存在包依赖的问题，因此这里采用 YUM 方式来完成安装。安装后，启动 MySQL 服务器并进行测试。相关知识点见表 12.1。

表 12.1　相关知识点

序号	知识点	详见章节
1	了解 MySQL 服务器	12.1.1 节
2	安装 MySQL 服务器的过程	12.1.2 节
3	管理 mysqld 服务	12.1.3 节
4	测试 MySQL 服务器	12.1.4 节
5	重置 MySQL 服务器管理员 root 的密码	12.1.5 节

【操作过程】

首先到 https://dev.mysql.com/downloads/repo/yum/ 上下载 MySQL 的 YUM 库文件：mysql84-community-release-el8-1.noarch.rpm，并安装到 openEuler 操作系统中。

```
#yum   localinstall   mysql84-community-release-el8-1.noarch.rpm      //安装 MySQL 资源
#yum   install   mysql-community-server          //安装 MySQL 服务器
```

```
#systemctl   start    mysqld.service     //开启 MySQL 服务器，注意服务器名为 mysqld
#systemctl   enable   mysqld.service     //设置 MySQL 服务器自启动
#cat /var/log/mysqld.log|grep password   //查看 MySQL 服务器中 root 用户的默认密码
2024-08-05T02:33:20.874910Z 6 [Note] [MY-010454] [Server] A temporary password is generated for root@localhost: pf7XHeAunX)A
#mysql -u root -p                        //使用默认密码“pf7XHeAunX)A”登录 MySQL 服务器
mysql>alter user root@localhost identified by 'Mysql123!'; //修改 root 登录 MySQL 服务器的密码
```

12.1.1　MySQL 服务器简介

MySQL 由瑞典 MySQLAB 公司开发，是一个开放源代码的小型关系数据库管理系统。关系数据库将数据保存在不同的表中，而不是将所有数据放在一个大仓库内，这样就增加了对数据库的访问速度并提高了灵活性。由于 MySQL 具有体积小、速度快、成本低等特点，因此许多中小型网站为了降低网站总体成本而选择 MySQL 作为网站数据库。

12.1.2　安装 MySQL 服务器

由于安装 MySQL 服务器涉及的软件包较多，相互之间存在包依赖，因此这里采用 YUM 方式来安装。首先需要到 https://dev.mysql.com/downloads/repo/yum/上下载 MySQL 的 YUM 库文件：mysql84-community-release-el8-1.noarch.rpm，然后进行安装，安装命令如下，安装过程如图 12.1 所示。

```
#yum localinstall mysql84-community-release-el8-1.noarch.rpm
```

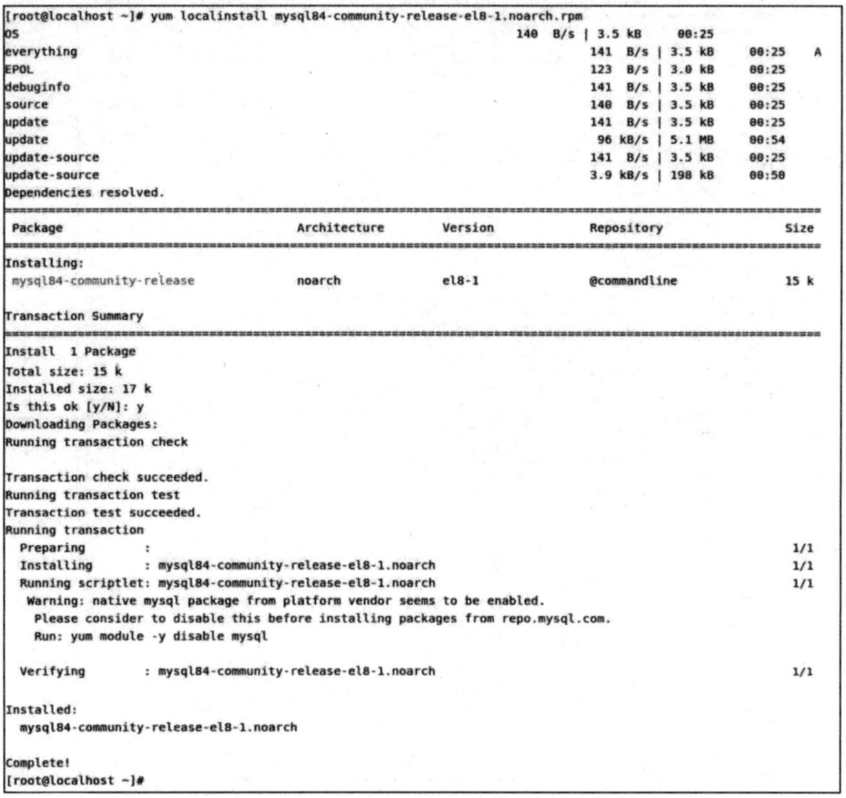

```
[root@localhost ~]# yum localinstall mysql84-community-release-el8-1.noarch.rpm
OS                                               140  B/s | 3.5 kB     00:25
everything                                       141  B/s | 3.5 kB     00:25    A
EPOL                                             123  B/s | 3.0 kB     00:25
debuginfo                                        141  B/s | 3.5 kB     00:25
source                                           140  B/s | 3.5 kB     00:25
update                                           141  B/s | 3.5 kB     00:25
update                                            96 kB/s | 5.1 MB     00:54
update-source                                    141  B/s | 3.5 kB     00:25
update-source                                    3.9 kB/s | 198 kB     00:50
Dependencies resolved.
================================================================================
 Package                      Architecture  Version   Repository         Size
================================================================================
Installing:
 mysql84-community-release    noarch        el8-1     @commandline       15 k

Transaction Summary
================================================================================
Install  1 Package
Total size: 15 k
Installed size: 17 k
Is this ok [y/N]: y
Downloading Packages:
Running transaction check

Transaction check succeeded.
Running transaction test
Transaction test succeeded.
Running transaction
  Preparing        :                                                        1/1
  Installing       : mysql84-community-release-el8-1.noarch                 1/1
  Running scriptlet: mysql84-community-release-el8-1.noarch                 1/1
   Warning: native mysql package from platform vendor seems to be enabled.
    Please consider to disable this before installing packages from repo.mysql.com.
    Run: yum module -y disable mysql

  Verifying        : mysql84-community-release-el8-1.noarch                 1/1

Installed:
  mysql84-community-release-el8-1.noarch

Complete!
[root@localhost ~]#
```

图 12.1　MySQL 的 YUM 库安装过程

在安装 mysql84-community-release-el8-1.noarch.rpm 后，可以使用下面的命令来检查 MySQL 服务器的 YUM 库安装是否正确，安装正确的执行结果如图 12.2 所示。

```
#yum repolist enabled | grep "mysql"
```

```
[root@localhost ~]# yum repolist enabled | grep "mysql"
mysql-8.4-lts-community                    MySQL 8.4 LTS Community Server
mysql-connectors-community                 MySQL Connectors Community
mysql-tools-8.4-lts-community              MySQL Tools 8.4 LTS Community
```

图 12.2　YUM 库安装正确的执行结果

然后执行#yum　install　mysql-community-server 命令安装 MySQL 服务器，在此过程中会安装多个软件包，直到出现安装成功提示，如图 12.3 所示。

```
[root@localhost ~]# yum  install  mysql-community-server
MySQL 8.4 LTS Community Server                          8.2 kB/s | 425 kB     00:52
MySQL Connectors Community                              2.6 kB/s | 135 kB     00:51
MySQL Tools 8.4 LTS Community                           3.7 kB/s | 193 kB     00:52
Last metadata expiration check: 0:00:01 ago on 2024年08月05日 星期一 10时22分55秒.
Dependencies resolved.
================================================================================
 Package                         Architecture Version            Repository                 Size
================================================================================
Installing:
 mysql-community-server          x86_64       8.4.2-1.el8        mysql-8.4-lts-community    61 M
Installing dependencies:
 compat-openssl11-libs           x86_64       1:1.1.1m-10.oe2403 OS                        1.4 M
 mysql-community-client          x86_64       8.4.2-1.el8        mysql-8.4-lts-community    15 M
 mysql-community-client-plugins  x86_64       8.4.2-1.el8        mysql-8.4-lts-community   4.6 M
 mysql-community-common          x86_64       8.4.2-1.el8        mysql-8.4-lts-community   692 k
 mysql-community-icu-data-files  x86_64       8.4.2-1.el8        mysql-8.4-lts-community   2.2 M
 mysql-community-libs            x86_64       8.4.2-1.el8        mysql-8.4-lts-community   1.5 M
 net-tools                       x86_64       2.10-4.oe2403      OS                        199 k
Transaction Summary
================================================================================
Install  8 Packages

Total download size: 86 M
Installed size: 397 M
Is this ok [y/N]: y
Downloading Packages:
(1/8): mysql-community-common-8.4.2-1.el8.x86_64.rpm             26 kB/s | 692 kB     00:26
(2/8): mysql-community-icu-data-files-8.4.2-1.el8.x86_64.rpm    511 kB/s | 2.2 MB     00:04
(3/8): mysql-community-libs-8.4.2-1.el8.x86_64.rpm              600 kB/s | 1.5 MB     00:02
(4/8): mysql-community-client-plugins-8.4.2-1.el8.x86_64.rpm    139 kB/s | 4.6 MB     00:34
(5/8): mysql-community-client-8.4.2-1.el8.x86_64.rpm            364 kB/s |  15 MB     00:40
(6/8): net-tools-2.10-4.oe2403.x86_64.rpm                       7.9 kB/s | 199 kB     00:25
(7/8): compat-openssl11-libs-1.1.1m-10.oe2403.x86_64.rpm         42 kB/s | 1.4 MB     00:33
(8/8): mysql-community-server-8.4.2-1.el8.x86_64.rpm            1.6 MB/s |  61 MB     00:37
--------------------------------------------------------------------------------
Total                                                           1.2 MB/s |  86 MB     01:11
MySQL 8.4 LTS Community Server                                  188 kB/s | 3.1 kB     00:00
Importing GPG key 0xA8D3785C:
 Userid     : "MySQL Release Engineering <mysql-build@oss.oracle.com>"
 Fingerprint: BCA4 3417 C3B4 85DD 128E C6D4 B7B3 B788 A8D3 785C
 From       : /etc/pki/rpm-gpg/RPM-GPG-KEY-mysql-2023
Is this ok [y/N]: y
Key imported successfully
Running transaction check
Transaction check succeeded.
Running transaction test
Transaction test succeeded.
Running transaction
  Preparing        :                                                          1/1
  Installing       : compat-openssl11-libs-1:1.1.1m-10.oe2403.x86_64          1/8
  Running scriptlet: compat-openssl11-libs-1:1.1.1m-10.oe2403.x86_64          1/8
  Installing       : mysql-community-client-plugins-8.4.2-1.el8.x86_64        2/8
  Installing       : mysql-community-common-8.4.2-1.el8.x86_64                3/8
  Installing       : mysql-community-libs-8.4.2-1.el8.x86_64                  4/8
  Running scriptlet: mysql-community-libs-8.4.2-1.el8.x86_64                  4/8
  Installing       : mysql-community-client-8.4.2-1.el8.x86_64                5/8
  Installing       : net-tools-2.10-4.oe2403.x86_64                           6/8
  Running scriptlet: net-tools-2.10-4.oe2403.x86_64                           6/8
  Installing       : mysql-community-icu-data-files-8.4.2-1.el8.x86_64        7/8
  Running scriptlet: mysql-community-server-8.4.2-1.el8.x86_64                8/8
  Installing       : mysql-community-server-8.4.2-1.el8.x86_64                8/8
  Running scriptlet: mysql-community-server-8.4.2-1.el8.x86_64                8/8
/usr/lib/tmpfiles.d/dbus.conf:13: Line references path below legacy directory /var/run/, updating /var/run/dbus/
containers → /run/dbus/containers; please update the tmpfiles.d/ drop-in file accordingly.

  Verifying        : mysql-community-client-8.4.2-1.el8.x86_64                1/8
  Verifying        : mysql-community-client-plugins-8.4.2-1.el8.x86_64        2/8
  Verifying        : mysql-community-common-8.4.2-1.el8.x86_64                3/8
  Verifying        : mysql-community-icu-data-files-8.4.2-1.el8.x86_64        4/8
  Verifying        : mysql-community-libs-8.4.2-1.el8.x86_64                  5/8
  Verifying        : mysql-community-server-8.4.2-1.el8.x86_64                6/8
  Verifying        : compat-openssl11-libs-1:1.1.1m-10.oe2403.x86_64          7/8
  Verifying        : net-tools-2.10-4.oe2403.x86_64                           8/8

Installed:
  compat-openssl11-libs-1:1.1.1m-10.oe2403.x86_64        mysql-community-client-8.4.2-1.el8.x86_64
  mysql-community-client-plugins-8.4.2-1.el8.x86_64      mysql-community-common-8.4.2-1.el8.x86_64
  mysql-community-icu-data-files-8.4.2-1.el8.x86_64      mysql-community-libs-8.4.2-1.el8.x86_64
  mysql-community-server-8.4.2-1.el8.x86_64              net-tools-2.10-4.oe2403.x86_64

Complete!
[root@localhost ~]#
```

图 12.3　MySQL 服务器的安装过程

12.1.3 管理 mysqld 服务

MySQL 服务器安装成功后，需要启动相应的服务才能做进一步的操作。管理 MySQL 服务器的服务是 mysqld。可以采用 systemctl 命令对其进行管理，常见操作包括启动、停止、重新启动、查看、设置自启动等，相关命令依次如下：

```
#systemctl  start   mysqld.service        //启动 mysqld 服务
#systemctl  stop    mysqld.service        //停止 mysqld 服务
#systemctl  restart  mysqld.service       //重新启动 mysqld 服务
#systemctl  status  mysqld.service        //查看 mysqld 服务状态
#systemctl  enable  mysqld.service        //设置 mysqld 服务开机自启动
#systemctl  disable  mysqld.service       //禁止 mysqld 服务开机自启动
```

12.1.4 测试登录 MySQL 服务器

MySQL 服务器在安装过程中除创建数据库超级管理员“root@localhost”外，还为数据库超级管理员生成了默认的密码，该密码保存在/var/log/mysqld.log 文件中，如图 12.4 所示默认密码是“pf7XHeAunX)A”。

```
[root@localhost ~]# cat /var/log/mysqld.log|grep password
2024-08-05T02:33:20.874910Z 6 [Note] [MY-010454] [Server] A temporary password is
generated for root@localhost: pf7XHeAunX)A
```

图 12.4 查看数据库超级管理员 root@localhost 的默认密码

启动 MySQL 服务器后，运行#mysql -u root -p 命令并使用默认密码“pf7XHeAunX)A”登录，出现 mysql>提示符，表示登录成功，如图 12.5 所示。

```
[root@localhost ~]# mysql -u root -p
Enter password:
Welcome to the MySQL monitor.  Commands end with ; or \g.
Your MySQL connection id is 11
Server version: 8.4.2 MySQL Community Server - GPL

Copyright (c) 2000, 2024, Oracle and/or its affiliates.

Oracle is a registered trademark of Oracle Corporation and/or its
affiliates. Other names may be trademarks of their respective
owners.

Type 'help;' or '\h' for help. Type '\c' to clear the current input statement.

mysql>
```

图 12.5 成功登录 MySQL 服务器

12.1.5 重置 MySQL 服务器管理员 root 的密码

测试登录 MySQL 服务器成功后，需要重置 root 的密码，才能执行其他操作。在设置密码时，注意 MySQL 服务器的默认密码策略要求密码必须包含大小写字母、数字和特殊符号，并且长度不能少于 8 位，否则会提示“ERROR 1819 (HY000): Your password does not satisfy the current policy requirements”错误。

重置 root 密码操作如图 12.6 所示。

```
mysql> alter user root@localhost identified by 'Mysql123!';
Query OK, 0 rows affected (0.00 sec)
```

图 12.6　重置 root 密码操作

12.2　项目二：数据库的创建与使用

【项目描述】

在 12.1 节项目一的基础上，管理员准备在 MySQL 服务器中创建项目考核信息发布网站需要的数据库（couman）和相关数据表。数据表包括：employee（员工信息）表、exam（考核内容）表、scores（员工考核信息）表，各个表的结构如下。

employee 表，字段：eno（员工号）、ename（姓名）、sex（性别）、progroups（项目组）。

exam 表，字段：exid（内容序号）、cname（考核内容）。

scores 表，字段：scid（序号）、eno（员工号）、exid（内容序号）、score（成绩）。

数据表创建成功后，管理员将对数据进行增、删、改、查的测试。

【项目分析】

本项目主要涉及 MySQL 服务器中基本的 SQL 操作，首先需要创建数据库（couman）和数据表：employee 表、exam 表、scores 表，在创建数据表时要完成对数据完整性的约束，然后对数据进行测试。相关知识点主要涉及 MySQL 服务器的使用和 SQL 语言，见表 12.2。

表 12.2　相关知识点

序号	知识点	详见章节
1	数据库的创建	12.2.1 节
2	数据表的创建	12.2.2 节
3	对数据的增、删、改、查操作	12.2.3 节

【操作过程】

```
#mysql   -u   root   -p                    //登录 MySQL 服务器
mysql>create database couman;              //创建 couman 数据库
mysql>show databases;                      //显示目前所有数据库的列表
mysql>use couman;                          //选择 couman 数据库
mysql>create table employee (eno varchar(10) not null,ename varchar(30) not null, sex int(5) default   0 ,
progroups varchar(20),primary key(eno));   //创建 employee 表，eno、ename 字段不为空，sex 字段默认值为 0
mysql>describe employee ;                  //查看 employee 表结构
mysql>create table exam(exid varchar(10) not null,exname varchar(50) not null ,primary key (exid));
                                           //创建 exam 表，exid、exname 字段不为空
mysql>describe exam;                       //查看 exam 表结构
mysql>create table scores(scid int(10) not null auto_increment,eno varchar(10) not null,exid varchar(10) not
null,score int(5),primary key (scid), constraint foreign key (exid) references exam(exid) , constraint foreign key (eno)
references employee(eno));     //创建 scores 表，设置 scid 字段为自动递增主键，eno、exid 字段为外键，不为空
mysql>describe scores;                     //查看 scores 表结构
mysql>show tables;                         //显示所有的表
mysql>insert into employee   (eno,ename,sex,progroups) values(1001,'wangli',1,'dgroup01');
```

```
                                  //向 employee 表插入数据
mysql>insert into employee  (eno,ename,sex,progroups) values(1002,'liuning',1,'dgroup01');
mysql>insert into employee  (eno,ename,sex,progroups) values(1003,'zhangqi',0,'dgroup02');
mysql>select * from employee;       //查看 employee 表中内容
mysql>insert into exam (exid,exname) values(10001,'test');      //向 exam 表插入数据
mysql>insert into exam (exid,exname) values(10002,'program');
mysql>insert into exam (exid,exname) values(10003,'english');
mysql>select * from exam;           //查看 exam 表中内容
mysql>insert into scores (eno,exid,score) values(1001,10001,87);     //向 scores 表插入数据
mysql>insert into scores (eno,exid,score) values(1001,10002,94);
mysql>insert into scores (eno,exid,score) values(1002,10003,72);
mysql>insert into scores (eno,exid,score) values(1003,10001,85);
mysql>select * from scores;         //查看 scores 表中内容
```

12.2.1 数据库操作

在使用数据库存储数据之前，首先要完成数据库的创建，然后在数据库中创建数据表，才能通过对数据的增、删、改、查来完成对数据库信息的使用。作为数据库管理员，还需要对数据库的权限、备份等进行管理，这些由结构化查询语言（Structured Query Language，SQL）完成。

对数据库的常用操作包括创建数据库、选择数据库和删除数据库。

1．创建数据库

登录数据库后，使用“create database 数据库名;”完成对数据库的创建。然后可以使用“show databases;”命令来查看目前所有数据库的信息，如图 12.7 所示。

```
mysql> create database couman;
Query OK, 1 row affected (0.03 sec)

mysql> show databases;
+--------------------+
| Database           |
+--------------------+
| couman             |
| information_schema |
| mysql              |
| performance_schema |
| sys                |
+--------------------+
5 rows in set (0.05 sec)
```

图 12.7　创建并显示数据库

MySQL 服务器默认自带 4 个数据库：information_schema 数据库，提供了访问数据库元数据的方式；mysql 数据库，存储授权表；performance_schema 数据库，存储数据库性能参数；sys 数据库，存储数据库性能数据，可以用来提升数据库的性能。

2．选择数据库

当需要对某一数据库进行操作时，首先需要选择该数据库，使用“use 数据库名;”命令来完成。选择 couman 数据库的操作如图 12.8 所示。

```
mysql> use couman;
Database changed
```

图 12.8　选择 couman 数据库

3．删除数据库

使用“drop database 数据库名;”命令删除指定数据库。删除 couman 数据库的操作如图 12.9 所示，删除数据库时，连同数据库里的所有数据表（包括其中的数据）和数据库目录都将被删除。

```
mysql> drop database couman;
Query OK, 0 rows affected (0.01 sec)
```

图 12.9　删除 couman 数据库

当删除不存在的数据库时，会提示错误信息。为了避免这种情况的发生，可以在命令中添加 if exists 子句，如图 12.10 所示。

```
mysql> drop database couman;
ERROR 1008 (HY000): Can't drop database 'couman'; database doesn't exist
mysql> drop database if exists couman;
Query OK, 0 rows affected, 1 warning (0.00 sec)
```

图 12.10　使用 if exists 子句删除 couman 数据库

12.2.2　数据表操作

创建数据库后，需要进一步创建和管理数据表。每个表由行和列组成，每一行是一条记录，每条记录包含多个列（字段）。对数据表的常用操作包括创建表、修改表、复制表和删除表。

1．创建表

创建表的 SQL 语句格式：

```
create table 表名(字段名 1 字段类型[字段约束],
                  字段名 2 字段类型[字段约束],...,
                  字段名 n 字段类型[字段约束],
                  [表约束]) [Type|Engine=表类型|存储引擎];
```

其中，字段类型也称作列类型，规定了某个字段所允许输入的数据类型。常用的字段类型见表 12.3。

字段约束用于进一步约束某个字段允许输入的数据，常见的字段约束见表 12.4。

表 12.3　常用的字段类型

字段类型	说明
INT	整型，4 字节
FLOAT	数值类型，支持浮点数或小数
DOUBLE	数值类型，支持双精度浮点数
TIME	HH:MM:SS 格式的时间字段
DATE	YYYYMMDD 格式的日期字段
CHAR(n)	固定长度字符串类型，最大长度为 255
VARCHAR(n)	可变长度字符串类型，最大长度为 255
YEAR	YYYY 或 YY 格式的年字段
BLOB	可变数据的二进制类型
ENUM	枚举型

表 12.4　常见的字段约束

字段约束	说明
Null（或 Not Null）	允许字段为空或不为空，默认为 Null
Default	指定字段的默认值
Auto_Increment	设置 INT 型字段能够自动生成递增 1 的整数

表约束用于确定表的主键、外键和索引等，见表 12.5。

表类型指明了表中数据的存储格式，MySQL 支持多个存储引擎作为不同类型的处理器。默认为“MyISAM”处理器，对应的存储引擎为“MyISAM”。表 12.6 列出了常用的表存储引擎。

表 12.5　表约束

表约束	说明
Primary Key	指定主键
Foreign Key	指定外键
Index	指定索引
Unique	指定唯一索引
Fulltext	指定全文索引

表 12.6　常用的表存储引擎

表存储引擎	说明
ARCHIVE	档案存储引擎
BDB	带页面锁定的事物安全表
CSV	值之间用逗号隔开的表
EXAMPLE	示例引擎
MyISAM	二进制存储引擎

一旦数据库创建成功，会在/var/lib/mysql 目录下生成一个与数据库同名的目录。数据表创建成功后，会在该目录中生成“表名.frm”文件表示新建的表格式，“表名.MYD”文件表示数据信息，“表名.MYI”文件表示索引，见表 12.7。

表 12.7　MyISAM 表文件

文件	说明
表名.frm	表格式（定义）文件
表名.MYD	数据文件
表名.MYI	索引文件

在项目二中创建 employee（员工信息）表，字段：eno（员工号）、ename（姓名）、sex（性别）、progroups（项目组）；

exam（考核内容）表，字段：exid（内容序号）、exname（考核内容）；

scores（员工考核信息）表，字段：scid（序号）、eno（员工号）、exid（内容序号）、score（成绩）。

创建过程如图 12.11 至图 12.13 所示。

```
mysql> create table employee (eno varchar(10) not null,ename varchar(30) not null
, sex int(5) default  0 , progroups varchar(20),primary key(eno));
Query OK, 0 rows affected, 1 warning (0.02 sec)

mysql> describe employee;
+-----------+-------------+------+-----+---------+-------+
| Field     | Type        | Null | Key | Default | Extra |
+-----------+-------------+------+-----+---------+-------+
| eno       | varchar(10) | NO   | PRI | NULL    |       |
| ename     | varchar(30) | NO   |     | NULL    |       |
| sex       | int         | YES  |     | 0       |       |
| progroups | varchar(20) | YES  |     | NULL    |       |
+-----------+-------------+------+-----+---------+-------+
4 rows in set (0.01 sec)
```

图 12.11　创建 employee 表

```
mysql> create table exam(exid varchar(10) not null,exname varchar(50) not null ,
primary key (exid));
Query OK, 0 rows affected (0.03 sec)

mysql> describe exam;
+--------+-------------+------+-----+---------+-------+
| Field  | Type        | Null | Key | Default | Extra |
+--------+-------------+------+-----+---------+-------+
| exid   | varchar(10) | NO   | PRI | NULL    |       |
| exname | varchar(50) | NO   |     | NULL    |       |
+--------+-------------+------+-----+---------+-------+
2 rows in set (0.00 sec)
```

图 12.12　创建 exam 表

```
mysql> create table scores(scid int(10) not null auto_increment,eno varchar(10) not
 null,exid varchar(10) not null,score int(5),primary key (scid), constraint foreign
 key (exid) references exam(exid) , constraint foreign key (eno) references employe
e(eno));
Query OK, 0 rows affected, 2 warnings (0.01 sec)

mysql> describe scores;
+-------+-------------+------+-----+---------+----------------+
| Field | Type        | Null | Key | Default | Extra          |
+-------+-------------+------+-----+---------+----------------+
| scid  | int         | NO   | PRI | NULL    | auto_increment |
| eno   | varchar(10) | NO   | MUL | NULL    |                |
| exid  | varchar(10) | NO   | MUL | NULL    |                |
| score | int         | YES  |     | NULL    |                |
+-------+-------------+------+-----+---------+----------------+
4 rows in set (0.00 sec)

mysql> show tables;
+------------------+
| Tables_in_couman |
+------------------+
| employee         |
| exam             |
| scores           |
+------------------+
3 rows in set (0.00 sec)
```

图 12.13 创建 scores 表

其中，“describe 表名”用于查看所创建的表的结构，“show tables”用于列出已经创建的表。

2．复制表

复制表的 SQL 语句格式：

```
create table 新表名 like 原表名;
```

复制的内容包括表结构、表中的数据和约束。

例如，将 employee_info 表复制为另一个 employee 表，如图 12.14 所示。

```
mysql> create  table employee_info  like employee;
Query OK, 0 rows affected (0.02 sec)

mysql> show tables;
+------------------+
| Tables_in_couman |
+------------------+
| employee         |
| employee_info    |
| exam             |
| scores           |
+------------------+
4 rows in set (0.00 sec)
```

图 12.14 将 employee_info 表复制为另一个 employee 表

3．删除表

删除表的 SQL 语句格式：

```
drop table 表名 1[,表名 2,...];
```

用于删除一个或多个已存在的表，表结构和表中的数据都将被删除。

例如，删除 employee_info 表，如图 12.15 所示。

12.2.3 处理表数据

创建数据库和表后，下一步是处理数据。一般情况下，需要使用 SQL 语句来插入、更新、查询和删除数据库中的记录，在这里仅作简单介绍。

```
mysql> drop  table  employee_info;
Query OK, 0 rows affected (0.02 sec)

mysql> show tables;
+-------------------+
| Tables_in_couman |
+-------------------+
| employee          |
| exam              |
| scores            |
+-------------------+
3 rows in set (0.00 sec)
```

图 12.15　删除 employee_info 表

1. 插入记录

插入记录的 SQL 语句格式：

```
insert into  表名 (字段 1,字段 2,...,字段 n)
    values (字段 1 的值,字段 2 的值,...,字段 n 的值);
```

例如，分别向 employee 表、exam 表、scores 表中插入记录，如图 12.16 至图 12.18 所示。

```
mysql> insert into employee  (eno,ename,sex,progroups) values(1001,'wangli',1,'dgroup01');
Query OK, 1 row affected (0.00 sec)

mysql> insert into employee  (eno,ename,sex,progroups) values(1002,'liuning',1,'dgroup01');

Query OK, 1 row affected (0.00 sec)

mysql> insert into employee  (eno,ename,sex,progroups) values(1003,'zhangqi',0,'dgroup02');

Query OK, 1 row affected (0.01 sec)

mysql> select * from employee;
+------+---------+------+-----------+
| eno  | ename   | sex  | progroups |
+------+---------+------+-----------+
| 1001 | wangli  |    1 | dgroup01  |
| 1002 | liuning |    1 | dgroup01  |
| 1003 | zhangqi |    0 | dgroup02  |
+------+---------+------+-----------+
3 rows in set (0.00 sec)
```

图 12.16　向 employee 表中插入记录

```
mysql> insert into exam (exid,exname) values(10001,'test');
Query OK, 1 row affected (0.00 sec)

mysql> insert into exam (exid,exname) values(10002,'program');
Query OK, 1 row affected (0.00 sec)

mysql> insert into exam (exid,exname) values(10003,'english');
Query OK, 1 row affected (0.03 sec)

mysql> select * from exam;
+-------+---------+
| exid  | exname  |
+-------+---------+
| 10001 | test    |
| 10002 | program |
| 10003 | english |
+-------+---------+
3 rows in set (0.00 sec)
```

图 12.17　向 exam 表中插入记录

```
mysql> insert into scores (eno,exid,score) values(1001,10001,87);
Query OK, 1 row affected (0.01 sec)

mysql> insert into scores (eno,exid,score) values(1001,10002,94);
Query OK, 1 row affected (0.01 sec)

mysql> insert into scores (eno,exid,score) values(1002,10003,72);
Query OK, 1 row affected (0.01 sec)

mysql> insert into scores (eno,exid,score) values(1003,10001,85);
Query OK, 1 row affected (0.01 sec)

mysql> select * from scores;
+------+------+-------+-------+
| scid | eno  | exid  | score |
+------+------+-------+-------+
|    1 | 1001 | 10001 |    87 |
|    2 | 1001 | 10002 |    94 |
|    3 | 1002 | 10003 |    72 |
|    4 | 1003 | 10001 |    85 |
+------+------+-------+-------+
4 rows in set (0.00 sec)
```

图 12.18　向 scores 表中插入记录

2. 更新记录

更新记录的 SQL 语句格式：

```
update 表名 set 字段名 1=值,字段名 2=值,...,字段名 n=值,where 匹配条件;
```

例如，修改 employee 表中 wangli 的姓名为 wanglili，项目组改为 dgroup02，如图 12.19 所示。

```
mysql> update  employee set ename='wanglili',progroups='dgroup02' where ename='wangli';
Query OK, 1 row affected (0.01 sec)
Rows matched: 1  Changed: 1  Warnings: 0

mysql> select * from employee;
+------+----------+------+-----------+
| eno  | ename    | sex  | progroups |
+------+----------+------+-----------+
| 1001 | wanglili |    1 | dgroup02  |
| 1002 | liuning  |    1 | dgroup01  |
| 1003 | zhangqi  |    0 | dgroup02  |
+------+----------+------+-----------+
3 rows in set (0.00 sec)
```

图 12.19　更新 employee 表中的记录

3. 查询记录

查询记录的 SQL 语句格式：

```
select  字段名  from  表名  where 匹配条件;
```

例如，查询 employee 表中所有员工的姓名，如图 12.20 所示。

```
mysql> select ename from employee;
+----------+
| ename    |
+----------+
| wanglili |
| liuning  |
| zhangqi  |
+----------+
3 rows in set (0.00 sec)
```

图 12.20　查询 employee 表中的记录

4. 删除记录

删除记录的 SQL 语句格式：

```
delete from 表名 where 匹配条件;
```

例如，删除 scores 表中 wanglili 员工的所有信息，如图 12.21 所示。

```
mysql> delete from scores where eno=(select eno from employee where ename='wanglili');
Query OK, 2 rows affected (0.00 sec)

mysql> select * from scores;
+------+------+-------+-------+
| scid | eno  | exid  | score |
+------+------+-------+-------+
|    3 | 1002 | 10003 |    72 |
|    4 | 1003 | 10001 |    85 |
+------+------+-------+-------+
2 rows in set (0.00 sec)
```

图 12.21　删除 scores 表中的记录

12.3　项目三：openGauss 服务器的安装与远程测试

【项目描述】

openGauss 是华为自主创新研发的分布式关系型数据库。管理员尝试在 openEuler 操作系统下部署 openGauss 服务器，以获取对数据存储和共享的高可用性、高可靠性和高安全性，以便后续更好地为公司的发展服务。

【项目分析】

由于 openGauss 服务器内嵌在 openEuler 操作系统中，如果在安装 openEuler 操作系统时没有勾选 openGauss 服务器，可以使用 YUM 方式来完成安装。安装后，需要对 openGauss 服务器进行配置。基本操作分为如下步骤：

（1）安装 openGauss 数据库并登录；

（2）配置 pg_hba.conf 和 postgresql.conf 文件；

（3）创建远程登录账号，并授予 sysadmin 角色；

（4）测试。

相关知识点见表 12.8。

表 12.8　相关知识点

序号	知识点	详见章节
1	了解 openGauss 服务器	12.4.1 节
2	安装 openGauss 服务器的过程	【操作过程】
3	openGauss 服务器管理	12.4.2 节
4	测试 openGauss 服务器	【操作过程】

【操作过程】

第 1 步：安装 openGauss 服务器并登录

```
# yum install opengauss -y        //安装 openGauss 服务器
# su - opengauss                  //使用 opengauss 用户管理 openGauss 服务器
```

由于 root 用户拥有系统的最高权限，因此如果数据库服务被攻破，攻击者可能会利用 root 权限对整个系统造成严重影响，所以 openGauss 不允许使用 root 用户运行。在安装 openGauss 服务器时会默认创建管理员账号 opengauss，用来对数据库进行管理。因此对数据库操作前要切换到 opengauss 账号下，如图 12.22 所示。

```
[root@localhost ~]# su - opengauss
上一次登录： 2024年08月05日 星期一 18:23:04 CST


Welcome to 6.6.0-28.0.0.34.oe2403.x86_64

System information as of time:  2024年 08月 05日 星期一 18:44:05 CST

System load:     [redacted]
Memory used:     53.9%
Swap used:       7.2%
Usage On:        27%
IP address:      192.168.137.129
Users online:    1
To run a command as administrator(user "root"),use "sudo <command>".
[opengauss@localhost ~]$
```

图 12.22　切换到 opengauss 账号

执行如下命令登录 openGauss 服务器，如图 12.23 所示，出现“openGauss=#”提示行，输入的命令以“;”结尾，按回车键后开始执行。

```
$ gsql -d postgres -r               //登录 openGauss 服务器
```

```
[opengauss@localhost ~]$ gsql -d postgres -r
gsql ((openGauss 2.1.0 build ) compiled at 2024-05-25 10:08:17 commit 0 last mr  )
Non-SSL connection (SSL connection is recommended when requiring high-security)
Type "help" for help.

openGauss=#
```

图 12.23　登录 openGauss 服务器

输入“\l”命令后查看已有数据库，提示“ERROR: Please use "ALTER ROLE user_name PASSWORD 'password';" to set the password of user opengauss before other operation!”，需要为初次登录的 opengauss 账号修改密码，方可正常使用，如图 12.24 所示。

```
openGauss=# \l
ERROR:  Please use "ALTER ROLE user_name PASSWORD 'password';" to set the password
 of user opengauss before other operation!
openGauss=#
```

图 12.24　提示初次登录修改密码

修改 opengauss 账号密码后，继续查看已有数据库。默认创建了 postgres 数据库，后期测试时连接该数据库即可，如图 12.25 所示。

```
openGauss=# alter role opengauss password 'Mysql123!';
```

执行“\q”命令后退出 openGauss 服务器，返回[opengauss@localhost ~]$下。

第 2 步：配置 pg_hba.conf 和 postgresql.conf 文件

编辑 pg_hba.conf 文件，添加对应的 IP 白名单记录，例如允许所有 IP 地址以 md5 加密方式连接数据库，如图 12.26 所示：

```
[opengauss@localhost ~]$ cd data
[opengauss@localhost data]$ vi pg_hba.conf
    host all all 0.0.0.0/0 md5
```

```
openGauss=#  alter role opengauss password 'Mysql123!';
ALTER ROLE
openGauss=# \l
                                  List of databases
   Name    |   Owner   | Encoding |   Collate   |    Ctype    |     Access privileges
-----------+-----------+----------+-------------+-------------+---------------------------
 postgres  | opengauss | UTF8     | zh_CN.UTF-8 | zh_CN.UTF-8 |
 template0 | opengauss | UTF8     | zh_CN.UTF-8 | zh_CN.UTF-8 | =c/opengauss             +
           |           |          |             |             | opengauss=CTc/opengauss
 template1 | opengauss | UTF8     | zh_CN.UTF-8 | zh_CN.UTF-8 | =c/opengauss             +
           |           |          |             |             | opengauss=CTc/opengauss
(3 rows)
```

图 12.25　修改密码后查看已有数据库

```
#local   replication    opengauss                           trust
#host    replication    opengauss        127.0.0.1/32       trust
host all all 0.0.0.0/0 md5
#host    replication    opengauss        ::1/128            trust
```

图 12.26　编辑 pg_hba.conf 文件

编辑 postgresql.conf 文件中的参数，修改监听的 IP 地址：listen_addresses='*'，表示允许所有客户端连接，调整加密方式：password_encryption_type=0，表示以 md5 的方式加密，如图 12.27 和图 12.28 所示。

```
[opengauss@localhost data]$ vi postgresql.conf
```

```
#listen_addresses = '127.0.0.1'
listen_addresses = '*'
```

图 12.27　修改监听的 IP 地址

```
password_encryption_type = 0          #Password storage type, 0 is md5 for PG, 1 is sha256
#password_min_length = 8              #The minimal password length(6-999)
#password_max_length = 32             #The maximal password length(6-999)
```

图 12.28　调整加密方式

重启 openGauss 服务器使配置生效：

```
[opengauss@localhost data]$ gs_ctl restart
```

第 3 步：创建远程登录账号，并授予 sysadmin 角色

登录账号要在配置文件修改完并且重启服务器之后进行，确保账号密码使用 md5 加密。先登录 openGauss 服务器，然后创建用于远程登录 openGauss 服务器的账号，并授予 sysadmin 角色，确保其可以进行各种数据库管理操作，如图 12.29 所示。

```
$ gsql -d postgres -r
openGauss=# create user gaussuser password 'Mysql123!';
openGauss=# alter user gaussuser sysadmin;
```

```
openGauss=# create user gaussuser password 'Mysql123!';
NOTICE:  The encrypted password contains MD5 ciphertext, which is not secure.
CREATE ROLE
openGauss=#  alter user gaussuser sysadmin;
ALTER ROLE
```

图 12.29　创建远程登录账号并授予 sysadmin 角色

第 4 步：测试

使用 Windows 操作系统下的 Navicat Premium 17 软件进行测试。打开 Navicat Premium 17 软件后，选择 PostgreSQL 连接类型，在如图 12.30 所示的对话框中填写远程连接信息，单击

【确定】按钮。

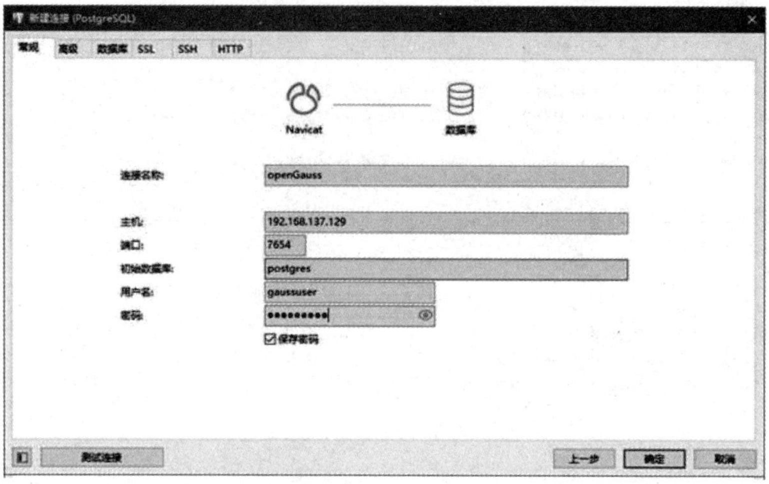

图 12.30　填写远程连接信息

进入 Navicat Premium 17 软件后，在左侧树状菜单可以看到刚创建的 openGauss 数据库的图标是灰色的，双击连接成功后图标会变成蓝色，如图 12.31 所示。

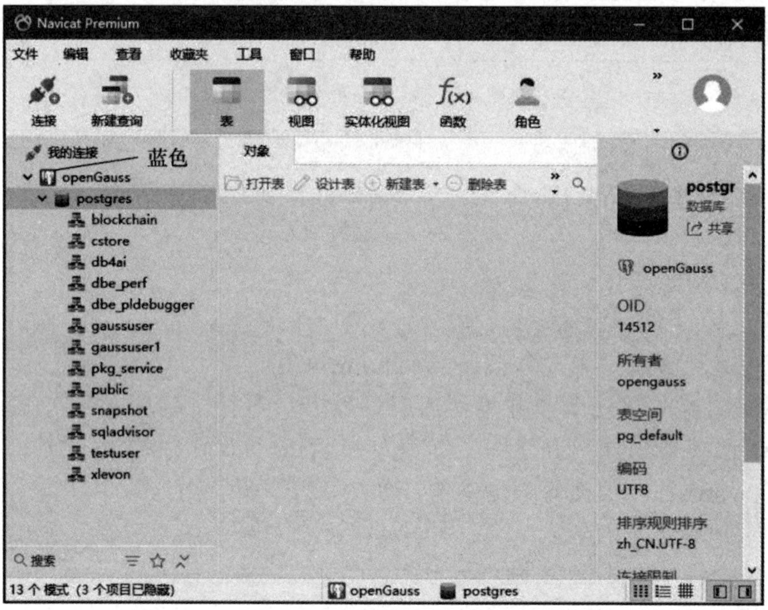

图 12.31　远程连接成功

12.3.1　openGauss 介绍

2019 年 9 月 19 日，华为在全联接大会上宣布开源其数据库产品，开源后命名为 openGauss。2020 年 6 月 30 日，openGauss 数据库源代码正式开放。2024 年 9 月 30 日发布 openGauss 6.0.0 LTS 版本。

openGauss 是一款高性能、高可用、高安全、全开放的企业级开源关系型数据库。首先，其高性能体现在面向多核架构的并发控制、向量化执行引擎、列存储和融合引擎等关键技术上，能够实现百亿数据量查询的秒级响应。其次，高可用性支持主备同步、异步以及级联备机多种部署模式，备机并行恢复可在10s内提供服务，还支持两地三中心跨Region容灾。在高安全方面，支持全密态计算、访问控制、加密认证、数据库审计、动态数据脱敏等安全特性，提供全方位端到端的数据安全保护。此外，OpenGauss还具备基于AI的智能参数调优和索引推荐、慢SQL诊断等功能，可实现高效运维。最后，OpenGauss采用木兰宽松许可证协议，数据库内核能力全开放，社区活跃，为用户提供了丰富的支持。

12.3.2 openGauss常用配置文件

1. postgresql.conf文件

postgresql.conf文件是openGauss的核心配置文件，位于数据库实例的目录下，用于控制数据库实例的运行参数。这些参数涵盖了性能优化、资源管理、日志记录、连接管理等多个方面。常见的配置项如下。

（1）与数据库连接相关的配置项，用于控制客户端如何连接到数据库服务器

listen_addresses：指定数据库服务器监听的网络接口。默认值：localhost。示例：listen_addresses = '*'，表示监听所有网络接口，允许远程连接。

port：数据库服务的监听端口。默认值：5432。示例：port = 5432，表示监听端口号为5432。

max_connections：允许的最大并发连接数。默认值：100。示例：max_connections = 200，表示最大并发连接数为200。注意：增加连接数会消耗更多的系统资源，需要根据服务器性能调整。

password_encryption_type：指定用户密码的加密方式。取值范围：0，MD5；1，SHA256和MD5混合；2，SHA256；3，SM3。默认值：2。

password_min_length：指定密码的最小长度。取值范围：6～999，默认值：8。

password_min_uppercase：密码中必须包含的大写字母数量。取值范围：0～999，默认值：0。

（2）与内存管理相关的配置项，用于控制数据库如何分配和使用内存资源

shared_buffers：分配给数据库共享内存的大小，用于存储数据块。默认值：128MB。示例：shared_buffers = 4GB，通常设置为系统内存的25%左右，但需根据实际场景调整。

work_mem：每个查询操作分配的内存大小，用于排序和哈希操作。默认值：4MB。说明：增加此值可以提高复杂查询的性能，但会消耗更多内存。示例：work_mem = 64MB。

maintenance_work_mem：维护操作（如VACUUM、CREATE INDEX）分配的内存。默认值：64MB。说明：适当增加可以加速维护操作，但会占用更多内存。示例：maintenance_work_mem = 1GB。

（3）与日志和监控相关的配置项，用于控制日志记录的详细程度和存储位置

log_directory：日志文件存储的目录。默认值：pg_log。示例：log_directory = '/var/log/postgresql'。

log_filename：日志文件的命名格式。默认值：postgresql-%Y-%m-%d_%H%M%S.log。示例：log_filename = 'pg.log.%Y-%m-%d'。

logging_collector：是否启用日志收集器，将日志输出到文件。默认值：off。示例：

logging_collector = on。

log_min_messages：控制日志记录的最低消息级别。可选值：DEBUG5、DEBUG4、DEBUG3、DEBUG2、DEBUG1、INFO、NOTICE、WARNING、ERROR、LOG、FATAL、PANIC。默认值：WARNING。示例：log_min_messages = INFO。

（4）与检查点和性能相关的配置项，用于影响数据库的性能和恢复能力

checkpoint_timeout：两次自动检查点之间的最大时间间隔。默认值：5min。示例：checkpoint_timeout = 10min。

checkpoint_segments：在自动检查点之间允许写入的最大日志文件数量。默认值：3。说明：增加此值可以减少检查点的频率，但会增加恢复时间。示例：checkpoint_segments = 10。

wal_level：控制写前日志（WAL）的记录级别。可选值：minimal、replica、logical。默认值：replica。说明：replica 适合流复制，logical 适合逻辑复制。示例：wal_level = replica。

（5）与并发和锁相关的配置项，用于影响数据库的并发处理能力和锁的管理

deadlock_timeout：检测死锁的超时时间。默认值：1s。示例：deadlock_timeout = 2s。

max_locks_per_transaction：每个事务允许的最大锁数量。默认值：64。说明：在复杂事务中可能需要增加此值。示例：max_locks_per_transaction = 128。

（6）其他重要配置项

timezone 作用：设置数据库的时区。默认值：UTC。示例：timezone = 'Asia/Shanghai'。

datestyle 作用：设置日期和时间的显示格式。默认值：ISO, YMD。示例：datestyle = 'ISO, DMY'。

lc_messages 作用：设置消息的语言环境。默认值：en_US.UTF-8。示例：lc_messages = 'zh_CN.UTF-8'。

以上配置项修改后，需要重启数据库方可生效。

2．pg_hba.conf 文件

pg_hba.conf 文件用于定义客户端接入认证规则，控制哪些客户端可以连接到数据库以及使用何种认证方式。

（1）文件格式

pg_hba.conf 文件的每一行定义了一条认证规则，格式如下：

```
TYPE  DATABASE  USER  ADDRESS  METHOD  [OPTIONS]
```

选项说明：

TYPE——连接类型，包括 local、host、hostssl 和 hostnossl。

DATABASE——允许连接的数据库名称，all 表示所有数据库。

USER——允许连接的用户名称，all 表示所有用户。

ADDRESS——客户端的 IP 地址或 IP 范围，格式为 IP_ADDRESS/IP_MASK。

METHOD——认证方法，如 trust、password、sha256 等。

OPTIONS——可选参数，用于指定额外的认证选项。

（2）连接类型

local：用于本地连接，不涉及网络接口。

host：用于远程连接，支持 SSL 和非 SSL 连接。

hostssl：仅允许通过 SSL 加密的远程连接。

hostnossl：仅允许非加密的远程连接。

（3）认证方法

trust：无须密码即可连接，不推荐用于生产环境。

password：明文密码认证，不安全，不推荐。

sha256：使用 SHA-256 加密密码认证，推荐用于生产环境。

peer：仅适用于 local 类型，获取操作系统用户名进行认证。

md5：使用 MD5 加密密码认证（不推荐，建议使用 sha256）。

（4）配置示例

允许 IP 地址为 192.168.1.100 的主机通过 sha256 认证连接到所有数据库：

```
host    all    all    192.168.1.100/32    sha256
```

允许特定用户 jack 从 192.168.1.0/24 网段内的任何 IP 地址通过 SSL 加密连接，并使用 sha256 认证，连接到所有数据库：

```
hostssl    all    jack    192.168.1.0/24    sha256
```

允许所有用户通过非加密连接访问数据库（不推荐）：

```
hostnossl    all    all    0.0.0.0/0    sha256
```

（5）配置顺序的重要性

pg_hba.conf 文件中的规则按顺序生效，因此优先级高的规则应放在前面。例如，严格的连接规则（如特定 IP 和用户）应放在宽松规则（如 0.0.0.0/0）之前。

（6）修改和生效

修改后，需要重启数据库方可生效。

习　题　12

1．选择题

（1）MySQL 服务器在安装过程中除创建数据库超级管理员“root@localhost”外，还为数据库超级管理员生成了默认的密码，该密码保存在（　　）文件中。

A．/etc/mysql/mysqld.log　B．/etc/log/mysqld.log　C．/var/log/mysqld.log　D．/var/log/mysql.log

（2）登录 MySQL 服务器使用（　　）命令。

A．passwd　B．mysql　C．mysqladmin　D．chmod

（3）重新启动 MySQL 服务器的命令是（　　）。

A．systemctl restart mysqld.service　B．systemctl stop mysqld.service

C．systemctl start mysqld.service　D．systemctl restart mysql.service

（4）默认情况下，由（　　）账号对 openGauss 数据库进行管理。

A．root　B．sql　C．mysql　D．opengauss

（5）可修改 openGauss 数据库远程登录加密方式的配置文件是（　　）

A．postgresql.conf　B．mysqld.log　C．pg_hba.conf　D．opengauss.conf

2．简答题

（1）简述 MySQL 服务器的作用。

（2）简述重置 MySQL 服务器管理员 root 密码的方法。

上机实践 12

1．在 openEuler 操作系统下安装 MySQL 服务器，创建 news 数据库及两个数据表，表结构如下。

ntype（新闻类型）表，字段：tid（序号）、tname（类型名称），其中 tid 字段为主键。

new（新闻）表，字段：nid（序号）、head（标题）、tid（类型序号）、sstart（发布时间）、limit（有效期），其中 nid 字段为主键，tid 字段为外键。

向每个表中至少插入 3 条合法记录。

为 guestuser1 用户授予对该数据库的查询权限，为 guestuser2 用户授予对该数据库所有数据表的操作权限。

2．在 MySQL 或者 openGauss 服务器中创建课程管理网站需要的 couman 数据库和相关表。数据表包括 student（学生信息）表、course（课程描述）表、stucou（学生选课）表，各个表的结构如下。

student 表，字段：sid（序号）、sno（学号）、sname（姓名）、sex（性别）、class（班级），其中 sid 字段为主键。

course 表，字段：cid（序号）、cno（课程号）、cname（课程名），其中 cid 字段为主键。

stucou 表，字段：scid（序号）、sno（学号）、cno（课程号）、score（成绩），其中 scid 字段为主键，sno 字段和 cno 字段为外键。

数据表创建成功后，向每个表中至少插入 3 条合法记录。

授予 guestuser1 用户对数据库的远程登录、数据查询（select）权限。

授予 guestuser2 用户对数据库的远程登录、数据库（couman）的所有权限。

授予 guestuser3 用户对数据库的远程登录，数据的增、删、改、查（INSERT、DELETE、UPDATE、SELECT）权限。

授予 guestuser4 用户对数据库的所有权限。

第 13 章　NFS 服务器

网络文件系统（Network File System，NFS）是 FreeBSD 支持的文件系统中的一种，最早是由 SUN 公司发展出来的。NFS 允许网络中的计算机之间通过 TCP/IP 共享资源。在 NFS 的应用中，本地 NFS 客户端可以透明地可读可写位于远端 NFS 服务器上的文件，就像访问本地文件一样。本章将介绍在 openEuler 操作系统中安装和配置 NFS 服务器的过程，主要知识点如下：

- NFS 服务器的安装（重点）。
- NFS 服务器的配置（重点、难点）。

13.1　项目一：NFS 服务器的安装与启动

13.1 节视频

【项目描述】

某公司的 Web 服务器存储容量已达 80%，技术部准备在不改变原有部署的情况下，增加存储容量，以达到节省本地存储空间、增加服务器存储容量的目的。为此需要远程添加存储设备。管理员选取目前比较常用的 NFS 服务器，因此需要对 NFS 服务器进行安装。

【项目分析】

该项目首先需要安装 NFS 的相关组件。NFS 的组件由 NFS 相关的内核模块、NFS 用户空间工具和 RPC 相关服务组成，并且主要由以下两个 RPM 软件包提供。

nfs-utils：包含 NFS 服务器守护进程和 NFS 客户端相关工具。

rpcbind：提供 RPC 端口映射的守护进程及其相关文档、可执行文件等。

这里采用 DNF 工具来完成安装，安装后启动 NFS 服务器。相关知识点见表 13.1。

表 13.1　相关知识点

序号	知识点	详见章节
1	了解 NFS 服务器	13.1.1 节
2	安装 NFS 服务器的过程	13.1.2 节
3	管理 nfs 服务	13.1.3 节

【操作过程】

```
# dnf install nfs-utils -y          //安装 NFS 的相关组件
# rpm -qa | grep nfs-utils          //查看 nfs-utils 是否安装成功
# rpm -qa | grep rpcbind            //查看 rpcbind 是否安装成功
# systemctl start rpcbind           //开启 rpcbind
# systemctl start nfs-server        //开启 NFS 服务器
# systemctl enable rpcbind          //设置 rpcbind 开机自启动
# systemctl enable nfs-server       //设置 NFS 服务器开机自启动
```

13.1.1　NFS 服务器简介

目前 NFS 有 3 个版本，分别为 NFSv2、NFSv3、NFSv4。NFSv2 是一个古老的版本，却被众多操作系统所支持，兼容性非常好；NFSv3 拥有更多的特点，包括更快的速度、更大的单个文件大小、更多便于排错的错误及成功信息、对 TCP 协议的支持等；NFSv4 提供了有状态的连接，更容易追踪连接状态，增强了安全性。openEuler 操作系统默认使用 NFSv4 版本提供 nfs 服务，NFS 服务器的监听端口为 2049。

13.1.2 安装 NFS 服务器

如前所述，在安装 NFS 服务器时需要同时安装 nfs-utils 和 rpcbind 软件包。可在安装 NFS 服务器之前确认当前系统是否已经安装了相关组件。如图 13.1 所示，表示系统已经安装了 NFS 服务器相关组件。

```
[root@localhost ~]# rpm -qa|grep nfs-utils
nfs-utils-help-2.6.3-1.oe2403.x86_64
nfs-utils-2.6.3-1.oe2403.x86_64
[root@localhost ~]# rpm -qa|grep rpcbind
rpcbind-1.2.6-7.oe2403.x86_64
```

图 13.1 NFS 服务器安装成功

若系统上还没有安装 NFS 的相关组件，则可以使用如下命令：

```
# dnf install nfs-utils -y
```

13.1.3 管理 nfs 服务

NFS 服务器安装成功后，需要启动相应的服务才能做进一步的操作。可以采用 systemctl 命令对其进行管理，常见操作包括启动、停止、重新启动、查看状态、设置自启动等，相关命令依次如下：

```
# systemctl  start    rpcbind        //启动 rpcbind 服务
# systemctl  stop     rpcbind        //停止 rpcbind 服务
# systemctl  restart  rpcbind        //重新启动 rpcbind 服务
# systemctl  status   rpcbind        //查看 rpcbind 服务状态
# systemctl  enable   rpcbind        //设置 rpcbind 服务开机自启动
# systemctl  disable  rpcbind        //禁止 rpcbind 服务开机自启动
# systemctl  start    nfs-server     //启动 nfs 服务
# systemctl  stop     nfs-server     //停止 nfs 服务
# systemctl  restart  nfs-server     //重新启动 nfs 服务
# systemctl  status   nfs-server     //查看 nfs 服务状态
# systemctl  enable   nfs-server     //设置 nfs 服务开机自启动
# systemctl  disable  nfs-server     //禁止 nfs 服务开机自启动
```

13.2 项目二：配置 NFS 服务器

13.2 节视频

【项目描述】

管理员准备在已安装好的 NFS 服务器中创建需要共享的目录及对访问对象的控制。共享目录为/var/web，192.168.137.0/24 网段内的所有主机均以只读方式访问/var/web 目录，192.168.137.129 可以以可读可写的方式访问/var/web 目录。

表 13.2 服务框架信息表

IP 地址	角色
192.168.137.128	NFS 服务器
192.168.137.0/24	NFS 客户端
192.168.137.129	NFS 客户端

服务框架信息见表 13.2。

【项目分析】

本项目主要涉及 NFS 服务器中基本的操作，操作的主要步骤包括添加共享账号、创建共享目录、修改权限、设置 NFS 配置文件及重新启动 nfs 服务，然后对 NFS 服务器进行测试。相关知识点见表 13.3。

表 13.3 相关知识点

序号	知识点	详见章节
1	NFS 服务器配置文件	13.2.1 节
2	维护 NFS 服务器的共享	13.2.2 节
3	查看共享目录参数	13.2.3 节
4	NFS 服务器的测试	13.2.4 节

【操作过程】

```
# vim /etc/exports          //编辑 NFS 服务器配置文件/etc/exports
/var/web 192.168.137.0/24(ro,no_subtree_check) 192.168.137.129(rw,no_subtree_check)
//对 192.168.137.0/24 网段设置只读共享，对 192.168.137.129 主机设置可读可写共享
# mkdir /var/web                        //创建共享目录
# systemctl restar nfs-server           //重新启动 nfs 服务
# exportfs -rv                          //导出全部共享目录，使修改立刻生效
# cat /var/lib/nfs/etab                 //查看共享目录参数
```

13.2.1 NFS 服务器配置文件

nfs 服务使用/etc/exports 配置文件定义需要共享的目录及对访问对象的控制，NFS 服务器在默认的情况下不共享任何目录，管理员需要手动设置需要共享的目录。

/etc/exports 配置文件的格式为：

```
共享目录    [主机表(参数项)]
```

共享目录：在 NFS 服务器上需要共享给客户端主机的目录路径，此路径为绝对路径。

主机表：可访问 NFS 服务器的主机列表。

参数项：控制共享目录的访问权限和用户映射等，见表 13.4。

表 13.4 /etc/exports 配置文件的常用参数

选项	解释
ro	目录只读
rw	目录可读可写
sync	将数据同步写入内存缓冲区与磁盘中，效率低，但可以保证数据的一致性
async	将数据先保存在内存缓冲区中，必要时才写入磁盘
wdelay	多个用户要写入 NFS 共享目录时，归组写入（默认）
root_squash	将 root 用户及所属组都映射为匿名用户或用户组（默认）
no_root_squash	不将远程访问的所有普通用户及所属组都映射为匿名用户或用户组（默认）
all_squash	将远程访问的所有普通用户及所属组都映射为匿名用户或用户组

续表

选项	解释
anonuid=<UID>	将远程访问的所有用户都映射为匿名用户，并指定该用户为本地用户(UID=xxx)
anongid=<GID>	将远程访问的所有用户组都映射为匿名用户组
subtree_check	如果共享/usr/bin 之类的子目录，强制 NFS 检查父目录的权限（默认）
no_subtree_check	如果共享/usr/bin 之类的子目录，不检查父目录的权限

13.2.2 维护 NFS 服务器的共享

exportfs 命令用于维护 NFS 共享目录列表。当修改了/etc/exports 配置文件之后，无须重新启动 nfs 服务，可以使用 exportfs 命令使修改立刻生效。

命令格式：

```
exportfs [-aruv]
```

选项说明：

-a，导出/etc/exports 配置文件中设置的全部共享目录。

-r，重新导出/etc/exports 配置文件中的设置，并同步更新/var/lib/nfs/xtab 文件的内容。

-u，卸载已导出的共享目录。

-v，在显示输出列表的同时显示设定参数。

使用#exportfs -rv 命令使修改即刻生效，执行结果如图 13.2 所示。

```
[root@localhost ~]# exportfs -rv
exporting 192.168.137.129:/var/web
exporting 192.168.137.0/24:/var/web
```

图 13.2 配置文件修改的执行结果

13.2.3 查看共享目录参数

当重新启动 nfs 服务或使用 exportfs 命令重新挂载共享之后，可以通过查看/var/lib/nfs/etab 文件来了解共享目录参数的详细情况，如图 13.3 所示。

```
[root@localhost ~]# cat /var/lib/nfs/etab
/var/web        192.168.137.129(rw,sync,wdelay,hide,nocrossmnt,secure,root_squash,no_all
_squash,no_subtree_check,secure_locks,acl,no_pnfs,anonuid=65534,anongid=65534,sec=sys,rw
,secure,root_squash,no_all_squash)
/var/web        192.168.137.0/24(ro,sync,wdelay,hide,nocrossmnt,secure,root_squash,no_al
l_squash,no_subtree_check,secure_locks,acl,no_pnfs,anonuid=65534,anongid=65534,sec=sys,r
o,secure,root_squash,no_all_squash)
```

图 13.3 查看共享目录参数

13.2.4 测试 NFS 服务器

1. 查看 NFS 服务器共享目录

客户端可以通过 showmount 命令查看 NFS 服务器共享目录，以便挂载这些共享目录。命令格式：

```
showmount  -e  [<hostname>|<IP>]
```

2．客户端文件系统的挂载与卸载

（1）确认客户端已经启动了 rpcbind 和 nfs 服务，如图 13.4 和图 13.5 所示。

```
[root@localhost ~]# systemctl status rpcbind
● rpcbind.service - RPC Bind
     Loaded: loaded (/usr/lib/systemd/system/rpcbind.service; enabled; preset: enabled)
     Active: active (running) since Fri 2024-09-20 15:16:47 CST; 1h 19min ago
TriggeredBy: ● rpcbind.socket
       Docs: man:rpcbind(8)
   Main PID: 7924 (rpcbind)
      Tasks: 1 (limit: 21357)
     Memory: 900.0K ()
     CGroup: /system.slice/rpcbind.service
             └─7924 /usr/bin/rpcbind -r -w -f

9月 20 15:16:47 localhost.localdomain systemd[1]: Starting RPC Bind...
9月 20 15:16:47 localhost.localdomain systemd[1]: Started RPC Bind.
```

图 13.4　rpcbind 服务状态

```
[root@localhost ~]# systemctl status nfs
● nfs-server.service - NFS server and services
     Loaded: loaded (/usr/lib/systemd/system/nfs-server.service; enabled; preset: disabled)
     Active: active (exited) since Fri 2024-09-20 15:16:04 CST; 1h 21min ago
   Main PID: 7817 (code=exited, status=0/SUCCESS)

9月 20 15:16:03 localhost.localdomain systemd[1]: Starting NFS server and services...
9月 20 15:16:04 localhost.localdomain systemd[1]: Finished NFS server and services.
```

图 13.5　nfs 服务状态

（2）使用 showmount 命令查看 NFS 服务器共享目录。

省略主机名或 IP 地址时，显示本机共享的所有目录，如图 13.6 所示。

```
[root@localhost ~]# showmount -e 192.168.137.128
Export list for 192.168.137.128:
/var/web 192.168.137.0/24
```

图 13.6　NFS 服务器共享的所有目录

（3）使用 mkdir 命令在客户端建立要挂载的挂载点目录：

```
#mkdir /var/web
```

（4）使用 mount 命令将远程 NFS 服务器主机直接挂载到本地挂载点目录。

使用 mount 命令挂载 NFS 文件系统的命令格式：

```
#mount   -t   nfs [-o 参数] NFS 服务器地址:/共享目录  /本地挂载点目录
```

项目二将服务器（192.168.137.128）的共享目录挂载到本地/web 的执行结果如图 13.7 所示。

```
[root@localhost ~]# mount -t nfs 192.168.137.128:/var/web /var/web
[root@localhost ~]# df -h
文件系统                        大小  已用  可用 已用% 挂载点
/dev/mapper/openeuler-root       37G  7.2G   28G   22% /
devtmpfs                        4.0M     0  4.0M    0% /dev
tmpfs                           1.7G  8.0K  1.7G    1% /dev/shm
tmpfs                           4.0M     0  4.0M    0% /sys/fs/cgroup
tmpfs                           675M   12M  664M    2% /run
tmpfs                           1.7G  508K  1.7G    1% /tmp
/dev/sda2                       974M  175M  732M   20% /boot
/dev/mapper/openeuler-home       18G   24K   17G    1% /home
tmpfs                           338M   36K  338M    1% /run/user/0
/dev/sr0                        4.0G  4.0G     0  100% /run/media/root/openEuler-24.03-LTS-x86_64
192.168.137.128:/var/web         37G  7.5G   27G   22% /var/web
```

图 13.7　项目二挂载及执行结果

13.3 常见问题分析

1．权限问题

很多时候，当在/etc/exports 配置文件中设置共享目录为可读可写时，忘记了修改相应的系统文件及目录权限，从而导致客户端实际挂载使用时无写权限，系统提示信息一般为“Permission denied”，在对配置文件设置写权限后，一定要记住修改相关目录、文件的权限。

另外，默认客户端使用 root 访问 NFS 共享目录并进行可读可写操作时，服务器会自动把 root 转换为服务器本机的 nfsobody 账号，这会导致 root 无法进行相应的操作。如果要保留 root 权限，则需要在配置文件中添加 no_root_squash 选项。

2．rpcbind 问题

在没有启动 rpcbind 服务的情况下，启动 nfs 服务时系统会报出 NFS mountd、rpc.rquotad、rpc.nfsd 无法启动的提示，因为这些服务都依赖于 rpcbind 服务，这时就需要先确保 rpcbind 服务启动后再开启 NFS 及相关服务进程。通过 rpcinfo -p 命令可以查看基于 RPC 协议的服务是否成功与 rpcbind 通信，并注册信息。

3．兼容性问题

在工作环境中，当客户端需要使用 NFSv3 版本挂载以满足兼容性要求时，则需要使用 nfsvers 选项设置特定的版本信息，并且在/etc/fstab 开机自动挂载文件中也需要进行相应的修改：

```
#mount -o nfsvers=3 192.168.137. 128: /var/web /web
```

/etc/fstab 文件的书写格式为：

```
192.168.137.128:/var/web     /web nfs    defaults,nfsvers=3 0
```

4．挂载错误

系统提示“No such file or directory”，说明 NFS 服务器上没有相应的挂载点目录，应检查确定目录名称是否正确。

5．防火墙错误

系统提示“mount:mount to NFS server'192.168.137.128em Error:No route to host'”，说明 NFS 服务器的默认监听端口 2049 被防火墙屏蔽，需要修改防火墙规则以开放 2049 端口。

习　题　13

1．选择题

（1）NFS 服务器的配置文件是（　　）。

A．exports　　B．resolv.conf　　C．named.conf　　D．export

（2）在/etc/exports 文件中，/data 192.168.137.129(rw)的含义是（　　）。

A．主机以可读可写的方式挂载本地导出的/data 目录

B．主机以只读的方式挂载本地导出的/data 目录

C．主机不能以只读的方式挂载本地导出的/data 目录

D．主机不能以可读可写的方式挂载本地导出的/data 目录

（3）在 openEuler 操作系统中，启动基于 NFSv3 版本的 nfs 服务时，一定要先开启（　　）服务。

A．portmapper　　B．RPC　　C．rpcbind　　D．portmap

（4）NFSv3 和 NFSv4 中 nfs 服务使用的端口是（　　）。

A．111　　B．2048　　C．2049　　D．20048

（5）在安装 NFS 服务器时，需要同时安装（　　）软件包。

A．nfs-utils　　B．rpcbind　　C．nfs-utils 和 rpcbind　　D．nfs-utils 或 rpcbind

（6）设置 rpcbind 服务开机自启动的正确命令是（　　）。

A．systemctl enable rpcbind　　B．systemctl disable rpcbind

C．systemctl start rpcbind　　D．systemctl status rpcbind

（7）在/etc/exports 配置文件中，（　　）参数用于指定共享目录为只读。

A．ro　　B．rw　　C．sync　　D．async

（8）使用 exportfs 命令重新导出 /etc/exports 配置文件中的设置并同步更新 /var/lib/nfs/xtab 文件的内容，正确的命令是（　　）。

A．exportfs -a　　B．exportfs -r　　C．exportfs -u　　D．exportfs -v

2．简答题

（1）简述 NFS 服务器的作用。

（2）简述/etc/exports 文件内容的格式。

上机实践 13

1．在主机 1 下安装 NFS 服务器，对 NFS 服务器进行配置，共享目录为/data，允许主机 2 以可读可写的方式访问主机 1 的/data 目录；启动 nfs 服务；清空主机 1 的 iptables 防火墙的 filter 表中的所有规则；在主机 2 上手动挂载主机 1 的共享目录到/filesystem 上，成功后查看挂载情况。

2．在 Linux 系统中按以下要求配置 NFS 服务器，然后在 NFS 客户端 192.168.0.5 上将共享目录挂载到本地的/mnt/it 目录下。

共享目录：/it。

客户端：192.168.0.5。

导出选项：共享目录具有读权限和写权限。

3．在 NFS 客户端上设置开机自动挂载 NFS 文件系统，将 NFS 服务器上的共享目录以可读可写权限自动挂载到本地的/mnt/it 目录下。

第 14 章　Linux 日志管理

日志是记录操作系统中重要程序和服务运行状态、错误信息的文件，可帮助用户了解系统的运行状况、故障信息及故障原因等。Linux 系统日志分为内核信息日志、服务信息日志、应用程序信息日志等。本章将介绍 Rsyslog 日志系统、Logrotate 日志轮转及 Systemd 日志服务管理工具，主要包括以下知识点：

- Rsyslog 日志系统（重点）；
- Rsyslog 日志系统的配置文件（重点、难点）；
- Logrotate 日志轮转（重点、难点）；
- Systemd 对日志服务的管理（重点）。

14.1　项目一：Rsyslog 日志系统访问与应用

【项目描述】

管理员为了方便了解和维护公司的多台主机的运行情况，计划把公司多台主机的系统日志收集到一台服务器以进行统一管理。他首先选取一台主机作为服务器，另选一台主机作为客户端，测试是否成功收集到日志。要求分别在服务器和客户端配置 Rsyslog 日志系统，保证服务器可以实时收到客户端的日志信息。服务器 IP 地址是 192.168.137.129。

效果：在客户端输入测试日志信息“This is test message”，服务器可以实时收到并查看日志信息。

【项目分析】

在本项目中，管理员需要在两台主机上实施操作，一台作为服务器，另一台作为客户端，分析如下。

（1）安装：在两台主机上分别安装 Rsyslog 软件包，软件包的安装可以使用 DNF 工具来实现，启动 rsyslogd 服务。

（2）修改服务器的配置文件：在服务器上设置并开启 UDP 和 TCP 的端口，默认端口号设为 514。

（3）配置防火墙：在服务器上允许 TCP 和 UDP 协议访问默认端口 514。

（4）修改客户端的配置文件：客户端设置向服务器的 IP 地址发送 UDP 协议和 TCP 协议。

（5）重启 rsyslogd 服务：修改完配置文件后保存并重启服务。

（6）测试：测试阶段需要在客户端的终端输入日志信息，在服务器上可以查看实时的日志记录。相关知识点见表 14.1。

表 14.1　相关知识点

序号	知识点	详见章节
1	了解 Rsyslog 日志系统	14.1.1 节
2	Rsyslog 日志系统中的配置文件	14.1.2 节
3	重要日志文件	14.1.3 节

【操作过程】

客户端给服务器发送实时日志信息，需分别配置服务器和客户端的 Rsyslog 日志系统。

1. 服务器操作过程

（1）安装

通常 Rsyslog 软件包默认已经安装在系统中，可使用 rsyslogd 命令查看安装版本；如未安装，再执行以下安装命令，安装结果如图 14.1 所示。

```
#rsyslogd   -version                          //查看 Rsyslog 版本
#dnf   install   rsyslog                      //安装 Rsyslog 日志系统
```

```
[root@localhost ~]# dnf install rsyslog
Last metadata expiration check: 23:52:01 ago on 2024年10月21日 星期一 09时50分49秒.
Dependencies resolved.
================================================================================
 Package            Architecture     Version                 Repository     Size
================================================================================
Installing:
 rsyslog            x86_64           8.2312.0-5.oe2403       update        698 k
Installing dependencies:
 libestr            x86_64           0.1.11-2.oe2403         OS             22 k
 libfastjson        x86_64           1.2304.0-1.oe2403       OS             34 k

Transaction Summary
================================================================================
Install  3 Packages
Installed:
  libestr-0.1.11-2.oe2403.x86_64          libfastjson-1.2304.0-1.oe2403.x86_64
  rsyslog-8.2312.0-5.oe2403.x86_64

Complete!
```

图 14.1　安装 Rsyslog 日志系统

（2）修改服务器的配置文件

首先编写服务器的配置文件/etc/rsyslog.conf，使用 vim 命令编辑文件，找到相应规则并开启 UDP 的 514 端口、开启 TCP 的 514 端口、接收 TCP 和 UDP 流量，修改内容如图 14.2 所示。

```
#vim   /etc/rsyslog.conf                      //修改主配置文件
```

```
#### MODULES ####

module(load="imuxsock"    # provides support for local system logging (e.g. via logger command)
       SysSock.Use="off") # Turn off message reception via local log socket;
                          # local messages are retrieved through imjournal now.
module(load="imjournal"             # provides access to the systemd journal
       StateFile="/run/log/imjournal.state") # File to store the position in the journal
#module(load="imklog") # reads kernel messages (the same are read from journald)
#module(load="immark") # provides --MARK-- message capability
module(load="imudp")
input(type="imudp" port="514")
module(load="imtcp")
input(type="imtcp" port="514")

$imjournalRatelimitInterval 0
```

图 14.2　修改服务器配置文件内容

（3）配置防火墙

修改完成后保存退出。要从客户端接收日志，需在服务器的防火墙上打开 Rsyslog 默认端口 514，并重新加载防火墙使修改生效，执行命令和执行结果如图 14.3 所示。

```
[root@localhost ~]# firewall-cmd --add-port=514/tcp --zone=public --permanent
success
[root@localhost ~]# firewall-cmd --reload
success
```

图 14.3　打开 Rsyslog 默认端口

（4）重启 rsyslogd 服务

重启服务后，查看当前服务状态，如图 14.4 所示。

```
#systemctl   restart   rsyslog.service
#systemctl   status   rsyslog.service
```

```
[root@localhost ~]# systemctl restart rsyslog.service
[root@localhost ~]# systemctl status rsyslog.service
● rsyslog.service - System Logging Service
     Loaded: loaded (/usr/lib/systemd/system/rsyslog.service; enabled; preset: enabled)
     Active: active (running) since Sun 2024-12-15 21:09:14 CST; 4s ago
       Docs: man:rsyslogd(8)
             https://www.rsyslog.com/doc/
    Process: 4110 ExecStartPost=/bin/bash /usr/bin/timezone_update.sh (code=exited, status=0/SUCCES>
   Main PID: 4103 (rsyslogd)
      Tasks: 9 (limit: 47116)
     Memory: 1.0M ()
     CGroup: /system.slice/rsyslog.service
             └─4103 /usr/sbin/rsyslogd -n -i/var/run/rsyslogd.pid

12月 15 21:09:14 localhost systemd[1]: Starting System Logging Service...
12月 15 21:09:14 localhost rsyslogd[4103]: imjournal: filecreatemode is not set, using default 0644>
12月 15 21:09:14 localhost rsyslogd[4103]: [origin software="rsyslogd" swVersion="8.2312.0" x-pid=">
12月 15 21:09:14 localhost rsyslogd[4103]:
12月 15 21:09:14 localhost systemd[1]: Started System Logging Service.
lines 1-17/17 (END)
```

图 14.4　重启服务

2. 客户端操作过程

（1）安装

```
#rsyslogd   -version                        //查看 Rsyslog 版本
#dnf   install   rsyslog                    //如果未安装，则安装 Rsyslog 文件系统
```

（2）修改客户端的配置文件

客户端在发送日志时，需要明确服务器的 IP 地址。因此编写客户端的配置文件 /etc/rsyslog.conf，使用 vim 命令编辑文件，找到规则并设置向服务器 IP 发送 UDP 协议的日志消息、向服务器 IP 发送 TCP 协议的日志消息，其中一个@的为 TCP 协议，两个@的为 UDP 协议，修改内容如图 14.5 所示。

```
#### RULES ####

# Log all kernel messages to the console.
# Logging much else clutters up the screen.
#kern.*                                                 /dev/console

*.*  @127.0.0.1:514
*.*  @@127.0.0.1:514
*.*  @192.168.137.129:514
*.*  @@192.168.137.129:514

# Log anything (except mail) of level info or higher.
```

图 14.5　修改客户端配置文件内容

修改完成后保存退出。

（3）重启 rsyslogd 服务

```
#systemctl   restart   rsyslog.service
```

3．测试

在客户端上推送日志后，在服务器上查看实时日志消息，客户端操作如图 14.6 所示。

```
#logger  "this is test message"          //客户端测试
```

```
[root@localhost ~]# logger "this is test message"
[root@localhost ~]#
[root@localhost ~]# logger "this is test message"
[root@localhost ~]#
```

图 14.6　客户端操作

在服务器上查看客户端发送的日志时，可以使用命令“tail”查看日志文件/var/log/messages 中的内容，在服务器的终端上可以看到从客户端发送过来的实时日志消息，即成功记录了测试事件。服务器上的结果如图 14.7 所示。

```
#tail  -f  /var/log/messages
#tail  -f  /var/log/messages  |  grep  test          //筛选出包含“test”的记录
```

```
[root@localhost ~]# tail -f /var/log/messages
Dec 15 20:48:10 localhost systemd[1]: user-runtime-dir@985.service: Deactivated successfully.
Dec 15 20:48:10 localhost systemd[1]: Stopped User Runtime Directory /run/user/985.
Dec 15 20:48:10 localhost systemd[1]: Removed slice User Slice of UID 985.
Dec 15 20:48:31 localhost systemd[1]: systemd-hostnamed.service: Deactivated successfully.
Dec 15 20:48:38 localhost systemctl[3786]: [systemctl start rsyslog] called by PID 3633 (bash)
Dec 15 20:48:38 localhost systemd[1]: blueman-mechanism.service: Deactivated successfully.
Dec 15 20:48:52 localhost systemd[1]: pcscd.service: Deactivated successfully.
Dec 15 20:49:01 localhost chronyd[1096]: Selected source 162.159.200.1 (pool.ntp.org)
Dec 15 20:49:27 localhost root[3868]: this is test message
Dec 15 20:49:32 localhost root[3870]: this is test message
```

图 14.7　服务器上的结果

14.1.1　Rsyslog 日志系统介绍

Syslogd 是最早的基于 Syslog 协议的系统日志服务，负责在 Linux 系统中管理日志。作为日志管理的核心工具，syslogd 用于接收、存储和转发日志消息，包含操作系统、应用程序及网络设备等的日志消息。由于 Syslog 的扩展性不足、功能单一等，后期出现了 Syslogd 的优化版本——Rsyslog。

Rsyslog 作为一个收集、传输、存储和分析日志的日志管理工具，广泛应用于 Linux 系统中。它可以将日志存储在本地的文件系统中，也可以将日志集中化管理。默认情况下，Rsyslog 生成的日志文件存放于/var/log 目录下，可以通过全局配置文件/etc/rsyslog.conf 修改日志存储路径；如果是集中化管理，需要设定一台中央服务器收集客户端的日志文件，系统管理员可以在一个中心节点查看每个客户端的所有日志，并且所有日志都会保存在中央服务器上。

Rsyslog 日志系统中消息流传递过程是从日志产生开始，经过输入模块→预处理模块→主队列→过滤模块→执行队列→输出模块，最后达到目标位置。日志文件的数据源包含系统日志、应用程序日志、网络设备日志以及远程服务器的日志等；输入模块会从不同的端口监听不同的日志来源，例如 UDP、TCP 等，由此日志消息通过输入模块被接收，例如 imudp 模块接收通过 UDP 传输的日志消息、imtcp 模块接收 TCP 传输的日志消息，输入模块处理这些消息并把它们交给 rsyslogd 服务的核心部分进行下一步处理；Rsyslog 日志系统的核心部分是日志处理，包括预处理模块、主队列、过滤模块和执行队列。预处理模块主要解决各种 Rsyslog 协议间的差异，主队列负责消息的存储，从输入模块传入的未经过滤的消息经过预处理模块加工，被放到主队列中，经过过滤后的消息被放在不同的执行队列中，再由执行队列送到各个输出模块。如图 14.8 所示为 Rsyslog 日志系统架构。

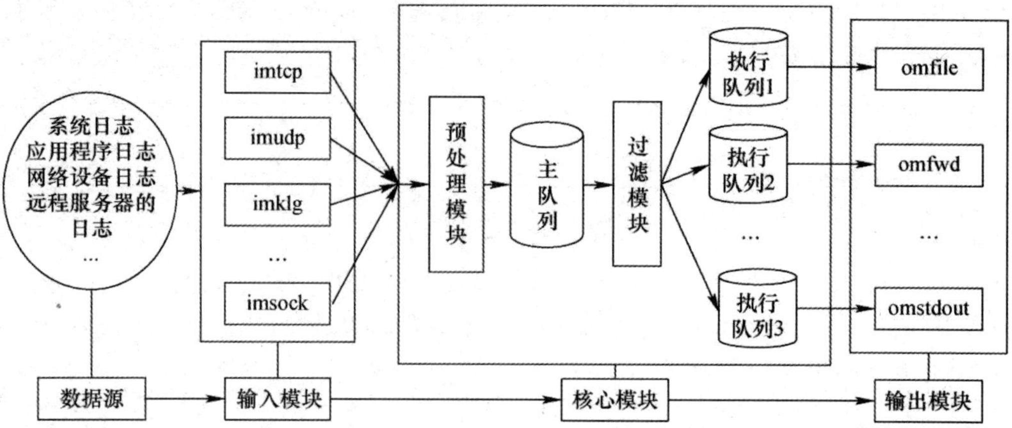

图 14.8　Rsyslog 日志系统架构

输入模块主要包括 imtcp、imudp、imklg、imsock、imfile、imrelp 等，见表 14.2。

表 14.2　部分输入模块的功能介绍

输入模块名称	功能
imtcp	通过 TCP 协议接收远程日志
imudp	通过 UDP 协议接收远程日志
imklg	接收来自本地系统的日志消息（通常是系统日志）
imsock	通过原始套接字接收日志消息（比如通过网络接口接收日志数据）
imfile	读取文件中的日志数据并将其传输给 Rsyslog 进行处理

输出模块主要包括 omfile、omfwd、omstdout、ommysql、ompgsql 等，见表 14.3。

表 14.3　部分输出模块的功能介绍

输出模块名称	功能
omfile	用于将日志输出到本地文件
omfwd	用于将日志转发到远程 Syslog 服务器（支持 UDP 和 TCP）
omstdout	用于将日志输出到标准输出（通常是终端或控制台）
ommysql	用于将日志存储到关系型数据库中，方便后续的查询和分析
ompgsql	用于将日志数据存储到 PostgreSQL 数据库中

Rsyslog 日志系统可以支持多种协议，包括 Syslog 协议、TCP 协议、UDP 协议和 TLS 协议，其中 TLS 协议为 Rsyslog 新增的日志加密传输协议；相比 Syslogd，Rsyslog 日志系统还新增了多线程操作，用于处理高吞吐量的日志数据。

14.1.2　Rsyslog 日志系统的配置文件

Rsyslog 日志系统的多线程功能，能够在多个进程上并行处理日志数据。只要各进程将信息传给 Rsyslog 日志系统，它就会启动 rsyslogd 服务，把日志信息以日志条目的格式存储到不同的日志文件中。

其中 rsyslogd 是 Rsyslog 日志系统中的核心服务，通常作为后台进程启动。启动时，rsyslogd 服务会读取/etc/rsyslog.conf 配置文件和/etc/sysconfig/rsyslog 文件的内容，按规则执行日志操作。/etc/rsyslog.conf 为 Rsyslog 日志系统的主配置文件，定义了日志文件的接收、处理、存储和转发规则，/etc/sysconfig/rsyslog 是用于配置 rsyslogd 服务启动参数的文件。

14.1.3 Rsyslog 日志系统中的重要日志文件

系统日志文件记录了该系统中重要且敏感的信息，因此在 Linux 系统中只有 root 用户可以读取。系统中的重要日志文件见表 14.4。

表 14.4 系统中的重要日志文件

名称	用途
/var/log/messages	记录系统重要信息的日志。openEuler 操作系统中绝大多数重要信息被默认记录在此
/var/log/secure	与安全和身份认证相关的消息、产生错误记录的日志文件
/var/log/maillog	邮件服务器相关的日志文件
/var/log/cron	与定时任务相关的日志文件
/var/log/boot.log	与系统启动有关的日志文件
/var/log/dmesg	记录系统开机时内核自检的日志文件
/var/log/btmp	记录错误登录的日志文件
/var/log/cups	记录打印信息的日志文件

Rsyslog 日志系统可以对系统日志进行管理。查看路径为/var/log 的目录，可以看到该系统下的所有系统日志文件，如图 14.9 所示。

```
#ls  /var/log                                    //查看日志所在目录
```

```
[root@localhost ~]# ls /var/log
anaconda  dnf.librepo.log  httpd     openEuler-security.log  spooler         Xorg.0.log
audit     dnf.log          lastlog   private                 sssd            Xorg.0.log.old
boot.log  dnf.rpm.log      libvirt   README                  swtpm
btmp      dracut.log       lightdm   samba                   systemtap.log
chrony    firewalld        maillog   secure                  tuned
cron      hawkey.log       messages  speech-dispatcher       wtmp
```

图 14.9 查看日志所在目录

14.2 项目二：日志轮转策略的设置

【项目描述】

管理员发现当多个主机的系统日志文件收集到统一服务器上之后，一方面由于日志文件不断增加，占用了大量的磁盘空间，而另一方面大量老旧的日志已经没有使用价值。因此为了保证该服务器上的系统日志能有效更新和安全备份，管理员计划设置日志轮转策略。

轮转策略只针对服务器，保证系统原有日志文件 test.log 可以一周轮转一次，或者当文件大小超过 100KB 时自动轮转。轮转后得到 test.log 的备份文件 test.log-<日期>，以及被置空后新的 test.log 文件。为避免日志文件过多，要求只保留 4 次轮转日志。

【项目分析】

本项目中，系统日志自动轮转需要用到日志文件管理工具 Logrotate，将轮转周期、轮转备份日志等规则定义在/etc/logrotate.d/test 日志配置文件中，执行轮转服务，保证会获取到备份后的新文件/var/log/test.log-<日期>，以及被置空用来保存新的系统日志的/var/log/test.log文件。

在需要回溯系统日志时，可使用 Systemd 搜索并查看日志，包括详细的日志信息、错误、冲突和重要警告、Systemctl-Journald 的状态信息等，并可以对日志进行定位，查看是否有可疑 IP 登录的信息。相关知识点见表 14.5。

表 14.5　相关知识点

序号	知识点	详见章节
1	Logrotate 日志轮转	14.2.1 节
2	使用 Systemd 筛选日志	14.2.2 节
3	使用特定信息定位日志	14.2.3 节

【操作过程】

准备工作：需先检查是否安装了 Logrotate 工具，如未安装，则执行以下安装命令，安装结果如图 14.10 所示。

```
#rpm  -qa | grep logrotate              //查询 Logrotate 工具是否已安装
#yum  install -y logrotate              //安装 Logrotate 工具
```

```
[root@localhost ~]# rpm -qa | grep logrotate
logrotate-3.21.0-1.oe2403.x86 64
```

图 14.10　查看安装信息

全局配置文件是默认需要加载的，使用 logrotate 命令可调用/etc/logrotate.conf 全局配置文件：

```
#logrotate  /etc/logrotate.conf
```

对于当前项目的要求，还需额外调用特定的日志配置文件。新建并编辑位于/etc/logrotate.d 目录下的 test 文件，设置 size 规则，使得文件超过 100KB 时就开始轮转，每周轮转一次；设置 rotate 规则，最终只保留 4 个日志文件；设置 missingok 规则，如果日志文件丢失，不会报错，直接跳过。修改内容如图 14.11 所示。

```
#vim  /etc/logrotate.d/test
```

```
[root@localhost ~]# vim /etc/logrotate.d/test
[root@localhost ~]# cat /etc/logrotate.d/test
/var/log/test.log {
        missingok
        size 100k
        weekly
        rotate 4
        dateext
        create 644 root root

}
```

图 14.11　修改 test 文件内容

配置好参数后，使用 logrotate 命令对 Linux 系统中已有的/var/log/test.log 日志文件执行轮转，如果日志文件满足轮转条件，Logrotate 工具会按照配置的方式进行轮转操作；如果不满足条件，则强制调用 test 文件的配置，并显示详细信息，如图 14.12 所示。

```
#logrotate  -fv  /etc/logrotate.d/test              //不满足要求，也强制执行日志轮转
```

```
[root@localhost ~]# logrotate -fv /etc/logrotate.d/test
reading config file /etc/logrotate.d/test
note: 'weekly' overrides previously specified 'size'
acquired lock on state file /var/lib/logrotate/logrotate.statusReading state from file: /var/lib
/logrotate/logrotate.status
Allocating hash table for state file, size 64 entries
Creating new state
Creating new state
Handling 1 logs

rotating pattern: /var/log/test.log  forced from command line (4 rotations)
empty log files are rotated, old logs are removed
considering log /var/log/test.log
Creating new state
  Now: 2024-10-22 19:28
  Last rotated at 2024-10-22 19:00
  log needs rotating
rotating log /var/log/test.log, log->rotateCount is 4
dateext suffix '-20241022'
glob pattern '-[0-9][0-9][0-9][0-9][0-9][0-9][0-9][0-9]'
set default create context to unconfined_u:object_r:rpm_log_t:s0
glob finding old rotated logs failed
set default create context to unconfined_u:object_r:rpm_log_t:s0
renaming /var/log/test.log to /var/log/test.log-20241022
creating new /var/log/test.log mode = 0644 uid = 0 gid = 0
set default create context to system_u:object_r:logrotate_var_lib_t:s0
```

图 14.12　test.log 轮转结果

轮转时，Logrotate 工具会将当前的日志文件重命名为备份文件。这个备份文件的名称通常会设置为 log-<日期>，因此自动修改得到的备份日志为 test.log-20241022。轮转后，Logrotate 工具会根据配置创建一个新的日志文件，新文件通常会覆盖原始的文件，因此轮转前 test.log 文件的大小为 714KB，而轮转后原有的 test.log 文件被置空，新的 test.log 文件根据 /etc/logrotate.d/test 中的 create 指定权限为 644，所有者为 root，组为 root。原始 test.log 文件信息如图 14.13 所示。

```
#ls  -lh  /var/log/test*                    //查看包含 test 关键字的文件信息
```

```
[root@localhost ~]# ls -lh /var/log/test*
-rw-r--r--. 1 root root 714K 10月22日 19:08 /var/log/test.log
```

图 14.13　原始 test.log 文件信息

轮转后的 test.log 文件及备份文件 test.log-20241022 信息如图 14.14 所示。

```
[root@localhost ~]# ls -lh /var/log/test*
-rw-r--r--. 1 root root    0 10月22日 19:41 /var/log/test.log
-rw-r--r--. 1 root root 714K 10月22日 19:08 /var/log/test.log-20241022
```

图 14.14　轮转后 test.log 文件信息

Logrotate 工具会根据配置删除超出保留范围的日志文件。如果日志文件的轮转次数超过了配置的最大值 4，日志文件按生成时间排序，旧的文件会被删除。

14.2.1　Logrotate 日志轮转介绍

系统运行时会产生大量的日志，如果不进行定期维护，日志文件所占用空间会随时间递增，通常占用大量磁盘空间。因此，定期进行日志维护尤其重要。考虑到管理员手动维护的工作量巨大，常使用 Logrotate 工具进行自动维护。作为一个管理和轮转日志文件的工具，Logrotate 工具主要用于自动管理系统中日志文件的大小、数量和存储位置，通过定期轮转、压缩、删除旧的日志文件来释放磁盘空间。

日志轮转（Log Rotation）是 Logrotate 工具所提供的最关键的功能，指的是将当前的日志文件归档为旧的日志文件，并创建一个新的日志文件以供继续记录日志。该操作支持按照指定的时间间隔进行轮转，例如每天、每周、每月等，也支持按照设定日志文件的最大大小进行轮转。轮转后可以对旧的日志文件进行压缩、备份或删除。Logrotate 工具常用的关键文件有/etc/logrotate.conf、/etc/logrotate.d 和/var/lib/logrotate.status 等，见表 14.6。

表 14.6　Logrotate 工具常用的关键文件

名称	用途
/etc/cron.daily/logrotate	每日计划执行脚本
/etc/logrotate.conf	全局配置文件
/etc/logrotate.d	存放用户定义的策略（自定义设置）
/usr/sbin/logrotate	主程序
/var/lib/logrotate.status	轮转记录状态

在 Logrotate 工具的全局配置文件/etc/logrotate.conf 中，定义了日志文件的默认配置、日志的轮转周期。可以通过 cat 命令，查看具体的日志文件配置信息，如图 14.15 所示。

```
[root@localhost ~]# cat /etc/logrotate.conf
# see "man logrotate" for details

# global options do not affect preceding include directives

# rotate log files weekly
weekly

# keep 4 weeks worth of backlogs
rotate 4

# create new (empty) log files after rotating old ones
create

# use date as a suffix of the rotated file
dateext

# uncomment this if you want your log files compressed
#compress

# packages drop log rotation information into this directory
include /etc/logrotate.d

# system-specific logs may also be configured here.
```

图 14.15　日志文件配置信息

日志轮转支持系统定时任务，可以设置在指定时间备份日志。如果希望设置时间为每周，可以将 logrotate 文件放置在/etc/cron.daily 目录下，使用 cat 命令可查看此文件；同理可设置为每周，则 logrotate 文件放置在/etc/cron.monthly 目录下，如图 14.16 所示。

```
#vim    /etc/cron.daily/logrotate
```

```
[root@localhost ~]# cat /etc/cron.daily/logrotate
#!/bin/sh

/usr/sbin/logrotate /etc/logrotate.conf
EXITVALUE=$?
if [ $EXITVALUE != 0 ]; then
    /usr/bin/logger -t logrotate "ALERT exited abnormally with [$EXITVALUE]"
fi
exit $EXITVALUE
```

图 14.16　日志文件执行过程

日志轮转的备份文件改名的命名规则主要依靠/etc/logrotate.conf 配置文件中的 dateext 参数实现。如果在配置文件中有 dateext 参数，那么会使用日期作为日志文件的后缀，如 test-20241023。这样，日志文件名不会重叠，也就不需要对日志文件进行改名，只需要保存指定的日志个数，删除多余的日志文件即可。如果在配置文件中没有 dateext 参数，那么日志文件就需要进行改名了。当第一次进行日志轮转时，当前的 test 日志文件会自动改名为 test.1，然后新建 test 日志文件，用来保存新的日志；当第二次进行日志轮转时，test.1 会自动改名为 test.2，当前的日志文件会自动改名为 test.1，然后新建的 test 日志文件，用来保存新的日志；以此类推。设置日志轮转的关键参数见表 14.7。

表 14.7　日志轮转的关键参数

参数名称	用途
daily	日志轮转时间为每天
weekly	日志轮转时间为每周
monthly	日志轮转时间为每月
rotate 数字	保留日志备份的个数
compress	日志轮转时，对旧文件进行压缩

14.2.2　Systemd 对日志服务的管理

Systemd 用于初始化和管理 Linux 系统的启动过程及后台服务，其中用于收集和管理系统与服务的日志系统为 journald。journald 使用二进制格式存储日志信息，相比于 Rsyslog 使用纯文本格式存储日志信息的方式，它能够更高效地存储日志，减少磁盘空间的占用，并且能够高效地查询和过滤日志。journald 提供了 journalctl 命令用于查看和查询日志，如图 14.17 所示。

```
#journalctl   -n                    //读取 Systemd 日志
```

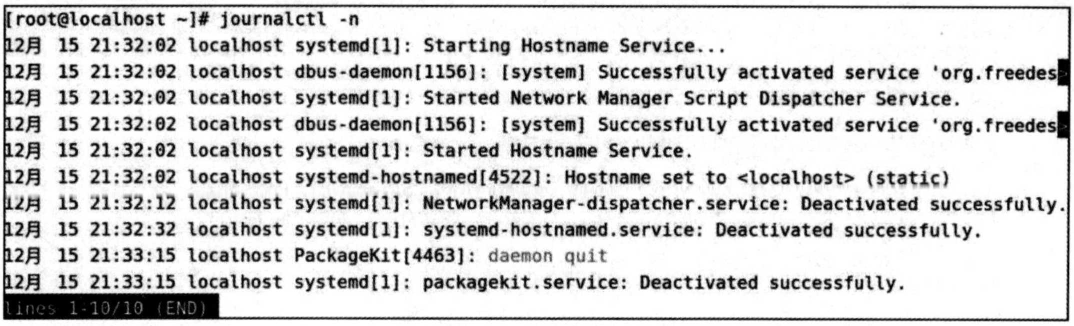

图 14.17　读取 Systemd 日志

也可以用以下命令显示日志，如图 14.18 所示。

```
#journalctl   -n   3                                    //显示最新的 3 条日志
#journalctl   --scince   "2024-12-15   21:00:00"        //显示 21:00:00 后的日志
#journalctl   --scince   "2024-12-15   21:00:00"        //显示日志到 21:00:00
```

```
[root@localhost ~]# journalctl -n 3
12月 15 21:32:32 localhost systemd[1]: systemd-hostnamed.service: Deactivated successfully.
12月 15 21:33:15 localhost PackageKit[4463]: daemon quit
12月 15 21:33:15 localhost systemd[1]: packagekit.service: Deactivated successfully.
```

图 14.18　显示最新的 3 条日志的结果

显示到 2024-12-15 21:00:00 截止，系统中所产生的日志信息如图 14.19 所示。

```
[root@localhost ~]# journalctl --until "2024-12-15 21:00:00"
12月 15 20:40:56 localhost kernel:
                >
12月 15 20:40:56 localhost kernel: Command line: BOOT_IMAGE=/vmlinuz-6.6.0-28.0.0.34.oe2403.x86_64
root=/dev/>
12月 15 20:40:56 localhost kernel: BIOS-provided physical RAM map:
12月 15 20:40:56 localhost kernel: BIOS-e820: [mem 0x0000000000000000-0x0000000000097bff] usable
12月 15 20:40:56 localhost kernel: BIOS-e820: [mem 0x0000000000097c00-0x000000000009ffff] reserved
12月 15 20:40:56 localhost kernel: BIOS-e820: [mem 0x00000000000ce000-0x00000000000cffff] reserved
12月 15 20:40:56 localhost kernel: BIOS-e820: [mem 0x00000000000dc000-0x00000000000fffff] reserved
12月 15 20:40:56 localhost kernel: BIOS-e820: [mem 0x0000000000100000-0x00000000bfecffff] usable
12月 15 20:40:56 localhost kernel: BIOS-e820: [mem 0x00000000bfed0000-0x00000000bfefefff] ACPI data
12月 15 20:40:56 localhost kernel: BIOS-e820: [mem 0x00000000bfeff000-0x00000000bfefffff] ACPI NVS
12月 15 20:40:56 localhost kernel: BIOS-e820: [mem 0x00000000bff00000-0x00000000bfffffff] usable
12月 15 20:40:56 localhost kernel: BIOS-e820: [mem 0x00000000f0000000-0x00000000f7ffffff] reserved
12月 15 20:40:56 localhost kernel: BIOS-e820: [mem 0x00000000fec00000-0x00000000fec0ffff] reserved
12月 15 20:40:56 localhost kernel: BIOS-e820: [mem 0x00000000fee00000-0x00000000fee00fff] reserved
12月 15 20:40:56 localhost kernel: BIOS-e820: [mem 0x00000000fffe0000-0x00000000ffffffff] reserved
12月 15 20:40:56 localhost kernel: BIOS-e820: [mem 0x0000000100000000-0x000000013fffffff] usable
12月 15 20:40:56 localhost kernel: NX (Execute Disable) protection: active
12月 15 20:40:56 localhost kernel: APIC: Static calls initialized
12月 15 20:40:56 localhost kernel: SMBIOS 2.7 present.
12月 15 20:40:56 localhost kernel: DMI: VMware, Inc. VMware Virtual Platform/440BX Desktop Referenc
e Platform>
12月 15 20:40:56 localhost kernel: vmware: hypercall mode: 0x02
12月 15 20:40:56 localhost kernel: Hypervisor detected: VMware
12月 15 20:40:56 localhost kernel: vmware: TSC freq read from hypervisor : 2803.211 MHz
```

图 14.19　显示日志到 21:00:00 的结果

在 journalctl 命令后添加参数“-f”，可以显示详细的日志信息，如图 14.20 所示。

```
#journalctl  -f
```

```
[root@localhost ~]# journalctl -f
10月 22 19:56:10 localhost.localdomain systemd[1]: Starting Hostname Service...
10月 22 19:56:10 localhost.localdomain dbus-daemon[1048]: [system] Successfully activated servic
e 'org.freedesktop.hostname1'
10月 22 19:56:10 localhost.localdomain systemd[1]: Started Hostname Service.
10月 22 19:56:10 192.168.5.136 systemd-hostnamed[27424]: Hostname set to <192.168.5.136> (transi
ent)
10月 22 19:56:20 192.168.5.136 systemd[1]: NetworkManager-dispatcher.service: Deactivated succes
sfully.
10月 22 19:56:40 192.168.5.136 systemd[1]: systemd-hostnamed.service: Deactivated successfully.
10月 22 20:01:01 192.168.5.136 CROND[27529]: (root) CMD (run-parts /etc/cron.hourly)
10月 22 20:01:01 192.168.5.136 run-parts[27532]:
10月 22 20:01:01 192.168.5.136 run-parts[27538]:
10月 22 20:01:01 192.168.5.136 CROND[27528]: (root) CMDEND (run-parts /etc/cron.hourly)
```

图 14.20　详细的日志信息

在 journalctl 命令后添加参数“-p err..alert”，可以只显示错误、冲突和重要警告信息，如图 14.21 所示。

```
#journalctl  -p  err..alert
```

在 systemctl 命令后添加参数“status”，可以检查 systemctl-journald 的状态，可以看到日志轮转已经成功，如图 14.22 所示。

```
#systemctl  status  systemd-journald
```

```
[root@localhost ~]# journalctl -p err..alert
10月 22 09:13:07 localhost kernel: integrity: Unable to open file: /etc/keys/x509_ima.der (-2)
10月 22 09:13:07 localhost kernel: integrity: Unable to open file: /etc/keys/x509_evm.der (-2)
10月 22 09:13:11 localhost (udev-worker)[828]: 1-1: /usr/lib/udev/rules.d/99-upower-wake-up-us
10月 22 09:13:11 localhost (udev-worker)[818]: 1-1:1.0: /usr/lib/udev/rules.d/99-upower-wake-u
10月 22 09:13:11 localhost (udev-worker)[818]: 0003:0E0F:0003.0001: /usr/lib/udev/rules.d/99-u
10月 22 09:13:11 localhost (udev-worker)[818]: input5: /usr/lib/udev/rules.d/99-upower-wake-up
10月 22 09:13:11 localhost (udev-worker)[830]: mouse2: /usr/lib/udev/rules.d/99-upower-wake-up
10月 22 09:13:11 localhost kernel: piix4_smbus 0000:00:07.3: SMBus Host Controller not enabled
10月 22 09:13:11 localhost (udev-worker)[813]: hidraw0: /usr/lib/udev/rules.d/99-upower-wake-u
10月 22 09:13:11 localhost (udev-worker)[818]: event4: /usr/lib/udev/rules.d/99-upower-wake-up
10月 22 09:13:12 localhost kernel: Bluetooth: hci0: unexpected cc 0x0c12 length: 2 < 3
10月 22 09:13:12 localhost kernel: Bluetooth: hci0: Opcode 0x0c12 failed: -38
10月 22 09:13:12 localhost alsactl[1122]: /usr/sbin/alsactl: load_state:1689: Cannot open /var
10月 22 09:13:12 localhost alsactl[1122]: alsa-lib main.c:1554:(snd_use_case_mgr_open) error:
10月 22 09:13:14 localhost.localdomain smbd[1429]: [2024/10/22 09:13:14.928423,  0] ../../sour
10月 22 09:13:14 localhost.localdomain smbd[1429]:   smbd version 4.19.3 started.
10月 22 09:13:14 localhost.localdomain smbd[1429]:   Copyright Andrew Tridgell and the Samba T
10月 22 09:13:16 localhost.localdomain libvirtd[1447]: 无法打开 tty /dev/kvm: No such file or
10月 22 09:13:16 localhost.localdomain pipewire[1920]: mod.x11-bell: XOpenDisplay() failed
10月 22 09:13:17 localhost.localdomain systemd[1900]: Failed to start Portal service (GTK/GNOM
10月 22 09:13:25 localhost.localdomain pipewire[2286]: mod.x11-bell: XOpenDisplay() failed
10月 22 09:13:25 localhost.localdomain rtkit-daemon[1057]: Failed to make thread 2300 RT: Oper
10月 22 09:16:09 localhost.localdomain python3[3783]: ldapdb_canonuser_plug_init() failed in s
10月 22 09:16:14 localhost.localdomain PackageKit[3885]: ldapdb_canonuser_plug_init() failed i
10月 22 09:39:05 localhost.localdomain python3[5833]: ldapdb_canonuser_plug_init() failed in s
```

图 14.21 错误、冲突和重要警告信息

```
[root@localhost ~]# systemctl status systemd-journald
● systemd-journald.service - Journal Service
     Loaded: loaded (/usr/lib/systemd/system/systemd-journald.service; static)
     Active: active (running) since Mon 2024-12-16 09:47:35 CST; 21min ago
TriggeredBy: ● systemd-journald.socket
             ● systemd-journald-dev-log.socket
             ○ systemd-journald-audit.socket
       Docs: man:systemd-journald.service(8)
             man:journald.conf(5)
   Main PID: 742 (systemd-journal)
     Status: "Processing requests..."
      Tasks: 1 (limit: 47116)
   FD Store: 57 (limit: 4224)
     Memory: 1.8M ()
     CGroup: /system.slice/systemd-journald.service
             └─742 /usr/lib/systemd/systemd-journald

12月 16 09:47:35 localhost systemd-journald[742]: Collecting audit messages is disabled.
12月 16 09:47:35 localhost systemd-journald[742]: Journal started
12月 16 09:47:35 localhost systemd-journald[742]: Runtime Journal (/run/log/journal/7a375cd
12月 16 09:47:34 localhost systemd[1]: systemd-journald.service: unit configures an IP fire
12月 16 09:47:34 localhost systemd[1]: systemd-journald.service: (This warning is only show
12月 16 09:47:34 localhost systemd[1]: systemd-journald.service: Succeeded.
12月 16 09:47:35 localhost systemd-journald[742]: Runtime Journal (/run/log/journal/7a375cd
12月 16 09:47:35 localhost systemd-journald[742]: Received client request to flush runtime
lines 1-24/24 (END)
```

图 14.22 报告日志已轮转

14.2.3 利用日志定位问题

1．查看系统登录日志

通过查看/var/log/wtmp 文件，可查询到可疑的登录到系统的 IP 地址。可以输入以下命令进行查询，如图 14.23 所示。

```
[root@localhost ~]# last -f /var/log/wtmp

wtmp begins Tue Oct 22 20:54:46 2024
```

图 14.23 IP 登录记录

日志文件可永久记录每个用户登录、注销及系统的启动、停机的时间。使用 lastlog 命令可查看登录过当前系统的用户最近一次的登录时间，如图 14.24 所示。

```
[root@localhost ~]# lastlog
用户名           端口     从最近的
root             :0                              二 10月 22 09:13:25 +0800 2024
bin                                              **从未登录过**
daemon                                           **从未登录过**
adm                                              **从未登录过**
lp                                               **从未登录过**
sync                                             **从未登录过**
shutdown                                         **从未登录过**
halt                                             **从未登录过**
mail                                             **从未登录过**
operator                                         **从未登录过**
games                                            **从未登录过**
ftp                                              **从未登录过**
nobody                                           **从未登录过**
systemd-coredump                                 **从未登录过**
saslauth                                         **从未登录过**
libstoragemgmt                                   **从未登录过**
rpc                                              **从未登录过**
tss                                              **从未登录过**
```

图 14.24　IP 最近登录记录

2. 查看系统日志

Linux 系统在运行程序时，通常会把一些系统信息和错误信息写入对应的系统日志，若系统出现问题，用户可以通过查看系统日志来迅速定位，及时解决故障，所以查看日志是系统日常维护中很重要的操作。

系统日志有 3 种类型。

（1）内核及系统日志

内核及系统日志数据由 Rsyslog 日志系统统一管理，Rsyslog 根据全局配置文件 /etchrsyslog.conf 中的设置，决定记录内核消息及各种系统程序消息的位置。系统中有相当一部分程序会把日志交由 Rsyslog 管理，因而这些程序使用的日志记录也具有与 Rsyslog 相似的格式。

（2）用户日志

用户日志数据被用于记录用户登录及退出 Linux 系统的相关信息，这些信息包括用户名、登录终端、登录时间、来源主机、正在使用的进程操作等。

（3）程序日志

有些应用程序会自己独立管理一份日志，而不是将其交给 Rsyslog 日志系统管理，这份日志被用于记录本程序运行过程中的各种事件信息。由于这些程序只负责管理自己的日志，则不同程序所使用的日志记录格式可能会存在较大的差异。一般来说，系统日志的优先级别规则为：数字等级越低，优先级越高，消息越重要。

系统用户日志的相关命令有以下 5 个。

① users 命令：只是简单地输出当前登录的用户名称，每个显示的用户名对应一个登录会话。如果一个用户不止有一个登录会话，那么其用户名将显示与登录会话相同的次数。

② who 命令：用于报告当前登录到系统中的每个用户的信息。系统管理员使用该命令可以查看当前系统存在的不合法用户，从而对其进行审计和处理。who 命令的默认输出内容包括用户名、终端类型、登录日期及远程主机。

③ w 命令：用于显示当前系统中每个用户及其所运行的进程信息，比 users、who 命令的输出内容要丰富一些。

④ last 命令：用于查询成功登录到系统的用户记录，最近的登录情况将显示在最前面。系统管理员通过 last 命令可以及时掌握 Linux 主机的登录情况，若发现有未经授权的用户登录，则当前主机可能已被入侵。

⑤ lastb 命令：用于查询登录失败的用户记录，例如登录的用户名错误、密码不正确等。登录失败的情况属于安全事件，因为这表示可能有人在尝试破解用户的密码。

习　题　14

1．选择题

（1）配置 Rsyslog 日志服务器时，若要设置 TCP 和端口号，应在（　　）配置文件中来实现。

A．rsyslog.conf　　B．rsyslog　　C．syslog　　D．rsyslog.service

（2）Logrotate 工具调用某个特定的日志配置时，给定了配置文件，应将配置文件放在（　　）目录下。

A．/log/httpd　　B．/etc/logrotate.d　　C．/lib/logrotate　　D．/lib/rsyslog

（3）Logrotate 工具中可以显示详细日志信息的命令是（　　）。

A．logrotate　　B．lastlog　　C．history　　D．journalctl

（4）启动 Rsyslog 日志服务器的命令是（　　）。

A．systemctl　start　rsyslog.service　　B．systemctl　restart　rsyslog.service

C．systemctl　status　rsyslog.service　　D．systemctl　stop　rsyslog.service

2．填空题

（1）Rsyslog 日志系统的全局配置文件名及所在路径是__________。

（2）Rsyslog 日志系统记录打印信息的日志文件是__________。

（3）使用 Logrotate 工具调用/etc/logrotate.d/下的所有日志配置的命令是__________。

3．简答题

（1）简述使用 Rsyslog 日志系统配置服务器与客户端传输日志文件的方法。

（2）简述 Rsyslog 日志系统的日志存储流程。

上机实践 14

1．使用 Rsyslog 日志系统实现服务器与客户端的日志传递。把主机 192.168.75.120 配置为服务器，主机 192.168.75.121 配置为客户端。

效果：在客户端输入测试日志信息“Hello, I am 192.168.75.121”后，服务器可以通过“tail -f /var/log/messages”命令查看接收到的日志信息。

2．配置基于 Logrotate 的日志轮转。新建一个日志文件：/var/log/nsd.log；配置轮转策略：达到 100KB 时轮转，保留 7 个备份；手动执行轮转，并观察记录。

效果：执行“logrotate　-fv　/etc/logrotate.d/nsd”命令后，可以看到出现了两个文件“nsd.log”和“nsd.log-<日期>”。

第15章　系统安全

从信息的产生、收集、处理、传输、分析到销毁或者存档，每个阶段都会有大量的设备、平台、应用参与其中，而这些设备、平台、应用往往需要 Linux 系统（包括服务器和嵌入式设备等）来提供底层支持，因此，要想保证数据信息的安全，就要先确保系统安全。防火墙作为公共网络与内部网络之间的保护屏障，在保证系统安全方面发挥着重大的作用。本章将针对 openEuler 操作系统中与防火墙相关的内容来讲解系统安全的防护，主要知识点如下：

- Firewalld 的配置与应用（重点）；
- SELinux 的配置及应用（重点）。

15.1　项目一：Firewalld 配置

【项目描述】

W 公司为了精细控制内部网络流量，防止未经授权的访问和潜在的网络攻击，管理员计划通过配置 Firewalld 防火墙服务来限制其他端口的访问，并放行 8080 端口的访问流量，以确保正常业务的运行。那么，首先需要启动 Firewalld，并设置开机自启动，然后将访问 8080 端口的流量管理策略设置为允许。

【项目分析】

Firewalld 是 Linux 系统上的一种动态防火墙管理工具，提供了图形界面配置和命令行配置两种方式。

利用图形界面配置 Firewalld，可以为管理员提供一个直观、易用的操作环境。通过图形界面，管理员可以轻松地查看和修改防火墙规则，添加或删除允许的端口和服务，以及监控网络流量等。

利用命令行配置 Firewalld，则提供了更高的灵活性和精确性。通过输入具体的命令，管理员可以精细地控制防火墙的每一个规则，实现复杂的网络流量管理策略。本项目采用命令行配置方式进行端口的访问管理。相关知识点见表 15.1。

表 15.1　相关知识点

序号	知识点	详见章节
1	防火墙概念	15.1.1 节
2	Firewalld 的基本概念	15.1.2 节
3	利用图形界面配置 Firewalld	15.1.3 节
4	利用命令行配置 Firewalld	15.1.4 节

【操作过程】

```
#systemctl status firewalld     //查看 Firewalld 运行状态
#systemctl start firewalld      //使用 Systemctl 命令来启动 Firewalld
#systemctl enable firewalld  //设置 Firewalld 开机自启动
```

```
#firewall-cmd --add-port=8080/tcp -permanent   //将访问 8080 端口的流量管理策略设置为允许
#firewall-cmd -reload          //重新加载 Firewalld 的配置
#firewall-cmd --list-ports       //验证端口是否已经被成功添加并允许
```

15.1.1 Linux 防火墙工具概述

随着网络规模的逐渐扩大，网络安全问题变得越来越重要，而构建防火墙是防止系统安全免受侵害的最基本的手段之一。虽然防火墙并不能保证系统安全完全不受到侵害，但由于它简单易行、工作可靠、适应性强，还是受到了广泛的认可与应用。

防火墙是指设置在不同网络（如可信任的企业内部网络和不可信的公共网络）或网络安全域之间的一系列部件的组合，是不同网络或网络安全域之间信息的唯一出入口。检测、限制并更改跨越防火墙的数据流，能够尽可能地对外部屏蔽网络内部的信息、结构和运行状态，有选择地接受外部访问。防火墙可分为两种，即硬件防火墙和软件防火墙，它们都能起到保护作用并筛选出网络上的攻击者。

直白地说，防火墙就是一种获取系统安全的方法，有助于实施广泛的安全性政策，用来确定系统中允许提供的服务和访问。防火墙是抵御攻击的一道防线，它的使用在一定程度上降低了系统被网络攻击成功的概率，增强了系统的安全性。服务器按照纵深防御的原则，使用防火墙进行防护是保障系统安全必须实施的控制措施。

但需要注意的是，虽然防火墙对系统安全的保护起到了重大作用，但它仍然存在一些缺陷。

防火墙无法阻止对基础设施的物理损坏，不管这种损坏是由自然现象引起的还是由人为原因引起的。防火墙不能阻止受病毒感染的文件的传输，因为受病毒感染的文件经常通过电子邮件、社交工具（例如即时通信工具）、网站访问的形式传播，而这些途径都基于正常的网络协议，因此防火墙不能分辨出病毒。防火墙也不能解决来自内部网络的攻击和安全问题，因为系统内部发起的网络攻击并未到达网络边界，因此防火墙并不起作用。

防火墙不能防止策略配置不当或者配置错误引起的安全威胁，不能防止防火墙本身的安全漏洞所带来的威胁。因此，不能只依赖防火墙提供完全的安全保障服务，应该构建多层次、全面保障的纵深防御体系。

15.1.2 Firewalld 介绍

openEuler 操作系统是基于 CentOS（Community Enterprise Operating System，社区企业操作系统）的。CentOS 中有 4 种防火墙共存，即 iptables、ip6tables、ebtables 和 nftables。要明确的是，它们其实并不具备防火墙功能，其作用都是在用户空间中管理和维护规则，不过它们的规则结构和使用方法不一样，真正利用规则进行数据包过滤的是内核中的 Netfilter 子系统。Firewalld 的整体架构如图 15.1 所示。

在 openEuler 操作系统中，Firewalld 取代了 iptables，成为管理 Netfilter 的新工具。iptables 的防火墙策略是通过内核层面的 Netfilter 来处理的，而 Firewalld 则采用了内核层面的 nftables 包过滤框架来处理这些策略。默认情况下，Firewalld 的后端是 nftables 而非 iptables，底层调用的是 nft 命令，而非传统的 iptables 命令。

相较于 iptables 等传统防火墙，Firewalld 引入了动态更新技术和区域的概念。区域是 Firewalld 预先定义的一系列防火墙策略集合，用户可以根据不同的生产场景选择最合适的策略集合，从而快速切换防火墙策略，提高配置的灵活性和效率。

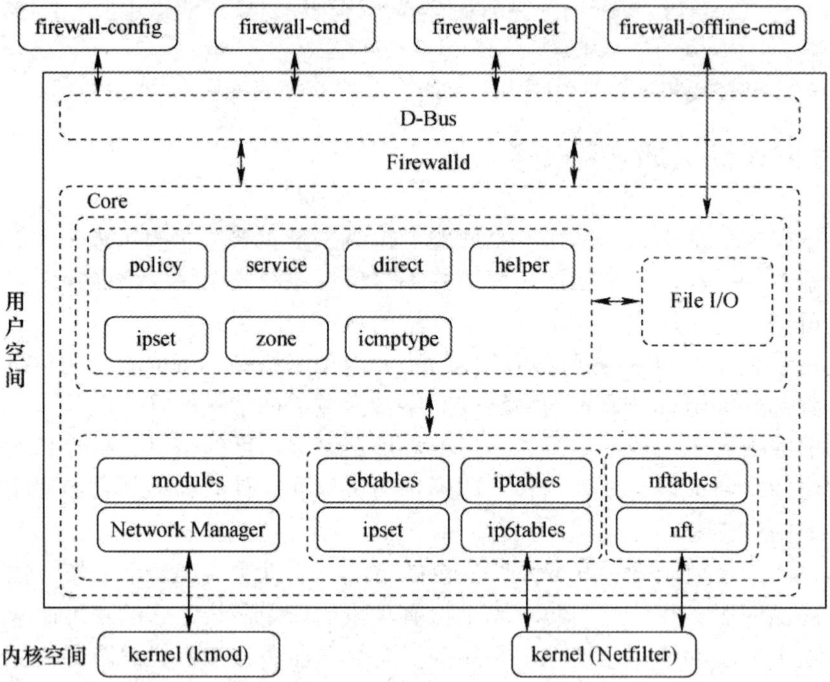

图 15.1　Firewalld 的整体架构

Firewalld 通过使用不同的区域来定义网络链接以及接口的安全等级，支持 IPv4 和 IPv6 防火墙设置及以太网桥接，并允许服务或应用程序直接添加防火墙规则的接口。Firewalld 拥有基于 CLI（Command Line Interface，命令行界面）和基于 GUI（Graphical User Interface，图形界面）的两种配置方式。

Firewalld 支持运行时配置和永久配置，并且改变了以往防火墙规则更改后需要重启服务的静态模式，防火墙规则的动态管理得益于 firewall daemon 服务的使用，使用这个服务后，更改防火墙规则不再需要重启整个防火墙服务。从另一个角度来说，这意味着不再需要重新装载所有内核防火墙模块，firewall daemon 能够自动更新防火墙的规则，从而使其与内核中的规则一致。

Firewalld 能够动态更新防火墙规则参数，最主要的原因是它把 Netfilter 的过滤功能与内核集于一身，是基于内核的 Firewalld 守护进程。不过需要注意的是，firewall daemon 并不能对通过 iptables/ip6tables 和 ebtables 命令行添加的防火墙规则进行解析。

Firewalld 的核心功能可以概括为以下 5 个方面。

1．动态规则管理

Firewalld 允许对防火墙规则进行动态更新，这意味着在规则发生变化时，无须重启整个防火墙服务进程。这一特性极大地提高了防火墙管理的灵活性和效率。

2．命令行与状态显示

Firewalld 提供了 firewall-cmd 命令，用于方便地进行防火墙的配置和管理。同时，它还能在系统的托盘区实时显示防火墙的状态，让用户能够一目了然地了解当前防火墙的运行情况。

3．与 libvirt 集成

Firewalld 为 libvirt 提供了专门的接口和界面，以便在虚拟机管理中更好地控制防火墙规则。但需要注意的是，这一功能的实现需要在 PolicyKit 的相关权限下进行。

4．全局与进程规则配置

Firewalld 不仅支持对系统全局的防火墙规则进行配置，还能针对特定的用户进程设置防火墙规则。这一特性使得 Firewalld 能够满足不同用户和应用场景的需求。

5. 区域支持

Firewalld 引入了区域的概念，这是预先定义的一系列防火墙策略集合。用户可以根据实际的生产场景选择合适的区域，从而快速应用相应的防火墙策略。这一特性极大地简化了防火墙的配置和管理过程。

Firewalld 常用区域名称及默认策略规则见表 15.2。

表 15.2 Firewalld 常用区域名称及默认策略规则

区域名称	默认策略规则
block	任何来自外部网络的请求都被拒绝
dmz	对来自公共区域的连接请求进行有限制的回答
drop	不对任何来自网络的数据包进行应答，但主机可以向外发送数据
external	拒绝来自经过路由器伪装后的外部连接
home	除非与输出流量相关，或与 SSH 等预定义服务匹配，否则拒绝接入
internal	对来自内部网络区域内的请求都进行应答
public	允许在公共区域内使用，也就是说只应答经过筛选的连接
work	允许指定的外网连接，用于工作区网络
trusted	可以接受所有网络连接

15.1.3 基于图形界面的 Firewalld 配置

通过执行以下命令打开 Firewalld 图形界面。

```
#firewall-config
```

图形界面启动成功，如图 15.2 所示。如果软件界面是灰色的，则说明防火墙服务没有启动，需要先执行#systemctl start firewalld 命令启动防火墙，再启动 Firewalld 图形界面。Firewalld 图形界面分为若干模块，如图 15.3 所示，各模块功能介绍见表 15.3。

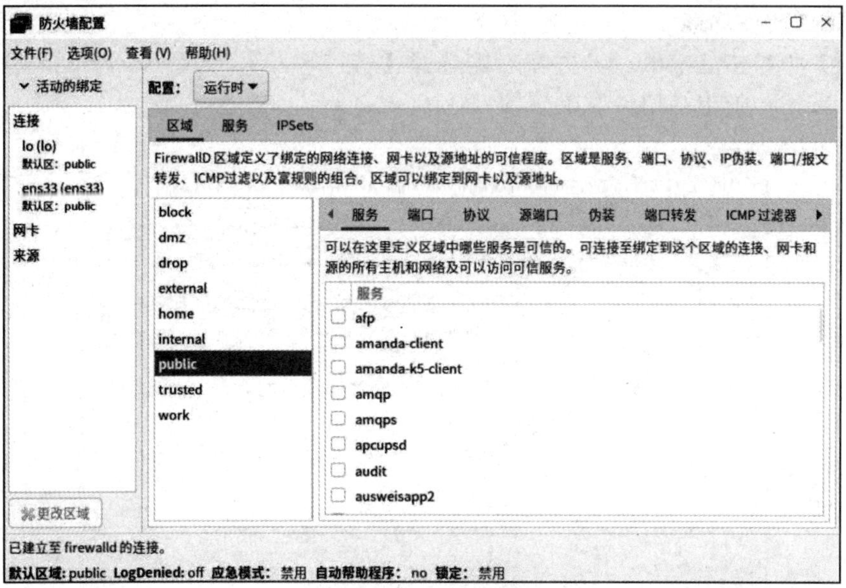

图 15.2 图形界面

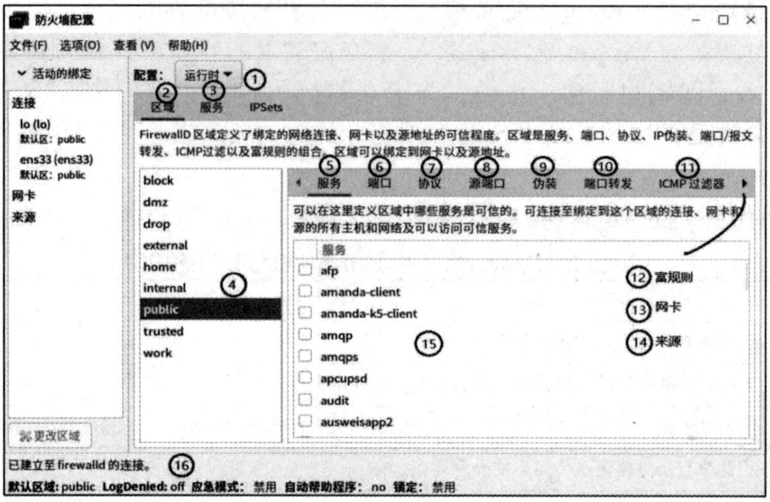

图 15.3　图形界面功能模块

表 15.3　功能模块简介

功能序号	功能简介	功能序号	功能简介
1	【运行时】和【永久】模式的配置，【运行时】表示立即生效，【永久】表示重启后依然生效	9	管理当前被选中区域的伪装
2	可选的策略集合区域的列表	10	管理当前被选中区域的端口转发
3	常用的系统服务列表	11	管理当前被选中区域的 ICMP 过滤器
4	当前正在使用的区域	12	管理当前被选中区域的富规则
5	管理当前被选中区域中的服务	13	管理当前被选中区域的网卡
6	管理当前被选中区域中的端口	14	管理当前被选中区域的来源
7	管理当前被选中区域的协议	15	被选中区域的服务列表
8	管理当前被选中区域的源端口	16	防火墙的运行状态

下面通过几个例子介绍如何通过图形界面配置策略。

1．开通端口转发功能

在【区域】下单击【public】，并在右侧选择【端口转发】，如图 15.4 所示。然后单击左下角的【添加】按钮，弹出端口转发配置窗口。

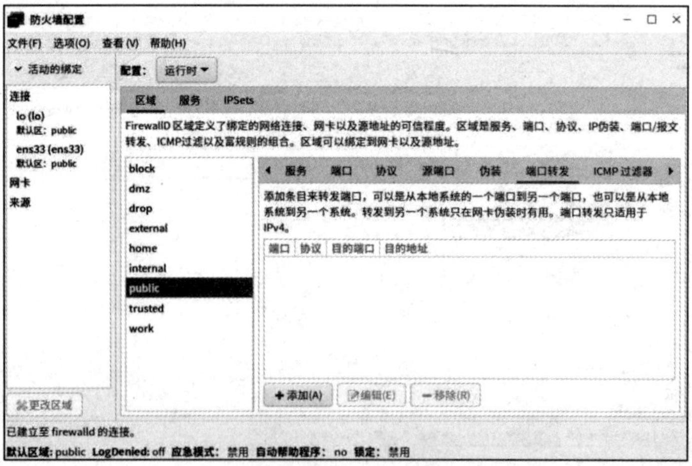

图 15.4　配置端口转发

如图 15.5 所示，首先配置【来源】部分，【协议】下拉框选择“tcp”，【端口或端口范围】输入“9000”。然后配置【目标地址】部分，在【端口或端口范围】处输入“22”，最后单击【确定】按钮。

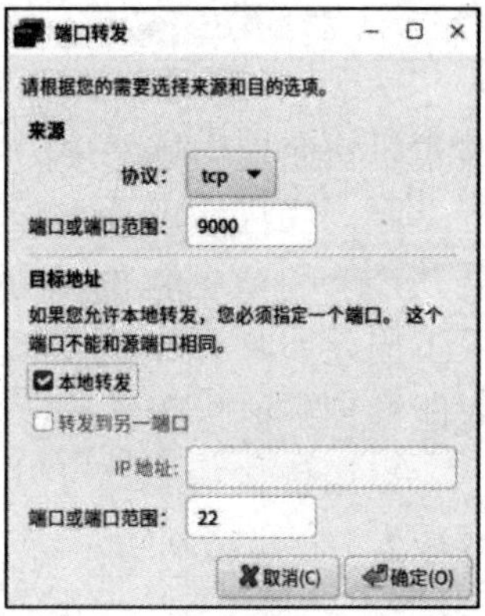

图 15.5　配置端口转发信息

2．开通服务和端口

以 http 服务为例介绍如何在 Firewalld 上开通服务和端口 8080。

在 Firewalld 上开启 http 服务及端口，并使所开启的服务和端口立即生效，可以在【区域】下单击【public】，并在右侧的【服务】中找到【http】并将其勾选上，如图 15.6 所示，然后单击【端口】，如图 15.7 所示，在该界面中单击【添加】按钮，在弹出界面中的【端口或端口范围】处输入端口范围“8080-8088”，并在【协议】处选择“tcp”，如图 15.8 所示，然后单击【确定】按钮，则开通了服务和端口 8080。

为了使这个设置立即生效，可以在图 15.6 的【配置】处将其状态改为【运行时】，如果要将该 http 服务及其端口设置为永久使用，则选择【永久】。

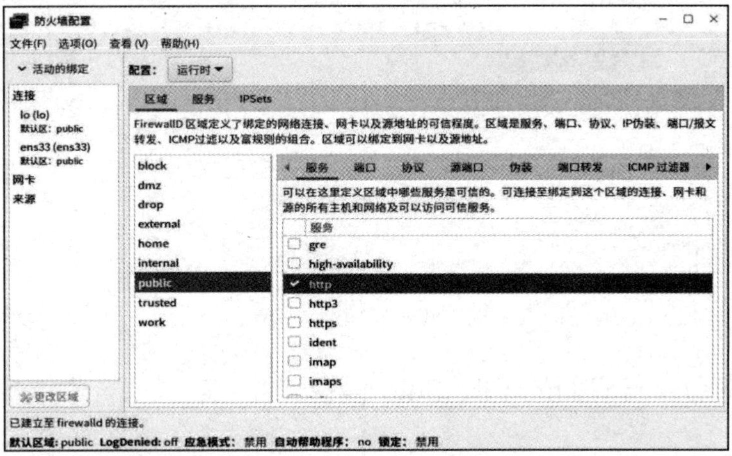

图 15.6　服务选择界面

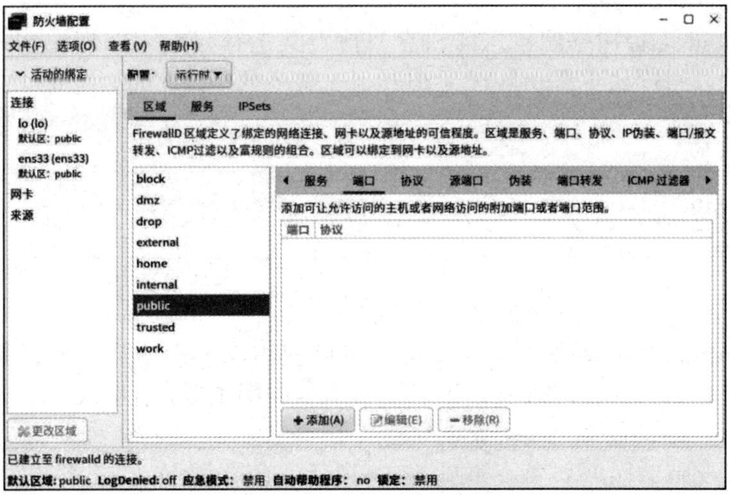

图 15.7　端口选择界面

3．启动伪装功能

伪装（Masquerading）是一种网络地址转换（NAT）技术，它允许局域网内的多个设备共享一个公网 IP 地址进行上网。当局域网内的设备向外部网络发送数据包时，伪装功能会将数据包的源 IP 地址更改为公网 IP 地址，并记录下原始的源 IP 地址和端口号，以便在接收到响应数据包时能够正确地将数据包转发给局域网内的目标设备。

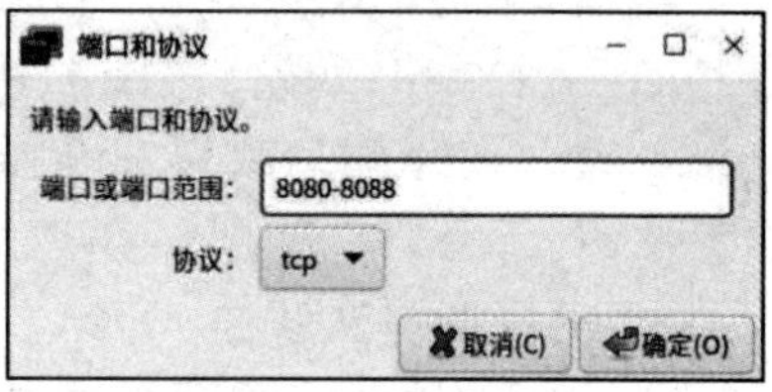

图 15.8　端口配置界面

启用伪装功能，可以【区域】下单击【public】，然后单击【伪装】，并在下方勾选【伪装区域】，如图 15.9 所示。

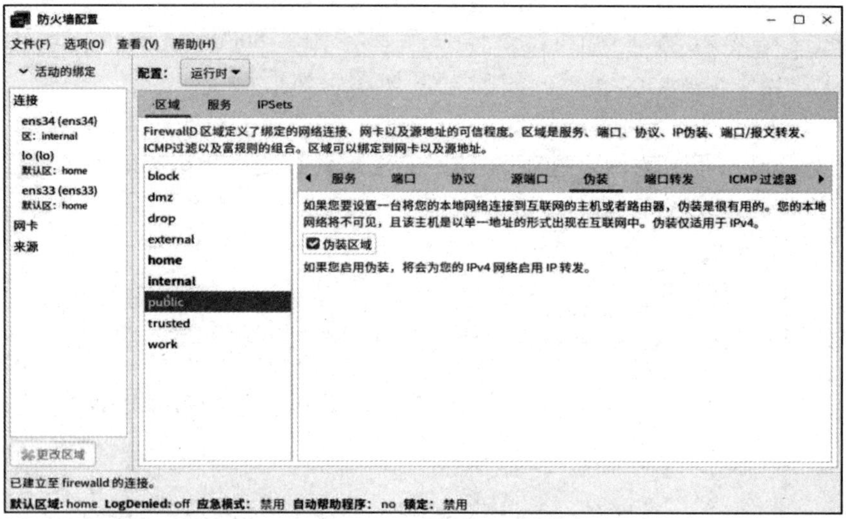

图 15.9　启动伪装功能

15.1.4　基于命令行界面的 Firewalld 设置

命令行界面的 firewall 设置使用 firewall-cmd 命令完成，其参数通常采用长格式提供。

1．Firewalld 的命令及其作用

在使用 Firewalld 进行网络配置之前，需要检查其运行状态，以确保 firewalld 服务已经启动并正在运行。可以通过如下命令来查看 firewalld 服务的当前状态，如图 15.10 所示。

```
#systemctl status firewalld    //检查运行状态
```

```
firewalld.service - firewalld - dynamic firewall daemon
   Loaded: loaded (/usr/lib/systemd/system/firewalld.service; disabled; preset: enabled)
   Active: inactive (dead)
     Docs: man:firewalld(1)
```

图 15.10　firewalld 服务的运行状态

服务器的 firewalld 服务若处于关闭状态，可以使用以下命令开启 firewalld 服务，并再次查看 firewalld 服务的状态时，发现其处于启用状态，如图 15.11 所示。

```
#systemctl start firewalld    //如未运行，则启动
```

（1）获取当前支持的区域列表，如图 15.12 所示。命令如下：

```
#firewall-cmd --get-zones    //获取当前支持的区域列表
```

```
[root@localhost 桌面]# systemctl start firewalld.service
[root@localhost 桌面]# systemctl status firewalld
● firewalld.service - firewalld - dynamic firewall daemon
     Loaded: loaded (/usr/lib/systemd/system/firewalld.service; disabled; preset: enabled)
     Active: active (running) since Sun 2024-11-10 12:10:59 CST; 4s ago
       Docs: man:firewalld(1)
   Main PID: 5728 (firewalld)
      Tasks: 2 (limit: 21357)
     Memory: 30.6M ()
     CGroup: /system.slice/firewalld.service
             └─5728 /usr/bin/python3 -s /usr/sbin/firewalld --nofork --nopid

11月 10 12:10:59 localhost.localdomain systemd[1]: Starting firewalld - dynamic firewall daemon...
11月 10 12:10:59 localhost.localdomain systemd[1]: Started firewalld - dynamic firewall daemon.
```

图 15.11　firewalld 服务启用

```
[root@localhost ~]# firewall-cmd --get-zones
block dmz drop external home internal public trusted work
```

图 15.12　获取支持的区域列表

（2）查看当前区域，如图 15.13 所示。当前区域一般是默认的域，Firewalld 中默认的域是 public。命令如下：

```
#firewall-cmd --get-active-zones
```

```
[root@localhost ~]# firewall-cmd --get-active-zones
public
  interfaces: ens33 ens34
```

图 15.13　查看当前区域

（3）显示公共区域的相关信息，如图 15.14 所示。命令如下：

```
#firewall-cmd --zone=public --list-all
```

```
[root@localhost ~]# firewall-cmd --zone=public --list-all
public (active)
  target: default
  icmp-block-inversion: no
  interfaces: ens33 ens34
  sources:
  services: dhcpv6-client mdns ssh
  ports:
  protocols:
  forward: yes
  masquerade: no
  forward-ports:
  source-ports:
  icmp-blocks:
  rich rules:
```

图 15.14　显示公共区域的相关信息

（4）设置默认域为家庭域，即 home，如图 15.15 所示。命令如下：

```
#firewall-cmd --set-default-zone=home
```

```
[root@localhost ~]# firewall-cmd --set-default-zone=home
success
```

图 15.15　设置默认域为家庭域

（5）设置当前区域的接口，如图 15.16 所示。命令如下：

```
#firewall-cmd --get-zone-of-interface=ens34
```

```
[root@localhost ~]# firewall-cmd --get-zone-of-interface=ens34
public
```

图 15.16　设置当前区域的接口

（6）临时修改网络接口为内部区域，如图 15.17 所示。命令如下：

```
#firewall-cmd --zone=internal --change-interface=ens34
```

```
[root@localhost ~]# firewall-cmd --zone=internal --change-interface=ens34
success
```

图 15.17　临时修改网络接口

（7）永久修改网络接口为内部区域，如图 15.18 所示。命令如下：

```
#firewall-cmd --permanent --zone=internal --change-interface=ens34
```

```
[root@localhost ~]# firewall-cmd --permanent --zone=internal --change-interface=ens34
The interface is under control of NetworkManager, setting zone to 'internal'.
success
```

图 15.18　永久修改网络接口

关于默认域的设置，建议根据实际的环境来确定。考虑到维护便利的问题，可以新建一个默认域并创建其中的规则。

2．Firewalld 规则维护

（1）管理防火墙中的端口

① 在防火墙中打开 443 的 TCP 端口，如图 15.19 所示，命令如下：

```
#firewall-cmd --add-port=443/tcp
```

```
[root@localhost ~]# firewall-cmd --add-port=443/tcp
success
```

图 15.19　打开 443 的 TCP 端口

使用上述方式打开防火墙中的端口，添加后可立即生效。使用以下命令查看时就可以看到新打开的端口，如图 15.20 所示。

```
#firewall-cmd --zone=public --list-all
```

```
[root@localhost ~]# firewall-cmd --zone=public --list-all
public (active)
  target: default
  icmp-block-inversion: no
  interfaces: ens33
  sources:
  services: dhcpv6-client mdns ssh
  ports: 443/tcp
  protocols:
  forward: yes
  masquerade: yes
  forward-ports:
  source-ports:
  icmp-blocks:
  rich rules:
```

图 15.20　查看端口

注意：使用这种方法打开的新端口只是暂时的，系统重启后端口会失效。另外，如果要开放一段连续的端口，可以使用“-”来连接这些端口，如开放 20~30 的端口，可以表示为 20-30。

② 在防火墙上打开一个永久性的 3306 的 TCP 端口，如图 15.21 所示。命令如下：

```
#firewall-cmd --permanent --add-port=3306/tcp
```

```
[root@localhost ~]# firewall-cmd --permanent --add-port=3306/tcp
success
```

图 15.21　打开永久端口

在防火墙上打开永久性端口并不会立即生效，需要执行命令来重载防火墙配置，使端口生效，再次查询就可以看到新打开的端口，如图 15.22 所示。命令如下：

```
#firewall-cmd --reload                    //重载防火墙配置
#firewall-cmd --zone=public --list-all
```

```
[root@localhost ~]# firewall-cmd --reload
success
[root@localhost ~]# firewall-cmd --zone=public --list-all
public (active)
  target: default
  icmp-block-inversion: no
  interfaces: ens33
  sources:
  services: dhcpv6-client mdns ssh
  ports: 3306/tcp
  protocols:
  forward: yes
  masquerade: no
  forward-ports:
  source-ports:
  icmp-blocks:
  rich rules:
```

图 15.22　查询新打开的端口

③ 删除防火墙上的 TCP 端口，如图 15.23 所示。命令如下：

```
#firewall-cmd --remove-port=3306/tcp     //删除 TCP 协议上的 3306 端口
#firewall-cmd --zone=public --list-all
```

```
[root@localhost ~]# firewall-cmd --remove-port=3306/tcp
success
[root@localhost ~]# firewall-cmd --zone=public --list-all
public (active)
  target: default
  icmp-block-inversion: no
  interfaces: ens33
  sources:
  services: dhcpv6-client mdns ssh
  ports:
  protocols:
  forward: yes
  masquerade: no
  forward-ports:
  source-ports:
  icmp-blocks:
  rich rules:
```

图 15.23　删除 TCP 端口

（2）管理防火墙中的服务

查看系统当前支持的所有服务，如图 15.24 所示。命令如下：

```
#firewall-cmd --get-services
```

```
[root@localhost ~]# firewall-cmd --get-services
RH-Satellite-6 RH-Satellite-6-capsule afp amanda-client amanda-k5-client amqp amqps apcupsd audit ausweisapp2 bacula bacula-cli
ent bb bgp bitcoin bitcoin-rpc bitcoin-testnet bitcoin-testnet-rpc bittorrent-lsd ceph ceph-mon cfengine checkmk-agent cockpit
collectd condor-collector cratedb ctdb dhcp dhcpv6 dhcpv6-client distcc dns dns-over-tls docker-registry docker-swarm dropbox-l
ansync elasticsearch etcd-client etcd-server finger foreman foreman-proxy freeipa-4 freeipa-ldap freeipa-ldaps freeipa-replicat
ion freeipa-trust ftp galera ganglia-client ganglia-master git gpsd grafana gre high-availability http http3 https ident imap i
maps ipfs ipp ipp-client ipsec irc ircs iscsi-target isns jenkins kadmin kdeconnect kerberos kibana klogin kpasswd kprop kshell
 kube-api kube-apiserver kube-control-plane kube-control-plane-secure kube-controller-manager kube-controller-manager-secure ku
be-nodeport-services kube-scheduler kube-scheduler-secure kube-worker kubelet kubelet-readonly kubelet-worker ldap ldaps libvir
t libvirt-tls lightning-network llmnr llmnr-tcp llmnr-udp managesieve matrix mdns memcache minidlna mongodb mosh mountd mqtt mq
tt-tls ms-wbt mssql murmur mysql nbd netbios-ns netdata-dashboard nfs nfs3 nmea-0183 nrpe ntp nut openvpn ovirt-imageio ovirt-s
torageconsole ovirt-vmconsole plex pmcd pmproxy pmwebapi pmwebapis pop3 pop3s postgresql privoxy prometheus prometheus-node-exp
orter proxy-dhcp ps3netsrv ptp pulseaudio puppetmaster quassel radius rdp redis redis-sentinel rpc-bind rquotad rsh rsyncd rtsp
 salt-master samba samba-client samba-dc sane sip sips slp smtp smtp-submission smtps snmp snmptls snmptls-trap snmptrap spider
oak-lansync spotify-sync squid ssdp ssh steam-streaming svdrp svn syncthing syncthing-gui synergy syslog syslog-tls telnet tent
acle tftp tile38 tinc tor-socks transmission-client upnp-client vdsm vnc-server wbem-http wbem-https wireguard ws-discovery ws-
discovery-client ws-discovery-tcp ws-discovery-udp wsman wsmans xdmcp xmpp-bosh xmpp-client xmpp-local xmpp-server zabbix-agent
 zabbix-server zerotier
```

图 15.24　查看所有服务

（3）设置局域网中的 IP 伪装功能

开启 public 域中的 IP 伪装功能，如图 15.25 所示。命令如下：

```
#firewall-cmd --zone=public --add-masquerade
#firewall-cmd --zone=public --list-all
```

```
[root@localhost ~]# firewall-cmd --zone=public --add-masquerade
success
[root@localhost ~]# firewall-cmd --zone=public --list-all
public (active)
  target: default
  icmp-block-inversion: no
  interfaces: ens33
  sources:
  services: dhcpv6-client mdns ssh
  ports:
  protocols:
  forward: yes
  masquerade: yes
  forward-ports:
  source-ports:
  icmp-blocks:
  rich rules:
```

图 15.25　开启 public 域中的 IP 伪装功能

禁用 public 域中的 IP 伪装功能，如图 15.26 所示。命令如下：

```
#firewall-cmd --zone=public --remove-masquerade
```

```
[root@localhost ~]# firewall-cmd --zone=public --remove-masquerade
success
```

图 15.26　禁用 public 域中的 IP 伪装功能

内网地址向外访问时会被隐藏并映射到一个公有 IP 地址上，这种地址转换的方式通常用于路由，不过因为受到内核的限制，伪装功能仅能在 IPv4 上使用。

（4）向防火墙中添加一个 http 服务，命令如下：

```
#firewall-cmd --add-service=http
```

如果想要关闭这个临时的服务，可以执行以下命令：

```
#firewall-cmd --remove-service=http
```

以上添加的只是一个临时服务，这个临时服务可以立即生效，但在系统重启后会失效。要在防火墙上添加一个永久性的服务，如图 15.27 所示。命令如下：

```
#firewall-cmd --permanent --add-service=http
```

```
[root@localhost ~]# firewall-cmd --add-service=http
success
[root@localhost ~]# firewall-cmd --remove-service=http
success
[root@localhost ~]# firewall-cmd --permanent --add-service=http
success
```

图 15.27　添加或禁用服务

（5）管理防火墙中的端口与 IP 地址规则设置

例如添加一条规则，将到达防火墙端口 22 的流量转发到 IP 地址为 192.168.137.130 主机的 22 端口上，可以使用如下命令：

```
#firewall-cmd --zone=public --add-forward-port=port=22:proto=tcp:toaddr=192.168.137.130
```

当不再需要转发功能时，可以使用 remove 参数替换 add 来清除这条规则：

```
#firewall-cmd --zone=public --remove-forward-port=port=22:proto=tcp:toaddr=192.168.137.130
```

以上两条命令的执行效果如图 15.28 所示。

```
[root@localhost ~]# firewall-cmd --zone=public --add-forward-port=port=22:proto=tcp:toaddr=192.168.137.130
success
[root@localhost ~]# firewall-cmd --zone=public --remove-forward-port=port=22:proto=tcp:toaddr=192.168.137.130
success
```

图 15.28　端口与 IP 地址规则设置

Firewalld 还可以用另外两个选项，即直接规则和富规则来添加防火墙规则。

①直接规则。直接规则允许管理员将手动编码的{ip,ip6,eb}tables 规则插入 Firewalld 管理的区域中，尽管这些规则很强大，并且内核中的 Netfilter 功能不会通过其他手段暴露，但仍难以理解。直接规则提供的灵活性低于标准规则和富规则。

②富规则。富规则为管理员提供了一种表达性语言，这种语言可表达 Firewalld 的基本语法中未涵盖的自定义防火墙规则，例如，仅允许从单个 IP 地址连接到服务，而非通过某个区域路由的所有 IP 地址连接到服务。富规则可用于表达基本的允许或拒绝规则，也可以用于端口转发、伪装和速率限制等。以下是表达富规则的基本语法：

```
rule
    [source]
    [destination]
    Service | port | protocol | imcp-block |masquerade | forward-port
    [log]
    [audit]
    [accept | reject | drop]
```

firewalld-cmd 命令有 4 个选项可用于处理富规则，见表 15.4，这些选项都可以与常规的--permanent 或--zone=<ZONE>选项组合使用。

表 15.4　firewalld-cmd 命令处理富规则的 4 个选项

选项	解释
--add-rich-rule='<RULE>'	用于向防火墙中添加一个新的富规则。<RULE>应该被替换为具体的规则字符串，该字符串定义了允许或拒绝哪些流量
--remove-rich-rule='<RULE>'	用于从防火墙中移除一个已存在的富规则。<RULE>同样需要被替换为具体的规则字符串。如果指定的规则存在，它将被删除，并且相应的流量控制策略将不再应用。移除规则后，更改会立即生效
--query-rich-rule='<RULE>'	用于查询防火墙中是否存在特定的富规则。<RULE>应替换为想要查询的规则字符串。如果规则存在，命令将返回该规则；如果不存在，则不返回任何内容或返回错误信息，具体取决于 Firewalld 的版本和配置
--list-rich-rules	用于列出防火墙中所有已配置的富规则。它不会接收任何参数，执行后会显示当前防火墙配置中所有富规则的列表。这对于查看当前防火墙策略、进行审计或调试非常有用

示例如下。拒绝来自 home 区域中 IP 地址为 192.168.137.130 的所有流量，执行效果如图 15.29 所示。命令如下：

```
#firewall-cmd --permanent --zone=home --add-rich-rule='rule family=ipv4 source dress=192.168.137.130/32 reject'
```

```
[root@localhost ~]# firewall-cmd --permanent --zone=home --add-rich-rule='rule family=ipv4 source address=192.168.137.130/32 reject'
success
```

图 15.29 富规则流量控制

在默认区域中，允许每分钟对 ftp 有两次新连接，执行效果如图 15.30 所示。命令如下：

```
#firewall-cmd --add-rich-rule='rule service name=ftp limit value=2/m accept'
```

```
[root@localhost ~]# firewall-cmd --add-rich-rule='rule service name=ftp limit value=2/m accept'
success
```

图 15.30　富规则 ftp 连接

丢弃来自默认区域中任何位置的所有传入 IPsec ESP 协议包，执行效果如图 15.31 所示。命令如下：

```
#firewall-cmd --permanent --add-rich-rule='rule protocol value=esp drop'
```

```
[root@localhost ~]# firewall-cmd --permanent --add-rich-rule='rule protocol value=esp drop'
success
```

图 15.31　富规则丢弃 IPsec ESP 协议包

接受从 work 区域到 SSH 的新连接，以 notice 级别且每分钟最多 3 条消息的方式将新连接记录到 Syslog，执行效果如图 15.32 所示。命令如下：

```
#firewall-cmd --permanent --zone=work --add-rich-rule='rule service name="ssh" log prefix="ssh"
level="notice" limit value="3/m" accept'
```

```
[root@localhost ~]# firewall-cmd  --permanent --zone=work --add-rich-rule='rule service name="ssh" log prefix="ssh"
level="notice" limit value="3/m" accept'
success
```

图 15.32　富规则接受 SSH 连接

15.2　项目二：SELinux 的应用

【项目描述】

W 公司为了提升 Web 服务器的安全性，防止未经授权的访问和数据泄露，管理员计划在公司的 Linux 服务器上配置 SELinux。他首先为 Web 服务器 Apache 的文件根目录 /var/www/html 设置正确的 SELinux 文件上下文，然后配置 SELinux 相关布尔值，允许 httpd 服务进行网络连接。

【项目分析】

在项目开始时，首先检查 SELinux 的当前状态模式，确保其处于 Enforcing 模式以提供最高安全性，如果 SELinux 未启用或处于 Permissive 模式，需要编辑配置文件并重启系统以启用 SELinux 并切换到 Enforcing 模式。然后为 Web 服务器 Apache 的文件根目录及其子目录和文件设置正确的 SELinux 文件上下文，以确保只有授权的进程才可以访问这些资源。最后配置 SELinux 布尔值，以允许 httpd 服务进行必要的网络连接。相关知识点见表 15.5。

表 15.5　相关知识点

序号	知识点	详见章节
1	SELinux 的基本概念	15.2.1 节
2	管理 SELinux 模式	15.2.2 节
3	管理 SELinux 上下文	15.2.3 节
4	管理 SELinux 布尔值	15.2.4 节

【操作过程】

1. 检查 SELinux 当前的状态模式

```
# getenforce        // 检查 SELinux 当前的状态模式
```

这条命令用于检查 SELinux 当前的状态模式。返回值可能是 Enforcing（SELinux 启用并强制执行访问控制策略）、Permissive（SELinux 启用但不强制执行，仅记录警告信息）或 Disabled（SELinux 禁用）。如果 SELinux 未启用，需要编辑 SELinux 的配置文件来启用它。

```
#vim   /etc/selinux/config
```

编辑 /etc/selinux/config 文件，将 SELINUX=disabled 更改为 SELINUX=enforcing，以启用 SELinux 并强制执行访问控制策略，保存更改并退出编辑，如图 15.33 所示。

```
# This file controls the state of SELinux on the system.
# SELINUX= can take one of these three values:
#     enforcing - SELinux security policy is enforced.
#     permissive - SELinux prints warnings instead of enforcing.
#     disabled - No SELinux policy is loaded.
SELINUX=enforcing
# SELINUXTYPE= can take one of these three values:
#     targeted - Targeted processes are protected,
#     minimum - Modification of targeted policy. Only selected processes are protected.
#     mls - Multi Level Security protection.
SELINUXTYPE=targeted
```

图 15.33　编辑/etc/selinux/config 文件

在更改了 SELinux 的配置文件后，必须重启系统才能应用新的配置，命令如下：

```
# reboot
```

2. 配置 SELinux 策略

假设 Apache 的文件根目录为/var/www/html，需要为其设置正确的 SELinux 文件上下文：

```
# chcon -R -t httpd_sys_content_t /var/www/html    //为/var/www/html 设置 SELinux 文件上下文
```

根据需要，配置 SELinux 布尔值来允许 httpd 服务连接网络：

```
#setsebool -P httpd_can_network_connect on
```

3. 验证 SELinux 策略

```
#getsebool httpd_can_network_connect    //验证 httpd_can_network_connect 当前是否为开启状态
#ls -Z /var/www/html        //检查文件上下文
```

15.2.1　SELinux 的基本概念

1. SELinux 介绍

SELinux（Security-Enhanced Linux）是美国国家安全局（National Security Agency，NSA）与 Linux 社区合作开发的一项安全增强技术，它实现了强制访问控制（Mandatory Access Control，MAC），为 Linux 系统引入了严格和细粒度的安全策略。作为 Linux 安全领域的一个重要里程碑，SELinux 自 Red Hat Enterprise Linux 4 版本起，便成为 Linux 发行版本的默认安全组件。SELinux 不仅提供了一个高度可定制的安全策略框架，还配套了一系列用户层库和工具，使得开发者和用户能够充分利用 SELinux 的安全特性。

尽管 Linux 系统在可靠性和稳定性方面相较于 Windows 系统有着显著优势，但它也并非完美的，尚存在一些不足。

（1）特权用户 root 的问题

root 用户拥有对系统的最高权限，能够执行任何操作，这在一定程度上增加了系统被滥用的风险。

（2）程序的权限提升

SUID（Set User ID，SUID）程序允许以程序所有者的权限而非执行者的权限运行，这可能被恶意利用来提升权限。

（3）SUID 程序漏洞的利用

一旦设置了 SUID 权限的程序存在安全漏洞，攻击者便可能借此获得更高的系统权限，对系统构成威胁。

（4）自主访问控制（Discretionary Access Control，DAC）的局限性

在 DAC 模式下，文件或目录的所有者拥有对其的完全控制权，这可能导致安全漏洞和系统管理上的不便。

传统的防火墙技术对于这些内部安全问题往往束手无策，因为它们主要关注的是网络层面的安全威胁。然而，SELinux 通过其强大的访问控制机制，能够有效缓解甚至消除这些安全隐患。SELinux 不仅能够限制进程对文件的访问权限，确保进程只能访问其所需资源，还能通过精细的策略配置，防止特权滥用和权限提升等安全问题的发生。

2．SELinux 的 3 种状态模式

SELinux 有 3 种状态模式，分别是 Enforcing（强制）模式、Permissive（宽容）模式和 Disabled（禁用）模式。

（1）Enforcing 模式

这是 SELinux 的默认状态模式，在这种模式下，SELinux 会根据加载的安全策略强制执行所有的访问控制。任何违反安全策略的行为都会被禁止，并且相应的访问拒绝会被记录在日志中。Enforcing 模式适用于需要高安全性的环境，如生产服务器等。

（2）Permissive 模式

在这种模式下，SELinux 会加载安全策略，并且记录违反安全策略的行为，但不会实际阻止这些行为。Permissive 模式适合用于开发和测试，因为它允许系统管理员观察哪些访问会被阻止，而不会影响系统的正常运行，或需要临时放宽安全限制的场景。

（3）Disabled 模式

在这种模式下，SELinux 不会执行任何访问控制，所有的访问请求都不会被 SELinux 拦截。这种模式会降低系统的安全性，因此只有在特殊情况下才会使用。Disabled 模式适用于不需要 SELinux 保护的环境或需要临时关闭 SELinux 进行某些操作的场景。

3．SELinux 的常用术语

在 SELinux 学习中会涉及的一些术语，解释如下。

● 对象（Object）：在 SELinux 中，对象也称为客体，通常指的是系统资源，如文件、目录、网络端口、进程等。SELinux 通过控制对这些对象的访问来增强系统的安全性。

● 类型（Type）：每个文件、目录、设备、进程等对象和主体在 SELinux 中都有一个类型标签，用于标识对象和主体属于哪种类型、定义对象或进程的访问权限和身份。

● 域（Domain）：进程的类型标签通常称为域，指进程或用户运行的安全上下文环境。每个进程或用户都有一个与之关联的安全上下文，该上下文定义了它们可以访问的系统资源和执行的操作。

● 安全上下文（Context）：SELinux 中用来描述和标记进程或者对象的一组属性值，它包含 3 个主要组成部分：用户标识、角色和类型。安全上下文的格式通常为 user:role:type[:sensitivity[:category]]，其中 user 表示对象所属的用户标识，role 表示对象所属的角色，type 表示对象的类型，sensitivity 和 category 分别表示灵敏度和类别。在实际使用中，最常见的形式是 user:role:type。

● 安全级别（Level）：用于定义对象或进程的敏感程度。不同的级别可以表示不同的安全

需求或信息敏感度。例如 s0、s1 等，其中 s0 表示最低级别。

● 对象类型（Object Types）：对象（如文件、目录、设备等）的类型标签称为对象类型，它定义了对象的属性和访问规则。

● 访问向量规则（Access Vector Rules）：在 SELinux 中指的是如何控制对象访问的策略。这些规则可以基于上下文、类型、级别等属性来制定，用于决定哪些主体（如用户、进程）可以访问哪些客体（如文件、目录），其语法为 allow source target: class { perms }，表示 source 对 class 类别的 target 的访问权限。

● 类型规则：涉及类型转换的规则包括 type_transition、type_change、type_member 等，其中最重要的是 type_transition 规则，其语法为 allow a_t b_exec_t: process b_t，表示 a_t 类型的进程执行 b_exec_t 类型的可执行文件后，类型转换为 b_t。

4．类型强制访问控制（Type Enforcement，TE）

SELinux 为 Linux 系统提供了强大的访问控制安全策略。它通过强制访问控制，所有文件、目录、端口等资源的访问都可以基于安全策略设定，而安全策略是由安全策略管理员集中控制的，用户无权覆盖策略。

TE 是 SELinux 中的一种核心机制，用于实现细粒度的访问控制。通过将系统中的每个对象（如文件、目录、设备等）和主体（如进程）分配到不同的类型，并使用访问向量规则来定义哪些类型的主体可以访问哪些类型的对象以及如何访问它们，从而实现细粒度的访问控制。

访问向量规则将权限与进程的访问结合在一起，而不是结合用户，因此即使进程出现故障或被攻击破坏，整个系统的安全也不会受到威胁。

例如，在 SELinux 中，Apache 服务器的服务进程 httpd 的运行受到严格的访问向量规则的限制，这些规则定义了 httpd 进程在不同上下文中的操作权限。

httpd_t 是 SELinux 中用于标识进程 httpd 的类型标签，即域。它定义了 httpd 进程在系统中的行为和权限。httpd_t 域允许 httpd 进程执行特定的操作，如读取网页内容文件、处理密码文件、监听和绑定到特定端口等。

httpd_sys_content_t 是用于标记网页内容文件的类型标签。被标记为 httpd_sys_content_t 的文件可以被 httpd_t 域读取，但不能被修改或写入。

shadow_t 是用于标记密码文件的类型标签。被标记为 shadow_t 的文件可以被 httpd_t 域读取，但通常不允许写操作，以确保密码文件的安全性。

http_port_t 是用于标记 TCP 80 端口的类型标签。被标记为 http_port_t 的端口可以被 httpd_t 域绑定和监听，以接收 HTTP 请求。

具体访问向量规则说明如下：

allow httpd_t http_port_t: tcp_socket { name_bind name_connect }：这条规则允许 httpd_t 域绑定和连接到 http_port_t 类型的端口（即 TCP 80 端口）。如果这条规则被禁止，Apache 服务器将无法启动，因为它需要绑定到 80 端口来监听传入的 HTTP 请求。

allow httpd_t httpd_sys_content_t: file { read open }：这条规则允许 httpd_t 域读取和打开标记为 httpd_sys_content_t 类型的文件。如果这条规则被禁止，Apache 服务器将无法读取网页内容文件，从而导致服务无法提供网页内容。

如果 SELinux 策略只允许 httpd_t 域绑定到特定的端口（如 80 端口），那么 Apache 服务器将无法使用其他端口。这确保了服务器只能通过指定的端口提供服务，增加了安全性。

如果 SELinux 策略只允许 httpd_t 域读取特定类型的文件（如 httpd_sys_content_t），那么

Apache 服务器将无法访问或修改其他类型的文件。这防止了潜在的安全漏洞，如未经授权的文件访问或修改。

5．基于角色的访问控制（RBAC）

RBAC（Role Based Access Control）通过将权限分配给角色，然后将用户分配到这些角色中来管理对资源的访问。这种方法简化了权限管理，因为管理员只需管理角色和权限，而不是直接管理每个用户的权限。

例如创建名为 sysadm_r 的角色，这个角色具有管理权限。再编写一个 SELinux 策略，代码如下，使得只有属于 sysadm_r 角色的主体才能执行某些管理操作。此时即使是 root 用户，只要不在 sysadm_r 角色中，就不能执行 sysadm_r 管理的操作。

```
module sysadm 1.0;
require {
  type sysadm_t;
  type admin_exec_t;
  class process transition;
}
# 允许 sysadm_r 角色的成员执行 admin_exec_t 类型的程序
allow sysadm_r admin_exec_t:process transition;
```

需要明确的是，SELinux 需要在传统的 DAC（自主访问控制）后执行，也就是说，只有进程在传统的权限下并且拥有读取能力，Linux 内核才可以通过 SELinux 判断是否可以读取进程。

6．SELinux 初始化的过程

当 openEuler 操作系统的启动加载器成功加载 Linux 内核后，内核会寻找并启动 systemd 服务，作为系统的初始化进程。Systemd 服务启动后，会执行以下一系列步骤以初始化 SELinux。

（1）挂载 procfs 与检查 SELinuxfs

systemd 服务首先挂载 procfs 基本文件系统，并检查 Linux 内核是否支持 SELinuxfs。SELinuxfs 是 Linux 系统中一个特殊的文件系统，它是 SELinux 的一个组成部分，SELinuxfs 文件系统主要用于与 SELinux 内核模块进行通信。通过挂载 SELinuxfs，系统能够读取 SELinux 的安全策略、配置和状态信息，同时也能够向 SELinux 内核模块发送指令，如加载新的安全策略、调整策略设置等。如果 Linux 内核提供了 SELinuxfs 支持，说明当前系统具备 SELinux 功能。如果 Linux 内核不支持 SELinuxfs，则 systemd 服务会跳过 SELinux 后续的初始化步骤，跳转到步骤（7），继续执行后续的系统初始化流程，如挂载其他文件系统、启动系统服务等。

（2）决定是否启用 SELinux

systemd 服务根据系统配置文件（如/etc/selinux/config）或内核启动参数中的 SELinux 设置，决定是否启用 SELinux。如果 SELinux 被配置为禁用（如参数为 0 或"disabled"），则 systemd 服务会忽略 SELinux 的初始化，跳转到步骤（7），继续执行后续的系统初始化流程，如挂载其他文件系统、启动系统服务等。

（3）设置 SELinux 模式

如果需要启用 SELinux，systemd 服务将 SELinux 状态设置为 Permissive 模式。在这种模式下，SELinux 不会强制禁止违反安全原则定义的读取动作。接着，systemd 服务根据

/etc/sysconfig/selinux 中的 enforcing 参数或内核启动参数，决定是否将 SELinux 切换为 Enforcing 模式。如果 Enforcing 的值不为 0 或 SELinux 参数被定义为 Enforcing，则切换为 Enforcing 模式。

（4）挂载 SELinuxfs

在 SELinux 启用的情况下，systemd 服务会挂载 SELinuxfs 文件系统到/sys/fs/selinux 目录，以便系统能够访问 SELinux 的安全策略和相关信息。

（5）加载 SELinux 安全原则文件

systemd 服务根据/etc/sysconfig/selinux 中的 SELINUXTYPE=TYPE 参数，决定要加载哪一个 SELinux 安全原则文件，配合/sys/fs/selinux/policyvers 中的版本定义，载入相应版本的 SELinux 安全原则文件。这些文件通常位于/etc/selinux/[TYPE]/policy/目录下，文件名可能包含版本号，如 policy.VERSION。

（6）设置安全上下文

一旦 SELinux 安全原则文件加载成功，系统会根据/etc/selinux/[TYPE]/contexts/中的相关文件来设置一些重要的安全上下文。这样，Linux 内核就可以从其内部的安全性服务器获取所有主体和对象的安全上下文。如果有需要，systemd 服务会重新修改自己的安全上下文。openEuler 操作系统默认为 systemd 服务设置的安全上下文为 user_u:system_t:unconfined_t。如果需要修改，systemd 服务会自动重新启动以调用新的安全上下文。

（7）完成 SELinux 环境初始化

至此，SELinux 环境建立完成。systemd 服务随后展开正常的系统初始化程序，进行开机动作。

15.2.2 管理 SELinux 模式

1．SELinux 的两种状态

SELinux 提供启用和停用两种状态。

（1）启用状态

当启用 SELinux 时，Linux 内核会在判断传统权限模式后，通过 SELinux 进行读取控制。因此，要想使用 SELinux，必须先启用 SELinux。

另外，SELinux 被启用后，会提供两种状态模式供用户选择。

① Enforcing 模式：只要用户违反 SELinux 规则的定义，就会被强制禁止读取。

② Permissive 模式：即使用户违反 SELinux 规则的定义，还是允许其读取，Permissive 模式又被称为警告模式。不管是 Enforcing 模式还是 Permissive 模式，只要禁止读取，SELinux 就会将违规事件通过系统日志服务记录于/var/log/messages 中。

（2）停用状态

当停用 SELinux 时，Linux 内核将不会加载 SELinux，这会导致 openEuler 操作系统无法利用 SELinux 进行读取控制动作。值得注意的是，切换启用与停用状态后，必须要重新开机；而启用后修改不同模式时，不需要重新开机即可切换执行的模式。

2．查看 SELinux 状态

可以借助 getenforce 命令查看目前 SELinux 的状态，如图 15.34 所示。命令如下：

```
#getenforce
```

```
[root@localhost ~]# getenforce
Enforcing
```

图 15.34　查看状态

通过 sestatus 命令可以查看 SELinux 目前状态更为详细的信息，命令如下：

```
sestatus [-v]
```

其中，-v 参数代表显示更详细的信息。如图 15.35 所示，其中各参数代表的含义见表 15.6。

```
[root@localhost ~]# sestatus
SELinux status:                 enabled
SELinuxfs mount:                /sys/fs/selinux
SELinux root directory:         /etc/selinux
Loaded policy name:             targeted
Current mode:                   enforcing
Mode from config file:          enforcing
Policy MLS status:              enabled
Policy deny_unknown status:     allowed
Memory protection checking:     actual (secure)
Max kernel policy version:      33
```

图 15.35　查看 SELinux 状态

表 15.6　SELinux 状态参数及说明

参数	说明
SELinux status	SELinux 启动的文件
SELinux mount	SELinux 文件系统挂载点
Current mode	目前 SELinux 的状态模式
Mode from config file	配置文件中定义的 SELinux 启用模式
Memory protection	内存保护检查启用状态
Max kernel policy version	Linux 内核支持的最高 SELinux 策略版本号

3．改变 SELinux 状态

openEuler 操作系统允许在需要使用 SELinux 时启用 SELinux，不需要使用 SELinux 时停用 SELinux。除了在系统安装时设置是否启用 SELinux，也可以通过以下两种方式启用或停用 SELinux。

（1）暂时关闭 SELinux

暂时关闭 SELinux，需要修改/sys/fs/selinux/enforce 文件，命令格式如下：

```
echo n > /sys/fs/selinux/enforce    //n 为 0 时表示关闭，为 1 时表示开启
```

注意：此设置将在系统重新启动后恢复默认值。

（2）永久禁用 SELinux

SELinux 的配置文件是/etc/selinux/config，使用以下命令修改 SELinux 的配置文件，结果如图 15.36 所示。

```
#vim /etc/selinux/config
```

SELinux 配置文件提供了以下两个参数。

① SELINUX=STATUS

指定要使用的 SELinux 状态模式，其中 STATUS 为 SELinux 状态模式的名称。enforcing 表示启用强制性的 SELinux，当违反 SELinux 安全原则时，强制禁止读取；permissive 表示启

用宽容性的 SELinux，当违反 SELinux 安全原则时，仍然允许读但会显示警告信息；Disabled 表示停止使用 SELinux。

② SELINUXTYPE=POLICY

指定要使用的 SELinux 安全原则，其中 POLICY 为 SELinux 安全原则的名称。SELinux 的预设 POLICY 有两种：一种是 strict（完全限制的 SELinux 保护），另一种是 targeted（仅针对网络服务限制严格的 SELinux 保护）。在修改完/etc/selinux/confg 文件后，一定要重新启动系统，才能调用最新的修改。

```
# This file controls the state of SELinux on the system.
# SELINUX= can take one of these three values:
#     enforcing - SELinux security policy is enforced.
#     permissive - SELinux prints warnings instead of enforcing.
#     disabled - No SELinux policy is loaded.
SELINUX=enforcing
# SELINUXTYPE= can take one of these three values:
#     targeted - Targeted processes are protected,
#     minimum - Modification of targeted policy. Only selected processes are protected.
#     mls - Multi Level Security protection.
SELINUXTYPE=targeted
```

图 15.36　修改配置文件

4. 手动修改 SELinux 的状态模式

在启用 SELinux 后，可以手动修改 SELinux 的状态模式。手动切换 SELinux 的状态模式时不需要重新启动系统，一旦修改成功，SELinux 会立即执行。

（1）检查 SELinux 的状态模式

除了 sestatus 工具，还可以利用 getenforce 查看目前 SELinux 的状态模式，如图 15.37 所示。命令如下：

```
#getenforce
```

```
[root@localhost ~]# getenforce
Permissive
```

图 15.37　查看 SELinux 的状态模式

根据上述结果，系统目前允许执行 SELinux。

（2）修改 SELinux 的状态模式

使用 setenforce 修改 SELinux 的状态模式。命令如下：

```
setenforce [VALUE]
```

其中，VALUE 可以使用两种模式：0，修改为 Permissive 模式；1，修改为 Enforcing 模式。如图 15.38 所示。

```
[root@localhost ~]# getenforce
Permissive
[root@localhost ~]# setenforce 1
[root@localhost ~]# getenforce
Enforcing
[root@localhost ~]# setenforce 0
[root@localhost ~]# getenforce
Permissive
```

图 15.38　修改 SELinux 的状态模式

15.2.3 管理 SELinux 上下文

SELinux 是一种为 Linux 提供访问控制安全策略的安全模块。在 SELinux 中，一切资源（文件、目录、进程等）都被赋予了安全标签，即安全上下文（Security Context）。这种机制极大地增强了系统的安全性。SELinux 安全上下文主要分为 3 部分：用户（User）、角色（Role）、类型（Type），有时还包括灵敏度（Sensitivity）和类别（Category），但后两者不是所有情况下都必需的。

1. 安全上下文格式

SELinux 的安全上下文格式通常遵循以下结构：

```
user:role:type[:sensitivity[:category]]
```

具体参数见表 15.7。

表 15.7 SELinux 安全上下文格式参数

参数	解释
user	标识登录系统的用户类型，类似 Linux 系统中的 UID，用于身份识别。常见的有 system_u（系统用户）、user_u（普通用户）、root 等
role	定义文件、进程和用户的用途，如 system_r（系统进程）、object_r（文件或目录）等。role 在大多数策略中并不直接用于访问控制，而是作为 RBAC（基于角色的访问控制）的一部分
type	指定数据类型，是安全上下文中最重要的部分。进程的类型被称为域（Domain），而文件或目录的类型直接称为类型（Type）。类型强制访问控制（TE）是 SELinux 的核心机制
sensitivity	定义访问控制的安全级别，如 s0 到 s15，其中 s0 是最低级别。这个字段是可选的，用于多级安全（MLS）策略中
category	用于进一步细分访问控制的分类，如 c0 到 c1023，也是可选的，同样用于 MLS 策略中

2. 查看对象的安全上下文

在 SELinux 中，可以通过多种命令查看文件、目录、进程等的安全上下文。

（1）查看文件和目录的安全上下文

通过 ls -Z 命令查看，如果只想查看目录本身的安全上下文，可以加上-d 选项。

```
#ls -Z /path/to/file_or_directory
#ls -Zd /path/to/directory
```

（2）查看进程的安全上下文

使用 ps -eZ 命令查看进程的安全上下文，如图 15.39 所示。

```
[root@localhost ~]# ps -eZ
LABEL                              PID TTY          TIME CMD
system_u:system_r:init_t:s0          1 ?        00:00:04 systemd
system_u:system_r:kernel_t:s0        2 ?        00:00:00 kthreadd
system_u:system_r:kernel_t:s0        3 ?        00:00:00 pool_workqueue_release
system_u:system_r:kernel_t:s0        4 ?        00:00:00 kworker/R-rcu_g
system_u:system_r:kernel_t:s0        5 ?        00:00:00 kworker/R-rcu_p
system_u:system_r:kernel_t:s0        6 ?        00:00:00 kworker/R-slub_
system_u:system_r:kernel_t:s0        7 ?        00:00:00 kworker/R-netns
system_u:system_r:kernel_t:s0       11 ?        00:00:00 kworker/u256:0-ext4-rsv-conversion
system_u:system_r:kernel_t:s0       12 ?        00:00:00 kworker/R-mm_pe
system_u:system_r:kernel_t:s0       13 ?        00:00:00 rcu_tasks_rude_kthread
system_u:system_r:kernel_t:s0       14 ?        00:00:00 rcu_tasks_trace_kthread
system_u:system_r:kernel_t:s0       15 ?        00:00:00 ksoftirqd/0
```

图 15.39 查看进程的安全上下文

图 15.39 中，每一行代表一个进程，其中 LABEL 列显示了进程的安全上下文。安全上下文由用户（user）、角色（role）、类型（type）和可选的灵敏度（sensitivity）组成，它们之间用冒号分隔。在这个例子中，大多数系统进程都运行在 system_u:system_r:kernel_t:s0 或类似的安全上下文中。

3. 修改对象的安全上下文

在 SELinux 中，可以通过 chcon 和 restorecon 命令来修改对象的安全上下文。

（1）使用 chcon 命令修改安全上下文

chcon 命令用于手动修改文件或目录的安全上下文。命令格式如下：

```
chcon [选项]文件或目录
```

chcon 命令的常用选项见表 15.8。

表 15.8　chcon 命令的常用选项

选项	说明	选项	说明
-R	递归修改目录及其所有文件的安全上下文	-t	指定新的类型
-u	指定新的用户（user，通常不常用）	-r	指定新的角色（role，通常不常用）

例如，通过以下命令将指定文件的安全上下文修改为 httpd_t 类型，如图 15.40 所示。

```
#touch test.html                //创建一个名为 test.html 的空文件
#ls -Z test.html                //显示 test.html 文件的 SELinux 安全上下文
#chcon -t httpd_t test.html     //将 test.html 文件的 SELinux 类型更改为 httpd_t
#ls -Z test.html                //再次显示 test.html 文件的 SELinux 安全上下文
```

```
[root@localhost ~]# touch test.html
[root@localhost ~]# ls -Z test.html
unconfined_u:object_r:admin_home_t:s0 test.html
[root@localhost ~]# sudo chcon -t httpd_t test.html
[root@localhost ~]# ls -Z test.html
unconfined_u:object_r:httpd_t:s0 test.html
```

图 15.40　chcon 命令的应用

（2）使用 restorecon 命令恢复默认的安全上下文

当文件或目录的安全上下文被错误修改后，可以使用 restorecon 命令将其恢复为默认的安全上下文。命令格式如下：

```
restorecon [选项] 文件或目录
```

选项说明：

-R，需要递归恢复目录及其所有文件的默认安全上下文。

-v，需要显示详细的恢复过程。

例如，通过以下命令将 test.html 文件的安全上下文还原为原类型，如图 15.41 所示。

```
#restorecon test.html           //还原 test.html 文件的安全上下文
#ls -Z test.html                //查看 test.html 文件的安全上下文
```

```
[root@localhost ~]# restorecon test.html
[root@localhost ~]# ls -Z test.html
unconfined_u:object_r:admin_home_t:s0 test.html
```

图 15.41　restorecon 命令的应用

15.2.4 管理 SELinux 布尔值

SELinux 布尔值是可用于调整 SELinux 安全策略的参数，它们允许系统管理员启用或禁用特定的安全策略。这些布尔值就像开关一样，控制着 SELinux 安全策略中的可选行为，为系统管理员提供一种灵活的方式来调整 SELinux 的安全策略，以适应不同的安全需求和应用场景。下面从查看和修改布尔值两个方面进行介绍。

1．查看 SELinux 布尔值

要查看 SELinux 布尔值，可以使用 getsebool 命令。getsebool 命令以最直接的方式来查询 SELinux 安全策略内的布尔值。以下是一些常用的用法：

（1）查看所有布尔值及其状态

```
#getsebool -a
```

执行这个命令后，会列出系统中所有 SELinux 布尔值及其当前状态（启用或禁用）。

（2）查看特定服务的布尔值

如果只对特定服务的布尔值感兴趣，可以使用 grep 命令来过滤输出。例如，查看与 httpd 服务相关的布尔值的命令如下：

```
#getsebool -a | grep httpd
```

执行这个命令后，会列出所有与 httpd 相关的布尔值及其状态。

2．修改 SELinux 布尔值

修改 SELinux 布尔值通常涉及启用或禁用特定的安全策略，这可以通过 setsebool 命令来完成。

（1）修改布尔值的状态（临时更改）

```
setsebool  布尔值=on|off
```

例如，要启用允许 vsftpd 匿名用户写入文件的布尔值，可以使用：

```
#setsebool allow_ftpd_anon_write=1
```

注意：这种更改只在当前会话中有效，系统重启后会恢复到原来的状态。

（2）永久修改布尔值的状态

要使布尔值的更改在系统重启后仍然有效，需要添加-P 选项：

```
setsebool -P  布尔值=on|off
```

例如，要永久启用允许 vsftpd 匿名用户写入文件的布尔值，可以使用：

```
#setsebool -P allow_ftpd_anon_write=on
```

习　题　15

1．选择题

（1）Firewalld 通过（　　）概念简化了防火墙的配置和管理。

A．服务　　B．端口　　C．区域　　D．规则集

（2）要使 Firewalld 的配置更改生效，而不重启服务，应使用（　　）命令。

A．systemctl reload firewalld　　B．firewall-cmd -reload

C．iptables -F　　D．service firewalld restart

（3）SELinux 通过（　　）机制来增强 Linux 系统的安全性。

A．MAC（强制访问控制）　　B．DAC（自主访问控制）

C．RBAC（基于角色的访问控制）　　D．MLS（多级别安全）

（4）要检查 SELinux 的当前状态模式，应使用（　　）命令。

A．getenforce　　B．sestatus　　C．setenforce　　D．semanage

2．简答题

如何查看和修改 SELinux 的工作模式。

上机实践 15

启用 SELinux 以增强系统的安全性，要求配置以下 SELinux 安全策略：

（1）启用 SELinux 并设置为 Enforcing 模式。

（2）为 Web 服务器（假设使用 Apache，文件根目录为/var/www/html）设置正确的 SELinux 安全上下文。

（3）允许 Apache 服务连接网络。

参 考 文 献

[1] 北京博海迪信息科技有限公司.欧拉操作系统运维与管理[M]. 北京：人民邮电出版社，2022.

[2] 陈海波，曾庆峰，熊伟.openEuler 操作系统核心技术与行业应用实践[M].北京：电子工业出版社，2023.

[3] 陈争艳，刘安战，贾玉祥. openEuler 操作系统管理入门[M]. 北京：清华大学出版社，2023.

[4] 任炬，张尧学，彭许红.openEuler 操作系统[M]. 北京：清华大学出版社，2020.

[5] 中国产业发展研究院.华为 openEuler 开源操作系统实战[M]. 北京：机械工业出版社，2023.

[6] 丁明一. Linux 运维之道[M]. 3 版. 北京：电子工业出版社，2023.

[7] 刘遄. Linux 就该这么学[M]. 北京：人民邮电出版社，2017.